Jane Goodall
Die Erde gehört uns nicht allein

Jane Goodall

in Zusammenarbeit mit Thane Maynard
und Gail Hudson

Die Erde gehört uns nicht allein

Meine Hoffnung für die Tiere
und ihre Welt

Aus dem Englischen von
G. Maximilian Knauer

Giger Verlag

THAYNE MAYNARD ist Direktor des Zoos in Cincinnati, Ohio. Er ist Autor von dreizehn Büchern und moderiert eine tägliche Radioshow des Senders National Public Radio mit dem Titel: »The 90-Second Naturalist«
GAIL HUDSON, Autorin, beschäftigt sich ausführlich mit den Zusammenhängen zwischen menschlichem Handeln und dem Zustand der Welt. Gemeinsam mit Jane Goodall hat sie bereits »Harvest for Hope« geschrieben.

1. Auflage 2011
Die Originalausgabe erschien 2009 bei Grand Central Publishing, Hachette Book Group
© der deutschen Ausgabe 2011 Giger Verlag GmbH, CH-8852 Altendorf bei Zürich
www.gigerverlag.ch
Biologische Fachprüfung: Verena Platt, München
Umschlaggestaltung: Hauptmann & Kompanie, Zürich
Layout und Satz: Roland Poferl Print-Design, D-50733 Köln
Druck und Bindung: GGP Media GmbH, D-07381 Pössneck
Printed in Germany
ISBN 978-3-905958-10-2

Inhalt

Vorwort von Hannes Jaenicke 9
Janes Feder von Thane Maynard 13
Einleitung von Jane Goodall 17

TEIL 1
Aus der Wildnis verschwunden

Einleitung 24
Der Schwarzfußiltis, USA 27
Das Mala oder Zottel-Hasenkänguru, Australien 39
Ersatzmütter von Joeys: Schwarzpfoten-Felskängurus, Australien 45
Der Kalifornische Kondor, USA 46
Der Milu oder Davidshirsch, China 58
Der Rotwolf, USA 66
Thanes Feldaufzeichnungen:
Das Takhi oder Przewalski-Pferd, Mongolei 80

TEIL 2
Gerettet in letzter Minute

Einleitung 84
Das Goldene Löwenäffchen, Brasilien 85
Das Spitzkrokodil, USA 93
Der Wanderfalke, USA und Europa 99
Der amerikanische Totengräber, USA 113
Der Nipponibis, China 118
Der Schreikranich, USA und Kanada 122
Die Angonoka oder Madagassische Schnabelbrustschildkröte,
    Madagaskar 137

Der Formosa-Binnenlachs, Taiwan 143
Das Vancouver-Murmeltier, Kanada 148
Thanes Feldaufzeichnungen:
Das Sumatra-Nashorn, Indonesien 154
Der Wolf, USA 159

TEIL 3
Niemals aufgeben

Einleitung 163
Der Pardelluchs, Spanien 164
Das Trampeltier, China und Mongolei 173
Der Große Panda, China 179
Das Zwergwildschwein, Indien 188
Der Europäische Ibis oder Waldrapp, Europa 193
Das Zwergkaninchen, USA 200
Das Attawarie-Präriehuhn, USA 204
Asiatische Geier, Indien, Nepal und Pakistan 209
Die Hawaiigans oder Nene, USA 218
Thanes Feldaufzeichnungen:
Der Lisztaffe, Kolumbien 223
Der Panama-Stummelfußfrosch, Panama 226

TEIL 4
Der heroische Kampf um die Rettung der Vögel unserer Inseln

Einleitung 230
Der Chatham-Schnäpper, Neuseeland 234
Der Graufußtölpel, Weihnachtsinsel, Australien 240
Der Bermuda-Sturmvogel oder Cahow, Bermuda 246
Die Vögel von Mauritius 257
    Der Mauritiusfalke 258
    Die Mauritius-Rosataube 261
    Der Mauritiussittich 263
Der Kurzschwanzalbatros oder Steller's Albatros, Japan ... 266
Thanes Feldaufzeichnungen:
Der Gelbbrustara, Trinidad 274

TEIL 5
Der Reiz des Entdeckens

Einleitung 278
Neue Entdeckungen: Neue Arten, jetzt erst entdeckt 281
Das Lazarus-Syndrom: Für ausgestorben gehaltene Arten, kürzlich
wiederentdeckt 296
   Lord Howe's Island Phasmid oder Stabheuschrecke 298
   Die Mallorca Geburtshelferkröte 303
   Der Madeira-Sturmvogel 306
   Der Großschnabel-Rohrsänger 310
   Das kaspische Kleinpferd 311
Lebende Fossilien: Alte Arten entdeckt in neuerer Zeit 315
   Der »allerschönste Fisch« oder »Old Fourlegs« 316
   Eine noble Entdeckung: Die Wollemie 319

TEIL 6
Vom Wesen der Hoffnung

Die Narben der Erde heilen: Es ist nie zu spät 324
   Wasser ist Leben 328
   Lektionen aus Gombe 332
   Beschützer der Pflanzenwelt 337
Warum bedrohte Arten retten? 341

ANHANG

Was Sie tun können 350
Nachwort 380
Danksagung 386
Register 392
Kontaktadressen und Infos 398

Dieses Buch ist Martha, der letzten Wandertaube, gewidmet
sowie dem letzten von Miss Waldron's Roten Stummelaffen
und dem letzten Yangtse-Delphin.
Wenn wir ihres einsamen Endes gedenken,
mag uns das anregen, härter dafür zu arbeiten,
um andere davor zu bewahren,
ein ähnliches Schicksal zu erleiden.

Vorwort

von Hannes Jaenicke

Als ich im vergangenen Jahr gebeten wurde, bei der Verleihung des *Bambi* eine Laudatio auf Jane Goodall zu halten, habe ich sofort zugesagt. Erstens, weil ich diese großartige Frau einmal kennenlernen wollte und zweitens, weil sie für mich zu den wichtigsten Vorbildern unserer Zeit gehört.

Als die gerade einmal 26-jährige Jane 1960 im Gombe Nationalpark in Tansania mit ihrer Forschungsarbeit an wilden Schimpansen begann, konnte sie nicht ahnen, dass sie binnen weniger Jahre zu einer der berühmtesten Wissenschaftlerinnen des 20. Jahrhunderts werden sollte – ihre Hoffnung war damals lediglich, durch die Beobachtung von Schimpansen in der Wildnis den »missing link« zwischen dem Urmenschen und dem modernen Homo Sapiens zu finden. Der Rest ist Geschichte.

Durch ihre bahnbrechenden Entdeckungen, dass Schimpansen Werkzeug nicht nur benutzen, sondern sogar herstellen, dass sie Fleisch fressen, dass sie Artgenossen nicht nur töten, sondern dass sie sogar gezielt Krieg führen können, hat Jane die Wissenschaft revolutioniert, die Erkenntnisse des Menschen über sich selbst in ein völlig neues Licht gerückt. Nicht umsonst hat ihr Biograf Dale Petersen sie beschrieben als »the woman who redefined man.«

Genauso wenig konnte Jane damals ahnen, dass ihre Arbeit mit Schimpansen sie obendrein eines Tages zu einer der berühmtesten Umweltschützerinnen der Welt machen sollte.

Durch ihre Arbeit in Tansania wurde ihr mit Schrecken klar, dass es bald keine Schimpansen mehr geben würde, wenn die Zerstörung ihrer Lebensräume so weiterginge wie bisher. Jane wurde, wie sie selbst sagt, »über Nacht zur Aktivistin«. Sie entschied, dass nach 25 Jahren glücklicher und erfolgreicher Forschungsarbeit in ihrem kleinen Paradies in Gombe die Zeit gekommen war, »den Schimpansen etwas zurückzugeben, denen ich doch so viel zu verdanken hatte.«

Seitdem sind über 20 Jahre vergangen und in der Zwischenzeit haben sich viele andere Wissenschaftler, aber auch ganz »normale« Menschen auf

Jane Goodall's Spuren begeben. Sie haben begriffen, dass wir keine Zeit mehr zu verlieren haben und sich darangemacht, für das Überleben vom Aussterben bedrohter Tier- und Pflanzenarten zu kämpfen – und seien diese noch so unbekannt oder unspektakulär. Und genau darum geht es in diesem wunderbaren Buch.

Jane Goodall hat sich auf die Suche gemacht und rund um den Globus faszinierende Geschichten zusammengetragen von Menschen, die das schier unmöglich Scheinende manchmal in letzter Minute doch noch geschafft haben.

Was Jane an diesen Menschen bewundert, ist ihr Optimismus, ihr Mut sowie die Konsequenz und Hartnäckigkeit, mit der sie ihren Kampf geführt haben und weiterhin führen.

Was ich wiederum an Jane so bewundere, ist die Konsequenz und Gradlinigkeit, mit der sie ihre Erkenntnisse in Aktivismus verwandelt: Dass jeder, wirklich jeder Einzelne von uns daran mitarbeiten kann, um das Überleben des Planeten Erde zu sichern; dass, wie sie es formuliert: »… jeder Einzelne jeden Tag etwas dazu beitragen kann, die Welt etwas besser zu machen.«

Ich habe vor Kurzem ein eigenes Buch zum gleichen Thema herausgebracht. Es hieß *Wut allein reicht nicht*. Was Jane mit dem vorliegenden Buch schafft, ist, aus Wut Mut zu machen: Auch wenn wir wissen, dass Tag für Tag 50 Tierarten unwiederbringlich verloren gehen, so dürfen wir weder aufgeben noch weggucken – Geschichten, wie sie Jane hier schreibt, geben Hoffnung und werden die Leser inspirieren, selber die Initiative zu ergreifen, aktiv zu werden und etwas zu tun für Mutter Erde. Sie wird es uns danken!

Janes Feder

von Thane Maynard

Die Idee zu einem Buch mit hoffnungsvollen Geschichten über Wildtiere entstand an einem Herbstabend 2002. Mitten während einer öffentlichen Lesung in einem ausverkauften Basketballstadion trat Jane vom Podest zurück und brachte ihren klassischen Spruch: »Lassen Sie mich Ihnen eine Geschichte erzählen ...«

Sie griff hinter das Podest und zog langsam die größte Vogelfeder heraus, die ich je gesehen hatte; und tatsächlich war dies eine der größten Federn, die es auf der Welt gibt. Es war die Handschwinge eines Kalifornischen Kondors, des gefährdetsten Geschöpfs von ganz Amerika. Sie erzählte der verzaubert lauschenden Versammlung, dass sie diese Feder als Inspiration mit sich trug, nicht weil es sie daran erinnerte, dass prachtvolle Geschöpfe verschwänden – wie es so oft, und sogar Kindern, berichtet wird –, sondern als Erinnerung daran, dass es auch zahlreiche Arten von der Schwelle des Aussterbens aus schaffen, sich wieder in Freiheit zu vermehren. Dank der harten Arbeit von vielen Experten, Aktivisten, Studenten und Enthusiasten fliegt der Kalifornische Kondor nun wieder.

Als die Lesung vorüber war, ging Jane die Stufen durch das applaudierende Publikum nach oben und hielt die Feder hoch wie das Symbol eines Stammeshäuptlings. In der Tat waren wir 6000, die in jener schönen Herbstnacht versammelt waren, ein Stamm, vereint durch die Sorge für die Wildtiere und die natürliche Welt um uns herum. Immerhin hatten wir gelernt, dass es eben solche Vielfalt ist, die die Erde im Gleichgewicht hält.

Dieses Buch ist ein Ausgangspunkt zum Teilen dieser Hoffnung. Ein Traum, in dem mitfühlende Leute aller Altersklassen von überall auf der Welt und allen nur vorstellbaren Lebenswegen zeigen, dass es möglich ist, dem Rest der Welt um uns herum zu helfen, statt ihm zu schaden. Denn es ist der menschlichen Natur keineswegs entgegen, voller Hoffnung zu sein. In der Tat gilt das Gegenteil – es ist ein wesentlicher Bestandteil unserer Natur.

Menschen sind so beharrlich wie Grauhörnchen an einer Futterröhre und so hartnäckig wie Termiten, die den Mutterboden des Waldes wiederherstellen. Und gerade so, wie sich die Natur zu fast unermesslicher Widerstandskraft hin entwickelt hat, Lücken, die z. B. durch Stürme entstanden sind, wieder zu schließen, Krankheiten und andere Katastrophen zu überwinden, so haben auch die Menschen, sowohl als Individuen als auch als Kulturen, ihre Fähigkeit unter Beweis gestellt, sich wieder und wieder von Katastrophen zu erholen. Das ist womöglich unsere größte Stärke. Der britische Autor John Gardner hat das so formuliert: »Unsere beste Seite kommt zum Vorschein, wenn der Weg steil ist.«

Ich habe wirklich keine Ahnung, warum Jane und ich in solchen Zeiten des Verlustes so unverhältnismäßig heiter sind. Man hat mich schon als »öffentliches Ärgernis« bezeichnet, weil meine NPR-Radiosendungen *Field Notes with Thane Maynard* und *The 90-Second Naturalist* mehr ein Gefühl für das Wunderbare zu vermitteln suchen als Untergangsstimmung. Und wenn ich auch weiß, dass unser Leben eines von nie dagewesener Zerstörungskraft ist, weiß ich doch, dass viele Leute (und die meisten von ihnen im Stillen) effektiv daran arbeiten, zu retten, was zu retten ist. Für mich sind sie wie Nelson Mandela und Martin Luther King, die weiter ihre Wunder gewirkt haben, obwohl viele andere es für unmöglich hielten.

Dieselbe Art von Leidenschaft ist es, die sich bei beinahe jedem effektiven Naturschützer findet, dem ich je begegnet bin. Während die Neinsager nur dastehen und Sprüche wie »das funktioniert nie« oder »es ist zu spät, um diese Spezies oder diesen Lebensraum zu retten« oder »seid pragmatisch, macht einen Kompromiss mit den Investoren« herumkeuchen, -husten und -pusten, sind es die wirklich leidenschaftlichen Naturschützer, die *niemals* aufgeben. Ihre harte Arbeit gibt ihnen Kraft. Das können Sie in ihren Augen sehen.

Vielleicht bin ich auch deshalb optimistisch, weil ich in vielen Ländern ein Gefühl von Stolz auf ihre Vorzeigespezies und ihr natürliches Erbe erlebe. Und was genauso wichtig ist: Es besteht ein Gefühl dafür, dass man einen Grund hat, das zu schützen, was noch da ist. Nicht nur, weil das gut für den Tourismus und den internationalen Verkehr ist, sondern auch, weil es wichtig für die Leute selbst und deren Kinder ist.

Also ist es heute, da wir inmitten eines Zeitalters schrecklichen Verlusts um uns her leben, von essentieller Bedeutung, dass wir auf das hoffen, was getan werden kann, anstatt über das zu trauern, was wir getan haben. Dazu brauchen wir Leitsterne – Vorbilder – die uns den Weg erhellen. Es gibt Tausende von Erfolgsgeschichten über Tiere und Pflanzen, die wiederkehren und sich vermehren, sowie von Leuten, die dabei helfen, die natürliche Welt zu schützen, von der wir abhängig sind. Sie sind, wie Martin Luther King sich in seinem selbst verfassten Nachruf beschrieb, »Tambourmajore« für die Bewahrung der Wildnis.

Und wo wir schon von Vorbildern sprechen, ist es wichtig festzuhalten, dass so ziemlich jeder Naturschützer, den wir bei dieser Sammlung von Erfolgsgeschichten im Naturschutz getroffen haben, auf die Schlüsselrolle verwies, die Janes frühe Arbeiten bei der Formung ihrer Karriere gespielt hat. Manche erwähnten die Titelstories des *National Geographic*-Magazins in den 1960er Jahren. Andere bezogen sich auf frühe Fernsehsendungen, die ihr Leben unter den wilden Schimpansen zeigten. Und fast jeder sprach von dem direkten Einfluss, den Janes bahnbrechende Forschungen, die 1971 in ihrem Buch *Wilde Schimpansen: 10 Jahre Verhaltensforschung am Gombe-Strom* dargelegt wurden, auf sie ausgeübt hatten. Die Bedeutung ihres ersten Buches für die Naturschützer von heute ging weit über Janes rein wissenschaftliche Leistung hinaus.

Um es mit den Worten von Dr. David Hamburg von der Stanford University School of Medicine im ursprünglichen Vorwort von *Wilde Schimpansen* zu sagen: »Einmal pro Generation erfolgen Forschungen, die das Selbstbild des Menschen verändern. Der Leser dieses Buches genießt das Privileg, an einer solchen Erfahrung teilzuhaben.«

Damals staunte er natürlich über Janes bemerkenswerte Entdeckungen beim Verhalten der Schimpansen. Jedoch sollten ihre Langzeitstudien der Wildtiere, die ersten dieser Art, auch die Wahrnehmung unseres Lebens und unserer Karrieren verändern. Denn es gibt schlicht keinen »Feldbiologen«, wie der neue Jargon lautet, der nicht der Inspiration von Jane Goodall verpflichtet wäre.

Und jetzt, nach einem halben Jahrhundert, hat Janes andauernde Arbeit *zwei* Generationen von Forschern und Naturschützern motiviert, einschließlich der Leute in diesem Buch, die unermüdlich für die Rettung der wildlebenden Tiere arbeiten. Manche wurden an den besten Universitäten der Welt ausgebildet. Andere wurden durch die lebenslange Arbeit mit Tieren zu Autodidakten. Die meisten von ihnen verfügen über wenig finanzielle Mittel, da niemand im Naturschutz wegen der tollen Gehälter und der vielen Freizeit anfängt. Das Alter der Gruppenmitglieder reicht von den Zwanzigern bis in die Siebziger; manche sind politisch gewandt, manche stur. Aber alle haben zwei Dinge gemeinsam: Sie weigern sich, aufzugeben und akzeptieren kein »Nein« als Antwort; und sie erkennen an, dass Jane Goodall ein glaubwürdiges Verständnis für die Beziehung mitbringt, die zwischen der wilden Natur und dem Menschen entscheidend ist.

Das sind ihre Geschichten.

Einleitung

Ich schreibe dies in meinem Zuhause in Bournemouth in England. Ich bin in diesem Haus aufgewachsen, und wenn ich aus dem Fenster schaue, sehe ich die Bäume, auf die ich als Kind geklettert bin. Hoch oben in den Bäumen fühlte ich mich den Vögeln und dem Himmel näher, mehr als Teil der Natur. Selbst als noch sehr kleines Kind fühlte ich mich in der Natur am lebendigsten und in fast jedem Buch, das ich las – ausgeliehen aus der Bibliothek am Ort – ging es um Tiere und Abenteuer an den wilden, ungezähmten Orten dieser Welt. Angefangen habe ich mit den Geschichten von Dr. Doolittle, jenem englischen Tierarzt, dem sein Papagei die Sprachen der Tiere beibrachte. Dann entdeckte ich die Bücher über Tarzan und die Affen. Durch diese zwei Bücher entwickelte ich einen scheinbar unmöglichen Traum – eines Tages würde ich nach Afrika gehen, bei den Tieren leben und Bücher über sie schreiben.

Das Buch, das mich womöglich am meisten beeinflusst hat, trug den Titel *The Miracle of Life*. Ich verbrachte Stunden damit, über der klein gedruckten Schrift dieser magischen Seiten zu brüten. Das war kein Buch, das für Kinder geschrieben war, aber ich war völlig gebannt, als ich von der Vielfalt des Lebens auf dieser Erde erfuhr, vom Zeitalter der Dinosaurier, der Evolution und Charles Darwin, den frühen Forschern und Naturschützern – und von der erstaunlichen Verschiedenheit und der Angepasstheit der Tiere überall auf der Erde. Und so wuchs meine Liebe zu den Tieren, als ich älter wurde, von meinem Hamster, den Blindschleichen, Meerschweinchen, Katzen und Hunden hin zu einer Faszination für all die erstaunlichen Tiere, über die ich in jenen Büchern gelesen hatte. Als ich jung war, gab es kein Fernsehen. Ich lernte alles aus Büchern – und aus der Natur.

Mein Kindheitstraum wurde wahr, als ich von einem Schulfreund nach Kenia eingeladen wurde. Ich machte mich auf die Reise, als ich 26 war, nachdem ich als Kellnerin gearbeitet hatte, um mir das Geld für die Fahrt zusammenzusparen. Ich fuhr mit dem Schiff, weil das am billigsten war, und ich fuhr so an Orten vorbei, über die ich gelesen hatte, z. B. Kapstadt und

Durban, und kam schließlich in Mombasa an. Besonders aufregend war für mich die Ankunft auf den Kanaren – denn dort war auch Dr. Doolittle gewesen! Was für ein Abenteuer damals für eine junge, allein reisende Frau.

Einmal in Kenia angekommen, führte mich meine Liebe zu Tieren zu Louis Leakey, der mir schließlich die Aufgabe anvertraute, die Geheimnisse der Tiere aufzudecken, die uns am ähnlichsten sind. (Ziemlich ungewöhnlich, wenn Sie bedenken, dass ich damals keinen Abschluss hatte und Mädchen so etwas einfach nicht machten!) Das Studium der Schimpansen im Nationalpark in Gombe, Tansania, dauerte ein halbes Jahrhundert und verhalf uns unter anderem zu einem besseren Verständnis unserer eigenen Evolutionsgeschichte. Es lehrte uns, dass die biologischen und verhaltensmäßigen Ähnlichkeiten zwischen Schimpansen und Menschen wesentlich größer waren, als sich irgendjemand vorgestellt hatte. Schließlich und endlich sind wir nicht die einzigen Wesen, die über Persönlichkeit, rationales Denken und Emotionen verfügen. Es gibt keine scharfe Trennlinie zwischen uns und den Schimpansen und anderen Affen und die Unterschiede, die offenkundig existieren, sind graduelle, nicht artbedingte. Diese Einsicht sollte unseren Respekt erhöhen, nicht nur für Schimpansen, sondern auch für alle anderen erstaunlichen Tiere, mit denen wir uns diesen Planeten teilen. Wir Menschen sind ein Teil des Reiches der Tiere, nicht getrennt von ihm.

Noch immer studieren wir die Schimpansen von Gombe und es hätte leicht passieren können, dass ich dort geblieben wäre. Dort, bei den Tieren und Wäldern, die ich so liebe, wenn ich nicht an einer Konferenz mit dem Titel »Understanding Chimpanzees« teilgenommen hätte. Es war diese Konferenz 1986, die den Kurs meines Lebens verändern sollte. Feldforscher von allen Studienorten Afrikas kamen zum ersten Mal zusammen. Es gab eine Session zum Thema Naturschutz und die war ungeheuer schockierend. Mit schauerlicher Geschwindigkeit wurden die Wälder der Schimpansen in ihrem gesamten Verbreitungsgebiet gefällt, Wilderer fingen sie in Schlingen und der sogenannte »Bushmeat«-Handel – die *kommerzielle* Jagd auf Wildtiere als Nahrungsquelle – hatte begonnen. Die Populationszahlen der Schimpansen sind seit Beginn meiner Studien 1960 in den Keller gestürzt, d. h. von etwas über einer Million Tieren zu geschätzten 400- bis 500 000 (mittlerweile sind es noch wesentlich weniger).

Für mich war das ein Weckruf. Ich hatte die Konferenz als Wissenschaftlerin betreten und geplant, anschließend weiter Feldforschung zu betreiben und meine Daten zu analysieren und zu publizieren. Ich verließ die Konferenz als Fürsprecherin der Schimpansen und ihrer verschwindenden Waldheimat. Ich wusste, dass ich bei dem Versuch, den Schimpansen zu helfen, die Feldforschung würde aufgeben und mein Bestes tun müsste, um Bewusstsein und Hoffnung in den Menschen zu wecken, und so zumindest einen Teil der Zerstörung aufzuhalten. Und so machte ich mich, nachdem ich 26 Jahre an dem Ort, den ich am meisten liebte, das getan hatte, was ich am meisten liebte, auf die Reise. Und je mehr ich um die Welt gereist bin, Vorträge gehalten, an Konferenzen teilgenommen, mich mit Naturschützern und Gesetzgebern getroffen habe, desto mehr habe ich das Ausmaß der Zerstörung begriffen, die wir auf unserem Planeten anrichten. Es waren nicht nur die Wälder, die die Schimpansen und andere afrikanische Tiere beherbergten, die bedroht waren – es waren Wälder und Tiere allerorten. Und nicht nur Wälder, sondern die gesamte natürliche Welt.

Das Leben auf Reisen ist hart. Seit 1986 war ich etwa 300 Tage im Jahr unterwegs. Von Amerika und Europa nach Afrika und Asien. Vom Flughafen ins Hotel zum Vortragssaal; vom Klassenzimmer in den Konferenzraum einer Firma in ein Regierungsbüro. Aber so lernte ich manch wahrhaft wunderbaren und begeisterten Menschen kennen. Und ich bekam, neben all den Nachrichten über die fortgesetzte Zerstörung der Natur, einige Geschichten von Leuten zu hören, die das Fällen eines Waldes mit altem Baumbestand verhindert, den Bau eines Damms gestoppt, Erfolg bei der Wiederherstellung verschmutzter Feuchtgebiete gehabt oder eine Art vor dem Aussterben bewahrt haben.

Und dennoch türmen sich die Beweise für ein sechstes Massenaussterben – dieses Mal verursacht durch den Menschen. Um meinen Geist aufzurichten, wenn ich müde war und die Dinge besonders düster aussahen, habe ich eine Sammlung von Dingen angelegt, die ich »Symbole der Hoffnung« nenne. Viele versinnbildlichen die Widerstandskraft der Natur – so zum Beispiel ein Blatt von einem Baum, den man in Australien gefunden hat und der bisher nur aus fossilen Abdrücken auf Felsen bekannt war. Ein Baum, der 17 Eiszeiten überlebt hat und immer noch lebt, wohl verborgen in einem Canyon in den Blue Mountains. Die Feder eines Wanderfalken, der sich in einem Gebiet, wo er über 100 Jahre regional ausgestorben war, wieder ans Fliegen gemacht hatte und eine andere von einem Kalifornischen Kondor, einer Spezies, die gerade noch vor dem Aussterben bewahrt worden ist. Diese war es, die Thanes Aufmerksamkeit erregte, als ich im Zoo von Cincinnati einen Vortrag hielt. Er sagte, ich solle diese Geschichten aufschreiben. Ich sagte ihm, dass ich das vorhätte – aber unter Zeitmangel litt. Er sagte, er würde mir helfen. Thane ist ein Geistesverwandter. Auch er ist voller Optimismus für unsere Zukunft.

Das vorliegende ist nun ganz klar ein ganz anderes Buch, als der ursprünglich geplante, schlanke Band. Die Begegnungen mit wundervollen Menschen, die in dem Versuch, das Aussterben der Tiere zu verhindern, Beeindruckendes geleistet haben, hörten nicht auf. Und ich traf sie überall auf der Welt. Wie konnte ich über den Kalifornischen Kondor schreiben, ohne den Schreikranich zu erwähnen? Und was war mit dem Großen Panda, dem Symbol des Naturschutzes? Dann sprach es sich irgendwie herum, dass wir an diesem Buch schrieben und eine Flut von Informationen strömte auf uns zu – warum wir keine Insekten mit aufnahmen? Amphibien? Reptilien? Und das Reich der Pflanzen sei doch bestimmt auch wichtig?

Und so wuchs das Buch, nicht nur vom Umfang, sondern auch dem Konzept nach. Es erschien so wichtig, einige der Spezies zu diskutieren, die man für ausgestorben gehalten hatte und die wiederentdeckt wurden – und das manchmal 100 Jahre, nachdem man sie abgeschrieben hatte. Und über die wunderbare Arbeit, die zur Wiederherstellung und zum Schutz von Lebensräumen geleistet wird. Ich stellte fest, dass die Leute von der Vorstellung, die guten Nachrichten weiterzutragen, angetan waren und so den Projekten, ob groß, ob klein, Scheinwerferlicht verschaffen, machen diese doch zusammen einen Teil des Schadens, den wir angerichtet haben, wieder gut. Der Werdeprozess dieses Buches umspannt mehrere Jahre und hat mich auf eine fantastische Entdeckungsreise geführt: Ich habe immer mehr über Tier- und Pflanzenarten gelernt, die durch die Handlungen des Menschen an den Rand des Aussterbens gebracht worden waren, um dann – und zwar manchmal in letzter Minute und entgegen aller Wahrscheinlichkeit – eine Überlebenschance zu bekommen. Die Geschichten, die hier erzählt werden, führen die Widerstandsfähigkeit der Natur vor Augen, so wie die Hartnäckigkeit und Entschlossenheit der Männer und Frauen, die darum kämpfen – manchmal seit Jahrzehnten – die letzten Überlebenden einer Art zu retten und sich weigern, aufzugeben.

Da ist Old Blue, die einmal der allerletzte weibliche Chatham-Schnäpper auf der Welt war und dank der Hilfe eines begeisterten Biologen ihre Spezies vor dem Aussterben bewahrte. Da ist ein einzelner Baum, der letzte seiner Art, der, nachdem er von grasenden Ziegen fast zu Tode gefressen, schließlich von einem Waldbrand getötet wurde – und dennoch die Energie aufbrachte, an seinem letzten lebenden Ast Samen zu produzieren. Dank der Hilfe einiger einfallsreicher Gartenbaukünstler erhob sich die Spezies erneut, wie der Phönix aus der Asche.

Diese menschlichen und auch nicht-menschlichen Helden sind es, denen Sie in den folgenden Kapiteln begegnen werden. Da werden Geschichten von Abenteuern und großem Mut erzählt, in denen Biologen am blanken Fels herumklettern oder von schwankenden Booten auf zerklüftete Steine springen und Piloten im schlechtesten Wetter ihre Hubschrauber durch unwirtliche Landschaften manövrieren. Geschichten von Männern und Frauen, die in ihrem Kampf mit Bürokratien an den Rand der Verzweiflung getrieben werden, während sie versuchen, eine Spezies vor dem Aussterben zu bewahren. Alles in dem Wissen, dass die Verzögerungen, die die menschliche Sturheit kreiert, ihre Erfolgschancen mit jedem verstreichenden Tag mindert. Sie finden einen Bericht von einem Mann, der einen Falken dazu zu verführen versucht, mit seinem Hut zu kopulieren und von einem Mann, der den Balztanz eines Kranichs imitiert, um das Weibchen dazu zu bekommen, ein Ei zu legen.

Viele der Rettungsprogramme laufen noch, während diese Zeilen geschrieben werden. Den neuen Generationen von Schreikranichen und europäischen Ibissen werden noch immer neue Zugruten gelehrt, angeführt von hingebungsvollen Menschen in fliegenden Maschinen. Neue Zucht- und Wiederansiedelungstechniken für den Großen Panda und der bessere Schutz seines natürlichen Lebensraumes lassen für seine Zukunft in China hoffen, aber der Weg ist noch weit. Die Schwierigkeiten der asiatischen Geier, die zu Hunderttausenden an unabsichtlichen Vergiftungen starben, begegnet man durch Zucht in Gefangenschaft und »Geier-Restaurants« in der Wildnis, aber es gibt noch viel, viel Arbeit zu leisten.

Wir konnten feststellen, dass überall auf der Welt Programme zur Bewahrung noch existierender Populationen von Tieren und Pflanzen laufen. Aber wir mussten wählerisch sein und so haben wir hauptsächlich Geschichten in das Buch aufgenommen, die uns aus erster Hand bekannt waren. Ich wünschte, wir hätten Platz für die Bemühungen der Pioniere aus Roosevelts Zeiten, der die ersten Nationalparks und Reservate zum Schutz von wilden Regionen einrichtete.

Schön wäre es auch, über die vorausschauenden Leute zu schreiben, die dafür gearbeitet haben, die letzten Biber vor einer Industrie zu schützen, die darauf brannte, sie zur Herstellung von Hüten ihrer Pelze zu berauben. Viele gibt es, die dafür gekämpft haben, andere Säugetiere und Vögel vor dem Aussterben durch unser unersättliches Begehren, uns mit ihren Häuten, Pelzen und Federn zu bedecken, zu schützen. Die Koalabären gäbe es vielleicht schon gar nicht mehr, hätten nicht einige Leute im 19. Jh. begriffen, dass sie bald verschwinden würden, wenn man nichts zum Schutz ihrer Eukalyptuswälder unternähme. Tatsächlich gibt es heute zahllose Arten, die noch nicht einmal als bedroht klassifiziert sind, die leicht hätten aussterben können, wenn sich nicht vor langer Zeit mitfühlende Menschen ihrer angenommen hätten. Wir schulden diesen frühen Pionieren des Naturschutzes eine Menge.

Im Oktober 2008 veröffentlichte die International Union for the Conservation of Nature and Natural Ressources (IUCN) in Barcelona die Ergebnisse einer weltweiten Studie zu den Populationen von Säugetieren. Ihr Schluss lautete, dass »mindestens ein Viertel der Säugetierspezies in naher Zukunft vom Aussterben bedroht ist.« Tragischerweise lässt sich dagegen bei vielen nur wenig tun. Und dennoch haben mich die Geschichten, die Eingang in dieses Buch gefunden haben, und die Menschen, die sich weigern aufzugeben, so ungeheuer beeindruckt.

Eine alte Maxime lautet: »Wo Leben ist, ist Hoffnung.« Um unserer Kinder willen dürfen wir nicht aufgeben, wir müssen weiter dafür kämpfen, das zu retten, was übrig ist, und das wiederherzustellen, was geplündert wurde. Wir müssen die tapferen Männer und Frauen unterstützen, die genau das tun. Und es ist wichtig, dass wir einsehen, dass wir in unserem Bemühen für bedrohte Tiere nicht nachlassen dürfen – denn die Dinge, die ihr Überleben gefährden, sind allgegenwärtig und nehmen eher zu. Das Wachstum der menschlichen Bevölkerung, ihr unhaltbarer Lebensstil, schlechter werdende Wasserversorgung, die Gier der Konzerne und der globale Klimawandel – alle diese Faktoren werden das bereits Erreichte zunichte machen, wenn wir in unserer Wachsamkeit nachlassen.

Es ist unvermeidlich, dass immer mehr Tierarten helfender Hände bedürfen, wenn wir weiterhin den Planeten mit ihnen teilen wollen. Insofern ist es eine glückliche Fügung, dass eine zunehmende Zahl von Menschen aufwacht und sich des Schadens bewusst wird, den wir dem Gespinst des Lebens zufügen, und deshalb den Wunsch hegen, ihr Scherflein an Hilfe beizutragen, sei es als Wildtierbiologe, Regierungsvertreter oder besorgter Bürger.

Eines ist sicher – meine eigene Erkundungsreise wird weitergehen. Ich werde weiter Geschichten sammeln, ungewöhnliche Menschen treffen und mit ihnen reden. Viele gibt es, mit denen ich nur am Telefon gesprochen habe, die ich jetzt jedoch treffen möchte: Ich will ihnen in die Augen schauen, um dort den Geist der Entschlossenheit zu sehen, der sie weitermachen lässt. Ich will in ihre Herzen schauen, um so einen Blick auf ihre Liebe zu den Wildtierarten zu erhaschen, die sie an einsame, fast völlig unzugängliche Orte führt. Und ich möchte ihre Geschichten mit jungen Menschen auf der ganzen Welt teilen. Ich will, dass sie wissen, dass selbst wenn unsere geistlosen Handlungen irgendein Ökosystem fast völlig zerstören oder eine Spezies an den Rand des Aussterbens getrieben haben, wir doch nicht aufgeben dürfen. Dank der Widerstandskraft der Natur und dem unbezähmbaren Geist des Menschen, gibt es immer noch Hoffnung. Hoffnung für die Tiere und ihre Welt. Diese Welt, die auch die unsere ist.

Jane Goodall, Februar 2009

TEIL 1

Aus der Wildnis verschwunden

Einleitung

Kinder sind fasziniert von Dinosauriern. Ich stellte mir gern vor, wie ich in die Vergangenheit versetzt wurde, wobei meine Vorstellungskraft von Jules Vernes *Reise zum Mittelpunkt der Erde* angestachelt war. Im Geist streifte ich mit den riesigen, pflanzenfressenden Brontosauriern durch jene uralten Landschaften und eine Bedrohung durch den mächtigen Tyrannosaurus gab es dabei nicht. Ich liebte es auch, in Gedanken die noch ältere Welt der Riesenamphibien, das wässrige Reich der Sümpfe und Farne, zu durchreisen. Ich träumte davon, wollige Mammuts und Säbelzahntiger zu sehen. Aber sie waren verschwunden und ich hatte keine Zeitmaschine. Und es gab noch nicht die Wunder der Technologie, um diese Kreaturen aus alter Zeit wiederauferstehen zu lassen – wie es die außergewöhnliche BBC Fernsehserie *Walking with Dinosaurs* getan hat.

Und dann erfuhr ich aus einem meiner Bücher vom Dodo. Seine Ausrottung war von gänzlich anderem Kaliber als die der Dinosaurier. Der Dodo (und zahllose andere) wäre noch immer unter uns, so fand ich heraus, wäre da nicht der moderne *Homo sapiens* gewesen. Natürlich hatten unsere Steinzeitvorfahren Tiere gejagt und getötet. Die Beweise dafür sollte ich später zu sehen bekommen, als ich mit Louis Leakey in der Olduvai Schlucht arbeitete. Aber für unsere Vorfahren mit ihren primitiven Steinwerkzeugen war das harte Arbeit. Außerdem entwickelten sich die Beutetiere in Afrika zusammen mit den Räubern, die sie jagten, und fanden Myriaden von Wegen, um dem Getötetwerden zu entgehen. Etwas ganz anderes war es, als Kapitän James Cook und seine Seeleute die ahnungslosen, flugunfähigen Dodos töteten, die sich auf ihrer Insel so sicher fühlten, dass sie keinerlei Fluchtimpuls besaßen – so wurden sie aufgefressen.

Als ich ein Kind war, vor mehr als 70 Jahren also, gab es noch kein Fernsehen und kein Internet, das mich vor die elektronischen Schirme hätte bannen können. Stattdessen verbrachte ich Stunden und Stunden damit, den Vögeln und Insekten in unserem Garten zuzusehen und Bücher zu lesen. Damals lebten die meisten Tiere, die heute so bedroht sind, in Sicherheit in noch nicht abgeholzten Wäldern, nicht trockengelegten Feuchtgebieten und unverschmutzten Feldern und Ozeanen. Doch selbst damals fand natürlich die Abschlachtung von Wildtieren im großen Stil statt. Die amerikanischen Bisonherden wurden dezimiert, Wölfe wurden ausgerottet und Tiere wurden zu Hunderttausenden wegen ihre Häute, Felle und Federn gefangen und getötet – und als Exemplare, die man ausstopfen und in Naturkundemuseen ausstellen konnte. Die Wandertauben jagte man, bis sie ausgelöscht waren. Größtenteils dachte kaum jemand über all das nach, da die Ressourcen der Natur für die meisten Menschen als unerschöpflich galten.

Aber die Zahl der Menschen steigt und die Zerstörung der Natur hat sich intensiviert. Eine nach der anderen haben sich immer mehr Spezies der unglaublich vielfältigen Lebensformen unseres Planeten dem Dodo und der Wandertaube angeschlossen. Größtenteils handelte es sich dabei um kleinere Tiere und Pflanzen, oft endemisch in einem bestimmten Regenwaldgebiet oder anderem Lebensraum, der zerstört wurde. Aber Fische und Vögel sind genauso verschwunden. Und Ende des letzten Jahrhunderts wurde in Ghana Miss Waldrons Roter Stummelaffe für ausgestorben erklärt. So viel ist allein während der 75 Jahre seit meiner Geburt verschwunden.

Wird sich ein Kind, das die Natur liebt und das in 75 Jahren geboren wird, genauso danach sehnen, einen lebenden Elefanten zu sehen, wie ich danach, ein wolliges Mammut zu Gesicht zu bekommen? Wird es sich verzweifelt eine Zeitmaschine wünschen, um einen echten Regenwald zu erleben und um Orang-Utans und Tiger sehen zu können? Wird es sich danach sehnen, die verlorene, mysteriöse Welt der Tiefseewale kennenzulernen? Und wenn diese Tiere in 75 Jahren nur noch in digitalen Bibliotheken und als verstaubte Museumsexemplare existieren, wie wird es sich fühlen?

Als ich ein junges Mädchen war, konnte ich Kapitän Cook und den Menschen seiner Epoche vergeben, da sie sich die Richtung, die sie einschlugen, nicht klar gemacht hatten (obwohl sie so, ohne es zu wissen, den Pfad für die Zukunft festlegten). Aber damals war die Welt noch größtenteils unerforscht, ihre Wunder unentdeckt – und es gab wesentlich weniger Menschen. Wenn jedoch ein Kind in 75 Jahren sich einer Welt gegenübersieht, aus der die meisten Tiere verschwunden sind, wird es diejenigen, die sie zerstört haben, kaum entschuldigen können. Denn es wird wissen, dass man sie nicht aus einer Position der Unwissenheit heraus verloren hat, sondern weil sie der Mehrheit der Menschen gleichgültig waren.

Glücklicherweise sind die Tiere einigen Menschen ganz und gar nicht gleichgültig und manchmal werden heroische Anstrengungen unternommen, um bedrohte und gefährdete Spezies zu retten und zu bewahren. Wenn diese Menschen nicht wären, wäre die Liste der ausgestorbenen Tiere heute wesentlich länger. Ich hatte das Privileg, vielen von ihnen zu begegnen und freue mich darauf, Ihnen in diesem Buch so viele von ihnen vorzustellen, wie ich nur kann, zusammen mit den Tieren, Pflanzen und Lebensräumen, denen sie ihr Leben gewidmet haben.

Die Geschichten, die wir in den ersten beiden Teilen erzählen, zeigen, wie kompliziert die Bewahrung wildlebender Tiere ist. Dazu ist es notwendig, Recherche, Schutz in der Wildnis, die Wiederherstellung von Lebensräumen und die Aufzucht in Gefangenschaft zusammenzufassen und gleichzeitig bei der einheimischen Bevölkerung ein entsprechendes Bewusstsein zu wecken. Und es gibt Einschränkungen – alles spielt sich unter den wachsamen Augen von Regierungsbehörden ab. Auch ist es unvermeidlich, wenn leidenschaftliche Menschen mit unterschiedlichen Perspektiven den Versuch unternehmen zusammenzuarbeiten, dass Meinungsverschiedenheiten entstehen, wobei die jeweiligen Meinungen dann hitzig verteidigt werden – und obwohl üblicherweise durch Diskussionen und Kompromisse eine Übereinkunft erzielt wird, bleibt oft eine Menge Zeit und Mühe dafür auf der Strecke. Im besten Fall arbeiten Organisationen, die ein Tier und seine Umwelt schützen, für das Wohl der Spezies zusammen und die Öffentlichkeit bietet freiwillig Hilfe an.

Teil 1 erzählt die Geschichten von sechs Säugetier- und Vogelarten, die tatsächlich aus der Natur verschwunden waren. Gerettet werden konnten sie nur durch Zucht in Gefangenschaft, mit dem Ziel, ihre Nachkommen in ihrem ursprünglichen Lebensraum anzusiedeln, sobald sie zahlreicher geworden und Lebensräume für ihre dauerhafte Bewahrung zur Verfügung gestellt waren. Aber die Frage der Zucht in Gefangenschaft war höchst kontrovers – und ist es immer noch. Jene, die glauben, dass Lösungen in letzter Minute nicht funktionieren werden, haben Einwände gegen solche Projekte und meinen, dergleichen sei eine Verschwendung von Zeit und vor allem Geld. Glücklicherweise haben sich die leidenschaftlichen Biologen, die für die Rettung der sechs in diesem Abschnitt beschriebenen Spezies gearbeitet haben, geweigert, auf diese Einwände zu hören.

Der Schwarzfußiltis *(Mustela nigripes)*

In der Lakota-Kultur wird der Schwarzfußiltis als *itopta sapa* bezeichnet: *ite* – Gesicht, *opta* – übers, *sapa* – schwarz. Die Lakota bewunderten *itopta sapa* für seine Gewitztheit und Schnelligkeit und hielten ihn für heilig. Wesen, die schwer zu töten waren, wie eben *itopta sapa*, sah man als Schützling der Erdmacht und der Donnerwesen an. Auch heute noch halten die Lakota diesen Iltis für heilig.

Einst bedeckten Kurz- und Mischgrasprärien, die Heimat des Schwarzfußiltisses, beinahe ein Drittel Nordamerikas, von Kanada bis Mexiko. Dieses weite Gebiet war ebenso die Heimat der Bisonherden und der Präriehunde, die dort in riesigen Kolonien lebten und so den Iltissen Nahrung und Schutz boten, da sie in den Bauten der Präriehunde lebten.

Als die Europäer in Nordamerika eintrafen, begannen sich die Dinge zu verändern. Das Vordringen der Menschen verwandelten die Prärien, so dass immer größere Lebensräume der Präriehunde zerstört wurden, und die Rancher begannen ihren Feldzug, so viele wie möglich von ihnen zu vergiften. Sie behaupteten, die Nager lägen mit den Herden im Wettstreit um das Gras und ihre Bauten würden bei diesen zu gebrochenen Beinen führen. Im Jahr 1960 hatten die Präriehunde nach den allerkonservativsten Rechnungen etwa 98 % ihres Lebensraums verloren. Auch wurden neue Krankheiten in die Prärien eingeschleppt: Das Bakterium *Yersinia Pestis* beispielsweise kam etwa um die Jahrhundertwende in die USA und hatte bis heute einen verheerenden Effekt in den Siedlungen der Präriehunde.

Präriehunde, wie auch Nager, können sich von einem Populationseinbruch schnell erholen, nicht jedoch die Schwarzfußiltisse. Sie sind Raubtiere mit naturgemäß niedrigen Populationen, die über weite Gebiete hinweg verteilt sind. Als ihre Zahlen immer weiter schrumpften, wurde es gleichzeitig umso schwerer für sie, sich zu erholen.

Ausgestorben, verschwunden
1964 diskutierte die Bundesregierung tatsächlich darüber, ob man diese wilden Iltisse als ausgestorben aufführen sollte, als eine kleine Population (lediglich 20 der 151 Präriehundkolonien in diesem Gebiet waren besetzt) in Mellette County, South Dakota entdeckt wurde. Mit der Zeit wurde jedoch klar, dass diese kleine Population, wahrscheinlich aufgrund ihres unterteilten Lebensraums und der Vergiftung der Präriehundkolonien, schrumpfte.

1971 fing man sechs der Iltisse von Mellette County. Sie sollten den Kern eines Nachzuchtprogramms bilden. Tragischerweise gingen vier dieser kostbaren Leben bei einer Staupeimpfung verloren, und das, obwohl der Impfstoff den Steppeniltissen, an denen man ihn getestet hatte, nicht schadete. Man fing drei weitere, aber das Programm schien zum Untergang verurteilt. Während der nächsten vier Paarungszyklen weigerte sich eines der Weibchen, sich zu paaren und obwohl die erfolgreichen Paarungen jeweils einen Wurf mit fünf Jungen hervorbrachten, waren jeweils vier der fünf Totgeburten und das fünfte starb kurz nach der Geburt. In der Zwischenzeit verschwanden die wildlebenden Iltisse von Mellette County – der letzte wurde 1974 gesichtet.

Ich kann mir die Verzweiflung des Teams, das an der Aufzucht in Gefangenschaft arbeitete, vorstellen, als es zusehen musste, wie die Art langsam ausstarb. 1979 starb der letzte gefangene Schwarzfußiltis an Krebs. Erneut debattierte die Bundesregierung darüber, die Spezies als ausgestorben zu führen.

Eine schicksalshafte Begegnung
Und dann, am 26. September 1981, zwei Jahre nach dem Tod des letzten gefangenen Schwarzfußiltissen in South Dakota, passierte etwas äußerst Aufregendes. In Meeteetse, Wyoming, wagte sich auf dem Grund von John und Lucille Gogg ein kleines Tier zu nahe an Shep, ihren Hütehund, heran, als der zu Abend fraß – und natürlich tötete Shep es. John fand das seltsam aussehende Tier bei Sheps Napf und warf es über den Zaun des Hofs, doch als er seiner Frau davon erzählte, wurde sie neugierig und holte den Kadaver zurück. Das wunderschöne kleine Geschöpf bezauberte sie und sie brachte es zu einem Präparator, um es ausstopfen zu lassen. Und der Präparator erkannte den Schwarzfußiltis!

Schnell fand sich eine Gruppe aufgeregter Iltis-Enthusiasten zusammen, um das Gebiet zu untersuchen. Wie aufgeregt müssen Dennie Hammer und Steve Martin gewesen sein, als sie zwei smaragdgrüne Augen aus einem Bau hervorleuchten sahen – endlich die Rechtfertigung für ihre Überzeugung, dass es die wildlebenden Iltisse noch gab! Und doch hatte lediglich reines Glück diesen Beweis geliefert. Die nächsten fünf Jahre über arbeiteten private und staatliche Biologen sowie zahlreiche Freiwillige zusammen, um mehr über die Iltispopulation herauszufinden. Man suchte mit Scheinwerfern nach den Iltissen, fing sie ein und markierte sie, hängte ihnen an winzigen Halsbändern Radiotransmitter um (die es dem Team erlaubten, ihre nächtlichen Habitate auszuspähen) und benutzte eine neue Technologie, winzige Transponder, die sich in den Nacken implantieren ließen (und so die Identifikation individueller Tiere auf kurze Distanz ermöglichten).

»Für keinen von uns waren sie selbstverständlich«, sagte mir später Steve Forrest, ein Teammitglied. »Wir kannten jeden einzelnen Iltis. Wir lebten mit ihnen. Wir wussten, dass sie die letzten Vertreter ihrer Spezies waren.«

Meine Nacht mit den Iltissen
Im April 2006 traf ich dank meines Freundes Tom Mangelsen, des Fotografen, einige Mitglieder des ursprünglichen, engagierten Teams – Steve und Louis Forrest, Brent Houston, Travis Livieri, Mike Lockhart und Jonathan Proctor. Wir trafen uns in Wall, South Dakota, im Ann's Motel. Schnell fand ich heraus, dass das eine Erfahrung werden würde, die die ganze Nacht in Anspruch nahm, da die Iltisse erst ab Mitternacht aktiv werden. Am Abend machten wir uns auf, legten einen Zwischenstopp für ein Picknick ein, um zuzusehen, wie die Sonne hinter den außergewöhnlichen Fels-

Ich habe mich in Schwarzfußiltisse verliebt. Winzlinge, die sie sind, sind sie doch mit riesigem Mut gesegnet und absolut bezaubernd. Sie wurden von einem Team hingebungsvoller, begeisterter Biologen von der Schwelle des Aussterbens zurückgebracht. Im strahlenden Grün der Nachtaugen des Iltisses sieht man die Hoffnung für die Zukunft der großen nordamerikanischen Prärien. (Bild: Jessie Cohen, Smithsonian National Zoo)

formationen der Badlands unterging und deren fantastische Farben hervorlockte – Ocker, Malve, Gelb, Grau und alle ihre feinen Zwischentöne.

Als wir auf die Prärie zufuhren, verblich der Tag nach und nach, bis alle Farbe aus der Landschaft gewichen war. Es gab keine Lichtverschmutzung, bis auf die Scheinwerfer unserer Trucks, und die Sterne leuchteten groß und hell am weiten Himmel. Es war ein seltsamer Gedanke, dass wir zu den Präriehund-Bauten fuhren – die auch die Heimat der Schwarzfußiltisse waren.

Es war fast Mitternacht, als Brent rief: »Da ist einer!« Und ich sah die Augen eines kleinen Tiers das Licht der Scheinwerfer smaragdgrün reflektieren. Als wir näher kamen, konnte ich den Kopf des Iltisweibchens ausmachen, das uns anschaute. Es verschwand nicht, als wir vorsichtig näher heranfuhren. Und als sie sich dann duckte, konnte sie doch nicht widerstehen und tauchte noch einmal auf, bevor sie verschwand. Als wir schließlich hinübergingen, um einen Blick in den Bau zu werfen, war da wieder ihr kleines Gesicht, das unseren Blick erwiderte, ohne jede Scheu. Travis ging später zurück, um ihren Transponderchip abzulesen – daher weiß ich, dass es ein Weibchen war.

Travis, der im zweiten Truck mitfuhr, fand einen weiteren Iltis – ein Männchen –, der bald in einen Bau davonschoss. Es war die Jahreszeit, in der die Männchen die Bauten abklappern und nach brünstigen Weibchen suchen. Und tatsächlich sprang der Iltis nach einer Weile heraus und raste zu einem anderen Bau. Er bewegte sich wie der Blitz, den winzige Körper lang und dünn gestreckt. Wir folgten ihm. Offensichtlich fand sich dort kein passendes Weibchen, denn er tauchte bald wieder auf, richtete sich auf, um sich umzusehen und reckte sich so hoch er konnte – so sucht er nach Kojoten und Füchsen. Dann setzte er seinen Streifzug fort und verschwand wieder in einem anderen Bau. Auch dieser war wohl weibchenfrei, da er bald erneut auftauchte. Während seines nächsten Überlandlaufs stieß unser Iltis – physisch – mit einer Ohrenlerche zusammen! Während der aufgescheuchte Vogel davonflog, legte der Iltis, ganz Akrobat, einen vollständigen Rückwärtssalto hin, um auf allen vieren zu landen, mit Blick in die Richtung, die er zuvor eingeschlagen hatte. Ohne innezuhalten, raste er zum nächsten Bau. Es war eine fabelhafte Show! Ich bezweifle, dass jemals jemand vor uns eine Begegnung von Schwarzfußiltis und Ohrenlerche dieser Art gesehen hat.

Wie bürokratische Sturheit fast zur Auslöschung der Iltisse geführt hätte
Am nächsten Tag hatten Tom und ich Gelegenheit, uns mit Travis, Steve und Jonathan hinzusetzen und über das Schwarzfußiltis-Wiederansiede-

lungsprogramm zu reden. Steve beschrieb die erschütternden Ereignisse, die vier Jahre nach der wundersamen Entdeckung der wilden Schwarzfußiltisse aus der Region Meeteetse stattgefunden hatten. Im August 1985 erhielten sie die Erlaubnis, den Status der Iltispopulation einzuschätzen, wie sie es jedes Jahr getan hatten. Sie fanden 58 Tiere, ein beachtlicher Rückgang gegenüber den 129, die man im Sommer zuvor gefunden hatte. Im September, so schätzten sie, gab es nur noch 31 und im Oktober war die Zahl der Iltisse auf nur noch 16 gesunken.

Die Biologen waren der Meinung, dass die Iltisse an der Staupe litten und suchten um die Genehmigung des Wyoming Game & Fishdepartment (das für das Schwarzfußiltisprogramm zuständig war) nach, einige Tiere einzufangen, um Blutproben für eine tierärztliche Untersuchung zu gewinnen. Die Genehmigung wurde unter der Begründung, diese Maßnahmen seien zu invasiv, verweigert. Die Situation verschlechterte sich – es wurde klar, dass die Jungtiere nicht überleben würden.

Brian Miller, dem ich später begegnete, war damals Mitglied dieses Teams. »Wenn man in dem Gebiet herumging, dann war das nicht wie in den Jahren zuvor, als man sich darauf verlassen konnte, dass die Iltisse bestimmte Gebiete bewohnten«, erzählte er. »Jetzt war es so, dass man die eine Nacht einen Iltis in seinem oder ihrem Revier sah, und in der nächsten Nacht war das Gebiet leer.« Diese Situation, obwohl sie für die Biologen von alarmierender Dringlichkeit war, wurde vom Wyoming G & F ignoriert. Schließlich wurde ein Treffen arrangiert, bei dem über die Bedrängnis der Iltisse diskutiert werden sollte. Es kamen Steve, Louise und Brent zusammen mit anderen Biologen sowie diverse Mitarbeiter des Wyoming G & F, ein Vertreter der IUCN und eine Gruppe altmodischer Wildhüter, die keinerlei Verständnis – oder Geduld – für Naturschutzbiologie hatten.

Bei diesem Treffen wurden die Wissenschaftler dafür kritisiert, keine guten Daten zur Verfügung gestellt zu haben – Daten über die vermutete Staupe-Epidemie, die zu sammeln man ihnen nicht erlaubt hatte! Die Diskussion wurde hitzig. Die Wissenschaftler betonten die Dringlichkeit, mehr Iltisse für eine intensive Zucht in Gefangenschaft einzufangen. Wiederum wurde die Erlaubnis verweigert. Die Dinge standen schlecht für die Forscher und somit auch für die Zukunft der Iltisse, als ein Tierarzt der Wyoming G & F den Raum betrat, und zwar in ziemlicher Aufregung.

Damals befanden sich sechs Iltisse in Gefangenschaft, die man schon früher für ein Zuchtprogramm gefangen hatte, dem die Wyoming G & F nach dauerhaftem Druck aus zahlreichen Quellen schließlich zugestimmt hatte. Einer der sechs, berichtete der Tierarzt, sei gestorben und ein weiteres sei sehr krank. Der Grund sei Staupe, die er sich fast sicher in der freien Natur zugezogen hatte. »Plötzlich war es sehr still«, sagte Steve mit breitem Lächeln, als er sich des Unbehagens ihrer sturen Gegner erinnerte. Zu guter Letzt hatten die Wissenschaftler ihren Beweis.

Aus der Wildnis verschwunden
Doch selbst so erlaubte man ihnen lediglich, Tiere aus dem zentralen Teil des Bereichs zu fangen – wobei die gefährdetsten Tiere in den Randbereichen auf der Strecke blieben und für immer verschwanden. Und trotz der Tatsache, dass die Iltisse kurz vor dem Aussterben waren, wichen die Behörden von Wyoming nicht von der geplanten Strategie ab – nur sechs Iltisse (die ursprünglichen sechs waren tot oder am Sterben) durften gefangen werden – und zwar nur einer am Tag, denn das war das Tempo, in dem die Käfige gebaut wurden. Angebote, eine Firma einzustellen, um den Prozess zu beschleunigen, wurden ignoriert.

»Wir fingen sofort an«, erzählte mir Steve. In den nächsten drei Nächten deckten sie 40 Quadratmeilen Prärie ab und fingen Iltisse, in dem verzweifelten Versuch, die Spezies zu retten. In der dritten Nacht, hatte Brent gerade zwei eingefangen, als ein übereifriger örtlicher Wildhüter ankam und ihm sagte, er hätte die Quote überschritten. »Er sagte Brent, er solle einen der beiden freilassen«, erzählte Steve, »und Brent weigerte sich.« Sie gingen praktisch aufeinander los und der Wildhüter schnitt die Falle einfach auf.

Zu diesem Zeitpunkt gab es nur noch sehr wenige Iltisse und die Wyoming G & F war so unkooperativ, dass man beim Einfangen der Tiere kaum eine Wahl gehabt hatte. So bestand der Kern der Zuchtgruppe aus drei erwachsenen Weibchen und einem Jungweibchen (Emma, Molly, Annie und Willa) sowie zwei jungen Männchen (Dexter und Cody). Ein Spezialist in Sachen Aufzucht in Gefangenschaft warnte, dass ohne ein erwachsenes Männchen der Beginn der Paarung verzögert werden würde, aber die Wyoming G & F ignorierte diesen Rat und verbot das Einfangen eines erwachsenen Männchens, obwohl eines in einem der Randgebiete gesehen worden war. Und so gab es in der gefangenen Gruppe in der nächsten Saison keinen Wurf.

Es war eine quälende Zeit. Brian Miller, der die gefangenen Iltisse gepaart hatte, erzählte mir, wie sie die Zuchtkäfige die ganze Nacht mit einer ferngesteuerten Kamera beobachteten. »Wir fragten uns, ob wir hier Zuschauer einer modernen Version von Martha, der Wandertaube, wurden«, so Brian. Martha war der letzte Vertreter einer Art, die mittlerweile ausgestorben ist. Sie starb an Altersschwäche in einem Zoo und ist nun im Smithsonian ausgestellt. »Ich habe sie mir einmal angeschaut«, erzählte Brian. »Sollte das auch das Schicksal von Emma, Molly, Annie, Willa, Dexter und Cody werden?«

Im folgenden Sommer 1986 hatte es den Anschein, dass nur vier ausgewachsene Tiere, zwei Männchen (Dean und Scarface) und zwei Weibchen (Mom und Jenny), die beide warfen, in freier Wildbahn übrig waren. Und nun stimmte die Wyoming G & F *endlich* zu, alle vier ausgewachsenen Iltisse und die verbleibenden acht Jungtiere für das Zuchtprogramm einzufangen.

Die Biologen arbeiteten den Rest des Sommers hart dafür und schließlich war auch der letzte Iltis eingefangen – Scarface. Zu diesem Zeitpunkt waren 18 gefangene Iltisse, eine Handvoll Biologen und ein nicht bewährtes Zuchtprogramm das Einzige, was zwischen der Spezies und ihrem Aussterben stand. Trotz der Tatsache, dass auch weiterhin Zwietracht und böses Blut das Programm plagten, begannen die Iltisse, sich zu vermehren und nach und nach wurden im ganzen Land weitere Zentren eingerichtet, so dass eine Krankheit oder eine andere Katastrophe, die eine Einrichtung traf, nicht die gesamte gefangene Population auslöschen konnte.

Hartes kontra weiches Auswildern
Als Nächstes begannen die Streitigkeiten darüber, wann und wie die Iltisse wieder in die Wildnis entlassen werden sollten. Der erbittertste Streit betraf Pro und Contra von »hartem Auswildern« (wobei die Tiere direkt aus dem Käfig genommen, freigelassen werden und höchstens noch ein paar Tage Nahrung bekommen) im Vergleich zu »weichem Auswildern« (wobei die Tiere eine Bandbreite von Gelegenheiten geboten bekommen, sich an ein Leben in freier Wildbahn zu gewöhnen). Viele der Freilandbiologen waren der Meinung, es sei unethisch, die Iltisse plötzlich ohne Erfahrung und Training aus dem Käfig in die gefährliche Welt der Prärie zu entlassen, aber 1991 wurden die ersten 49 Gefangenen »hart« in die Wildnis Wyomings entlassen.

Der nächste Auswilderungsort war das Conata Basin in South Dakota, wo ich meinen ersten Iltissen begegnet war. Später traf ich Paul Marinari, der mir von einer Nacht erzählte, die er nie vergessen wird. Er suchte zusammen mit Travis und vier anderen Biologen verteilt über die Prärie nach Iltissen. Plötzlich erwachte sein Funkgerät zum Leben und »unter Rauschen ertönte durch die Nacht von South Dakota die Meldung, bei einem Bau

Paul Marinari entlässt einen Schwarzfußiltis vor seiner endgültigen Reise in die Wildnis in ein Auswilderungsgehege. (Bild: Ryan Hagerty)

hätte man zahlreiche Iltisaugen leuchten sehen. Das bedeutete die erste Beobachtung eines in der Wildnis geborenen Wurfs von Iltissen (von in der Gefangenschaft geborenen Eltern) in diesem Staat. Dieser Moment bescherte mir eine doppelte Gänsehaut!«

Schließlich wurde schlüssig bewiesen, dass das harte Auswildern nicht die beste Option ist – nicht nur, dass weiches Auswildern zu erheblich besseren Kurzzeit-Überlebensraten führt, nein, es überlebten auch mehr Tiere, die sich in der nächsten Saison fortpflanzen könnten. Nach und nach überlebten immer mehr der entlassenen Iltisse. Es hatte sich erwiesen, dass sie, in Gefangenschaft gezüchtet, in der Wildnis überleben und sich fortpflanzen konnten. Aber würde sich ihr Lebensraum bewahren lassen?

Die Rettung der Prärie
Nachdem ich während meines Besuchs die Herausforderungen sah, dem das Team gegenüberstand, erwachte mein Interesse, mich weiter mit Jonathan Proctor über seine Arbeit mit den Präriehunden und dem Ökosystem Prärie zu unterhalten. Jonathan erklärte, dass eines der Hauptprobleme der Natur-

schützer sei, dass kaum ein Rancher etwas für Präriehunde übrig hat. Ich begegnete einem dieser altmodischen Herren, als er an Ann's Motel vorbeifuhr. Die Präriehunde, so sagte er, seien eine richtige Plage, vor allem ihre Löcher im Boden, in denen sich die Pferde und Rinder die Beine brächen. Und, so sagte er weiter, die Präriehunde machten den Herden das junge Gras streitig. Während niemand, mit dem ich geredet hatte, von einer Kuh wusste, die sich in der Prärie ein Bein gebrochen hatte, hörte ich mir doch seinen Standpunkt an und respektierte, was er zu sagen hatte. Ich sagte, es sei eine Schande, dass es keine Möglichkeit zur Lösung des Problems gab, die ohne das Vergiften dieser reizenden kleinen Tiere auskäme.

»Der beste Präriehund ist ein toter Präriehund«, sagte er – aber er streckte die Hand aus und berührte mich am Arm, als ob er wisse, was ich meinte, und sagte mir, er hätte meine Sendungen gesehen und sei der Meinung, ich würde tolle Arbeit leisten. Es ist so wichtig, sich mit Leuten zu unterhalten und sich ihren Standpunkt anzuhören und zu versuchen, Lösungen zu finden, die für alle funktionieren. Denn dieser Konflikt zwischen Menschen und Wildnis verstärkt sich, da die Zahl der Menschen wächst und immer mehr Gebiete zur Entwicklung freigegeben werden.

Vielleicht wird am Ende der Tourismus die amerikanischen Prärien retten und mit ihnen all die faszinierenden Lebensformen, die ihr Ökosystem ausmachen. Und der letzte der altmodischen Rancher kann dann Besuchern einen Blick auf die alte Zeit gewähren, in seinem Haus alten Stils auf dem Land, wo einmal die Bisons umherstreiften, dem Land, wo die Indianer der Zentralebenen – wie die Lakota und die Sioux – lebten, die ein Teil der großen Prärie sind und die genau jetzt bei den Wiederansiedelungsprojekten helfen und eine bedeutende Rolle spielen.

Ein ganz besonderer Iltis
Bei meinem letzten Besuch in Wall, South Dakota, kamen wir zum Frühstück zusammen und wollten gar nicht auseinandergehen. Wie viel hatte ich gelernt, wie komplex war diese Angelegenheit und wie viele Herausforderungen lagen vor uns. Bevor wir uns verabschiedeten, erzählte mir Travis von einem Exemplar, das einen großen Beitrag für das Programm geleistet hatte: Sie war schlicht als Nr. 9750 bekannt (die *97* bezeichnete ihr Geburtsjahr). 1996 hatte Travis 36 in Gefangenschaft geborene Iltisse in die Wildnis entlassen und die Mutter von Nr. 9750 war eine der einzigen vier Überlebenden gewesen. Nr. 9750 wurde im darauffolgenden Jahr in der ersten Kohorte wildge-

borener Schwarzfußiltisse im Conata Basin geboren. »Ihre Zukunft war ungewiss«, erzählte mir Travis. »Aber Nr. 9750 überlebte, gedieh und wurde zur Gründerin einer Schwarzfußiltis-Population, die mittlerweile nahezu 300 Erwachsene zählt und sich jährlich im Conata Basin fortpflanzt.« Nr. 9750 wurde vier Jahre alt, was für einen wildlebenden Schwarzfußiltis ziemlich alt ist. Sie hatte vier Würfe und insgesamt zehn bis zwölf Junge aufgezogen.

Im Oktober 2001 begegnete Travis Nr. 9750. Sie sah nach der Aufzucht ihres letzten Wurfs erschöpft aus, ausgehungert, mit dünner werdendem Haar und eingesunkenen Augen. Als er sich hinkniete, um in den Bau zu ihr hinunterzusehen, wusste er, dass sie nicht noch einen Frühling erleben würde. Als ich Travis zuhörte, war ich meilenweit vom Frühstückstisch mit seinen leeren Tellern und Tassen entfernt. Ich war draußen in der Prärie, die von der Ödnis des herannahenden Winters gezeichnet war, zusammen mit diesem zähen, hingebungsvollen Mann, der sich mit sanften Worten von einem sehr kleinen, sehr müden Schwarzfußiltis verabschiedete. »Ich möchte dir danken, Süße. Ich weiß, wir werden uns nicht wiedersehen.« An seiner Stimme konnte ich hören, dass ihm ein Kloß im Hals saß, aber wegen der Tränen in meinen eigenen Augen konnte ich nichts sehen.

Was Sie schon immer über die Iltiszucht wissen wollten,
sich aber nie zu fragen trauten
Im April 2007 knappste ich mir einen Morgen von meinem Tourenplan ab, um das Nachzuchtprogramm im nationalen Schwarzfußiltis-Schutzzentrum des US Fish and Wildlife Service (USFWS) in Wellington, Colorado, der Heimat von etwa 60 % der gefangenen Population (etwa 160 Tiere) zu besuchen. (Der Rest ist über verschiedene Zoos verteilt.) Dort begegnete ich Travis, Brent und Mike wieder, die alle dort arbeiten, und traf zum ersten Mal Dean Biggins und Paul Marinari, von denen ich schon so viel gehört hatte.

Paul erklärte, es sei wichtig, genau festzustellen, wann die Männchen und Weibchen bereit zur Paarung sind, ob das Sperma des Männchens gesund ist, ob ein Weibchen erfolgreich besamt worden ist und so weiter. Einem dreijährigen Weibchen wurde etwas Salzlösung in die Vagina gespritzt. Nicht weit entfernt ermunterte Paul ein Männchen, den unteren Bereich seiner Behausung zu verlassen und durch eine kleine schwarze Röhre in einen schmalen Drahtkäfig zu klettern. Als der Iltis dort drin war, demonstrierte Paul, wie man sanft dessen Hodensack, der prall sein muss, drückt. War dies der Fall, würde der Iltis betäubt und einer Elektro-Ejakulation unterworfen.

Als Nächstes betrachteten wir durchs Mikroskop die Probe eines anderen Männchens und sahen dort die kleinen Spermien. Der war jedenfalls so weit! Die Ergebnisse dieser notwendigen, wenn auch entwürdigenden Prozeduren wurden auf Tabellen an den Wänden eingetragen – diese stellten dar, welches Weibchen sich mit welchem Männchen fortgepflanzt hatte, welche Paare tatsächlich inkompatibel waren, wie viel Nachkommen überlebt hatten und welchen man, vom genetischen Standpunkt aus, die Fortpflanzung erlauben konnte. Das Programm war ganz klar erfolgreich gewesen – seit seinem Start 1987 verdankt sich ihm die Geburt von mehr als 6000 Schwarzfußiltis-Jungen.

Einer der großartigen Momente war, als Paul den oberen Käfig eines Weibchens öffnete, das zwei Tage zuvor geworfen hatte, und ich hineinsehen durfte – und somit einer der ersten Menschen war, die diese fünf winzigen, rosafarbenen, nackten und blinden Jungen zu Gesicht bekam, wie sie dort eingerollt lagen. Paul sagte mir, dass er niemals müde wurde, zuzusehen, wie sie sich von »einem Haufen ekliger, kleiner wurmartiger Wesen im Alter von 60 Tagen in schnatternde Welpen verwandelten«. Manche von ihnen würde man als Kandidaten für die Auswilderung auswählen. »Dann erleben sie das Dramatischste, was für ein gefangenes Tier vorstellbar ist: Die Entlassung in ein Auswilderungsgehege und, hoffentlich, die letztendliche Wiedereinführung in die Wildnis.«

Iltisschule
Es war Travis, der mir als Erster von der »Iltisschule« erzählte, die beginnt, wenn eine gefangene Iltismutter und ihre Jungen in ein großes Gebiet im Freien gesetzt werden, wo die Präriehundbauten noch von Präriehunden bewohnt sind. Das wird dann für die nächsten Monate die Heimat und das Jagdgebiet der Jungen, bevor man sie in die Wildnis schickt, üblicherweise zusammen mit der Mutter. Diese Erfahrung – in einem Präriehundbau zu leben und Präriehunde als Beute zu jagen – ist die kritische Phase, wenn es darum geht, sie auf das Leben in der Prärie vorzubereiten.

»Hier erleben die Jungen Wind, Regen, Dreck und all die Geräusche, die draußen die nordamerikanische Prärie prägen – und natürlich lebende Präriehunde«, so Paul. »Wenn die Jungen in diese Schächte gesetzt werden, frage ich mich oft, was sie sich wohl denken. Oft stehen sie in ihrem Erstaunen über so ein weiträumiges Gehege (verglichen mit dem Setting der Käfige drinnen) nur da. Dann spielen sie sofort »folgt dem Anführer« und stolpern dabei fast über das Muttertier, das sie in dem Gehege herumführt und durch jede Öffnung des Präriehundbaus hinein- und hinausgeht. Schließlich richten sie sich ein und werden immer geheimniskrämerischer, bis dann der Tag heran ist, sie aus der Struktur ihrer Gefangenschaft zu befreien und sie der Wildnis zu übergeben.«

Die Zukunft des Schwarzfußiltisses
Das Ziel des Schwarzfußiltis-Zuchtplans ist es, die Iltisse in alle elf Staaten, in denen sie früher lebten, wiedereinzuführen. Seit dem Beginn des Programms 1991 sind, wie mir Dean erzählt hat, mehr als 3000 Iltisse in acht dieser Staaten an Auswilderungsorten freigelassen worden (Wyoming, Montana, South Dakota, Arizona, Utah, Colorado und Kansas sowie im nördlichen Mexiko). An einigen der Stellen, darunter auch die, die ich im Conata Basin besucht habe, haben sich erfolgreich wilde Schwarzfußiltis-Populationen etabliert. Aussiedlungen haben auf staatlichem, bundesstaatlichem, Stammes- und Privatland stattgefunden und das Schwarzfußiltis-Zuchtprogramm hat mittlerweile zahlreiche Partnerfirmen, -organisationen, -stämme, -zoos und -universitäten. Wyoming Game & Fishdepartment war, trotz ihrer früheren Versäumnisse, ein integraler und wichtiger Teil des Iltisprogramms und überwacht eine große Iltispopulation im Staat.

Wie bereits erwähnt, war Dean ein Mitglied des Teams, das die letzten noch existierenden wildlebenden Iltisse in den Jahren 1986–1987 in Meeteetse einfing. Eines von ihnen war ein Weibchen mit dem Namen Mom. Bevor man sie einfing, hinterließ sie einen kleinen Pfotenabdruck im Erdboden vor ihrem Bau und Dean ließ ihn abgießen. Als ich mich ans Gehen machte, gab er mir eine Reproduktion dieses Abgusses. Ich blickte auf diesen winzigen Abdruck und dachte an die bittere Zeit, als dieses hingebungsvolle Team in dem Versuch, die Spezies zu retten, die letzten wildlebenden Tiere in die Gefangenschaft überführen musste, und es rührte mich fast zu Tränen. Dean hatte auf die Rückseite geschrieben:

»Mom«, 30. August 1986
Meeteetse, WY.
Einer der letzten 18 Schwarzfußiltisse.
An Jane von Dean Biggins, Travis Livieri, Brent Houston, Paul Marinari, Mike Lockhart 25.04.2007.

Es ist eines meiner kostbarsten Besitztümer und reist mit mir um die Welt.

Das Mala oder Zottel-Hasenkänguru *(Lagorchestes hirsutus)*

Meinem ersten Mala bin ich im Oktober 2008 begegnet und hatte die Freude, das in Gefangenschaft geborene Tier in ein großes, eingezäuntes Gehege zu überführen, wo es sich daran gewöhnen sollte, im Busch zu leben. Es war Polly Cevallos, die CEO des Jane Goodall Institute (JGI)-Australien, die mir die herzerwärmende Geschichte des Zottel-Hasenkängurus erzählt hatte, das in Australien eher unter seinem Arboriginesnamen Mala bekannt ist. Sie brachte mich in Kontakt mit Gary Fry, dem Direktor des Alice Springs Desert Parks, wo man versuchte, die Mala-Bestände wiederaufzubauen. Zwei Jahre nach dem ersten Anruf kam ich an dem Ort an, den ich, seitdem ich Nevil Shutes *Eine Stadt wie Alice* gelesen hatte, stets hatte besuchen wollen, den Ort im Herzen des australischen Kontinents.

Es war ein sehr heißer Tag, kühlte aber langsam ab, als wir Garys Haus erreichten. Ich reise zusammen mit Polly und der Direktorin des australischen Roots & Shoots-Programms, Annette Debenham. Wir wurden unser Gepäck los, sagten kurz Garys Frau und seinem Sohn hallo und trafen uns mit Dr. Kenneth Johnson, der das Aufzuchtprogramm in Gefangenschaft für Malas in den 1980er Jahren ins Leben gerufen hatte. Dann machten wir uns gemeinsam zum Gehege auf. Zwei Mitarbeiter des Wüstenparks waren bereits mit dem Mala dort, der in seinem Stoff»beutel« jedoch unsichtbar blieb. Ich saß auf dem trockenen Gras und das Mala wurde sanft auf mein Knie gesetzt.

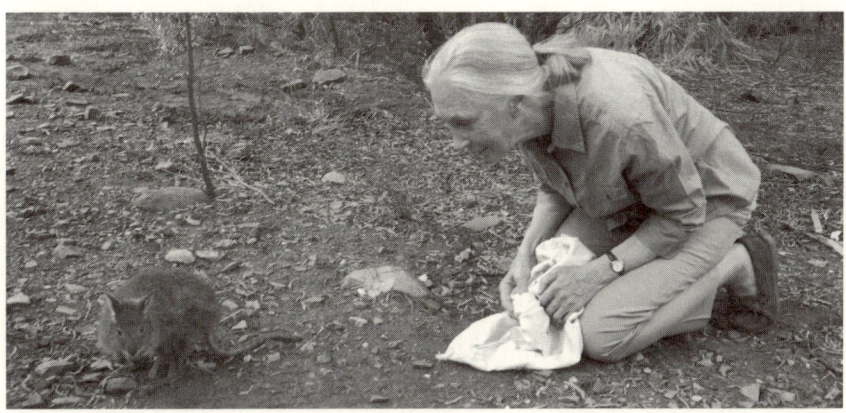

Als ich im Oktober 2008 Australien besuchte, hatte ich die Ehre, dieses Mala in seinen natürlichen Lebensraum im Alice Springs Desert Park zu überführen. Die Leinentasche diente als »Beutel«, während seines Transports. (Bild: Peter Nunn)

Sogleich spitzte ein kleines Gesicht heraus. Recht langsam kam es dann hervor, aus der Tasche auf den Boden und hielt dort erst einmal inne, ein paar Fuß entfernt von mir, und sah sich um. Es war wunderschön, ein kleines, zartes Känguruweibchen, mit zotteligem, leicht graubraunem Haar, das einen Hauch Rot aufwies. Schließlich machte sie sich daran, ihre Umgebung zu erkunden und entfernte sich langsam, auch wenn sie sich zunächst nicht weit weg wagte. Ich bemerkte, wie sie ihren Schwanz, haarlos wie der einer Ratte, hinter sich herzog (Ken sagte mir später, dass die Aborigines im Busch genau so die Spuren von Malas identifizieren). Bald ließen wir sie allein, damit sie sich in ihrem Interims-Zuhause einrichten konnte. Wie viele australische Säugetiere sind Malas nachtaktiv: Sie konnte des Nachts Erkundungsgänge machen und am nächsten Tag in aller Ruhe schlafen. Und tatsächlich bekamen wir am nächsten Morgen die Meldung: Sie hatte die Nahrung, die man bereitgestellt hatte, gefressen und schlief in dem Unterschlupf, den man vorbereitet hatte.

An diesem Abend erzählten mir Ken und Gary bei einem wunderbaren Abendessen, das dessen Frau Libby gemacht hatte, die Geschichte des Malas. Einst muss es ungefähr zehn Millionen dieser kleinen Tiere über die ganze Wüsten- und Prärielandschaft Australiens verteilt gegeben haben, aber ihre Population, ganz ähnlich denen so vieler anderer endemischer Tierarten, wurde durch die Einschleppung von Katzen und Füchsen zerstört – tatsächlich glaubte man in den 1950er Jahren, das Mala sei ausgestorben. Aber 1964 fand man 450 Meilen nordwestlich von Alice Springs in der Tanami-Wüste eine kleine Kolonie. Und zwölf Jahre später fand sich in der Nähe der ersten noch eine weitere. Die ganzen 1970er und 1980er Jahre hindurch wurden diese Populationen dann von Wissenschaftlern der Parks and Wildlife Comission des nördlichen Territoriums studiert und überwacht. Man unternahm eine ausgedehnte Suche in historischen Mala-Gebieten, fand aber keine weiteren Spuren.

Ken erzählte mir ein wenig von den Schwierigkeiten des Teams, das während dieser Jahre mit den Malas arbeitete. Zuerst sah es so aus, als könnten die kleinen Tiere ohne Hilfe zurechtkommen. Aber dann, Ende 1987, trat die erste Katastrophe ein: Alle Mitglieder der zweiten, kleineren Kolonie wurden getötet. Die Untersuchung der Spuren im Sand ergab, dass offenbar ein einzelner Fuchs verantwortlich gewesen war. Und dann zerstörte im Oktober 1991 ein Buschfeuer das gesamte Gebiet der verbleibenden Kolonie und sämtliche Malas starben. So starb das Mala in der Wildnis tatsächlich aus.

Was für ein Glück, dass Ken und sein Team zehn Jahre zuvor zehn Exemplare gefangen hatten, die die Grundsteine eines Nachzuchtprogramms im Arid Zone Research Institute in Alice Springs geworden waren. Und diese Gruppe entwickelte sich gut. Ein Teil dieses Erfolgs verdankt sich der Tatsache, dass die Weibchen schon mit fünf Monaten fortpflanzungsfähig sind und jedes Jahr bis zu drei Junge werfen können. Wie bei anderen Känguruarten auch, trägt die Mutter ihre Jungen – auch Joey genannt – etwa 15 Wochen in ihrem Beutel und kann mehr als ein Junges gleichzeitig haben.

Die Zusammenarbeit mit den Yapa
Anfang der 1980er Jahren gab es genug Malas in Gefangenschaft, um es machbar erscheinen zu lassen, mit einem Auswilderungsprogramm zu beginnen. Aber zunächst war es nötig, dies mit den Führern der Yapa (*Yapa* ist der Name, den die Aborigines dieser Gegend sich selbst geben) zu besprechen. Traditionell war das Mala in ihrer Kultur ein wichtiges Totemtier, mit starken medizinischen Kräften für die Alten. Ebenso war es einst aber auch eine wichtige Nahrungsquelle gewesen und man hatte Bedenken, dass ausgewilderte Malas sofort getötet würden, um im Kochtopf zu landen.

So lud man 1980 eine Gruppe von hochrangigen Yapas ein, das Gebiet zu besuchen, das für die Wiederansiedelung vorgeschlagen worden war. Viele von ihnen, darunter der Hauptbesitzer des »Mala dreaming«, brauchten einige Überredung, bis sie die 120-Meilen-Fahrt unternahmen, da sie glaubten, die Malas wären »völlig erledigt«. Aber schließlich kam er doch, dieser kenntnisreiche alte Mann und teilte sein tiefes Verständnis für die Spezies mit der Gruppe. Es stellte sich heraus, dass sie alle ebenso um die Zukunft des Mala besorgt waren wie Ken und sein Team und die Möglichkeit einer Jagd auf sie wurde nicht einmal erwähnt. Die Fähigkeiten und das Wissen der Aborigines sollten bei diesem Projekt eine bedeutsame und dauerhafte Rolle spielen.

Ken und sein Team machten weiter und bauten in der Wüste ein 50 × 50-Yard-Gehege, in das man dann zwölf Malas aus dem erfolgreichen Zuchtprogramm einsetzte, um ihnen Zeit zu geben, sich zu akklimatisieren, bis man sie schließlich auswilderte. Ein Jahr später waren einige noch am Leben und 13 weitere wurden ausgesetzt. Unglücklicherweise wurden alle durch eine Dürre und durch Raubkatzen getötet oder sie verschwanden einfach.

Danach wurde mit Hilfe der örtlichen Aborigines um ein Gebiet von 250 Morgen passenden Lebensraums ein Elektrozaun errichtet, so dass sich die Malas, geschützt vor Räubern, anpassen konnten. 1992 gab es in dem Gebiet, das als Mala-Koppel bekannt werden sollte, bereits ungefähr 150 Malas sowie 50 weitere in der Alice Springs-Kolonie.

Jedoch schlugen sämtliche Versuche, die Malas in die freie Wildbahn zu entlassen, fehl. Über zwei Jahre hinweg wurden insgesamt 79 ausgewildert; alle verschwanden oder wurden getötet (alles deutete auf Katzen und einige Füchse als Täter). Und so gab man das Auswilderungsprogramm auf: Die Tanami-Wüste war für die Mala einfach kein sicherer Ort.

Ken und sein Team standen daher einer Situation gegenüber, in der man Malas zwar züchten, aber nicht freilassen konnte. 1993 wurde ein Mala-Wiederansiedelungs-Team gegründet, um neue Ziele für das Projekt zu formulieren. Zuerst konzentrierte sich das Team darauf, ein passendes raubtierfreies Gebiet oder eins mit kontrolliertem Raubtierbestand zu finden. Der erste Ort, den man auswählte, war ein neues Gehege für bedrohte Spezies bei Dryandra Woodland in Westaustralien – ein Gebiet, wo die Malas verbreitet gewesen waren, bevor man es in einen Weizengürtel verwandelt hatte. Anfangs sollten dort in Gefangenschaft geborene Tiere in einem großen Gehege leben. Sobald sich die Populationen vergrößerten, würde man ausgewählten Tieren Halsbänder mit Radiosendern anlegen und sie in passende Naturschutzreservate oder Nationalparks des Gebiets aussiedeln.

Zu guter Letzt waren alle Vorbereitungen abgeschlossen und man sandte im März 1999 zwölf ausgewachsene Weibchen, acht Männchen und acht kleine Joeys von der Mala-Koppel auf die lange Reise. Früh am Morgen wurden sie in einen Kombi geladen, der auf holprigen Buschpfaden zum nächstgelegenen Flughafen fuhr. Hier hatte sich eine Delegation von Aborigines versammelt, um sie zu verabschieden, ein Zeichen ihres intensiven Interesses an dem Mala-Programm. Von dort flog die wertvolle Fracht in einem Charterflugzeug nach Alice Springs, dann ging es mit einem regulären, kommerziellen Flug nach Perth und schließlich mit dem Truck an den endgültigen Bestimmungsort. Gegen vier Uhr am Nachmittag kamen sie an und wurden um sieben Uhr in ihre neue Heimat entlassen. Ich kann mir kaum vorstellen, mit welchen Befürchtungen man die Taschen geöffnet haben mag – wie hatten die kleinen Wesen wohl diesen anstrengenden Tag überlebt? Aber alles war in Ordnung. Die Malas stürzten sich sofort auf das frische Alfalfa und hoppelten dann los, um ihre neue Heimat zu erforschen.

Die zweite Überführung von Malas aus der Tanami-Wüste ein paar Monate später ging nach Trimouille, eine Insel vor der Küste Westaustraliens. Zuerst hatte man die Insel von Ratten und Katzen säubern müssen – ein Unternehmen, das zwei Jahre dauerte. Schließlich war die Insel bereit, die Malas aufzunehmen, die traditionellen Aborigines-Besitzer hatten dem Projekt ihren Segen gegeben, und dass obwohl dabei einige ihrer Totemtiere ihre »Traumheimat« verlassen mussten. Man wählte zwanzig Weibchen und zehn Männchen für die lange Reise aus. Und wieder kamen alle heil an.

Sechs Wochen nach der Freilassung kehrte ein Team auf die Insel zurück, um zu überprüfen, wie die Dinge standen. Jedes der Mala hatte ein Halsband mit Radiotransmitter umgelegt bekommen, der für etwa 14 Monate senden konnte und danach abfällt. Das Team konnte 29 der 30 Transmitter lokalisieren – nur ein Signal kam vom Halsband eines Mala, das aus unbekannten Gründen gestorben war. Soweit war die Wiedereinführung sogar besser verlaufen als erwartet. Heute stehen die Zeichen gut, dass die Mala-Population auf der Insel sich weiterhin günstig entwickelt.

Wiedereinführung in die heiligen Gründe
Während meines Besuchs in Alice Spring, erzählte mir Gary, dass sein Teil der Geschichte mit dem Plan begann, einige ausgerottete Spezies im Uluru-Kata-Tjuta-Nationalpark wieder anzusiedeln. Der 863 Meter hohe Uluru (Ayers-Rock) ist der heiligste Ort der Aborigines. Ich war mit Polly und Annette über das Gebiet geflogen und war von der schieren Größe dieses riesigen Aufschlusses von rotem Fels, der meilenweit in jede Richtung von der ebenen Fläche der Simpson-Wüste umgeben war, überwältigt.

1999 trafen sich Mitarbeiter des Parks und andere Biologen mit hochrangigen Mitgliedern des ansässigen Anangu-Stammes, um zu diskutieren, welche Tierarten in das Uluru-Gebiet wieder eingeführt werden sollten. Wie bei den Yapa hatte das Mala auch in der Kultur der Anangu eine wichtige Rolle gespielt und es bestand der echte Wunsch nach seiner Rückkehr.

»Dieses kleine Mala«, so sagte mir Gary, »war bei den Frauen der Anangu die bevorzugte Spezies und bei den Männer die Nummer zwei.« Gary hatte auch erfahren, dass selbst nachdem die Malas aus Uluru verschwunden waren, die Anangu sein Gedenken wach und lebhaft gehalten hatten, weil das Mala ein wichtiger Teil ihrer Schöpfungsmythen ist. In der Tat erzählte mir Gary, dass der Verlust der Zottel-Hasenkängurus in Uluru die Ältesten und Mächtigen unter den Anangu zutiefst betrübt hatte.

Jim Clayton, ein begeisterter Parkranger, der im Uluru-Kata-Tjuta-Nationalpark stationiert war, arbeitete mit den Anangu zusammen, um festzulegen, wo das Gehege hinkommen sollte und ermutigte sie, beim Bau und der Instandhaltung der unendlich wichtigen Zäune, die die Mala vor den eingeschleppten Räubern schützen sollten, zu helfen. Und Gary versuchte, die Anangu davon zu überzeugen, ein großes Stück Stammesgrund zur Verfügung zu stellen. Er war der Meinung, die Mala würden in der Lage sein, sich zu vermehren, wenn ihr Gehege nur groß genug wäre, und sie so nur wenig Unterstützung von den Menschen brauchen, von der Instandhaltung der Zäune einmal abgesehen.

Es verging einige Zeit, während derer Gary gar nichts hörte. Und dann rief schließlich Jim an: »Wir hatten ein paar Schwierigkeit beim Kartographieren der Landschaft«, sagte er, »weil wir ein paar Sanddünen und einen Wüsteneichen-Bestand übersehen haben ... Wie hört sich 170 Hektar an?«

Es hörte sich großartig an! Ein Gehege dieser Größe war genau der Ansporn, den das Programm gebraucht hat, wie Gary sagte. Er hatte entschiedene Ansichten zum Resultat des Auswilderungsprogramms, nicht nur für den Schutz der Spezies, sondern auch für die Bewahrung der Kultur der Anangu.

Auf den Monat genau sechs Jahre später, um sieben Uhr morgens am 29. September 2005, wurden 24 Malas in die neu geschaffene, räuberfreie Koppel im Uluru-Kata-Tjuta-Nationalpark ausgesiedelt. Es waren viele Anangu und auch die Presse zahlreich erschienen. Es war ein fantastisches Ereignis, der Gipfelpunkt von Jahren der Planung und harter Arbeit.

Gerade, als ich das Manuskript für dieses Buch fertigstellte, bekam ich eine E-Mail von Peter Nunn, einem Mitarbeiter des Alice Springs Desert Park. »Ich dachte, Sie würden gern erfahren, dass es dem Mala, das Sie in unser Freigehege im Alice Springs Desert Park entlassen haben, wirklich gut geht«, so schrieb er mir. »Tatsächlich geht es ihr so gut, dass sie ein kleines Joey in ihrem Beutel hat! Ich hatte das Glück, dass sie direkt an mir vorbeiwanderte, als ich letztens nachts mit dem Scheinwerfer dort unterwegs war, und sie sieht wunderbar aus. Ich hoffe, diese tollen Neuigkeiten zaubern ein Lächeln auf Ihr Gesicht!«

Und das haben sie in der Tat.

Ersatzmütter von Joeys:
Schwarzpfoten-Felskängurus *(Petrogale lateralis)*

Direkt nachdem ich meinem ersten Mala begegnet war, traf ich auch mein erstes Schwarzpfoten-Felskänguru im Aufzuchtprogramm in Gefangenschaft des Monarto-Zoos in der Nähe von Adelaide. Peter Clark, der leitende Kurator, erzählte mir, dass aufgrund der Verschlechterung der Umweltverhältnisse und der Prädation und Konkurrenz durch eingeschleppte Arten die Populationszahlen »Warru« (um die Spezies bei ihrem Anangu-Namen zu nennen) – auf lediglich 50 bis 70 Exemplare gesunken wären.

Dann war 2007 ein schlauer Plan zu ihrer Rettung umgesetzt worden – einer der bereits erfolgreich eingesetzt worden war, um die Zahlen anderer bedrohter Wallaby-Arten (Kleinkängurus) nach oben schnellen zu lassen. Er basiert auf einer ungewöhnlichen Reproduktionsstrategie: Wenn ein weibliches Känguru ein Junges verliert, dann kann sie dieses ersetzen, indem sie eine befruchtete Eizelle aktiviert, die in ihrem Inneren gespeichert ist. Und so fängt ein Team von Feldbiologen weibliche Warru ein, überprüft deren Beutel und »stiehlt« die winzigen, erst teilweise entwickelten Joeys, wenn sie welche finden, um sie dann im Flieger zum Monarto-Zoo zu bringen, wo sie in die Beutel von nicht gefährdeten Gelbfuß-Felskängurus *(Petrogale xanthopus)* eingesetzt werden. Da sich die gespeicherten »Notfallembryos« bald in den wildlebenden Müttern entwickeln, erleidet die Population in der Wildbahn keinen Verlust.

Mitglieder der örtlichen Anangugemeinde begleiteten die ersten 20 gestohlenen Joeys (von denen jedes einen Namen bekommen hatte) auf dem Flug nach Monarto. Alle überlebten ihre Gefangennahme und wuchsen in den Beuteln ihrer neuen Mütter kräftig heran, wie mir Peter erzählte. Aber dann nahm man sie, bevor sie zu unabhängig werden konnten, diesen weg, so dass ihre Aufzucht von Mitarbeitern des Zoos übernommen werden konnte. Das war wichtig, so Peter, da man sie zur Zucht verwenden wollte. Dazu müssen die Beutel regelmäßig überprüft werden, und um zu vermeiden, dass das für die Tiere zu einer große Belastung wird, versucht man, sie an ihre menschlichen Kontaktpersonen zu gewöhnen.

Im Moment führen sowohl die Regierung als auch die Anangu regelmäßig Kontrollen der Warru-Population in den drei verbleibenden Felskänguru-Stätten durch und benutzen dabei die Spuren, die Losung und die Funküberwachung zuvor eingefangener Exemplare. Wenn die Zahlen auch nach wie vor niedrig sind, ist es doch ermutigend, dass man mehrere unbekannte Tiere hat finden können. Wir sprechen hier von den Gebieten, in denen die in Gefangenschaft gezüchteten Warru aus Monato schließlich wieder ausgewildert werden, sobald es genug von ihnen gibt und die Räuber-Kontrollprogramme zufriedenstellend funktionieren.

Bevor ich aufbrach, nahm mich einer der Wärter beiseite und zeigte mir ein schwangeres Weibchen. Sie war mit der zweiten Gruppe von Joeys angekommen, die von den Mitarbeitern des Zoos ihre Namen bekommen hatten und es hieß, statt einen Aborigines-Namen zu haben, Maureen! Sie war bezaubernd – ein elegant aussehendes Tier, etwa 45 cm groß, wenn sie aufrecht saß. Ihr Fell war dunkelgrau mit schwärzlichen Streifen im Gesicht und an den Flanken. Sie fühlte sich in unserer Anwesenheit vollständig wohl – und als ich mich auf den Boden ihres Geheges setzte, kletterte sie auf mein Knie, saß einfach nur dort und sah sich mit Interesse all die Kameras an, die auf uns gerichtet waren. Mick sagte, dass sie manchmal auf seinem Kopf sitzt, wenn er ihr Gehege reinigt, und sich alles, was passiert, genau ansieht. Es war ein echtes Privileg, das hingebungsvolle Team zu treffen, das für die Sicherstellung von Maureens Überleben sowie dem ihrer Verwandten und Nachkommen arbeitet.

Der Kalifornische Kondor *(Gymnogyps californianus)*

Der Kalifornische Kondor ist einer der größten Vögel Nordamerikas, er wird bis zu 26 Pfund schwer und misst aufgerichtet fast einen halben Meter, bei einer Flügelspannweite von 2,85 m. Als Kind wusste ich nur von den Geiern Afrikas und Asiens, da diese oft in meinen Geschichtenbüchern vorkamen – üblicherweise in eher unheimlichen Rollen, in denen sie geduldig dabei zusahen, wie sich der Held durch die Wüste quälte und durstig und verwundet nahe am Aufgeben war. Aber ein Blick auf ihre krummen Schnäbel, scharfen Klauen und kalten, gierigen Augen genügte, dass er seine Kräfte zusammennahm und sich in Sicherheit brachte. Während meiner Jahre in Afrika habe ich viele Stunden mit der Beobachtung des faszinierenden Verhaltens dieser Geier in der Wildnis zugebracht, aber den Kalifornischen Kondor, von dem ich erst viel später erfuhr, habe ich nur in Gefangenschaft gesehen.

Anfangs war ich von seinem Erscheinungsbild wenig angezogen. Die nackte Haut seines Kopfes ist so – nun – nackt eben! Und ihr Rot ist das

In Gefangenschaft gezüchtete Kalifornische Kondore, die in die Wildnis von Baja California, Mexiko, entlassen werden. (Bild: Mike Wallace)

von gekochtem Hummer. Der Kondor ist wirklich eines der seltsamen Experimente der Natur, bei dem so viel Poesie und Magie in die Schöpfung der glorreichen Flügel und atemberaubenden Flugkraft geflossen ist. Aber nicht die gesamte – denn auf Fotos von wildlebenden Kondoren habe ich ihre herrliche rote Haut, wie sie sich von den pechschwarzen Federn abhebt und im Sonnenlicht glänzt, schätzen gelernt. Und nach und nach sind mir ihre Gesichter komischerweise lieb und teuer geworden.

Einst waren die Kalifornischen Kondore weit verbreitet – von Baja Californias in Mexiko bis hinauf zur Westküste British Columbias in Kanada – aber 1940 waren sie bereits fast überall verschwunden, bis auf geschätzte 150 in den Grand Canyons von Südkalifornien. 1974 gab es Berichte über zwei Kondore in Baja California; und mein verstorbener Ehemann, Hugo van Lawick, wurde gebeten, hinzufliegen und sie zu filmen. Aber aus der Expedition wurde nichts und die Vögel verschwanden.

Der Rückgang der Kondorpopulation ist auf viele Faktoren zurückzuführen, die alle durch die Besiedelung durch den Menschen entstanden sind: immer mehr Siedler zogen in den Westen der Vereinigten Staaten, durch Wilderei, durch das Fressen vergifteter Köder, die für Bären, Wölfe und Kojoten ausgelegt wurden und – wahrscheinlich der Hauptgrund – durch die unabsichtliche Vergiftung durch Bleimunition in den Kadavern und zurückgelassenen Eingeweiden von Tieren, die Jäger mit Blei geschossen hatten.

Eine Gruppe von Biologen entschied, dass etwas geschehen musste. Sicher, man hatte den Kondoren in der Wildnis ein Gebiet eingeräumt, aber das war nicht genug. Das half, sie zu schützen, wenn sie nisteten – und dafür bevorzugten sie das Gebiet auch – aber wenn sie auf Nahrungssuche gingen, flogen sie 100 Meilen oder mehr ins Farmland, wo es überhaupt keinen Schutz gab. Noel Snyder, ein Biologe und leidenschaftlicher Fürsprecher der Vögel, half, ein Kondor-Erhaltungszuchtprogramm zu etablieren und war einer der Vorreiter bei den Bemühungen um die Erforschung des Kondors. Biologen versuchten, so viel wie möglich über das Verhalten des Kondors und die Gründe für sein Verschwinden herauszufinden, während sie gleichzeitig eine Einrichtung zur Nachzucht planten, so dass man die wildlebenden Populationen schließlich mit zusätzlichen Vögeln verstärken könnte.

Aber es gab viele Leute, die jede Form der Einmischung vehement ablehnten und so begann eine Kontroverse, die sich über Jahre hinziehen sollte. Die »Protektionisten« wollten für besseren Schutz der Vögel in der Wildnis sorgen und sie, wenn das nicht funktionierte, nach und nach verschwinden und in Würde in ihrer natürlichen Umgebung aussterben lassen. Sie behaupteten, einige Vögel würden sicherlich bei der Gefangennahme getötet werden. Es sei unwahrscheinlich, dass sie sich in Gefangenschaft fortpflanzen würden und selbst wenn sie es täten, wäre es unmöglich, sie in die Wildnis zurückzubringen.

Ich erinnere mich noch an einen Besuch im Zoo von San Diego während dieser Phase und die Diskussion der Angelegenheit mit einigen Wissenschaftlern, unter anderem mit meinem langjährigen Freund Dr. Donald Lindburg. Ein Teil von mir schrak vor der Idee zurück, die wilden Vögel ihrer Freiheit zu berauben und diese wunderbaren, geflügelten Wesen – womöglich für den Rest ihres Lebens – in Gehegen einzusperren. Aber ein anderer Teil von mir fühlte – zusammen mit Don und Noel Snyder – dass es das wert wäre, um so eine großartige Spezies zu retten, solange man sie nur zurück in ihren Lebensraum auswildern konnte. Schließlich trugen Noel und Don und die anderen den Sieg davon.

Das Aussterben des Kondors in der Wildnis
Im Juni 1980 machten sich fünf Wissenschaftler, angeführt von Noel, auf, den Fortschritt der einzelnen Küken in den beiden einzigen bekannten »Nestern« in der Wildnis zu überprüfen. (Für Kondore sind Nester einfach nur Felskanten, üblicherweise in Höhlen.) Stellen Sie sich die Bestürzung des Teams vor, als das zweite Küken, nachdem sie das erste ohne Probleme hatten untersuchen können, während der Prozedur an Stress und Herzversagen starb. Das führte natürlich zu einem Sturm der Entrüstung aufseiten der Protektionisten, den Noel irgendwie durchsteuerte.

1982 wurde in der Nähe eines Nests eines wildlebenden Kondors ein Versteck gebaut, um das Verhalten der Vögel studieren zu können. Die Beobachter konnten das ungewöhnlich disfunktionale Verhalten, dessen Zeugen sie wurden, kaum fassen. Jedes Mal, wenn ein Weibchen sich daran machte, ihre Schicht beim Ausbrüten des Eis zu übernehmen, wurde sie Opfer gewalttätiger Aggression vonseiten ihres Partners, der das Ei offenbar nicht aus seiner Obhut entlassen wollte. Das Männchen vertrieb sie wiederholt aus der Nisthöhle, manchmal für Tage, wobei das Ei in der Zwischenzeit regelmäßigen und unnatürlich langen Phasen der Abkühlung ausgesetzt war. Schließlich rollte das Ei bei einem weiteren solchen Geplänkel aus dem Nest und zerbrach am Felsen.

Die Beobachter dachten nun, damit wäre das traurige Ende der reproduktiven Aktivitäten des Pärchens für dieses Jahr gekommen. Doch anderthalb Monate später produzierten sie ein weiteres Ei, das in eine andere Höhle gelegt wurde. Obwohl auch dieses Ei verloren ging – diesmal an einen Raben –, als das Pärchen seine Zwistigkeiten wieder aufnahm, war die Studie doch wichtig, weil sie feststellte, dass Kondore – wie viele andere Vögel – dazu stimuliert werden, sich erneut fortzupflanzen und Ersatz-Eier zu legen, wenn sie eines durch Räuber oder eine andere Art von Unfall verlieren. Noel und sein Team unternahmen daraufhin größere Anstrengungen, ein Nachzuchtprogramm einzurichten, indem man allen wildlebenden Pärchen ihre zuerst gelegten Eier wegnahm, um sie künstlich auszubrüten.

Und was für ein Glück, dass dies geschah, denn über den Winter 1984–1985 suchte eine Tragödie die Wildpopulation heim. Vier der fünf bekannten Brutpaare gingen verloren. Die Gründe für das Verschwinden der Vögel waren unklar, aber es türmten sich die Beweise, dass Bleivergiftung die Ursache für ihr Sterben war. An diesem Punkt angelangt, hatten Noel und sein Team das Gefühl, es wäre zwingend erforderlich, die letzten wildlebenden

Vögel einzufangen. Im Zuchtprogramm gab es so wenige Kondore und es mangelte ihnen an genetischer Varibilität, um autark zu sein – und es waren nur noch neun wildlebende Vögel übrig. Nur durch die Etablierung einer brauchbaren gefangenen Population, beharrte Noel, würde sich der Kalifornische Kondor retten lassen.

Die National Audubon Society widersetzte sich jedoch strikt diesem Plan und argumentierte, der Lebensraum ließe sich nicht für die Spezies schützen, wenn nicht einige Vögel in der Wildnis verblieben. In dem Versuch, das Einfangen der letzten wildlebenden Kondore zu verhindern, ging die Gruppe gegen den US Fish and Wildlife Service (USFWS) vor. Nachdem jedoch das Weibchen des letzten Brutpaares das Opfer einer Bleivergiftung wurde und starb, und das trotz aller Versuche der Tierärzte, sie wiederzubeleben, verfügte ein Bundesgericht, der USFWS habe tatsächlich das Recht, die verbleibenden wilden Vögel einzufangen. So wurden zwischen 1985 und 1987 die letzten wildlebenden Kalifornischen Kondore in die Gefangenschaft überführt und die Spezies für in der Wildnis offiziell ausgestorben erklärt.

Mein Besuch im Brutzentrum
Zu diesem Zeitpunkt waren bereits zwei auf dem neuesten Stand der Technik befindliche Bruteinrichtungen geschaffen, eine im San Diego Wild Animal Park und die zweite im Los Angeles Zoo, jede mit sechs Gehegen. Innerhalb von fünf Jahren, angefangen 1982, wurden 16 Eier (von denen 14 schlüpften und überlebten) und vier Küken aus der Wildnis geholt und zwischen den beiden Einrichtungen aufgeteilt. Und es gab obendrein ein Männchen, Topa-Topa, das schon seit 1967 im Los Angeles Zoo lebte. Diesen Vögeln wurden die letzten sieben ausgewachsenen Kondore aus der Wildnis beigesellt. Der Verantwortliche für das Bebrüten der Eier war Bill Toone und dank der Techniken, die er und sein Team entwickelt hatten, kamen aus 80 % der Eier gesunde Jungvögel hervor – im Vergleich dazu lag die Erfolgsrate in der Wildnis bei 40–50 %.

Anfang der 1990er Jahre lud mich Don ein, das Kondor-Brutzentrum und die Flugkäfige der San Diego-Einrichtung zu besuchen. Wie bei den meisten dieser Programme, bei denen die Zurückführung in die Wildnis das Endziel ist, verwandte man große Sorgfalt darauf, sicherzustellen, dass die in Gefangenschaft geborenen Kondore sich ihre menschlichen Betreuer nicht einprägten. Die Betreuer der Küken wurden mit Handschuh-Puppen ausgerüstet, die wie Hals und Kopf eines ausgewachsenen Kondors aussahen und es war verboten, in der Nähe der Vögel zu sprechen. So blickte ich in Stille durch das halb durchlässige Spiegelglas und sah, wie eines der ursprünglich in der Wildnis geschlüpften Weibchen auf einer von Menschenhand gefertigten Felskante saß. Während ich ihr zusah, hob sie plötzlich ab und glitt auf ihren majestätischen Schwingen durch den wirklich großen Flugkäfig und ich spürte, wie mir Tränen in die Augen stiegen. Teilweise natürlich wegen der Freiheit, die sie verloren hatte; teilweise auch, weil ich wusste, dass dieses glorreiche geflügelte Wesen, wie so viele vor ihm, fast mit Sicherheit gestorben – erschossen oder vergiftet – worden wäre, wenn da nicht diese leidenschaftlichen, mutigen und entschlossenen Leute gewesen wären.

Mehr als zwei Jahrzehnte später, im April 2007 (an meinem Geburtstag!) besuchte ich das Zuchtprogramm in Los Angeles erneut und traf mich mit den Teammitgliedern Mike Clark, Jennifer Fuller, Chandra David, Debbie Ciani und Susie Kasielke. Wir kamen in einem kleinen Raum zusammen, wo auf Videobildschirmen 24-Stunden-Aufnahmen vom Verhalten der Vögel in den Brutgehegen zu sehen waren. Während wir über die Erfolge und Probleme des Programms sprachen, schauten wir auf einem Monitor (der Bilder von einer ferngesteuerten Kamera in einem Brutpferch bekam) einer wunderbaren Darbietung eines Männchens zu. Auch war da ein Weibchen, das sich dafür bereit machte, ihr erstes Ei zu legen. Es würde erst in einigen Tagen so weit sein, aber sie sah bereits recht unbehaglich aus, den Schwanz aufgestellt und den Kopf tief haltend. Sie pickte und schluckte ein paar kleine Knochenfragmente, ein Verhalten, von dem man glaubt, dass es zusätzliches Kalzium für die Schale des Eis zur Verfügung stellt.

Die Vorbereitung der jungen Kondore auf das Leben in freier Wildbahn
Ein dringliches Problem, dem sich die Pioniere gegenübersahen, die sich auf Nachzucht in Gefangenschaft verlegt hatten, war das Finden der korrekten Methode, um die Jungvögel auf ihre endgültige Entlassung hin zu erziehen. Da die Kalifornischen Kondore dem Aussterben schon so nahe waren, konnte das Team sich nicht viele Fehler leisten. Also entschied es sich, mit Andenkondoren eine versuchsweise Auswilderung durchzuführen, da diese Spezies, mit ihrer umwerfenden Flügelspannweite von 2,40 m, nicht annähernd so gefährdet ist. 13 Jungtiere, in Südkalifornien aufgezogen, sollten zeitweise freigelassen werden und es dem Team so gestatten, ihre Methodik auszuprobieren, bevor man die kostbaren Kalifornischen Kondore entließ.

Die Andenkondore, allesamt Weibchen, wurden in der Gruppe als Gleichgestellte aufgezogen und alle gleichzeitig ausgewildert. Man glaubte, sie würden einander Gesellschaft leisten und sich gegenseitig unterstützen. Und tatsächlich funktionierte das gut. (Man fing die Andenkondore später wieder ein und ließ sie in Kolumbien erneut frei, wo heute bereits viele von ihnen brüten und Küken aufziehen.)

Aufgrund des Erfolgs, den das Andenkondor-Programm gehabt hatte, zogen die Biologen voller Zuversicht ihre jungen Kalifornischen Kondore genauso auf. Jedoch funktionierte das gruppenweise Aufziehen bei ihnen überhaupt nicht, wie Mike mir erzählte, und führte leider zu allen möglichen Verhaltensproblemen. Es hat den Anschein, dass Kalifornische Kondore der Disziplin eines der ausgewachsenen Vögel bedürfen. Und so wurde eine neue Methode entwickelt. Jedes Küken bleibt die ersten sechs Monate allein in einer Nestkiste im Blickfeld eines erwachsenen männlichen Kondors, durch die Verwendung einer Kondor-Kopfpuppe wird es betreut und gefüttert. Dann schließt sich das Jungtier zu dem Zeitpunkt, da ein heranwachsender Vogel in der Wildnis das Nest verlassen würde, einem erwachsenen Mentor an – einem zehnjährigen oder noch älteren Männchen. Dieser Mentor tritt mit dem Jungtier in Wettstreit um Nahrung, ohne aggressiv zu sein und ist, so Mike, »gut für dessen mentale Entwicklung«.

Es entstanden jedoch, während die Kondore heranwuchsen, zusätzliche Verhaltensprobleme. Da war erst einmal die Schwierigkeit, dass Männchen und Weibchen keine richtige Bindung zueinander aufbauen, bis die Wissenschaftler durch Versuch und Irrtum herausfanden, dass es am besten funktionierte, wenn man ein erwachsenes Männchen und ein reifes Weibchen, die genetisch zusammenpassten, zusammen mit Jungvögeln in ein Gehege brachte. »Jeder ausgewachsene Vogel zieht die Gesellschaft des anderen der von jüngeren vor«, sagte Mike.

Nachdem die Bindung einmal zustandegekommen ist, ist die Paarung kein Problem und solche Paare legten regelmäßig Eier. Das Aufziehen von Küken durch Eltern in Gefangenschaft war ebenfalls relativ störungsfrei. »Der Anblick eines Eis«, sagte Mike, »scheint im Männchen sofort eine väterliche Reaktion zu triggern und es entwickelt einen starken Beschützerinstinkt für das Ei.« Das Paar wechselt sich 75 Tage mit dem Ausbrüten des Eis ab, bis das Küken schließlich schlüpft. Das Männchen ist auch weiterhin sehr beschützend, auch wenn die Mutter dazu tendiert, mit dem Küken in Wettstreit um die Aufmerksamkeit des Vaters zu treten.

Das seltsame Verhalten der Eltern nach Rückkehr in die Wildnis
1991 hatten elf der zwölf Paare in Gefangenschaft 22 Eier gelegt. 17 davon waren fruchtbar und aus 13 waren Küken geschlüpft und herangewachsen. Die Dinge standen gut. 1992, weniger als zehn Jahre nach Beginn des Programms, wurden die ersten beiden in Gefangenschaft aufgezogenen Kondore, jeder mit einem Funketikett versehen, in ein 398 000 Morgen großes Naturschutzgebiet ausgewildert, u. a. mit dreißig Meilen geschützter Flüsse im Los Padres Nationalpark. In dem Versuch, diese Vögel so gut wie nur möglich vor den Risiken einer Bleivergiftung zu schützen, wurde in der Nähe der Stelle, wo man sie freigelassen hatte, Nahrung ausgelegt (ein Verfahren, das noch heute befolgt wird). Auch wenn sie mehr als 100 Meilen in einem einzigen Flug bewältigen können, hoffte man, dass die Kalifornischen Kondore, wenn sie Hunger bekamen, zu der leicht zugänglichen Nahrung zurückkehren würden, wie es auch die Andenkondore getan hatten – was meistens auch geschah.

Im Jahr 2000 nisteten die ersten in Gefangenschaft aufgezogenen Vögel in der Wildnis – ein Ereignis, das von den Leuten, die so hart dafür gearbeitet hatten, den Vögeln wieder ein Leben in freier Wildbahn zu ermöglichen, stets sehnsüchtig erwartet wurde. Doch genau dabei kamen einige der Verhaltensprobleme, unter denen die in Gefangenschaft aufgezogenen Vögel gelitten hatten, zum Vorschein. Als die Biologen das Nest fanden, waren sie erstaunt, weil nicht ein Ei darin lag, sondern zwei! Und sie stellten fest, dass zu diesem Nest drei Vögel kamen, zwei Weibchen und ein Männchen. Sie hatten jedoch eine durchaus passende Höhle gewählt, wo die Weibchen die Eier ein paar Fuß voneinander entfernt gelegt hatten. Die drei wechselten sich dabei ab, am Nistplatz zu sitzen – doch ein Vogel konnte nicht auf beiden Eiern gleichzeitig sitzen und so entschied man sich zum Eingriff.

Eines der beiden Eier war bereits vollständig verrottet. Daher ließen sie eine Ei-Attrappe dort und überprüften, ob das verbleibende Ei lebensfähig war. Es zeigte sich, dass sein Zustand sehr schlecht war, doch das fähige Team schaffte es, es im Zoo durchzubringen. In der Zwischenzeit kümmerte sich das seltsame Trio in der Wildnis noch immer um die Attrappe. Als der Zeitpunkt kam, zu dem das Küken hätte schlüpfen sollen, wurde die Attrappe durch ein gesundes, in Gefangenschaft gelegtes Ei ersetzt. Pünktlich schlüpfte ein Küken, doch trotz der Anwesenheit dreier potentieller Fürsorger wurde eines der Weibchen – zuerst mit dem Ei und dann mit dem Küken – elf Tage am Stück allein gelassen. Und als das zweite Weibchen schließlich zurückkehrte, tötete sie das Küken, statt dabei zu helfen, es zu ernähren. Das war sicher keine erfolgreiche Brutsaison! Immerhin war es ermutigend, dass die drei Möchtegern-Eltern an einem passenden Platz genistet und gemeinsam zumindest ein Ei ausgebrütet hatten.

Müll und andere Schwierigkeiten
Im folgenden Jahr wurden in drei Nestern Küken ausgebrütet. Aber die anfängliche Aufregung wandelte sich schnell in Niedergeschlagenheit, als die drei Jungtiere alle im Alter von etwa vier Monaten starben. Als man sie später untersuchte, fand man heraus, dass die Eltern sie zusätzlich zu normaler Nahrung mit Müll gefüttert hatten – Gegenstände wie Flaschendeckel, kleine Stücke hartes Plastik, Glas und so weiter.

Leider ist das bei dieser Population zur Tradition geworden – und nicht nur bei dieser, da man auch bei Geiern in Afrika beobachtet hat, wie sie ihre Jungen mit Müll füttern. Die Biologen sind der Meinung, dass die Eltern diese ungeeigneten Gegenstände als Ersatz für die Knochenfragmente, von denen man glaubt, dass sie bei der Knochenentwicklung helfen, aufpicken.

Der erste mit Radiotransmitter ausgestattete Kondor war IC1 (hier zu sehen mit Noel Snyder, links, und Pete Bloom), der in den Tehachapi-Bergen gefangen wurde. Transmitter ermöglichen es, die Bewegungen der Kondore in der Wildnis zu verfolgen.
(Bild: Helen Snyder, mit freundlicher Genehmigung des US Fish and Wildlife Service)

Heute beobachtet das Erhaltungszuchtteam die Nester genau, um das Verhalten der Eltern und die Entwicklung der Küken aufzuzeichnen und man überprüft die Gesundheit der Eier und Küken regelmäßig in Intervallen von 30 Tagen – mit dem Mandat, eventuell einzugreifen. Bei dem einzigen Küken, das in der Brutphase 2006 geschlüpft war, wurde es notwendig. Dabei handelt es sich um eine faszinierende Geschichte. Zunächst einmal hatte man die beiden Eltern für zu jung gehalten, um überhaupt ein Ei zu legen – das Weibchen war erst sechs Jahre alt und das Männchen fünf –, sie hatten noch nicht einmal das Gefieder ausgewachsener Vögel und es war eine Riesenüberraschung, sie mit Nest und Ei vorzufinden. Mike erzählte mir, dass sie alle sich wegen der Jugend und Unerfahrenheit der Eltern große Sorgen machten – würden sie ihr Interesse an dem Ei während der langen Brutphase beibehalten können?

Also griff das Team auf einen Trick zurück. Die Mitarbeiter nahmen dem unerfahrenen Pärchen das Ei weg, das sowieso erst in einem Monat so weit sein würde und setzten ein Ei aus dem Nachzuchtprogramm, in dem das Küken kurz vor dem Schlüpfen war, an seine Stelle. Die jungen Eltern wurden, als sie die Vokalisierungen des Kükens im Innern des neuen Eis und sein Picken an der Innenseite der Schale hörten, sofort sehr aufmerksam. Das Küken schlüpfte erfolgreich und sie kümmerten sich gut darum.

Als man 30 Tage später seine Gesundheit überprüfte, schien alles gut zu sein, auch wenn einige Abfallstücke zum Boden der Höhle gebracht worden waren. Das Team verteilte fünf Pfund Knochenfragmente, in der Hoffnung, diese würden die Leidenschaft, Müll zu füttern, abschwächen und machte sich voller Hoffnung davon. Auch die Untersuchung nach 60 Tagen fand ein gesundes Küken vor. Die Eltern hatten mehr Abfalltrümmer herumliegen lassen, aber der Metalldetektor – mittlerweile Veterinär-Standardausrüstung! – zeigte, dass das Küken nichts davon verschluckt hatte. Als sie jedoch nach 90 Tagen vorbeikamen, sahen sie sich einem äußerst kranken, untergewichtigen und zu klein geratenen Küken gegenüber, das viel Müll verschluckt hatte. Es war klar, dass es sterben würde, wenn man diesen nicht entfernte.

Mike nahm das Küken mit und brachte es in den Los Angeles Zoo – der die Veterinärarbeit für alle wilden Kondore in Kalifornien leistet – zu einer Notfalloperation. In der Zwischenzeit blieb ein anderes Teammitglied über Nacht, um die Eltern von der Höhle fernzuhalten – das diese mit an Sicherheit grenzender Wahrscheinlichkeit aufgegeben hätten, hätten sie es leer vorgefunden. Im Innern des Kükens fand man eine ungewöhnliche Ansammlung von Müll, die von Flaschendeckeln über Hartplastik und kleinen Metallstücken, die in Kuhhaar verwickelt waren, reichte. Ich sah diesen Haufen und es war kaum zu glauben, dass all das aus einem einzigen Vogel kam, noch dazu aus einem Küken. Kein Wunder, dass es krank war! Die Operation verlief gut und 20 Stunden später wurde das Jungtier per Helikopter zu seinem Nest zurückgebracht und an einem Seil von einem Such- und Rettungsspezialisten abgeliefert. Die Eltern waren während dieser Operation direkt hinter den Menschen und spähten an ihnen vorbei zum Nest – und fünf Minuten nachdem der Helikopter sich davongemacht hatte, waren sie wieder mit ihrem geliebten Sprössling zusammen.

Befreit von der Last des unverdaulichen Mülls verbesserte sich die Gesundheit des Kükens. Aber kurz vor dem 120-Tage-Check beobachtete der diensthabende Biologe über ein stark vergrößerndes Fernrohr, wie das Küken mit drei Glasstücken spielte, sie verschluckte und wieder ausspie. Und tatsächlich fanden die Teammitglieder, als sie zur vorgeschriebenen Zeit hingingen, um nach dem Küken zu sehen, etwas Hartes in seinem Kropf. Glücklicherweise gelang es ihnen, das Objekt sanft aus dem Kropf heraus in die Kehle zu massieren und es dann mit einer Pinzette zu entfernen – es waren jene drei Glasstücke, mit denen der Ornithologe das Küken hatte spielen sehen. Diese Beschäftigung mit Müll ist sicher eines der schlimmsten Verhaltensprobleme, die das Team zu lösen versuchen muss.

Ein Lösungsvorschlag sah vor, einige der in den 1980er Jahren in der Wildnis gefangenen Vögel wieder freizulassen, um diese als Vorbilder einzusetzen. Das wurde auch versucht, aber wenn diese Vögel auch in der Tat eine unschätzbare Verhaltensquelle sind, ist doch Langstreckenfuttersuche ein natürlicher Teil ihres Verhaltens, was sie besonders leicht zu Opfern von Bleivergiftung machen kann – und in der Tat erlitt eines der Weibchen nach ihrer Rückkehr in die Wildnis eine ernste Bleivergiftung. Noel war vehement der Meinung, dass keine mehr freigelassen werden sollten, bis das Bleikontaminationsproblem gelöst ist.

Vertrauen in die Zukunft
Von Anfang an hatte Noel mir gesagt, dass fast das gesamte Personal des Programms der Meinung war, dass das eine kritische Angelegenheit ist. Aber seit 20 Jahren – seitdem man bei den ersten kranken Kondoren Bleivergiftung diagnostiziert hatte – war nichts geschehen, um die Quelle des Problems zu beseitigen, vor allem, weil es keinen Ersatz für Bleipatronen gab. Seit 2007

sind jedoch auch nicht-toxische Munitionstypen erhältlich und am 13. Oktober wurde der Gesetzesentwurf AB821 zum Verbot von Bleimunition bei der Jagd auf Großwild im Einzugsgebiet des Kalifornischen Kondors vom Gouverneur Kaliforniens, Arnold Schwarzenegger, unterzeichnet und im weiteren Verlauf von der Legislative ratifiziert. Das war ein Ergebnis des Drucks, den das Natural Resources Defense Council (NRDC) und zahlreiche Naturschützer auf die Gesetzgeber ausgeübt hatten.

Einige Umweltaktivisten hatten das Gefühl, der Gesetzesentwurf sei fauler Zauber, da es schwer werden würde, das Gesetz durchzusetzen, solange diese Patronen hergestellt werden. Aber als ich mich mit Gouverneur Schwarzenegger über diese Frage unterhielt, sagte er, dass das Einzugsgebiet der Kondore so weitläufig sei, dass nicht viel von Kalifornien übrig bleibt, wo man Bleimunition verwenden könnte. Er war der Meinung, die Hersteller würden es für unrentabel halten, weiter Bleimunition herzustellen. In jedem Fall ist die Verabschiedung dieses Gesetzes ein größerer Schritt vorwärts und ich für meinen Teil möchte dem Gouverneur für seine Unterstützung danken.

Auch wenn die Zukunft der freigelassenen Exemplare unsicher ist, war doch die Investition von Zeit und Engagement seitens der beteiligten Männer und Frauen ein Erfolg – denn ohne Eingriff wäre der Kalifornische Kondor fast mit Sicherheit ausgestorben. Stattdessen gibt es nun wieder 300 dieser herrlichen Vögel, 146 davon sind draußen in freier Wildbahn und segeln am Himmel über Südkalifornien, dem Grand Canyon Gebiet in Arizona, Utah und Baja California dahin.

Jene, die die Kondore in der Wildnis zu sehen bekommen, sind von dem Anblick bewegt. Mike Wallace, einer der Biologen, die die Freilassung der in Gefangenschaft gezüchteten Kondore in der Baja überwachten, sandte mir eine wunderbare Geschichte (die Sie auf der Website www.janegoodall hopeforanimals.com finden können) über die Beobachtung von Balzritualen und die einzigartigen Persönlichkeiten dieser erstaunlich sozialen Vögel. Mein Freund Bill Woolam schwärmte vom Anblick dieses riesigen Vogels, den er beim Wandern im Grand Canyon sah. Vor allem als der Kondor mit seinen gigantischen und mächtigen Schwingen höher und höher stieg und mit den Flügeln schlug, so dass die Luft durch die Federn pfiff, als er wieder hinabglitt – die Musik seines Flugs. Und auch Thane hat mir kürzlich über seine Freude beim Anblick von fünf der ungefähr 50 Kondore, die in der Nähe des Grand Canyon leben, erzählt, als er dort 2008 beim Raften war.

Je mehr Menschen diese Art der Erfahrung machen und bedenken, dass dieser umwerfende Vogel beinahe für immer verschwunden wäre, desto mehr werden sich seiner Sache annehmen. Und ihre Zahl wächst – es gibt enorm viele Leute, die ein leidenschaftliches Interesse am Kalifornischen Kondor und seiner Zukunft hegen. Noel fühlt immer noch starke persönliche Hingabe, obwohl er sich offiziell zur Ruhe gesetzt hat. Der Kondor, so sagte er mir, »fängt an, dein Leben zu beherrschen, ob dir das nun gefällt oder nicht.«

Ich habe die gesetzliche Erlaubnis, eine 65 cm lange Feder von einem Kondor bei mir zu führen. Wie Thane schon in seinem Vorwort erwähnt hat, nehme ich sie bei Vorträgen gerne am Kiel und ziehe sie sehr vorsichtig aus ihrer Papprohre. Sie ist eines meiner Hoffnungssymbole und verfehlt es nie, dem Publikum ein erstauntes Keuchen zu entlocken. Und, so meine ich, ein Gefühl der Ehrfurcht.

Der Milu oder Davidshirsch *(Elaphurus davidianus)*

Das erste Mal, dass ich Gelegenheit hatte, diesen seltenen und schönen Hirsch in seinem natürlichen Heimatland zu sehen, war 1994 bei meinem ersten Besuch in China. Dr. Guo Geng führte mich durch den Nan-Hai-Tsu-Milu-Hirschpark, etwas außerhalb von Peking. Guo Geng ist hinsichtlich seiner Arbeit von leidenschaftlichem Enthusiasmus und das schließt den erzieherischen Aspekt seines Parks mit ein. Ein kleiner Teil des Parks war gestaltet wie ein Zoo – Gehege beherbergten die unterschiedlichsten Hirscharten und andere Huftiere –, aber es gab auch ein großes, eingezäuntes Wildgebiet mit einem kleinen See, das die Heimat einer Herde Davidshirsche war – die man in China als Milu bezeichnet. Wie herrlich sahen sie doch aus, als sie da nahe am Seeufer grasten. Sie trugen noch ihr braunes Winterfell – doch wie mir Guo Geng sagte, wechselt diese Farbe im Sommer zu rotbraun. Größenmäßig ähneln sie dem schottischen Rothirsch. Ein ansehnliches Männchen stand stolz und würdevoll da und schien mich direkt anzusehen. Ich sah in diesem Wildgebiet keine Zäune oder andere Begrenzungen.

Eine der ursprünglichen Milu (Davidshirsch)-Herden, die nach Woburn Abbey verlegt wurden. Nachdem der Milu 1900 in China ausstarb, sammelte der elfte Duke of Bedford die verbleibenden Milu aus den europäischen Zoos und brachte sie nach Woburn Abbey. Dank seines Weitblicks wurde der Milu so wahrscheinlich vor dem weltweiten Aussterben bewahrt. (Archivfoto. Mit freundlicher Genehmigung des Duke of Bedford und den Treuhändern des Bedford Estate)

Während ich da stand und den Milus zusah, machte mein Geist plötzlich einen Zeitsprung weit in die Vergangenheit. Ich erinnerte mich lebhaft daran, wie ich eine Herde dieser Hirsche auf dem Grund des Duke of Bedford in England besichtigt und gehört hatte, sie seien stark bedroht und kämen ursprünglich aus China. Das war 1956, als ich für eine Dokumentarfilmfirma in London arbeitete und wir einen Film auf dem Land des Duke drehten. Und jetzt, 40 Jahre später, sah ich mich einigen Nachkommen eben dieser Hirsche gegenüber.

In China ausgestorben
Die Milus haben eine erstaunliche Geschichte. Sie waren einst auf den offenen Ebenen und in den Sümpfen entlang des Yangtse-Beckens in China verbreitet. 1900 stand die Art, wahrscheinlich hauptsächlich durch den Verlust ihres Lebensraums und einiger Bejagung am Rande des Aussterbens. Das letzte bekannte wildlebende Exemplar wurde 1939 in der Nähe des Gelben Meers geschossen. Glücklicherweise kam es nun dem Überleben der Spezies zugute, dass der Kaiser von China eine große Herde in seinem kaiserlichen Jagdpark (Nan-Hai-Tsu-Park) in der Nähe von Peking hatte heranziehen lassen. Die Hirsche gediehen gut in diesem Park, der von einer 43 Meilen langen Mauer umgeben war und von einer Tartarenpatrouille bewacht wurde.

1865 führte der Jesuitenmissionar P. Armand David den Hirsch in den Westen ein. Er hatte seit seiner Kindheit ein leidenschaftliches Interesse für die Natur gehabt und stets nach China reisen wollen. Er wurde Missionar und sein Traum verwirklichte sich, als er einen fünfmonatigen Dispens durchs Land zu reisen bekam. Während dieser Zeit sammelte er zahlreiche (zumindest im Westen) unbekannte Pflanzen und Tiere und sandte sie zum Studium an das naturhistorische Museum in Paris. Ebenfalls be-

schrieb er die Goldmeerkatze, einige Fasane und ein Eichhörnchen; darüber hinaus war er der erste, der dem Westen eine Beschreibung des Großen Panda lieferte.

Während einer seiner Reisen stieß er außerhalb von Peking auf die Mauer, die den Kaiserlichen Jagdpark verbarg. Es gelang ihm, einen Blick auf die andere Seite zu erhaschen, wobei er einige seltsame Tiere zu Gesicht bekam, die ein wenig wie Rentiere aussahen, doch schnell bemerkte er, dass es keine waren. Wieder in Peking, versuchte er, etwas über sie herauszufinden und kehrte, als dies gescheitert war, mit einem Dolmetscher zum Jagdpark zurück. Es gelang ihm schließlich, die Wächter, nachdem er ihnen einige Wollkappen und Fäustlinge gegeben hatte (auch wenn eine Version der Geschichte von 20 Silberstücken spricht), dazu zu bringen, ihm einige Geweih- und Hautstücke zu verschaffen. P. David schickte diese wertvollen Exemplare zurück nach Frankreich, wo man sie untersuchte und schließlich bekanntgab, sie stammen von einer Hirschsorte – die man ihm zu Ehren Davidshirsch nannte.

In Paris entstand daraufhin ein lebhaftes Interesse, einige lebende Exemplare der Spezies zu bekommen. Schließlich ließ sich der chinesische Kaiser nach vielen fehlgeschlagenen Versuchen überreden, dem französischen Botschafter drei Tiere zu schenken. Traurigerweise überlebten sie die anstrengende Seereise nicht. Doch nach weiteren Verhandlungen mit dem kaiserlichen Stab wurden einige weitere Paare gestiftet, die diesmal sicher in Paris ankamen. Bei der Ankunft der ersten Davidshirsche herrschte große Aufregung; schließlich verschafften sich auch Zoos in Deutschland und Belgien sowie der Woburn Abbey Park in England einige Exemplare.

Bald gab es ungefähr zwei Dutzend Hirsche in Europa, zusätzlich zu der großen Herde in China, und das Überleben der Spezies schien sichergestellt. Aber 1895 wurde China von großen Flutkatastrophen verwüstet und ein Teil der Mauer, die den kaiserlichen Park umgab, wurde zerstört. Viele der Hirsche wurden in den Fluten getötet; andere entkamen durch die Lücke in der Mauer und wurden von der hungernden Bevölkerung gejagt und getötet. Dennoch überlebten etwa 20 bis 30 im Park – genug, um die Spezies am Leben zu erhalten. Leider gingen diese jedoch fünf Jahre später während des Boxeraufstands zugrunde, als der kaiserliche Park von Truppen besetzt wurde, die die Hirsche bis auf den letzten zum Verzehr schossen.

Überleben in Europa
Die Zukunft der Art hing also an den wenigen europäischen Exemplaren – und die Zoos mussten feststellen, dass diese sich nur widerwillig paarten. Als die Neuigkeiten von der Abschlachtung der letzten Hirsche in China den elften Duke of Bedford erreichten, begriff er die Notwendigkeit einer Zusammenführung der verstreuten Gruppen, wollte man die Spezies retten. Schließlich gelang es ihm, die einzelnen Zoos davon zu überzeugen, ihre Exemplare zu verkaufen. Im Jahr 1901 war es ihm dann gelungen, insgesamt 14 Davidshirsche im Park von Woburn Abbey zu versammeln. Man hatte sieben Weibchen (von denen zwei unfruchtbar waren), fünf Männchen (von denen sich einer als Leithirsch etablieren konnte) und zwei Jungtiere. Es brauchte Jahre geduldigen Managements, bis diese letzten Überlebenden einer einst überreich vertretenen Spezies begannen, sich fortzupflanzen.

1918 war die Population schon auf ungefähr 90 Tiere angewachsen, erlitt aber einen weiteren großen Rückschlag: Der Erste Weltkrieg führte zu einer allgemeinen Nahrungsmittelknappheit in Großbritannien, was bedeutete, dass für die exotischen Hirsche nicht genug Futter zur Verfügung stand, so dass die Population wieder auf 50 Exemplare schrumpfte. Nach dem Krieg, begannen die Zahlen wieder zu steigen, aber als die Population der Davidshirsche auf 300 angewachsen war, herrschte, bedingt durch den Zweiten Weltkrieg, erneut Nahrungsmittelknappheit – und zusätzlich waren die Herden nun durch feindliche Bombenangriffe auf die Gegend bedroht. Das war der Zeitpunkt, als der Duke of Bedford begriff, dass es weise wäre, die Zuchtpopulation zu verteilen. 1970 gab es dann Zuchtgruppen von Davidshirschen in Zentren auf der ganzen Welt und 500 allein in Woburn Abbey.

Die Planung der Rückkehr des Milu
Die Entscheidung, den Versuch zu unternehmen, diese chinesischen Hirsche in ihrer Heimat wieder anzusiedeln, war die Idee des damaligen Marquis of Travistock, des späteren 14. Duke of Bedford. Es war kein leichtes Unterfangen, doch schließlich 1985 machten sich 22 Davidshirsche – die ab dann wieder als Milu bezeichnet würden – von Woburn Abbey nach Peking auf, begleitet von einem ihrer Pfleger. Während meines jährlichen Besuchs in Peking 2006, sagte ich Guo Geng, ich müsse mehr über die Geschichte der Rückkehr der Hirsche nach China erfahren. Er sagte mir, ich solle mich mit einer Slowakin namens Maja Boyd unterhalten. Wir planten, uns in Peking zu treffen, aber leider fand die Begegnung nie statt, da plötzlich ihr

Cousin starb und sie zurück in die Slowakei fliegen musste. Kurz vor Weihnachten desselben Jahres schafften wir es, miteinander zu telefonieren – sie in der Slowakei und ich in Bournemouth.

Am Ende des Gesprächs hatte ich den Eindruck, ich hatte Majas warme, großzügige Persönlichkeit angezapft. Sie erzählte mir, dass sie, als ihr verstorbener Mann sie das erste Mal nach Amerika mitgenommen hatte, einen Film über mich und die Schimpansen von Gombe gesehen hatte. »Ich wollte unbedingt etwas wie Sie machen!«, sagte sie. Ihr amerikanischer Mann war ein guter Freund von Lord Travistock, dem späteren Duke of Bedford. Und als Maja von seinem Plan erfuhr, die Davidshirsche nach China zu überführen, war sie davon fasziniert. »Es waren die Hirsche«, erzählte sie mir, »die mich nach China gebracht haben.«

Sie hätte die Hirsche am liebsten an einem wirklich ursprünglichen Platz ausgewildert. »Aber«, so sagt sie, »die Regierung wählte die Stelle aus und wir brauchten ihre ganze Unterstützung.« Und das war gut so, denn der Ort, den man für den Hirschpark auswählte, war einst Teil des kaiserlichen Jagdparks und außerdem in der Nähe des Regierungszentrums Peking.

Maja hatte das Gebiet vor der Rückkehr der Hirsche in Augenschein genommen. Sie stellte fest, dass ein Teil davon eine Baumschule war – was gut war. Aber es gab auch eine Schweinefarm, und da war sie der Meinung, das sei doch nicht das Richtige. Die Regierung stimmte zu, die Schweine zu verlegen. Dann musste der Zufluss eines Flusses abgeschnitten werden, da die-

Maja Boyd, eine Hüterin der Davidshirsche, hier abgebildet mit einem von Hand aufgezogenen Weibchen im Nan-Hai-Tsu-Milu-Reservat, Peking. Die Mutter des jungen Weibchens war kurz nach der Geburt gestorben. Maja erzählte mir: »Es folgt mir überall hin wie ein Hund.« (Bild: Maja Boyd)

ser aufs Schrecklichste verschmutzt war. Man grub neun kleine Wasserstellen, um Wasser für die Tiere zur Verfügung zu stellen und machte sich an das Großprojekt, den See mit sauberem Wasser zu füllen.

Die Neuankömmlinge verdienten das Beste, was China ihnen geben konnte. Aber es gab noch ein weiteres großes Problem. Die Behörden, die für den Bau der erforderlichen Quarantänehütten verantwortlich waren, bestanden darauf, dass diese wie traditionelle Ställe für Pferde oder Kühe konstruiert würden – mit einer Halbtür. Egal wie oft Maja erklärte, die Hirsche seien anders und würden eine Halbtür sofort überspringen, die Chinesen wollten oder konnten ihr nicht glauben. Die Dinge spitzten sich zu, als Lord Travistocks ältester Sohn Andrew Howland zur Besichtigung der Unterbringung seiner kostbaren Hirsche ankam. Er war entsetzt, als er eine Reihe von Schuppen mit Halbtüren sah und bestand darauf, dass man diese Türen herausbrach. Danach wurden die Türen neu gezimmert – diesmal korrekt! Endlich war alles bereit.

Die Rückkehr in die angestammte Heimat
Und so wurden 1986 22 Hirsche, die auf einem Grundstück im weit entfernten England geboren worden waren – einige von ihnen vielleicht sogar Nachkommen jener, die ich bei meinem Besuch in Woburn Abbey 1956 gesehen hatte – auf die Reise nach China geschickt. Es war ein langer Flug, und doch ging es so viel schneller als die Seereisen, die ihre Vorfahren zu ertragen gezwungen gewesen waren. Maja erinnerte sich noch lebhaft an den Tag ihrer Ankunft. Sie fand es faszinierend, dass sie mit Air France kamen. »Diese Hirsche wurden dem Westen zuerst von einem französischen Missionar vorgestellt und in einem französischen Flugzeug kamen sie wieder zurück.« Alle waren so aufgeregt, dass sie vergaßen, was sie eigentlich zu tun hatten und drängten sich näher heran, um einen Blick auf die historische Fracht zu erhaschen. Die Container stießen aneinander und sowohl Maja als auch der Pfleger, der mit ihnen aus England angereist war, bekamen Angst, die Käfige würden herunterfallen und die Hirsche entkommen. Glücklicherweise blieben die Hirsche selbst sehr friedlich, obwohl sie nicht ruhiggestellt worden waren. »Eigentlich«, so Maja, »benahmen sie sich viel besser als die anwesenden Menschen!«

Schließlich wurden die Käfige auf Trucks verladen und die Hirsche machten sich auf den letzten Abschnitt ihrer langen Reise. Maja erzählte, wie leid ihr die Hunderte von Menschen taten, die die Straßen säumten, in der Hoffnung, einen Blick auf die Neuankömmlinge werfen zu können, denn alles, was sie sahen, waren die Trucks. Was für ein Anblick, als die Hirsche endlich ihr Quarantänequartier betraten und auf chinesischem Boden standen – dort, wo ihre Vorfahren noch vor einem halben Jahrhundert herumgestreift waren. Von Anfang an waren die Chinesen sehr stolz auf das Projekt und so hatte es eine ziemliche Publicity. Besonders Kinder waren sehr daran interessiert.

»Wir bekamen viele Briefe von Kindern«, erzählte mir Maja. Vor allem an einen erinnerte sie sich noch, von einem fünfjährigen Mädchen. Ihre Eltern hatten ihr zwei RMB (damals waren das etwa 75 Cent) als Taschengeld für einen Monat gegeben. Sie schickte es an den Hirschpark und bat: »Bitte kauft für Onkel und Tante Milu Schokolade, so dass sie wissen, dass sie in einem Land angekommen sind, das sie willkommen heißt.«

Die Rückkehr der Milu hatte unerwartete Folgen. Als die Dorfbewohner vor Ort von dem Hirschpark hörten, begriffen sie, dass das ein perfekter, ruhiger und stiller Ort wäre, um die von den Verbrennungen ihrer Angehörigen zurückgebliebenen sterblichen Überreste zu begraben. Und so gingen sie nach einem Todesfall dorthin und hoben im Park kleine Gräber aus. Maja berichtet davon, wie sie einmal mit einem chinesischen Regierungsvertreter auf dem Gelände herumging. Er sah die Gräber und verkündete: »Die müssen verschwinden.« Aber Maja erzählte ihm, in ihrem Heimatland, der Slowakei, würde es Unglück bringen, ein Grab zu entweihen. Der Regierungsbeamte sah sich um und flüsterte, dass man hierzulande derselben Meinung sei. Und so gibt es heute einen besonderen Ort, wo man kleine Grabhügel sehen kann – und die Leute haben die Erlaubnis, jedes Jahr zum Qingming-Fest Anfang April wieder dorthin zu gehen und den Toten ihre Ehrerbietung zu erweisen, wie in China üblich.

Der Besuch bei den Davidshirschen von Woburn Abbey

Maja arrangierte für einige chinesische Wissenschaftler, die sich mit dem Davidshirsch beschäftigten, einen Besuch in Großbritannien, bei dem eines der Highlights ihr Besuch in Woburn Abbey war. Dort sollten sie die Leute treffen, die für den Erhalt der Herden außerhalb Chinas verantwortlich sind. Ich hatte gehofft, mich ihnen anschließen zu können, aber unglücklicherweise kam die chinesische Delegation gerade an dem Tag an, als ich nach Amerika abreisen musste. Immerhin traf ich bei meinem Besuch in Woburn Abbey das erste Mal Maja und Lord Robin Russel (den Sohn des Duke of Bedford) war ein bezaubernder Gastgeber.

Es hatte fast eine Woche geregnet, aber nachdem meine Schwester Judy und ich den ganzen Tag durch den heftigen Regen gefahren waren, kam die Sonne heraus und bescherte uns einen herrlichen Frühlingsabend. Das Gras war leuchtend grün und die alten Eichen hatten einen sanften Olivton. Zuerst war der einzige Davidshirsch, den wir sahen, einer, der sein Geweih schon vor der Brunft verloren hatte, ohne dass bereits ein neues nachgewachsen war. Ohne dieses konnte er mit den anderen nicht mithalten und tat wahrscheinlich gut daran, die Herde zu meiden. Wir kamen an Herden von Sikahirschen, europäischen Rehen, Damhirschen vorbei – und an spektakulärem Rotwild. Wo aber waren die Davidshirsche? Wir suchten und suchten und fanden sie schließlich dort, wo es sehr nass war. Was für ein wunderbarer Anblick – etwa 200 von ihnen, ihre Felle in einem satten Goldton im Licht der untergehenden Sonne.

Allzu bald setzt das Zwielicht ein und wir mussten sie verlassen. Aber dann setzten wir uns in dem bezaubernden alten Landhaus, in dem Robin mit seiner Frau lebt, zusammen und redeten über die Hirsche. Ich lernte Maja besser kennen und fand mehr über die Geschichte des Davidshirsch-Projekts heraus. Robin gestattete mir großzügigen Zugang zu seinen Fotoarchiven. Und wir sprachen über eine Zusammenarbeit zwischen ihrem Jugendprogramm und Roots & Shoots vom Jane Goodall Institute.

Eine letzte Sendung aus China
Während meiner Asientour im Herbst 2007 arrangierte Maja für mich erneut einen Besuch im Milu-Park außerhalb von Peking. Es freute mich sehr, dort zwei der Delegationsmitglieder zu treffen, die ich im Sommer verpasst hatte: Direktor Zhang Li Yuan und der chinesische Professor Wang Zongyi, der eine so große Hilfe bei der Wiedereinführung der Hirsche war und Maja immer zur Seite gestanden hatte. Nachdem wir zusammengesessen, uns unterhalten (Maja übersetzte) und heißen Tee getrunken hatten, setzten wir uns in einen Golfwagen und fuhren los, um uns die Hirsche anzusehen. Es war bitterkalt und einige der Bäume waren mit Eis überzogen, so dass ich froh war, mich warm angezogen zu haben.

Die Tour deprimierte mich. Beim ersten Mal, als ich den Park besucht hatte, hatte man wirklich das Gefühl gehabt, auf dem Land zu sein, obwohl er so nahe bei Peking lag. Aber jetzt rückte ihm die Stadt von allen Seiten auf den Pelz. Die Milu-Herde war gewachsen. Sie hatten alles verfügbare Gras gefressen, so dass sie besonders im Winter zusätzlich Futter bedurften.

Sie wirkten gesund, aber wie sie da um ihre Futtertröge standen, vermittelten sie einen etwas müden Eindruck – vielleicht auch einen von Langeweile. Sie sahen fast aus, als wären sie eine ganz andere Art, als die, die ich 1994 gesehen hatte. Das Gefühl des Edlen und Freien, das bei meinem letzten Besuch so stark gewesen war, war verschwunden.

Wir waren froh, als wir in das vergleichsweise warme Umweltzentrum zurückkehrten. Bei einem wirklich köstlichen vegetarischen Mittagessen erzählten mir meine Gastgeber von einem etwa 2500 Morgen großen Naturschutzgebiet in Shishou in Zentralchina am Yangtse. Anfang der 1990er Jahre hatte die chinesische Umweltschutzbehörde zugestimmt, eine kleine Herde dorthin zu verlegen, wo sie sich gut einlebte. Und einige Tiere durchschwammen den Fluss und bildeten so den Grundstein einer echten, frei lebenden Population auf der anderen Seite, in der Hunan-Provinz. Zuerst machte man sich Sorgen, dass man Jagd auf sie machen würde, aber stattdessen verehrte und schützte die Landbevölkerung sie. Maja und Professor Wang Zongyi beknieten mich, mir die Zeit zu nehmen, mir diese Milu anzusehen, die in der Wildnis leben, wie sie es vor so langer Zeit getan haben, und eines Tages werde ich das auch gerne tun.

So lange trage ich ein gläsernes Medaillon, das mir Guo Geng geschenkt hat und in das die Zeichnung eines Milu eingraviert ist, die während der Han Dynastie (206 v. Chr.–220 n. Chr.) gefertigt wurde. Und in unserem JGI-Büro in Peking haben wir ein Geweih, abgeworfen von einem vierjährigen Hirsch, das ich als Symbol der Hoffnung auf meine Vorträge in China mitnehme. Es repräsentiert die Widerstandskraft, die Tiere an den Tag legen, wenn wir ihnen nur die Chance geben. Seit ihrer Rückkehr nach China 1985 haben die Milu eine Blüte erlebt und ihre Zahlen haben zugenommen. Mittlerweile sind es alles in allem 1000.

Der Rotwolf *(Canis rufus)*

Als Kind gefiel mir besonders die Legende von Romulus und Remus, die Zwillinge, die in den italienischen Wäldern von einer Wölfin aufgezogen worden waren. Diese Legende verlieh meiner Lieblingswolfsgeschichte – der Adoption des kleinen Mogli durch ein Wolfsrudel in Rudyard Kiplings *Dschungelbuch* – ein eigentümliches Gefühl von Authentizität. Und dann war da Jack Londons *Ruf der Wildnis*, die meine Liebe zu den Wölfen nicht nur verstärkte, sondern mir auch eine leidenschaftliche Sehnsucht danach einflößte, mit diesen herrlichen Geschöpfen Zeit in der Wildnis zu verbringen.

Es ist ein unglücklicher Umstand, dass man Wölfe so gehasst und gefürchtet hat. Es gibt nur sehr wenige bestätigte Berichte von Angriffen von Wölfen auf Menschen in Nordamerika. Gelegentlich werden sie natürlich Nutztiere schlagen, weil wir weiter und weiter in ihre wilden Jagdgründe eingedrungen sind. Und deswegen sind sie auch, zusätzlich zu der Angst, die sie erzeugt haben, in Kanada, den USA und Mexiko aufs Schrecklichste verfolgt worden – in Fallen gefangen und mit Pfeil und Bogen, Speeren und Gewehren gejagt. Selbst aus der Luft wurden sie von Helikoptern aus gejagt. Und im Licht all dessen, was wir dank der zahlreichen Feldbiologen, die sie jahrelang in freier Wildbahn beobachtet haben, über sie wissen, lässt sich der großangelegte Versuch, die Wölfe auszurotten, als tragisch und unbegründet einstufen – und darüber hinaus auf gewisse Weise auch als außerordentlich, sind sie doch unbestreitbar die Vorfahren von »des Menschen bestem Freund«, dem domestizierten Hund.

In Nordamerika gibt es drei Wolfsarten, von denen der Graue Wolf der bekannteste ist. Dann ist da sein nahe verwandter Cousin, der Mexikanische Wolf. Und schließlich der Rotwolf, der Protagonist dieses Kapitels. Im Verhalten weisen die drei Spezies viele Ähnlichkeiten auf. Ein Rudel besteht typischerweise aus einem Pärchen und ihren Nachkommen – die einjährigen Welpen von einem vergangenen Wurf und die Welpen des aktuellen Jahres. Am aktivsten sind sie am frühen Morgen und Abend, wo sie im Rudel jagen. Kleine Welpen bleiben selbstverständlich im Bau – anfangs mit der Mutter – und die anderen Rudelmitglieder kommen zurück, um sie zu füttern, indem sie Fleisch heraufwürgen.

Rotwölfe sind deutlich kleiner als Grauwölfe und etwa doppelt so groß wie Kojoten – obwohl einjährige Rotwölfe sowohl farblich als auch größenmäßig fast einem ausgewachsenen Kojoten gleichen. Einst waren sie in den gesamten südöstlichen Staaten der USA verbreitet, aber die Raubtierkontrolle in Verbindung mit dem Verlust ihres Lebensraums dezimierten ihre Zahlen während der 1960er Jahre, bis entlang der Golfküste von Mexiko und Louisiana nur noch ein paar übrig waren.

Bis 1973, als der Rotwolf endlich als bedroht eingestuft wurde, stand er buchstäblich am Rand des Aussterbens. Wissenschaftler entschieden in einem verzweifelten Aufgebot zur Rettung der Spezies, so viele wie möglich für die Zucht in Gefangenschaft zu fangen, mit dem Ziel, sie anschließend in die Wildnis zurückzubringen. Man fand lediglich 17. Als der letzte von ihnen 1980 gefangen wurde, wurde der Rotwolf als für in der Wildnis ausgestorben erklärt. Sämtliche Rotwölfe, die es heute noch gibt, sind Nachkommen jener 14 Tiere, die in den frühen 1970er Jahren eingefangen wurden.

Vom Käfig in die Freiheit
Das Zuchtprogramm, an dem sich zahlreiche Zoos beteiligten, wurde vom Red Wolf Recovery Program des US Fish and Wildlife Service geleitet. 1986 nahm man an, dass es genug junge, in Gefangenschaft geborene Wölfe gebe, um das Auswilderungsprogramm zu starten und nach sorgfältigen Untersuchungen wurde das Alligator River National Wildlife Refuge als das passendste Gebiet ausgewählt. So wurden vier ausgewachsene Pärchen in ihre neue Heimat gebracht, 14 Jahre nach der Geburt des ersten gefangenen Wurfs von Rotwölfen.

Art Beyer, USFWS Freiland-Biologe, überprüft die Gesundheit wildlebender Welpen. Die Eltern kommen zurück, sobald die Biologen weg sind und bringen die Welpen an einen neuen geheimen Ort. (Bild: Melissa McGaw)

Natürlich war nicht jeder erfreut, dass wieder Wölfe durch die Wildnis zogen. Deshalb hatten Wissenschaftler Halsbänder entwickelt, die sich ferngesteuert aktivieren ließen und dem betreffenden Tier ein Sedativum injizieren konnten, um die Öffentlichkeit zu überzeugen, dass man die Wölfe jederzeit leicht wieder einfangen konnte, falls etwas schiefging. Unglücklicherweise waren diese nicht rechtzeitig fertig und die vier Wölfe sowie die, die ihnen folgten, mussten fast ein Jahr in großen umzäunten Gehegen gehalten werden – viel länger als geplant. So hatten sie zumindest Zeit, sich an ihre neue Umgebung zu gewöhnen – ihre Gerüche und Geräusche und einige der vielen Tiere, denen sie auf freiem Feld begegnen würden. Und schließlich kam der Tag, als das erste Wolfspaar freigelassen werden konnte, um die Erforschung seiner neuen, wilden Heimat zu beginnen. Die anderen Paare wurden dann in wöchentlichen Intervallen freigelassen.

Es war eine berauschende Zeit für das Feldteam des Red Wolf Recovery Program. Chris Lucash, der diesem Programm auch weiterhin sein Leben widmet, war Mitglied des ursprünglichen Teams. Ich fragte ihn, wie er sich fühlte, als die ersten Wölfe freigelassen wurden. »Wow! Aufgeregt, in Hochstimmung, unglaublich – und naiv – optimistisch. Ich hatte das Gefühl, ich hätte wahnsinniges Glück, zu einer Zeit an einem Ort zu sein, der so selten und potentiell so ein Wendepunkt in der Geschichte war, zumindest für eine Spezies, die in ihrer Geschichte kein besonderes Glück gehabt hatte. Das war das Wichtigste, was ich überhaupt tun konnte.« Es war eine Zeit, so erzählte er mir, in der ihn jede einzelne Auswilderung mit Hoffnung erfüllte. Sie ahnten nicht, dass es 60–80 % dieser Wölfe nicht schaffen würden: bedroht durch Krankheiten oder Straßen, die ihre neue Heimat durchkreuzten. Mit jedem Verlust eines Tieres fühlte sich das Team mehr und mehr entmutigt.

Ein echter »Überlebenskünstler«
Obwohl die Wölfe offiziell keine Namen bekamen, hatte das Feldteam ihnen bequemlichkeitshalber Namen gegeben, die sich üblicherweise von dem Aufenthaltsort des Rudels oder einem markanten geographischen Punkt in der Nähe ableiteten. »Nicht romantisch, aber besser als die Nummer aus dem Zuchtbuch«, sagte Chris. Und das sind größtenteils auch die Namen, die ich verwendet habe. *Survivor* ist jedoch der Name, den ich, in der Rückschau, für den ersten in der Wildnis geborenen Welpen des Wiedereingliederungsprogramms gewählt habe, weil dieses Weibchen entgegen aller Wahrscheinlichkeit überlebte.

»Ihre in Gefangenschaft geborenen Eltern waren kräftig und schön, aber das Schicksal war ihnen nicht gewogen«, erzählte Chris. Wahrscheinlich hatten sie nur diesen einen Welpen. Die Biologen wollten den Bau damals nicht durcheinanderbringen, aber suchten später nach Anzeichen. Ein paar Wochen nach dem Wurf kroch Survivors Mutter wieder in die Kiste im Auswilderungsgehege, aus der sie acht Monate zuvor entlassen worden war. Und dort starb sie an einer Uterusinfektion. Survivor, die wahrscheinlich, als ihre Mutter starb, noch nicht entwöhnt war, überlebte vermutlich mithilfe des Vaters. Unglücklicherweise verlor sie ein paar Monate später auch ihn – er erstickte an der Leber eines Waschbären, die in seiner Luftröhre stecken blieb. Ein paar Wochen war Survivor spurlos verschwunden, wenn das Team auch manchmal Fährten fand, die die ihren hätten sein können, und tatsächlich hatte sie gegen alle Wahrscheinlichkeit überlebt.

Schließlich fing man sie ein und legte ihr ein Halsband um. Sie entging dem Tod auch, als das Fallenstellen vorübergehend erlaubt war. Dies soll verhindern, dass Pelzträger zur Plage werden. Sie lernte, Fallen geschickt zu umgehen, und als das Team sie einfangen wollte – um ihr Halsband zu ersetzen – war es nicht leicht, sie auszutricksen.

Schließlich paarte sie sich mit einem Männchen und die beiden wurden das erste Wolfspaar, dem man es erlaubte, auf Privatland südlich des Naturschutzgebiets zu leben. Danach wurde Survivor noch einmal eingefangen, um ihr Halsband zu ersetzen. Das sollte das letzte Mal sein, da das neue Halsband irgendwann nicht mehr funktionierte und man nicht mehr in der Lage war, Survivor zu finden.

Brindled Hope (»Scheckige Hoffnung«)
Brindled Hope war einer der ersten Wölfe, die man Ende 1987 freiließ. Es war erst Monate nach ihrer Ankunft aus einer Zufluchtsstätte für Wölfe in Missouri, dass man ihren Namen bemerkte, der von Hand auf die Rückseite des Zwingers, in dem sie während des Fluges gehalten worden war, geschrieben stand. Sie war kein wirklich beeindruckend aussehender Wolf, wie mir Michael sagte. Sie war kleiner als der Durchschnitt – und mit fünf Jahren älter als die meisten, die man zur Freilassung ausgewählt hatte. Nichtsdestoweniger bekamen sie und der Partner, den man für sie ausgewählt hatte, einen der ersten zwei Welpen, die in diesem Jahr in der Wildnis geboren wurden. Der Welpe war ein Weibchen mit dem offiziellen Namen 351F, das ich hier jedoch Hope nenne.

Es dauerte nicht lange und es passierte Schreckliches: Der Gefährte von Brindled Hope wurde auf einer Landstraße überfahren, als ihr Welpe gerade einen Monat alt war. Brindled Hope, die davon nichts wusste, wartete, solange sie konnte, aber sie musste sich dann in ein Gebiet aufmachen, wo es mehr Beute gab. Und so lief sie nach elf Tagen in ein offeneres Farmland, wo sie früher zusammen mit ihrem Partner gejagt hatte. Sie und ihr Welpe reisten entlang der Landstraße und zogen sich immer schnell in den dichten Bewuchs zurück, wenn sich ein Auto näherte. Das Team fand die beiden schließlich, und das Junge musste darum kämpfen, mit seiner Mutter mitzuhalten. Die Biologen blieben auf Distanz und folgten den beiden, bis sie einen Feldweg erreichten, der in die Sicherheit der Felder führte. Zuerst mussten Mutter und Junges jedoch die Landstraße überqueren – und die Biologen hielten den Verkehr in beide Richtungen auf, bis sie es hinübergeschafft hatten. Brindled Hope zog ihr Junges, Hope, erfolgreich groß und schließlich paarten sich Mutter und Tochter mit den Bulls Boys und lebten für viele Jahre im Rudel.

Die Bulls Boys
Manchmal bereiten Biologen einige gefangene Wölfe auf ihre Auswilderung in wilder Umgebung auf Inseln in geschützten Wildtierlebensräumen vor, wo sie die für das Überleben in der Wildnis nötigen Fertigkeiten erlernen können. Das war auch bei den Bulls Boys geschehen, einem Brüderpaar, das 1989 als Jährlinge ankam, nachdem es fast ein Jahr auf dem Bulls Island im Cape Romain National Wildlife Refuge in South Carolina gelebt hatte. Sie wurden in ein Gebiet auf dem Alligator River National Wildlife Refuge entlassen, das man als Milltail Farms Area bezeichnet. »Wir hatten keine Ahnung, dass sie das noch in den Kinderschuhen steckende Wolfsprojekt auf die Straße zum Erfolg katapultieren würden«, sagte Michael. »Mit ihren hochgewachsenen, schlaksigen Körpern, ansehnlichen Pfoten und breiten Köpfen ließ ihr Erscheinungsbild, obwohl es natürlich beeindruckend war, keinen Schluss auf den beträchtlichen Einfluss zu, den sie im Wiedereingliederungsprogramm haben würden.«

Das Milltail Farms Areal bestand aus etwa 10 000 Morgen Farmland und Waldgebieten, in denen auch Brindled Hope und ihr Junges, Hope, lebten. Als Hope alt genug war, um ohne ihre Mutter durchzukommen, wurde Brindled Hope wieder eingefangen, mit einem neuen Partner zusammengetan und gebar in Gefangenschaft vier neue Welpen. Dann entließ man sie und ihre neue Familie – einschließlich ihres Partners – wieder in dem Milltail Farms Area. Die Biologen dachten, das Gebiet wäre bestimmt groß genug für alle. Aber die Bulls Boys – das Milltail-Rudel – waren nicht erfreut und griffen innerhalb des nächsten Monats den männlichen Eindringling an und töteten ihn. Bald danach paarte sich einer der Brüder – ich nenne ihn Boy One – mit Hope; der andere, Boy Two, paarte sich mit Brindled Hope, deren vier Welpen überraschenderweise nicht angegriffen wurden.

Es hatte den Anschein, dass die Bulls Boys in der nächsten Paarungszeit einen eigenen Wurf zeugen würden und das Feldteam war deswegen ungeheuer aufgeregt. »Welpen der zweiten Generation waren einer der entscheidenden Gradmesser für den Erfolg des Programms und da passierte es schon in den ersten zwei Jahren!«, sagte Michael. Aber wie er mir anvertraute, »war es alles zu schön, um wahr zu sein.« Boy One, von Bulls Island kommend und daher unvertraut mit Straßen, wurde 1989 genau vor der Paarungszeit beim Überqueren einer Landstraße überfahren.

Der überlebende Bruder wurde jedoch stärker und stärker. Im Jahr 2000 erreichte er das fortgeschrittene Alter von zwölf Jahren und wurde, nicht länger ein »Boy«, zum »Old Man«. Er erlaubte es einem seiner Söhne tatsächlich, »vor seiner Haustür« eine Familie zu gründen und großzuziehen, mitten in seinem Revier. »Das war ein Arrangement, das er in seinen jungen Jahren höchstwahrscheinlich nicht akzeptiert hätte«, spekulierte Michael.

»Aber selbst wenn Old Man in seinen letzten Tagen nicht mehr das Zuchtmännchen seines Rudels war«, schrieb mir Michael in einem Brief, »hinterließ er doch ein lebendes Vermächtnis.« Als er 2002 starb, hatte er mindestens 22 Welpen aus sieben Würfen gezeugt. »Heute sind seine Gene ein integraler Bestandteil der wildlebenden Rotwolfpopulation im nordöstlichen North Carolina.« Als ich zwischen den Zeilen las, gewann ich das Gefühl, dass Michael eine tiefe Zuneigung für diesen Wolf hatte. Und ich wusste, dass ich recht hatte, als ich zur letzten Zeile kam: »Und ich hoffe, der alte Spruch ist wahr: ›Alle Hunde kommen in den Himmel.‹« Wenn du mich fragst, Michael, tun sie das ganz bestimmt.

Das Gator-Rudel
Die Wölfe aus Graham, Washington, hier Graham-Männchen und Graham-Weibchen genannt, wurden letztlich das Zuchtpaar des Gator-Rudels. Sie waren Anfang 1988 zusammen angekommen und wurden gemeinsam mit Partnern freigelassen, die man für sie ausgewählt hatte. Diese kuppleri-

schen Bestrebungen waren jedoch nicht erfolgreich: Man bot Graham-Männchen hintereinander die beiden Weibchen an, beide wurden von Autos getötet und der Partner von Graham-Weibchen verschwand einfach. Und dann fanden Graham-Männchen und Graham-Weibchen einander und begannen im Winter 1989, sich zueinander zu gesellen. Bald wurden sie unzertrennlich: »Als sie erst die Verbindung miteinander eingegangen waren, waren sie kaum noch zu trennen«, erzählte Michael. Beide wurden in ihren besten Jahren ausnehmend groß, wobei das Männchen rekordverdächtige 84 Pfund auf die Waage brachte, das Weibchen 65.

Ihre Heimat wurde ein weitläufiges Gebiet von 60 000 Morgen Sümpfen und Mooren im Zentralbereich der Alligator River National Wildlife Refuge – ein recht rauer Lebensraum verglichen mit dem Milltail Farms Area. »Das Graham-Pärchen, das mittlerweile Gator-Rudel hieß«, schrieb Michael, »lebte in fast völliger Abgeschiedenheit und Menschen bekamen es kaum zu Gesicht.« In dieser Zeit warfen sie drei Mal. 1992 wurde nahe der Reviergrenze des Graham-Pärchens eine Wolfsfamilie freigelassen. »Sie vertrieben das ausgewachsene Pärchen und töteten und fraßen die Welpen«, sagt Michael. »Das war das letzte Mal, dass wir versuchten, in ihrer Nähe eine Auswilderung durchzuführen.«

Am 1. April 1994 fand man das neunjährige Graham-Männchen tot in seinem Revier. »Es sah aus, als hätte er sich einfach hingelegt und sei gestorben«, notierte Michael. Und nur vier Monate später verließ seine Gefährtin das Territorium des Gator-Rudels und machte sich auf eine lange »Buschwanderung«. Als sie durch das Heimatgebiet eines anderen Wolfsrudels, des River-Rudels im Norden kam, legte sie sich bei Deep Bay zum Sterben hin.

Das Aufziehen der Welpen in der Wildnis
Und so passten sich die in Gefangenschaft geborenen Welpen nach und nach an ihre Heimat in der Wildnis an, gebaren und zogen Junge groß. Trotz der zahlreichen schmerzlichen Vorfälle und Enttäuschungen, gab es auch viele Erfolgsgeschichten. Das Team wurde mit wachsendem Verständnis für das, was funktionierte und das, was es nicht tat, zuversichtlicher.

Selbst als klar wurde, dass das Auswilderungsprogramm ein Erfolg war, war es immer noch notwendig (und ist es bis heute), eine gefangene Population von etwa 200 Tieren aufrechtzuerhalten. Das liegt teilweise daran, dass es zusätzliche Wölfe braucht, um die wildlebende Population zu stärken und man so gleichzeitig über eine Reserve verfügt, falls eine Krankheit die Wölfe in der Wildnis ausrottet; teilweise verwendet man sie auch als Stamm für zukünftige Wiedereingliederungsprogramme in anderen Gebieten.

Einige in Gefangenschaft geborene Welpen werden noch sehr früh in ihrem Leben – wenn sie etwa zehn bis vierzehn Tage alt sind – in die Wildnis zurückgebracht, gerade, bevor sich ihre Augen öffnen. In diesem Alter werden sie von einem Männchen und einem Weibchen eines wildlebenden Rudels vollständig akzeptiert, was dazu führt, dass letztere sich um die Welpen kümmern. Diese »Pflegeelternschaft« wird nur angewandt, wenn eine wildlebende Mutter ihren gesamten Wurf, einige Welpen davon verloren oder nur einen sehr kleinen Wurf hat, der es ihr gestattet, sich um ein oder zwei zusätzliche Welpen zu kümmern. Die pflegeweise Aufzucht dieser Art stärkt nicht nur die Anzahl der Wölfe in freier Wildbahn, sondern hilft auch, die genetische Verträglichkeit der Population aufrechtzuerhalten, da man die Welpen sehr sorgfältig auswählt. Ich war fasziniert, als ich hörte, wie sich dieses Prozedere entwickelte.

Das erste Mal probierte man es 1988 aus. »Es war«, wie Chris mir sagte, »irgendwie eine Verzweiflungstat und/oder ein Mangel an Alternativen.« Ein gefangenes Weibchen tötete eines ihrer drei neugeborenen Welpen und als man herausfand, dass sie das schon öfter getan hatte, entschied man in dem kleinen Zoo, wo sie gehalten wurde, dass man mit den verbleibenden Welpen kein Risiko eingehen wollte. Man nahm sie ihr weg und setzte sie, statt sie von Hand aufzuziehen, in den Bau eines wildlebenden Weibchens. Das Team war der Meinung, dass dies, ausgehend von Erfahrungen mit »Pflegeeltern« in Gefangenschaft, eigentlich funktionieren müsste, aber dennoch muss es ein wunderbarer Moment gewesen sein, als die kleinen Welpen sofort von dem Weibchen akzeptiert wurden, die sie zusammen mit ihren eigenen Jungen aufzog.

Manchmal stößt das Feldteam auf wilde Welpen, die von Pflegeeltern aufgezogen werden müssen. Einmal wurde ein Weibchen tot in einem Gebiet aufgefunden, wo man glaubte, dass sie einen Bau gehabt hatte. Eine Suche brachte zwei Welpen zum Vorschein, schwach und dehydriert, aber noch am Leben. Sie waren fast zwei oder drei Tage ohne ihre Mutter gewesen. »Nach zwei Tagen, da wir sie so gut wie möglich wiederzubeleben versuchten«, erzählte Chris, »machten wir ein weiteres Weibchen mit Welpen in ähnlichem Alter aus, das die Pflegewelpen wie ihre eigenen akzeptierte und aufzog.«

Die Biologen Chris Lucash und Michael Morse aus dem Rotwolf-Wiedereingliederungsprogramm kontrollieren einen Wurf wilder Welpen im nordöstlichen North Carolina. Die Biologen nehmen eine umfassende Gesundheitseinschätzung vor und setzen den Welpen zu Identifikationszwecken einen kleinen Sender ein. (Bild: USFWS)

Halsbänder und Lokalisierung per Sender
Ungefähr 65 bis 70 % der wildlebenden Rotwölfe im nordöstlichen North Carolina tragen Telemetrie-Halsbänder, entweder die Standard UKW-Variante oder eine neue, speziell entwickelte Form von GPS-fähigem Halsband, die Satelliten benutzen, um vier- oder fünfmal am Tag automatisch ihre Position – und damit die der Wölfe, die sie tragen – aufzuzeichnen. Diese Informationen werden in jedem Halsband gespeichert und die Biologen können sie alle ein oder zwei Monate herunterladen. Diese Daten – die aus 400 bis 500 Orten bestehen können! – werden dann zur Erstellung von Karten benutzt, auf denen die Bewegungsmuster, Lebensraumpräferenzen und die Größe des Stammgebietes, sowie die Nähe anderer Wölfe, die ein Halsband tragen, aufgezeichnet werden.

Michael schickte mir ein Beispiel dafür, wie man einen Wolf mit dieser Technologie verfolgen kann, aus einem seiner Berichte. Wolf »11301M« bekam als Jährling sein Halsband, als er noch mit dem Rudel in seinem Heimatgebiet lebte, wo er geboren worden war. Innerhalb des nächsten Jahres erwiesen sich die Daten, die man regelmäßig aus seinem Halsband gewann, als eine Schatzkammer von Informationen für die Biologen. Zunächst einmal lernten sie etwas über seine Bewegungen in seinem ursprünglichen Heimatgebiet. Dann, als er das Gebiet, in dem er geboren war, im Frühling verließ und sich auf Wanderschaft machte, erfuhren die Feldforscher, wohin es ging.

»Er schien von Wolfsrudel zu Wolfsrudel zu ziehen und nach einem Ort zu suchen, wo er leben kann«, schrieb Michael. »Er umging das Kerngebiet der benachbarten Rudel, um sich keinen Ärger mit anderen Wölfen einzuhandeln (was sich für einen jungen, einzelnen Wolf empfiehlt) ... und umging den gesamten Lake Phelps, bevor er im Pocosin Lakes National Wildlife Refuge haltmachte.« Dort fand er ein Weibchen, das sich gerade mit einem sterilisierten Wolf-Kojoten-Hybriden gepaart hatte, der ebenfalls ein Sendehalsband trug. Der Hybrid wurde bald aus der Region verdrängt und man fand ihn etwas später tot auf (wobei man ihn über das Telemetrie-Signal hatte orten können). Eine Untersuchung des Körpers ergab, dass 11301M mit an Sicherheit grenzender Wahrscheinlichkeit seinen Rivalen getötet hatte. Das siegreiche Männchen paarte sich mit dem Weibchen und zusammen werden sie das neue Pocosin-Lakes-Rudel bilden.

Ein erfolgreiches Programm
2007 gab es ungefähr 100 Rotwölfe in etwa 20 Rudeln, die sich in der Wildnis fest etabliert hatten. Seitdem man die ersten vor etwa 20 Jahren ausgewildert hat, sind in der Wildnispopulation etwa 500 Welpen geboren worden. Die erste, probeweise Auswilderungsregion der Population wurde erweitert und zieht sich mittlerweile über drei nationale Wildtier-Schutzgebiete, einem Bombengelände des Verteidigungsministeriums, staatliche Gebiete und Privatgrund – etwa 1,7 Millionen Morgen in fünf Bezirken in North Carolina und zusätzlich gibt es noch Rotwolf-Aussiedlungsstellen, verteilt auf 15 445 Morgen Privatgrund.

Tatsächlich hat das Rotwolf-Feldteam in fünf Jahren (1999 bis 2004) Erfolge hervorgebracht, von denen manche Wissenschaftler annahmen, dass es dafür 15 Jahre bräuchte. Barry Braden, der drei Jahre lang Vorsteher des US Wolf Conservation Center war, sagte mir, die Management-Teams, die für die Rückkehr des Rotwolfs nach North Carolina und die des Rocky Mountain Gray Wolfes in die nördlichen Rocky Mountains arbeiteten, seien erfolgreich gewesen, weil die Zusammenarbeit zwischen Regierungsmitarbeitern, Nicht-Regierungsorganisationen und Bewegungen, die von besorgten Bürgern ausgingen, so hervorragend gewesen seien. »Natürlich«, sagte Barry mit einem Lachen, »sind sich diese Parteien nicht immer einig, aber es geht ihnen allen um die Sache und sie raufen sich zusammen.« Das steht in scharfem Kontrast zu dem Stil des Management-Teams, das mit dem Mexikanischen Wolf-Projekt zusammenarbeitet – das bislang erfolglos geblieben ist.

Der Teamchef des Rotwolf-Wiederansiedlungsprogramms, Bud Fazio, erzählte mir von seiner enormen Wertschätzung der Biologen, die Teil seines Feldteams sind, von denen einige, darunter Chris Lucash und Michael Morse, an die 21 Jahre Erfahrung bei der Arbeit mit Wölfen haben. Alle sind hingebungsvolle Freilandbiologen, die an die sieben Tage in der Woche und manchmal 24 Stunden am Tag die wildlebenden Rotwolf-Population betreuen, sie überwachen, die Kojoten im Blick behalten, sich an Bildungsprogrammen beteiligen, mit Landbesitzern reden und die vielen Probleme lösen, die bei einem Feldprogramm dieser Größe und Komplexität auftauchen. Die Arbeit kann physisch anspruchsvoll sein. Chris gab mir ein Beispiel.

»Die Zeit, in der die Welpen geboren werden, ist jeden Frühling nur eine kurze Spanne, auf die wir Feldbiologen mit einer Mischung aus Vorfreude und Furcht schauen«, erzählte er. Zuerst müssen sie den Bau finden, indem sie den Radiosignalen vom Halsband der Mutter (oder dem des Vaters, wenn sie ihren verloren hat) folgen. Wenn sie die Welpen lokalisiert haben, überprüfen sie ihre Gesundheit, nehmen jedem für ihre genetischen Aufzeichnungen einen Tropfen Blut ab und setzen ihnen einen winzigen Sender-Chip unter die Haut ein, was es ermöglicht, sie lebenslang zu identifizieren (so wie wir es mit unseren Hunden machen). Das klingt nicht allzu schwierig, aber Chris zufolge – und das ist der gefürchtete Teil – suchen sich die Wölfe isolierte Orte, die so unzugänglich sind wie nur möglich, wenn sie ihre Welpen werfen. »Und die Welpen-Saison geht mit anderen, wenig einladenden jahreszeitlichen Veränderungen einher: Das Einsetzen der großen Hitze und Feuchtigkeit, der üppige Wuchs von dornigen Ranken und Giftefeu und die aufkeimende Population von stechenden Insekten.«

»Und so«, fuhr Chris mit seiner Erzählung fort, »muss ich mich auf langen Strecken auf den Ellenbogen durch niedrige, enge Tunnel ziehen, mich durch dichtes Gestrüpp und über umgestürzte Bäume kämpfen, die mit Brombeeren überwuchert sind und von Geißblatt, Stechwinden und wilden Weinreben förmlich verschluckt werden. Und dann ist da noch der entnervende Gedanke an die zahllosen Zecken, die in meiner Kleidung herumwuseln und die unerträgliche Feststellung, dass Dutzende bereits meine Haut durchbohrt haben.«

Üblicherweise dauert so eine Suche Stunden und bleibt oft erfolglos. Die Mutter, auf deren Fährte sie sind, mag nicht im Bau sein. Wenn sie sie kommen hört, kann es sein, dass sie sie in die falsche Richtung führt. »In manchen Jahren«, erzählte Chris, »finde ich nur einsame, leere Ruhestätten, worauf dann mehrere Wochen des Kampfes mit dem Juckreiz folgen.«

Kojoten, Bauern und andere Herausforderungen
Ein größeres Problem für den Wiedereingliederungsplan ist die Wanderung von Kojoten (die in diesem Teil von North Carolina nicht heimisch sind) in Gebiete, in denen sich Auswilderungsstellen für Rotwölfe befinden. Das hat zu zweierlei Schwierigkeiten geführt: In dem Gebiet wird viel gejagt und leider wird der Kojote bei Jägern immer beliebter. Rotwölfe werden oft mit diesen östlichen Kojoten verwechselt, besonders die jungen Wölfe, die ihnen, wie bereits erwähnt, in Größe und Farbe recht ähnlich sind, so dass viele Rotwölfe aus Versehen geschossen wurden. Es ist also eine der größeren Herausforderungen, die Öffentlichkeit über den Rotwolf aufzuklären. Die zweite Schwierigkeit in Verbindung mit den Kojoten ist, dass sich Rotwölfe mit Kojoten paaren, wenn sie keine anderen Rotwölfe zur Fortpflanzung finden, wobei das Ergebnis ein Hybrid ist. Die Kojoten-Kontrollstrategie des Rotwolf-Wiederansiedelungsprogramms ist es, in dem Gebiet, in dem die Rotwölfe wiedereingeführt werden, sowie rundherum, eine kojotenfreie Zone einzurichten und diese Praxis hat auch schon einen gewissen Erfolg gezeigt.

Die meisten Leute waren wegen der Rückkehr des Rotwolfs in sein Stammland recht tolerant. Glücklicherweise sind Wölfe normalerweise recht scheu und meiden den Menschen und seine Umgebung. Einige Bauern fürchteten, dass die Wölfe eine Bedrohung für ihr Vieh seien, aber das erwies sich als unbegründet. Während der ersten 20 Jahre des Programms hat man die Wölfe kaum des Tötens von Haustieren überführen können. Es gab nur drei bewiesene Fälle – eine Ente, ein Huhn und ein Hund. Und die positive Seite der Gleichung sieht so aus, dass die Wölfe Jagd auf Biberratten machen, die in das Gebiet eingeführt worden sind und eine Plage für die Bauern darstellen. Beutetiere sind auch Waschbären, die Eier und junge Vögel stehlen, was zu einer Vermehrung der Vogelpopulationen geführt haben kann, darunter auch die von Wachteln und Truthähnen. All das hat dazu geführt, dass die örtliche Bevölkerung den Rotwölfen positiv gegenübersteht.

Einer der wichtigsten Aspekte bei der Freilassung großer Raubtiere ist gutes Informationsmaterial, das von Leuten vorbereitet werden muss, die die

Sorgen, Ängste und Vorurteile der Menschen, die in dem Gebiet wohnen, verstehen und nachvollziehen können. David Denton, ein Jagd-Aufklärungsspezialist der North Carolina Wildlife Resources Comission, arbeitet zusammen mit dem Rotwolf-Team dafür, dass die Menschen der Region das Verhalten des Rotwolfs so gut wie möglich verstehen und erfahren, wie sie sich zu verhalten haben, wenn sie einem begegnen. So bringt man auch Jägern bei, den Unterschied zwischen jungen Rotwölfen und Kojoten zu erkennen.

Mit den Wölfen heulen
In den letzten zehn Jahren hat die Red-Wolf-Coalition, die einzige Unterstützungsorganisation für Rotwölfe voseiten der Bürger, ihre Mission verfolgt, die Leute aufzuklären, indem die nötige Achtsamkeit geschaffen wird. Besonders populär sind die »Heulsafaris«: Die Leute können das Reservat besuchen, um den magischen Chor eines Rotwolf-Rudels zu hören. Ich erinnere mich noch deutlich an mein erstes Mal, als ich Wölfe im Yellowstone-Nationalpark heulen hörte. Es ist einfach unvergesslich.

Feldbiologen heulen manchmal die Wölfe an, die sie gut kennen. »Das erste Mal, wenn ein wilder Wolf auf dein Heulen in einer dunklen Nacht reagiert, vergisst du einfach nicht«, schrieb mir Michael Morse. Bei seinem ersten Versuch war er noch kein beschlagener Heuler und das Ergebnis war unkontrolliertes Husten – zum großen Amüsement der älteren Wolf-Biologen. »Aber sie lachten nicht mehr, als die zwei kürzlich entlassenen Wolfbrüder mein Heulen erwiderten!«, sagte Michael. »Und obwohl meine Stimmbänder sich verschmort anfühlten, machte das in meiner Brust und meinem Geist aufwallende Gefühl alles andere unbedeutend.«

Es überraschte mich nicht, zu erfahren, dass das Rotwolf-Wiedereingliederungsprogramm 2007 den höchsten Naturschutzpreis der USA gewann, und zwar den North American Conservation Award von der Association of Zoos and Aquariums (AZA). So viele Leute haben in so vielen unterschiedlichen Funktionen mit und für das Programm gearbeitet und so viel ihrer Lebenszeit dafür aufgewandt, seitdem das Programm auf den Weg gebracht worden ist. Und ich weiß, dass für sie alle – seien sie nun Spender, Partner, Freiwillige oder Biologen, die zahllose Stunden unter oftmals sehr anstrengenden Umständen arbeiten – das Wissen, dass nun mehr Rotwölfe in Freiheit das Gebiet ihrer Ahnen durchstreifen, Dank genug ist. Die beste Belohnung, die sie sich wünschen könnten, ist das unvergessliche Heulen der Rotwölfe unter dem Mond.

Thanes Feldaufzeichnungen

Das Takhi oder Przewalski-Pferd *(Equus ferus przewalskii, Equus przewalskii* oder *Equus caballus przewalskii)*

Das erste Mal, als ich in die Mongolei reiste, sagte ich mir: »Na, das ist ein toller Ort, um ein Pferd zu sein.« Es ist ein Land ohne Zäune. Und ohne Telefone oder Stromleitungen. Ein Land wunderschöner, starker Menschen, die härter sind als der Schnabel eines Spechts. Natürlich gibt es nicht viel Schatten. Wenn Sie Bäume wollen, müssen Sie drei Tage nach Norden, nach Sibirien fahren. Was die mongolischen Steppen so ideal für Pferde macht, ist die Tatsache, dass wir es hier mit einer Nation im Hochwüsten-Grasland zu tun haben.

Und auf diesem Grasland ohne Schatten haben die Menschen mit jener Kraft, für die die Mongolen so berühmt sind, es geschafft, die letzten wirklich wilden Pferde dieser Welt zu retten und ihren Bestand zu erhalten. Offiziell hat die International Union for the Conservation of Nature and Natural Ressources die herrlichen Takhi der Mongolei – die auch Przewalski-Pferde genannt werden – 1968 für in der Wildnis ausgestorben erklärt. Aber dank erfolgreicher Aufzucht in Gefangenschaft in Zoos und die Führung mongolischer Regierungsbeamter, die für Fragen in Sachen Wildnis zuständig sind, war ich in der Lage, im Sommer 2007 eine ausgewildert Wildherde zu betrachten.

Auf meinen Abenteuern in der Mongolei hat mich ein höchst bemerkenswerter Doktor der Wildtierbiologe namens Munkhtsog begleitet. Heute ist er einer der führenden Wissenschaftler seiner Nation. Dank seiner konnte ich einen Blick auf die Anstrengungen erhaschen, die zur Rettung der Takhi unternommen werden.

Als die Menschen vor 50- bis 70 000 Jahren aus Afrika auswanderten, um sich in Asien und Europa auszubreiten, sahen sie in den riesigen Herden von Wildpferden Beute. Natürlich domestizierten die Menschen schließlich Pferde aus dem Wildbestand und züchteten sie selektiv auf Eigenschaften, die von der Eignung zum Beförderungsmittel bis hin zur Schönheit reichten. Jedoch führten die Domestizierung und die Ausbreitung menschlicher Siedlungen zum Aussterben der wilden Herden.

Dann berichteten zu jedermanns Überraschung europäische Forschungsreisende von Herden der Wildpferde in Zentralasien. Einer dieser Forscher war Oberst Nikolai Przewalski, der russische Forschungsreisende, den der Zar auf eine Expedition geschickt hatte, um herauszufinden, ob sich die Eroberung der Wüste Gobi lohnen würde. 1881 beschrieb Przewalski als Erster dieses maultierartige Pferd, das in kleinen Herden von fünf bis fünfzehn Tieren in den Takhiin Shar Nuru Bergen am Rande der Wüste Gobi lebte.

Przewalski-Pferde mögen maultier*artig* gewesen sein, sind aber wesentlich hübschere Geschöpfe als das Maultier. Sie haben gelbbraunes Haar, das wegen der harschen Winter dick ausfällt und im frühen Dämmerlicht rotgolden glänzt. Die Dämmerung ist auch die Zeit, zu der man sie am besten zu sehen bekommt. Wie viele Herdentiere sind sie von Natur aus vorsichtig und die Mütter haben ganz deutlich ein Auge auf ihre Jungen. Stets alarmbereit, wird der dominante Hengst die Herde in Bewegung bringen, wenn er es für richtig hält, aber sämtliche Mitglieder halten nach Raubtieren Ausschau.

An der Schwelle des 20. Jhs. brach unter europäischen Zoos das Fieber aus, diese ohnehin schon seltene und schwer zu fangende Spezies auszustellen. Natürlich war die Reise aus der südwestlichen Mongolei zu den Zoos von London und Amsterdam hart und viele der Pferde verendeten auf dem Weg. Aber wie das Schicksal es wollte, war es von Vorteil, dass man das Przewalski-Pferd einfing. 1968 war die Spezies (unter anderem) aufgrund von Bejagung und Lebensraumverlust in der Wildnis vollständig ausgestorben.

Zu dieser Zeit glaubte man, dass die Geräusche der Wildpferdherden nie wieder auf Erden gehört werden würden. Selbst in den Vereinigten Staaten sind die Wildpferde wie der Mustang einst domestiziert worden, um dann zu entkommen und so ihren Status als Tiere der Wildnis wiederzuerlangen. Das Przewalski-Pferd wurde jedoch niemals domestiziert und wird aus diesem Grund als das letzte lebende Wildpferd betrachtet.

Glücklicherweise hat sich die Spezies aus einem Zuchtstamm von nur 13 Tieren sehr gut entwickelt und ist nun wieder im Hustai-Nationalpark zu sehen, wo sie weiter wächst. Die Pferde sind sogar zum Anziehungspunkt für ausländische Touristen und Naturschützer geworden.

Heute leben mehr als 1500 Przewalski-Pferde in Zoos, es gibt Herden für die Zucht in Gefangenschaft von Ohio bis in die Ukraine und mehr als 400 streifen durch geschützte Parks in China und der Mongolei. Die Herausforderung besteht natürlich darin, dass alle Tiere die Gene der 13 »Gründer«pferde haben – des letzten verbleibenden Genstammes also, nachdem die Art endgültig in der Wildnis ausgerottet war. Die Konsequenz ist, dass selbst relativ große Herden anfälliger für Krankheiten sind als andere Arten mit größerer genetischer Vielfalt. Glücklicherweise hat man eine hohe Priorität für das Przewalski-Pferd in internationalen Naturschutzprogrammen erkannt und so wird die intensive Zusammenarbeit zwischen den Managern der Nachzuchtprogramme und der wilden Herden fortgesetzt, um die adäquate tierärztliche Fürsorge und das Gen-Management für die Zukunft sicherzustellen.

Munkhtsog war Teil der Gruppe von Biologen, die 1994 die gefangene Herde in ihre neue Heimat im Hustai-Nationalpark in der zentralen Mongolei entließ. Die Takhi in diesem Park weiterhin zu schützen und zu fördern, bleibt eine Herausforderung – besonders weil sie jetzt leichte Beute für Wölfe sind. (Tiere, die in Gefangenschaft gezüchtet werden, sind bezüglich Bedrohungen aus der Natur naiv und Raubtiere sind eine der Hauptgründe, warum Wiedereingliederungsprogramme fehlschlagen.) Munkhtsog erklärte mir, dass bis zu 31 % der Fohlen, die jedes Frühjahr zur Welt kommen, Opfer von Wölfen werden. Mit der Zeit werden Naturschützer in der Lage sein, in diesen weitläufigen Gebieten wieder ein gesundes Räuber-Beute-Verhältnis zu etablieren. Und tatsächlich sinkt der prozentuale Verlust an Fohlen durch Wölfe beständig, wenn auch nur langsam.

Für Munkhtsog geht es bei der Rückkehr der Takhi (der mongolische Name für die Pferde) ganz klar um mehr als nur um Wissenschaft. »Das Takhi ist ein nationales Symbol, auf das das Volk der Mongolei sehr stolz ist«, sagte er mir. »Wie sind eine Nation von Reitern und so haben wir der Welt bewiesen, wie ernst wir unsere Pferde nehmen.«

Eines Morgens, nach einer langen Fahrt in einem alten Truck, in dem wir auf steinigen, staubigen Straßen dahingepoltert waren, sah ich endlich die scheuen, fast mythischen Takhi in den mongolischen Steppen. Munkhtsog war bei mir und wir standen auf dem Kamm eines Hügels, als gerade die Dämmerung vorüber war.

Er sagte, wir sollten uns ruhig ins Gras setzen, so dass wir von den Stuten mit den Fohlen nicht so sehr als Bedrohung wahrgenommen würden. Und tatsächlich begann sich die Herde aus 43 Pferden, die mindestens einen Kilometer von uns entfernt gegrast hatte, in unsere Richtung zu bewegen, nachdem wir ihr etwa eine Stunde zugesehen hatten – bis sie recht nahe an uns herankamen. Was mich am meisten beeindruckte war die Schönheit der Stuten und ihre offensichtliche Fürsorglichkeit für ihre Jungen. Die Fohlen schienen völlig unbesorgt um jede Bedrohung, aber ihre

Mütter achteten mehr oder weniger auf alles, was sich bewegte. Mir fiel auf, dass die Fohlen, je jünger sie waren, stärker dem domestizierten Pferd ähnelten – dünne Körper und lange Gliedmaßen. Aber die ausgewachsenen Tiere, besonders die Hengste, bekamen mit dem Heranwachsen dickere Körper mit proportional kürzeren Beinen.

Als ich die wilde Herde dort unten bestaunte, klopfte mir Munkhtsog auf den Rücken und sagte: »In den USA habt ihr Vollblüter für die Rennen. Aber in der Mongolei haben wir richtige Pferde!«

TEIL 2

Gerettet in letzter Minute

Einleitung

In diesem Teil finden Sie ein faszinierende Auswahl unterschiedlicher Arten, die eine Sache gemeinsam haben – sie alle standen am Rand des Aussterbens und haben eine zweite Chance bekommen. Anders als die Tiere, die im ersten Teil vorgestellt wurden, galt keine dieser Arten je als »in der Wildnis ausgestorben«– auch wenn das sicher geschehen wäre, wären da nicht einige wild Entschlossene gewesen, die das verhinderten. Die Erhaltung dieser Arten brachte es mit sich, einige Exemplare der verbleibenden wildlebenden Populationen zur Zucht einzufangen – und die Kritiker der Aufzucht in Gefangenschaft vertraten ihre Meinung oftmals lautstark, ihre Befürworter jedoch waren von ihrem Kurs überzeugt.

Die Geschichte der Rückkehr des Wanderfalken repräsentiert beispielsweise die außergewöhnlichen Bemühungen buchstäblich Hunderter von Menschen in der gesamten USA. Der Wanderfalke ist nie auf die geringen Zahlen der anderen Arten, die in diesem Teil beschrieben werden, reduziert worden, wurde aber in einem riesigen Bereich seines ursprünglichen Lebensraums im Osten der USA völlig ausgerottet. Und die Darstellung des Kampfes um das Verbot von DDT lässt einem kalte Schauer über den Rücken laufen, da sie allzu deutlich die Bereitschaft größerer Firmen offenbart, in ihrem Streben nach Reichtum andere Spezies einfach niederzuwalzen. Der Sieg in diesem Kampf war ein Triumph für die ökologische Bewegung und hat geholfen, zusätzlich zum Wanderfalken noch zahllose andere Arten zu retten.

Das sind unsere ersten Geschichten über Leute, die sich nicht nur dem Schutz charismatischer Tiere verschrieben haben, sondern auch dem von Fischen, Reptilien und Insekten. »Warum in aller Welt«, fragen manche, »würde jemand sein Leben dem Schutz eines Käfers verschreiben? Die Welt wäre doch ohne ihn viel besser dran.« Als ich noch ein Kind war, hing bei uns an der Wand ein Bild, auf dem ein kleines Mädchen dargestellt war, das sich an eine etwas finster aussehende Bulldogge kuschelte. Es hatte den Titel: »Jeder hat jemanden, der ihn liebt.« Und die Leute, deren Geschichten wir hier erzählen, haben ein leidenschaftliches Mitgefühl mit den Geschöpfen, die sie zu schützen versuchen. Doch sie wissen auch, dass jede Art innerhalb des Ökosystems – jenes allumfassend verbundene Netz des Lebens – ihre eigene, einzigartige Nische hat und daher wichtig ist. Das ist einer der Gründe, anhand derer man sich klarmachen kann, warum die Kosten, so hoch sie auch manchmal sein mögen, es wirklich wert sind.

Wir sollen erkennen, dass alle Tiere, mit denen wir uns diesen Planeten teilen, ihren eigenen Wert haben. Wir haben den Karren für so viele von ihnen in den Dreck gefahren – es ist an uns, ihn nun wieder flottzumachen.

Das Goldene Löwenäffchen *(Leontopithecus rosalia)*

Das erste Mal, dass ich einem Goldenen Löwenäffchen von Angesicht zu Angesicht gegenüberstand, war im National Zoo in Washington D.C. an einem wunderschönen Frühlingsmorgen 2007. Dort traf ich auch Dr. Devra Kleiman, die großzügigerweise angeboten hatte, den gewaltigen Hort ihres Wissens über diese Art zur Verfügung zu stellen, der sie einen so großen Teil ihres Lebens gewidmet hatte.

Im frühen 19. Jh. waren die Goldenen Löwenäffchen offenbar in den atlantischen Regenwäldern des östlichen Brasilien verbreitet, aber ihre Anzahl reduzierte sich in der zweiten Hälfte des 20. Jhs. dramatisch, als man sie als exotische Haustiere und für Zoos einfing und ihre Waldheimat zerstörte, um Platz für Viehweiden, Ackerbau und Plantagen-Forstwirtschaft zu schaffen. Heute sind weniger als 7 % des ursprünglichen atlantischen Waldes übrig, viel davon fragmentiert.

Gerettet von Brasiliens Vater der Primatenforschung
Es gibt vier Arten von Löwenäffchen: Das Rotsteiß-Löwenäffchen *(Leontopithecus chrysopygus)*, das Goldkopf-Löwenäffchen *(L. chrysomelas)*, das Schwarzkopf-Löwenäffchen *(L. caissara)* und das Goldene Löwenäffchen *(L. rosalia)*. Die Goldenen Löwenäffchen gehören zu einer der bedrohtesten Primatenarten der neuen Welt. Wäre da nicht die Hingabe, Leidenschaft und Beharrlichkeit von Dr. Coimbra-Filho – den man oft als den Vater der Primatenforschung Brasiliens bezeichnet – und seinem Kollegen Alceo Magnanini gewesen, wären sie womöglich ganz verschwunden.

Devra Kleiman und und das Haus für kleine Säugetiere im National Zoo bei der Kontrolle der Kletterfähigkeiten dieses Goldenen Löwenäffchens vor seiner Wiedereinführung in den Regenwald Brasiliens. (Bild: Jessie Cohan, Smithsonian National Zoo)

Diese beiden Wissenschaftler erkannten bereits 1962 die Notwendigkeit eines Zuchtprogramms für das Goldene Löwenäffchen mit dem Ziel, sie erneut in geschützten Wäldern wiedereinzuführen. Doch sie bekamen nur wenig Unterstützung und der Versuch, eine entsprechende Einrichtung zu schaffen, schlug fehl. Sie setzten ihre Arbeit jedoch in den 1960er und 1970er Jahren fort, reisten, größtenteils finanziert mit eigenem Geld, durch viele Gemeinden auf der Suche nach Löwenäffchen und interviewten die örtliche Bevölkerung, besonders die Jäger. Die Arbeit war hart und oft deprimierend. Sie machten zwei Regionen aus, die für die Wiederaussiedelung ideal gewesen wären – aber beide waren zusammen mit vielen anderen Waldgebieten zerstört worden, als sie ein Jahr später wiederkamen.

Ja, es waren wirklich schwierige Zeiten, jedoch von außerordentlichem Wert, da so Daten gesammelt wurden, die die verzweifelte Lage der Löwenäffchen und ihrer Lebensräume belegten, was für den Kampf um ihre Rettung von essentieller Bedeutung war. Und sie kennzeichneten ein Gebiet, das schließlich dank der Hartnäckigkeit von Dr. Coimbra-Filho das biologische Reservat Poço-das-Antas-Naturpark wurde, geschaffen zu dem Zweck, die Goldenen Löwenäffchen zu schützen. Es war das erste biologische Reservat in Brasilien.

1972 fand eine bahnbrechende Konferenz mit dem Titel »Rettet die Löwenkrallenäffchen« (wie man sie damals nannte) statt, bei der 28 Biologen aus Europa, Asien, Amerika und Brasilien zusammenkamen. Sie lenkte die internationale Aufmerksamkeit auf die Problematik, das endgültige Aussterben der Goldenen Löwenäffchen zu verhindern. Man stellte Pläne zu ihrem Schutz in der Wildnis auf, man gewann Unterstützung für das Zuchtprogramm Dr. Coimbra-Filhos in Brasilien und kreierte eine Strategie für ein globales Nachzuchtprogramm in Zoos. Es war eben diese Konferenz, die zum Schutzprogramm für Goldene Löwenäffchen im National Zoological Park in Washington D.C. führte. Und es war diese Konferenz, bei der auch Devras lange Beschäftigung mit den kleinen Primaten begann.

Die Begegnung mit einer Familie Goldener Löwenäffchen
Mein Besuch im National Zoo fand 35 Jahre nach besagter Konferenz statt. Ich hatte Goldene Löwenäffchen noch nie aus der Nähe gesehen. Es war wirklich ein Vergnügen, mit ihrem Wärter, Eric Smith, und Devra ein neu errichtetes Gehege für eine Familiengruppe betreten zu dürfen. Dort begegnete ich einem erwachsenen Pärchen, Eduardo und Laranja, zwei im Heranwachsen begriffene Weibchen, Samba und Gisella, und zwei Jungtieren, Mara und Mo. Ich war verzaubert. Mit ihrem strahlenden goldenen Fell, das ihre Körper umhüllt und ihre Gesichter mit einer löwenartigen Mähne umgibt, nehmen sie sich aus wie lebende Juwelen des tiefen Waldes. Als ich ihnen zusah, wie sie angesichts so vieler Fremder in ihrem neuen Heim etwas besorgt waren, fühlte ich eine Welle der Dankbarkeit für all die harte Arbeit und die Tränen, die ihr Aussterben verhindert hatten.

Danach traf sich eine kleine Gruppe von uns, um über die Löwenäffchen zu reden. Ich fragte Devra, wie sie an die Sache geraten war. Sie erzählte uns, sie sei in den Vorstädten von New York aufgewachsen, ohne Natur und ohne Haustiere, vorgesehen für ein Medizinstudium. Dann beobachtete sie bei einem Universitätsprojekt in einem Zoo ein Wolfsrudel und war davon so fasziniert, dass sie feststellte, sie wolle das Verhalten von Tieren studieren. Interessanterweise war sie auch zeitweise im Londoner Zoo und arbeitete dort mit Desmond Morris zusammen – genau wie ich. Sie spezialisierte sich auf vergleichende Studien des Reproduktionsverhaltens von Tieren und arbeitete mit den unterschiedlichsten Arten – bis sie von den Schwierigkeiten der Goldenen Löwenäffchen erfuhr.

»Ich war entschlossen, für diese bezaubernden kleinen Wesen mein Bestes zu geben«, erzählte sie. Also fing sie an, Geld aufzutreiben, Informationen zu sammeln und ein koordiniertes Zuchtprogramm zu starten. Viele Leute glaubten, dass ein solcher Plan niemals aufgehen könne. Lächelnd erinnerte sie sich an einen Rat, den man ihr damals gab: »Lass dich nicht auf Löwenäffchen ein, die werden aussterben – das ist schlecht für deine Karriere.«

»Ich bin so froh, dass ich diesem Rat nicht gefolgt bin«, fügte sie hinzu. Und in der Tat war das ein Glücksfall für uns alle, besonders für die Goldenen Löwenäffchen!

Devra kontaktierte alle Zoos, die Goldene Löwenäffchen hielten und fand heraus, dass man über das Reproduktionsverhalten der Löwenäffchen fast nichts wusste. »Man wusste nicht einmal, ob man sie besser in monogamen oder in polygamen Zuchtgruppen halten sollte«, erzählte sie. Aber schließlich gelangte sie zu der Ansicht, dass Löwenäffchengruppen in der Wildnis, die zwei bis acht Individuen zählten, aus einem Pärchen und seinen Nachkommen bestehen könnten. Also empfahl sie, die Zoos sollten erwachsene Paare separiert halten, so dass sich von selbst Familiengruppen formen konnten. Das war der Schlüssel zum Erfolg. Mit der Zeit, als man mehr über die natürliche Ernährung der Löwenäffchen und ihr Sozialsystem erfuhr und diese Erkenntnisse auf ihre Haltung anwandte, verbesserte sich die Situation. Doch selbst Ende 1975 gab es immer noch lediglich 83 Goldene Löwenäffchen, verteilt auf 16 Einrichtungen außerhalb Brasiliens und 39 Exemplare in der Institution in Brasilien selbst.

Rückkehr in die Wildnis
Nach und nach wuchs die gefangene Population und Devra begann, sich auf das nächste Stadium zu konzentrieren – die Rückkehr der Spezies in die Wildnis. Der erste Schritt bestand natürlich darin, eine für sie sichere Umgebung zu finden. »Ich bin nach Brasilien gereist, um das Reservat zu besuchen, wo man hoffte, die Löwenäffchen auswildern zu können«, erinnerte sich Devra. »Der atlantische Regenwald dort war dezimiert und selbst als wir im Reservat ankamen, stand da nur noch sehr wenig Wald. Zu meinem Entsetzen hatte der Wächter am Tor zum Reservat ein Löwenäffchen an der Leine als Haustier! Hier schien eine erfolgreiche Wiederaussiedelung unmöglich. Aber das war alles, was von ihrem natürlichen Lebensraum noch übrig war. Wir mussten mit dem arbeiten, was vorhanden war.«

Der Wissenschaftler und Naturschützer Dr. Benjamin Beck wurde als Koordinator des Wiederaussiedelungsprogramms ausgewählt. Zunächst mussten die Fundamente für diese Arbeit gelegt werden. Devra und Ben machten wiederholt Reisen nach Brasilien und entwickelten enge Arbeitsbeziehungen zu ihren brasilianischen Kollegen. 1984 war dann alles bereit: Man hatte ein Gebiet für die Wiederaussiedelung gesichert und brasilianische Mitarbeiter und Partner gefunden. Man entließ die ersten Goldenen Löwenäffchen in den Wald.

»Nach der ersten Auswilderungs merkten wir«, erzählte uns Devra, »dass die in Gefangenschaft geborenen Tiere Probleme damit hatten, sich in den Bäumen zu bewegen; sie wussten einfach nicht, wie sie in komplexen 3D-Umgebungen navigieren sollten.« Aber irgendwie schafften sie es und gleichzeitig lernte das Team viel über ihr Verhalten. Eines Tages, erzählte mir Devra, folgte sie einem heranwachsenden Weibchen und ihren beiden jungen Brüdern, Ron und Mark, die sich vom Rest der Gruppe getrennt hatten. Sie wanderten weiter und weiter; sie erkundeten ihre neue Welt und als die Dämmerung einsetzte, befürchtete Devra, sie würden verloren gehen. Aber plötzlich stieß das Weibchen einen seltsamen Ruf aus und schoss zielsicher davon, wobei sie im Weiterziehen mehr dieser Rufe von sich gab. Ron und Mark folgten ihr sofort – und Devra folgte ihnen. »Ich fühlte mich fast wie ein Teil der Familie«, so Devra. »Wir alle hielten mit und folgten den Rufen.« Und in weniger als 30 Minuten waren sie zurück in ihrer Nestkiste. Nachträglich fanden die Wissenschaftler heraus, dass dieser Ruf »Auf geht's!« bedeutet und nannten ihn den »Vamonos-Ruf« (auf geht's).

Anpassung an den Wald

Bald nach diesem Ereignis trafen Devra und Ben eine kühne und innovative Entscheidung – sie würden es einigen Familien von Goldenen Löwenäffchen erlauben, frei durch ein kleines Waldstück auf dem Grund des National Zoo zu streifen. So würden sie sich an das Reisen auf der Ebene der Baumwipfel gewöhnen können, bevor man sie in Brasilien freiließ. Der Plan, der unter Bens Leitung durchgeführt wurde, war ein Erfolg. »Zum einen«, sagte Devra, »fingen sie, sobald sie erst draußen waren, instinktiv an, den sanften Vamonos-Ruf auszustoßen, den ich in der Wildnis gehört hatte. Es war wunderbar!«

Die Löwenäffchen eigneten sich so nicht nur Kletterfähigkeiten an, nein, es begannen auch Familiengruppen damit, kleine Territorien einzugrenzen, vielleicht 100 Quadratmeter groß, gerade so, wie sie es auch in freier Wildbahn tun würden. Devra und Ben hatten daher das Gefühl, dass es unwahrscheinlich war, dass die Löwenäffchen das Gebiet des Zoos verlassen würden und zu ihrer großen Erleichterung behielten sie damit recht.

Ben erzählte mir, dass das, was ihn an dem Auswilderungsprogramm in Brasilien am meisten interessierte, die Tatsache ist, dass das Training vor der Freilassung (das unter anderem darin besteht, zu lernen, wie man mit den Fingern Nahrung aus Höhlungen pult oder Früchte öffnet) kaum einen Unterschied für das Überleben der Goldenen Löwenäffchen in der Wildnis macht. Was wichtig ist, ist die Methode des sanften Auswilderns. Das bedeutet, dass man ihnen zu Beginn ihres Lebens im Wald Nahrung und Unterschlupf bietet, aber sobald sie anfangen, natürliche Nahrung zu sich zu nehmen, füttern und beobachten die Freilandbiologen sie weniger; tägliche Besuche werden auf Besuche an drei Tagen pro Woche reduziert, dann auf einmal im Monat. Wenn ein Individuum verletzt ist oder verloren geht, fängt man es ein und behandelt es, bevor man es zurückbringt. Alle Gruppen sind nach fünf Jahren unabhängig geworden. Der Schlüssel zum Erfolg besteht, wie Ben erklärte, darin, dass die Weibchen lange genug leben, um sich fortpflanzen zu können. Junge Löwenäffchen, die in der Wildnis geboren werden, werden gut zurechtkommen. »Denn dann«, sagte Ben, »haben sie schon von Geburt an ein wildnistaugliches Gehirn.«

Mehr Geschichten aus der Wildnis
Ich bat Ben um eine Geschichte. Er berichtete mir von Emily, die 1988 mit vier Familienmitgliedern angekommen war. Man brachte sie in den Wald und zeigte ihnen ihre Nestkiste in einem der Bäume. In der zweiten Nacht war es ziemlich kalt und nass. Emily schien verwirrt. Sie kletterte ans äußerste Ende eines Astes und saß da zusammengekauert im Regen. Ben und seine Kollegin Andreia Martins saßen ebenfalls zusammengekauert da und sahen ihr zu. Schließlich wurde es dunkel und sie waren gezwungen, sie allein zu lassen, wie sie da klein und schutzlos auf ihrem Ast saß, während ihre restliche Familie sich in der gemütlichen Nestkiste befand.

Einer niedergeschlagene Gruppe von Menschen, die sich zum Abendessen versammelte, war es ebenfalls kalt und nass. »Keiner von uns schlief besonders viel«, erzählte Ben. Am nächsten Morgen zog man früh los. Als man den Baum erreichte, lag Emily am Boden, lebte aber noch, obwohl sie eiskalt war. Andreia steckte Emily unter ihr Hemd und nahm sie mit ins Camp. Nach und nach erwärmte sich Emily und am Ende des Tages war sie trocken und wieder flauschig. Sie überlebte nicht nur, sondern bekam später auch mehrere Junge. »Sie war wirklich ein Schatz«, sagte Ben.

Eines Tages verschwanden Emily und ihr Sohn. Unglücklicherweise werden die Löwenäffchen manchmal gestohlen, weil einige Leute sie (illegal) als Haustiere verkaufen – über die Jahre sind mindestens 22 geraubt worden. Erstaunlicherweise bekam man Emily zurück, da ein Tierarzt ihre Tätowierung bemerkte und feststellte, dass sie gestohlen worden war. Emily richtete sich schnell wieder ein und gründete eine andere Familie. Und unglaublicherweise wurde sie erneut gestohlen und wieder bekam man sie zurück!

Name oder Nummer?
Ben erzählte mir, dass sie den Löwenäffchen in freier Wildbahn keine Namen mehr geben, sondern nur noch Nummern. Dieses Geschäft, die einzelnen Tiere anhand von Namen oder Nummern zu identifizieren, hat eine interessante Geschichte innerhalb des Löwenäffchen-Projekts. »Als ich anfing, gab ich den Löwenäffchen Nummern, was mir damals wissenschaftlicher vorkam«, erinnerte sich Devra, »aber aus Trotz nannte David Kessler [einer ihrer Kollegen] ein von Hand aufgezogenes Löwenäffchen Colonel Ezekiel Atlas Drummond – und der Name blieb hängen. Seitdem haben wir Namen verwendet.«

Obwohl das Nachzuchtprogramm nach wie vor Namen verwendet, ist man in freier Wildbahn zu Zahlen übergegangen, und zwar nicht, weil es wissenschaftlicher ist, sondern weil ein relativ großer Prozentsatz von Löwenäffchen nicht durchkommt – am Ende ihres zweiten Jahres in der Wildnis sind etwa 80 % gestorben oder verschwunden. Die Leute, die mit ihnen arbeiten, empfinden es als weniger belastend, wenn sie die Löwenäffchen nicht mit Namen kennen.

Wenn das Team draußen im Wald ein nicht gekennzeichnetes Löwenäffchen findet, dann weiß man dort, dass man sich einer Erfolgsmarke gegenübersieht – einem Individuum, das in der Wildnis geboren wurde und sein eigenes Revier etablieren konnte. Manche haben es sogar über mehr als eine Meile offenes, bewirtschaftetes Land hinweg geschafft. Das Team verwendet nicht länger Zeit darauf, die Familieneinheiten genau im Auge zu behalten. Gelegentliche Überwachung von Gesundheit, Reproduktion und Überlebensrate ist alles, was nötig ist.

In der Zwischenzeit gab es, während die ausgesiedelten Löwenäffchen gediehen, immer noch Gruppen von wildlebenden Goldenen Löwenäffchen, die extrem bedroht waren. Ein erschöpfende Studie in den frühen 1990er Jahren enthüllte, dass 60 Exemplare, verteilt auf zwölf Gruppen in neun winzigen, fragmentierten Waldstücken lebten, die zur Abholzung freigegeben waren, weil dort Strandwohnungen gebaut werden sollten. Und so wurden zwischen 1994 und 1997 sechs dieser Gruppen (43 Exemplare) an den Ort verlegt, der mittlerweile das União Bio-Reservat ist.

Der Schlüssel zum langzeitigen Erfolg: Übergabe an die Brasilianer
Devra wusste von Anfang an, dass eine Schlüsselkomponente für den Erfolg des Wiederaussiedelungsprogramms für das Goldene Löwenäffchen die Einstellung der örtlichen Bauern sein würde – jene, die die verbleibenden Waldstücke besaßen, in die die wachsende Anzahl von Familiengruppen wiedereingeführt werden konnten. Und so begann das brasilianische Team schon in der Anfangszeit damit, Beziehungen zur örtlichen Bevölkerung aufzubauen. Das war anfangs ein mühsames Geschäft, da viele Bauern zunächst eine feindselige Einstellung an den Tag legten, wie uns Devra erzählte. »Aber es war vielleicht der wichtigste Aspekt. Ich wollte mich in dem Wissen zur Ruhe setzen können, dass es etwas an diesem Platz gab, was bleiben würde, und das würde nur möglich sein, wenn es in den Händen von Brasilianern lag.«

Das ist mittlerweile größtenteils verwirklicht. 1992 entstand in Brasilien die »Verbindung Goldenes Löwenäffchen« (Associação Mico-Leão Dourado oder AMLD), um die gesamte das Goldene Löwenäffchen betreffende Naturschutzarbeit zu vereinen und die örtlichen Gemeinden über das Schutzprogramm aufzuklären. Die Organisation wird von einer dynamischen, jungen Brasilianerin namens Denise Rambaldi geleitet. Sie überwacht die Löwenäffchen-Populationen, hilft verarmten Farmern dabei, Wald-Agrikultur-Techniken zu entwickeln und bildet junge Brasilianer im Naturschutz aus. Sie arbeitet auch eng mit brasilianischen Regierungsorganisationen zusammen, um den Naturschutz in der gesamten Region voranzubringen.

2003 wurde das Goldene Löwenäffchen auf der roten IUCN-Liste bedrohter Arten von kritisch gefährdet auf gefährdet heruntergestuft und ist damit die einzige Primatenart, die als Resultat von Naturschutzbemühungen heruntergestuft werden konnte. Das ist ein Meilenstein für die Menschen und Organisationen, die sich ihrem Überleben verschrieben haben.

Natürlich können sich jene, denen die Sache am Herzen liegt, wie bei allen Naturschutzprojekten, nicht einfach zurücklehnen und entspannen. Nach wie vor werden Lebensräume zerstört und die fortgesetzte Fragmentierung der bestehenden Wälder bleibt die größte Bedrohung für das Überleben der Löwenäffchen. Das Wissen, dass die AMLD Waldkorridore errichtet, die die Lebensräume der Löwenäffchen verbinden, was auch Inzucht bei kleinen, isolierten Gruppen zu vermeiden hilft, ist sehr ermutigend. Der erste dieser Korridore, der etwa zwölf Meilen lang sein wird, ist fast fertig. Und mehr und mehr private Viehzüchter erlauben den Löwenäffchen den Aufenthalt auf ihrem Land.

Jetzt da dies geschrieben wird, leben Goldene Löwenäffchen auf 21 privaten Gütern in der Umgebung des biologischen Poço-das-Antas-Reservats. Als die brasilianischen Geldscheine neu gestaltet wurden, kam das Goldene Löwenäffchen auf die Zwanzig-Reais-Noten – Löwenäffchen sind mittlerweile eine Ikone des Naturschutzes in Brasilien.

»Als ich 1972 anfing mit der Population im Zoo zu arbeiten, gab es ungefähr 70 Goldene Löwenäffchen in Zoos«, erzählte Devra. Ende der 1980er Jahre war ihre Zahl auf fast 500 gestiegen und man entschied sich, einigen Tieren empfängnisverhütende Mittel zu geben und die gefangene Population zu stabilisieren. Heute gibt es etwa 470 Tiere in Zoos und man kümmert sich sorgfältig um die einzelnen Gruppen. »Als ich 1984 anfing, die Löwenäffchen wiederauszusiedeln, gab es in der Wildnis noch weniger als 500«, erzählte mir Devra. Dank der Wiederaussiedelungsbemühungen leben jetzt 1600 bis 1700 Löwenäffchen in freier Wildbahn.

Jetzt, in meiner Heimat, im Bournemouth, denke ich gern an den Apriltag zurück, als Devra mich Eduardo, Laranja und ihrer Familie vorstellte. Ich erinnere mich noch, wie das ausgewachsene Männchen auf Devra zuging, der der Wärter ein Stück Banane gegeben hatte. Ganz sanft streckte das kleine Wesen sich nach der Frucht. Für mich war es ein magischer Moment, der das Vertrauen eines kleinen Primaten zu der Frau symbolisierte, die so leidenschaftlich dafür gearbeitet hat, dass diese bezaubernde Tierart nicht für immer vom Angesicht der Erde verschwunden ist.

Das Spitzkrokodil *(Crocodylus acutus)*

Für die meisten Leute – mich eingeschlossen – ist der Gedanke ziemlich furchterregend, im Wasser einem Krokodil zu begegnen. Ich erinnere mich noch lebhaft an mein Mitgefühl mit dem Elefanten, als mir meine Mutter die wunderbarste der *Genau-so-Geschichten* von Rudyard Kipling vorlas: »How the Elephant Got His Trunk« [Wie der Elefant zu seinem Rüssel kam]. Das arme kleine Elefantenkind wandert hinab zum »großen, graugrünen

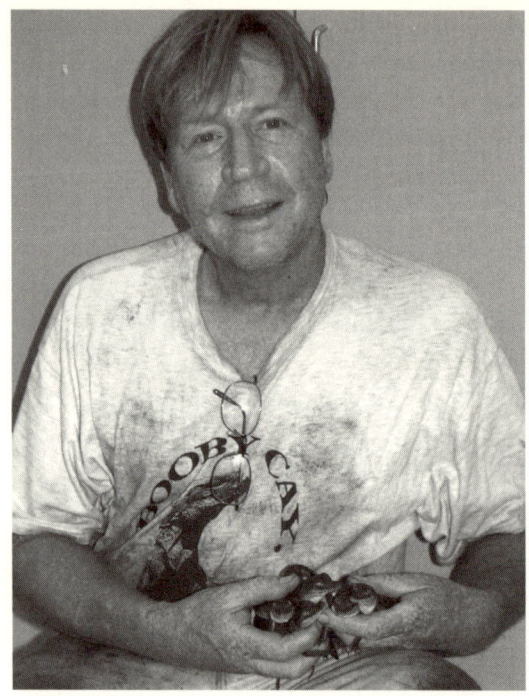

*Joe Wasilewski, der für die Sicherung der Zukunft des Spitzkrokodils arbeitet, mit drei in der Wildnis geborenen Jungtieren im Atomkraftwerk Turkey Point, 2007.
(Bild: Joseph A. Wasilewski)*

glitschigen Limpopo-Fluss«, um zu trinken, nur um von einem Krokodil an der Nase gepackt zu werden. Das Krokodil zieht und zieht und der Elefant zieht und zieht. Glücklicherweise eilen all seine Onkel und Tanten zu seiner Rettung herbei. Sie ziehen und ziehen, bis sich die Nase des kleinen Elefanten, als er schließlich gerettet wird, zu einem Rüssel verlängert hat.

Es gibt Furcht einflößende Berichte davon, wie große Antilopen – und selbst Büffel – von Krokodilen gepackt werden, wenn sie an den Flüssen trinken; sie kämpfen verzweifelt und werden unter Wasser in den Tod gezogen. Als wir zuerst in Gombe ankamen, warnte man meine Mutter und mich vor zwei solchen Krokodilen, die häufig die Ufer in der Nähe unseres Lagers aufsuchten. Nichts hätte uns damals verleiten können, im See schwimmen zu gehen. Und tatsächlich schnappte sich eines dieser Krokodile fast die Frau des Kochs. Später sagte man uns, die beiden seien die »Schutzgeister« des alten Iddi Matata, der damals der berüchtigtste Medizinmann der ganzen Gegend war. Und es stimmte: Als er die Gegend verließ, verschwanden auch die beiden Krokodile. Es gibt wirklich viele Geschichten über Krokodile in Verbindung mit mächtigen Medizinmännern in Tansania.

Ein »sanftes« und »scheues« Krokodil
In allen diesen Geschichten geht es um das *afrikanische* oder *Nilkrokodil*, die in ihrem Verhalten große Ähnlichkeiten zum amerikanischen Alligator aufweisen. In diesem Kapitel geht es jedoch um das Spitzkrokodil, bei dem es sich um eine gänzlich andere Art Tier handelt – viel sanfter und scheuer, aber unglücklicherweise oft von jenen gefürchtet und verfolgt, die es für einen Alligator halten. Wenn sie jedoch erst den Unterschied kennen, ist es leicht, die beiden auseinanderzuhalten. Erstens ist das Spitzkrokodil grün bis graubraun mit schwarzen Flecken, wohingegen der Alligator gänzlich schwarz ist. Zweitens hat das Spitzkrokodil eine wesentlich schmalere Schnauze und der vierte Zahn auf der Unterseite des Mundes ist auf beiden Seiten deutlich an der Außenseite des Kiefers zu sehen. Es gibt keine dokumentierten Attacken von Krokodilen auf Menschen in Florida, wenn wir auch gehört haben, dass es welche in Mexiko und Costa Rica gegeben haben soll.

Das Spitzkrokodil hat einen weiten Verbreitungsraum, unter anderem in Kuba, Jamaica, Hispaniola, an der karibischen Küste von Venezuela hin nach Yucatan und an der pazifischen Küste von Peru nach Mexiko. Die nördliche Unterart, die sich in Florida findet, war mindestens 60 000 Jahre von ihren Verwandten isoliert (obwohl aktuelle, jedoch bisher unpublizierte genetische Studien belegen, dass kürzlich eine Vermischung mit den kubanischen Spitzkrokodilen stattgefunden hat). In den frühen 1970er Jahren war die Unterart von Florida, wie viele andere Krokodile überall auf der Welt, durch Bejagung und die unaufhaltsame Ausbreitung des Menschen und den damit einhergehenden Verlust wilder Lebensräume an den Rand der Ausrottung getrieben worden. 1975 wurde es als gefährdet klassifiziert: Man vermutete, dass nicht mehr als 200 bis 400 Exemplare überlebten.

Im November 2006 führte ich ein wunderbares Telefonat mit Frank Mazzotti, einem Wildtierbiologen der University of Florida, der seit fast 30 Jahren Studien über die Krokodile betreibt. 1977 begann Frank, damals noch Doktorand, damit, bei den Feldstudien am Spitzkrokodil im Everglades National Park zu assistieren. Niemand wusste viel darüber, außer, dass es sich in arger Bedrängnis zu befinden schien. Eine der Fragen, die die Forscher zu beantworten versuchten, war: Wie viele Jungkrokodile gab es noch und was war es, das sie umbrachte?

Frank sah hin und wieder, wie Landkrabben ein junges Krokodil fraßen, dachte aber, sie hätten sich wahrscheinlich ein totes Exemplar geschnappt. Dann sah er eines denkwürdigen Tages, wie ein Reptilienschwanz im Wasser hin und her peitschte; er packte ihn und zog ein junges Krokodil heraus, das sich fest in den Klauen einer Landkrabbe befand, das eine Schere um die Mitte seiner Beute, die andere um ihren Kopf gelegt hatte. Frank schaffte es, das Jungtier zu befreien, aber es atmete nicht mehr. Vor Kurzem hatte jedoch jemand einen blödsinnigen Cartoon an die Wand in der Station der Wildhüter geheftet. »Dort sah man einen Typen, der eine Eidechse mit Mund-zu-Mund-Beatmung wiederbelebte«, erzählte Frank. »Die Figur schloss einfach die Lippen um den Hals der Eidechse und blies.« Also tat er genau das mit dem Krokodil! Und nach ein paar Sekunden spuckte es Wasser, war völlig wiederbelebt und bald bereit, sich auf den Weg zu machen. Frank ist der einzige Mensch auf dieser Welt, der einem Krokodil den lebensspendenden Kuss gegeben hat!

Verliebt in die nächtliche Wildnis
Als Kind las Frank alle Tarzan-Bücher und andere Geschichten dieser Art – genau wie ich. Aber wo ich mich in Tarzan verliebte, wollte er Tarzan *sein*. »Ich sah erst nach und nach ein«, erzählte er, »dass das bei einem eins-siebzig großen Jugendlichen nichts werden würde.« Aber als Student im College bekam er die Gelegenheit, in der Krokodilforschung mitzuarbeiten. Da es sich bei ihnen um Nachttiere handelt, bedeutete dies, nach Einbruch der Dunkelheit draußen in der Wildnis zu sein – und das liebte er. Damals hielt man als Teil des Forschungsprogramms ein paar junge Krokodile. »Ich zog ein paar groß, bis sie ungefähr einen Meter achtzig lang waren und lernte sie ziemlich gut kennen, bis wir sie schließlich freilassen mussten.« Es gelingt ihm nicht, den Enthusiasmus aus seiner Stimme zu verbannen, wenn er über sie spricht. »Das sind wirklich die Goldstücke in der Welt der Krokodile. Sie sind am wenigsten defensiv und deshalb auch am wenigsten aggressiv. Scheu sind sie«, sagte er, »und relativ sanft.« Hier muss er lachen – wir entschieden, dass sich das Krokodil aus der Perspektive seiner Beute wohl kaum so sanft ausnahm! (Es ernährt sich von Krabben, Fischen, Schlangen, Schildkröten, Vögeln und kleinen Säugetieren, selten etwas, was größer wäre als ein Waschbär oder ein Hase).

Nachdem er seine Doktorarbeit beendet hatte, führte Frank eine Untersuchung an Krokodilsnestern in Florida durch. Zunächst brachte er alle Informationen zusammen, die er nur finden konnte, beginnend mit Material von 1930, als man begann, Standorte von Nestern zu verzeichnen. Dann besuchte er jeden dieser Plätze und suchte – vergeblich – nach Anzeichen

Oben: Schwarzfußiltis (Mustela nigripes). Einst in der Wildnis ausgestorben, aber mittlerweile gerettet und in bestimmten Regionen ihres ursprünglichen Verbreitungsgebietes in den großen nordamerikanischen Prärien erhalten (Bild: © Thomas D. Mangelsen)

Rechts: Mala oder Zottel-Hasenkänguru (Lagorchestes Hirsutus). Eines der in Gefangenschaft gezüchteten Malas, die im Alice Springs Desert Park in Australien freigelassen wurden. (Bild: Peter Nunn)

Oben: Rotwolf (Canis Rufus). Einst in der Wildnis vollständig ausgestorben, wird er jetzt durch Erhaltungsprogramme geschützt. Hier ein Vater, der eines seiner Welpen leckt. (Bild: Greg Koch)

Rechts: Goldenes Löwenäffchen (Leontopithecus rosalia). Eines der vielen Goldenen Löwenäffchen, die jetzt frei durch ihre alte Heimat im brasilianischen Regenwald streifen. (Bild: Mehgan Murphy, Smithsonian National Zoo)

Tafel II: Kalifornischer Kondor (Gymnogyps califonianus). In letzter Sekunde durch Zucht in Gefangenschaft gerettet. »XEWE« war einer der ausgewachsenen männlichen Mentoren für die in Gefangenschaft gezüchteten Kondore in Baja California. (Bild: Mike Wallace).

Unten: Takhi oder Przewalski-Pferd (Equus ferus przewalski, Equus przewalski oder Equus caballus przewalski – Klassifikation umstritten). Dieses aus der Mongolei stammende Pferd starb 1968 in freier Wildbahn aus. Glücklicherweise existierten noch einige in europäischen Zoos und 1994 wurden sie in ihrem angestammten Gebiet, im Hustai-Nationalpark in der Mongolei, ausgewildert. (Bild: Christopher A. Myers)

Tafel IV oben: Wanderfalke (Falco Peregrinus). Der Wanderfalke starb im Osten der USA vollständig aus, vor allem wegen der großflächigen Benutzung von DDT. Ihre nachhaltige Erhaltung, in diesem Gebiet verdankt sich einzig und allein ihrer Zucht in Gefangenschaft. Hier zu sehen ist eine Mutter in freier Wildbahn beim Füttern ihrer Küken bei Nunavut, Kanada. (Bild: Thomas D. Mangelsen)

Rechts: Der amerikanische Totengräber (Nicrophorus americanus). Bekannt als der »effizienteste Recycler der Natur«, wurde der amerikanische Totengräber im 20. Jh. beinahe ausgerottet. Wenn wir diesen ungeheuer wichtigen Aaskäfer verlieren, könnten Ameisen und Fliegen zur Plage werden. Hier ein wildlebender Käfer auf Nantucket Island, Massachusetts. (Bild: Roger Williams Park Zoo)

Unten: Spitzkrokodil (Crocodilus acutus). Ein einzigartiges Foto eines ausgewachsenen Tieres beim Fressen in den Everglades von Florida. Die kürzlich erfolgte Rückkehr dieses scheuen Krokodils ist eine Erfolgsgeschichte der bedrohten Tierarten, doch seine Zukunft ist von der Renaturierung der Everglades abhängig. (Bild: Joseph A. Wasilewski).

Oben: Vancouver-Murmeltier (Marmota vancouverensis). Onslo, ein in Gefangenschaft geborenes Murmeltier aus dem Zoo von Toronto, wie er nun einer leuchtenderen Zukunft am Haley-See auf Vancouver Island entgegensieht. Seine Partnerin Haida war das erste in Gefangenschaft geborene Murmeltier, das sich erfolgreich in der Wildnis fortpflanzte, nachdem es 2004 freigelassen worden war. (Bild: Andrew Bryant).

Tafel VI oben: Nipponibis (Nipponia Nippon). Einst gab es nur noch neun dieser verblüffenden Vögel auf der Welt. Mittlerweile gibt es in China wieder an die Tausend. (Bild: Bjorn Anderson)

Tafel VI unten: Schreikranich (Grus americana). Freilebende Exemplare in ihrem Brutgebiet in Saskatchewan, Kanada. Der Schreikranich wurde dank herkulischer Anstrengungen von zahllosen hingebungsvollen Männern und Frauen vor dem Aussterben bewahrt. (Bild: Thomas D. Mangelsen)

Oben: Sumatra-Nashorn (Dicerorhinus sumatrensi). Hier sehen Sie Emi, wie sie bei ihrem Kalb Suci steht, dem zweiten Sumatra-Nashorn, das im Cincinnati Zoo and Botanical Garden geboren wurde. Wie beim Kalifornischen Kondor auch, war die Aufzucht in Gefangenschaft bei diesem seltenen Nashorn anfangs ein Streitpunkt, doch auch hier zahlte sich Beharrlichkeit aus. Andalas, das erste Sumatra-Nashorn, das in Gefangenschaft geboren wurde, ist in seine angestammte indonesische Heimat zurückgebracht worden und lebt jetzt in einem Naturschutzgebiet auf Sumatra. (Bild: David Jenike).

Tafel IX oben: Pardelluchs (Lynx pardinus). Was wäre es nicht für eine Tragödie, wenn der bedrohte Pardelluchs in Spanien verloren ginge. Glücklicherweise hat die Aufzucht in Gefangenschaft die Prognosen überboten und die wildlebende Population wächst langsam. Wir müssen nur ihren Lebensraum schützen. Hier sehen Sie Saliego mit ihren beiden Jungen Camarina und Castañuela, geboren 2006. (Bild: Hector Garrido).

Tafel IX unten: Grauwolf (Canis Lupus). Die Rückkehr des Grauwolfs in seinen Lebensraum im Yellowstone Nationalpark steht an der Spitze der Liste der »Top 10 Naturschutzprogramme der Welt«. Auch wenn Wölfe im Westen der USA strittig bleiben, ihre Rückkehr ist ein Beweis dafür, dass Menschen und Raubtiere zusammenleben können. (Bild: © Thomas D. Mangelsen)

Oben: Zwergwildschwein (Porcula Salviana). 1994 wurde eine erfolgreiche Aufzucht in Gefangenschaft auf den Weg gebracht, indem man sechs Zwergwildschweine aus der letzten noch bestehenden Population im Manas-Nationalpark in Indien einfing. Aus diesen sechs ursprünglichen Tieren sind mittlerweile etwa 80 Zwergwildschweine hervorgegangen. (Bild: Goutam Narayan).

Unten: Angonoka oder madagassische Schnabelbrustschildkröte (Geochelone yniphora). Die beiden Männchen liefern sich ein Dominanz-Turnier; der Sieger kann sich mit dem Weibchen seiner Wahl paaren. Die Aufzucht in Gefangenschaft dieser höchst gefährdeten Schildkröte von Madagaskar begann mit lediglich acht Exemplaren, darunter fünf Männchen. (Den »Schnabel«, von dem diese Art ihren Namen hat, kann man unter dem Kinn des Verlierers erkennen.) (Bild: Don Reid)

Oben: Großer Panda (Ailuropoda melanoleuca). Su Lin (der Name bedeutet: »Ein bisschen was wirklich Süßes«) wurde am 2. August 2005 im Zoo von San Diego geboren. Man wird sie schließlich zur Aufzucht in Gefangenschaft in ein Naturreservat in China verlegen. Eine der größten Herausforderungen für den Großen Panda ist der Mangel an geeigneten Lebensräumen. (Bild: Ken Bohn).

Unten: Trampeltier (Camelus bactrianus ferus). Noch bedrohter als der Große Panda ist dieses einzigartige, wildlebende Tier nur durch Aufzucht in Gefangenschaft und den Schutz seiner Lebensräume zu retten. Dies ist das einzige Foto, das jemals von einem wilden Trampeltier mit einem neugeborenen Kalb gemacht wurde. (Die Mutter wanderte allein in die gnadenlose Wüste Gobi, um zu gebären, das Kalb ist keinen Tag alt.) (Bild: John Hare).

Oben: Attawari-Präriehuhn (Tympanuchus cupido attawateri). Früher einmal zogen diese Vögel über etwa sechs Millionen Morgen amerikanischer Prärie hinweg – doch davon ist weniger als 1 % übrig. Hier das Imponiergehabe eines Männchens im National Wildlife Refuge, Eagle Lake, Texas. (Bild: Grady Allen).

Rechts: Zwergkaninchen (Brachylagus idahoensis). Diese stark bedrohten, liebenswürdigen Kaninchen werden in Gefangenschaft gezüchtet, um ihr Überleben zu gewährleisten. Hier der erste (und bislang einzig bekannte) Nachkomme von ausgewilderten Zwergkaninchen im Osten des Staates Washington. (Bild: Len Zeoli).

Oben: Asiatischer oder Bengalgeier (Gyps bengalensis). Die asiatische Geierpopulation sank in weniger als zehn Jahren um mehr als 97 % – eines der jähesten zahlenmäßigen Absinken, das jemals von einer Vogelart erlitten wurde. Die Bestrebungen, die Art zu retten und zu erhalten, werden durch Aufzucht in Gefangenschaft und groß angelegte Aufklärung der Öffentlichkeit unternommen. Hier ein wildlebendes Trio beim Sonnenbaden am Fuß des Himalaya im Corbett-Nationalpark, Indien. (Bild: Nanak C. Dhingra).

Unten: Hawaiigänse oder Nene (Branta sandvicensis). Heimkehr: Ein Nene-Pärchen (Männchen links, Weibchen rechts), das damit begonnen hat, in seinen ursprünglichen Tiefland-Lebensraum zurückzukehren, 2006 nach einem Vulkanausbruch im Hawaii Volcanoes National Park, (Bild: Niki Endler)

Oben: Lisztaffen (Sanguinus Oedipus). Im letzten Teil ihres ursprünglichen Lebensraums in Nordwestkolumbien leben wahrscheinlich weniger als 10.000 Lisztaffen. Im letzten Jahrhundert wurden zu viele dieser Affen für biomedizinische Forschungen in Sachen Darmkrebs gesammelt. Heute ist die größte Bedrohung für sie der Verlust ihres Lebensraums. Das ist der Grund, aus dem die Anstrengungen der Gemeinden, sie und ihre Waldheimat zu schützen, für ihr Überleben so entscheidend sind. (Bild: Proyecto Titi, Inc.)

Unten: Panama-Stummelfußfrosch (Atelopus zeteki). Eines von vielen Amphibien der Welt, die durch den tödlichen Chytridpilz gefährdet sind. Um die Tiere vor dem Aussterben zu bewahren, haben Naturschützer das »Frosch-Hilton« eröffnet, ein Quarantäne- und Zuchtprogramm, das wirklich in einem Hotel in Panama seinen Sitz hat. (Bild: William Konstant)

Links: Bermuda-Sturmvogel oder Cahow (Pterodroma cahow). Diese mysteriösen, exotischen Vögel verbringen bis zu drei Jahre auf See, bevor sie zum Nisten an Land kommen – und niemand weiß, wohin sie ziehen. Hier ein Cahow, wie er in der Abenddämmerung über Nonsuch Island, Bermuda, kreist, wo heroische (sogar lebensgefährliche) Anstrengungen unternommen worden sind, diese herrlichen Vögel vor dem Aussterben zu bewahren. (Bild: Andrew Dobson)

Unten: Graufußtölpel (Papasula abbotti). Diese Vögel stehen in der Größe ihrer Persönlichkeiten der ihres Körpers nicht nach, so weiß es zumindest ein Ehepaar, das verletzte und verwaiste Tölpel pflegt und füttert. Das Überleben der Vögel hängt von der fortgesetzten Renaturierung des Nationalwaldes der australischen Weihnachtsinseln ab. (Bild: Dr. Janos Hennicke)

von Krokodilen. Schließlich fand er 1987 ein Nest bei Club Key in Florida Bay im Everglades National Park. »Das letzte Mal, dass man dort eines vermerkt hatte, war 1953 gewesen«, sagte er mir. Es waren seit seiner Entdeckung des Nests fast 20 Jahre vergangen, aber die Aufregung in seiner Stimme übertrug sich aus Florida über die Telefonleitung bis zu mir nach Hause in Bournemouth!

Mutterschaft bei Krokodilen
Ich war fasziniert, als ich erfuhr, dass weibliche Krokodile nicht zur sexuellen Reife gelangen, bis sie 13 oder 14 Jahre alt sind und an die 60 Jahre alt werden können (genau wie bei den Schimpansen!). Das Weibchen gräbt nach der Paarung, die im späten Winter oder Anfang des Frühjahrs stattfindet, ein Nistloch auf hoch gelegenem Grund, wie etwa einem Strand oder einem Flussufer, legt dann 20 bis 50 Eier und bedeckt diese sorgfältig mit Erde. Dann verlässt sie das Nest, kehrt aber nach etwa 85 Tagen zurück – das ist der Zeitpunkt, wenn die Jungen schlüpfen, wobei sie ihre Hilfe brauchen, um sich ins Freie zu graben. Wenn sie bei ihrem Nest ankommt, legt sie ihr Ohr auf den Boden, um nach den schnatternden Geräuschen der Jungen zu horchen, die diese beim Hervorbrechen aus ihren Eiern verursachen. Dann gräbt sie sie frei und trägt sie in ihrem Mund ans Wasser. Die etwa 22 Zentimeter langen Jungen kriechen dann aus eigener Kraft in die Salzwassermündungen. Frank sagte mir, dass dieses Verhalten der Mütter seine Lieblingserinnerung an die Krokodile ist.

Die Überlebensrate der jungen Krokodile im ersten Jahr liegt zwischen 6 und 50 % und ist teilweise von der Niederschlagsmenge und dem natürlichen Zufluss von Wasser abhängig – einen hohen Salzgehalt vertragen sie nicht. Früher verminderte das Süßwasser, das durch die Everglades floss, den Salzgehalt des Wassers dort, wo es in die Florida Bay einströmte und schuf so die Bedingungen, die die jungen Krokodile brauchten. Das Problem heute ist, dass der natürliche Wasserfluss längst zerrissen wurde. Die letzten paar Jahrzehnte ist das Wasser »gemanagt« worden – man hielt es außerhalb des Parks in Auffangbecken für die Landwirtschaft auf, um es dann, wenn man es nicht länger brauchte, in größeren Mengen abfließen zu lassen. Diese Vorgehensweise hat den langsamen, relativ konstanten Strom von Wasser durch die Everglades zerrissen, es beeinflusst den Wasserspiegel in den Feuchtgebieten sowie den Salzgehalt der Florida Bay, was wiederum bei Flora und Fauna Verwüstungen anrichtete.

Wie ein Kraftwerk zur Rettung des Spitzkrokodils beitrug
Trotz dieser Tatsachen schätzen Wissenschaftler, dass es heutzutage etwa viermal so viele Spitzkrokodile in Florida gibt wie 1975. Außergewöhnlich daran ist die Tatsache, dass der Anstieg der Population zu großen Teilen auf die Arbeit eines Kraftwerks zurückzuführen ist! In den 1970er Jahren legte die Florida Power and Light bei Turkey Point Kanäle auf einer Gesamtlänge von 168 Meilen an, die es dem Wasser, das aus dem Kraftwerk strömt, abzukühlen erlauben, bevor es in die Bucht zurückfließt. Und diese Kanäle schufen den idealen Lebensraum für Krokodile, die ihre Nester in dem losen Erdreich zwischen den Kanälen graben. Man muss es der Firma anrechnen, dass sie, als dort 1978 Krokodiljunge entdeckt wurden, großes Interesse zeigte und eine Beratungsfirma engagierte, um die Tiere zu beobachten. Seit damals hat die Anzahl der dort nistenden Krokodile stetig zugenommen.

Um Informationen über die Situation der Krokodile bei Turkey Point zu bekommen, wandte ich mich an Joe Wasilewski, der 1996 dort zu arbeiten begann und seitdem ständig dort gewesen ist. Ein Teil seiner Arbeit besteht darin, die Krokodile zu jagen, jeder Spur von Pfote und Schwanz zu folgen, die er in den warmen, salzreichen Kanälen sieht. Jedes Krokodil, das er fängt, wird mit einem Mikrochip markiert.

»Ich habe Tausende von ihnen gefangen«, sagte mir Joe während eines Telefonats im Frühling 2008. »Die sind nicht sehr aggressiv. Wenn sie erst einmal kapiert haben, dass man sie hat, geben sie auf. Andere Krokodilarten dagegen kämpfen bis zum bitteren Ende.«

Die Population der Spitzkrokodile – gerade geschlüpfte Tiere nicht eingerechnet – im Kühlkanalsystem von Turkey Point und Umgebung ist seit 1985 mit den immer gleichen Methoden überwacht worden. Die Ergebnisse zeigen einen dramatischen Anstieg. Das erste Jahr gab es nur 19 Tiere, zehn Jahre später belief sich ihre Zahl auf 40 und 2005 war die Population auf 400 angestiegen.

Die Krokodile nisten auch im südlichen Festlandgebiet des Everglades National Park und im 6600 Morgen großen Crocodile Lake National Wildlife Refuge in Key Largo, das 1980 gegründet wurde. So befinden sich also 90 % ihres Lebensraums in geschütztem Gebiet oder auf einem Stück Land, das einer Firma gehört, die sie unterstützt. Und mit der wachsenden Unterstützung und wegen ihrer steigenden Zahlen sind die Krokodile auch in dichter besiedelten Gebieten aufgetaucht – in Wasserstraßen im Binnenland und auch in Weihern auf Golfplätzen. Aus diesem Grund, so Frank, ist es besonders wichtig, die Leute über das passive Wesen des Spitzkrokodils aufzuklären und ihnen beizubringen, wie man es vom erheblich aggressiveren Alligator unterscheidet.

Vom Nutzen der Krokodile
Die Krokodile spielen eine wichtige und interessante Rolle im Ökosystem. »Zum Beispiel«, sagte Joe, »hatten wir hier in Florida schreckliche Probleme mit eingewanderten Arten – exotische Haustiere wie grüne Leguane und Pythons, die in die Wildnis freigelassen werden. Glücklicherweise sind die Krokodile eine Spezies an der Spitze der Nahrungskette – sie fressen alles, was kleiner ist als sie selbst und helfen so dabei, die eingeschleppten Spezies unter Kontrolle zu halten.«

Ironischerweise ist eines der Anzeichen für eine gesunde Krokodilspopulation, dass sie anfangen, ihre eigenen Jungen zu reißen. »Wenn ihre Zahlen sich vermehren, dann haben sie ihre eigene Bevölkerungskontrolle«, so Joe. »Wir sehen mehr und mehr Krokodile, die ihre Jungen fressen. Manche kommen einfach auf den Geschmack.«

Bislang lässt sich die Rückkehr des Spitzkrokodils als Erfolgsgeschichte werten. Sein Schicksal ist jedoch letztendlich – wie das eines so großen anderen Teils von Floridas Flora und Fauna – von der Wiederherstellung der Everglades abhängig. Wir müssen hoffen, dass Ingenieure, die mit Biologen zusammenarbeiten, es schaffen, wieder für ein natürlicheres Strömen des Wassers zu sorgen. Die Leidenschaft und Hartnäckigkeit von Frank Mazzotti und Joe Wasilewski – sowie die Anwesenheit des Krokodils selbst – mögen in dieser Sache entscheidendes Gewicht haben.

Der Wanderfalke *(Falco peregrinus)*

Das erste Mal, als ich einen Wanderfalken durch den Himmel streichen und dann auf einen kleinen Beutevogel herabschießen sah, erlebte ich ein ähnlich kribbelndes Gefühl des Wunderbaren und Magischen, das mich auch beim Anblick einer Sternschnuppe überkommt. Es ist immer erstaunlich, wenn man Vögel dahinfliegen sieht – und es ist kaum verwunderlich, dass wir an die Erde gebundenen Menschen so lange nach Wegen gesucht haben, fliegen zu können. Und ebenso wenig ist es verwunderlich, dass die meisten

*Falkner Tom Cade, Vorreiter der starken amerikanischen Bestrebungen, den Wanderfalken in seine angestammten Jagdgründe zurückzubringen.
(Bild: J. Sherwood Chalmers/ The Peregrine Fund)*

von uns hin und wieder träumen, sie würden fliegen. (Tatsächlich hatte meine Mutter einmal einen so lebhaften Traum vom Fliegen, dass sie aufstand und sich noch im Halbschlaf vom Ende ihres Bettes abstieß – und den ganzen Haushalt mit der unvermeidlichen, harten Landung aufweckte!)

Als Kind las ich eine Geschichte über einen kleinen Jungen und einen Falken. Sie liebten einander so sehr, dass er den Falken nie anbinden oder ihm ein Kapuze überziehen musste. Der Falke jagte, um ihnen beiden Nahrung zu verschaffen, als sie sich gemeinsam, aus Gründen, die ich längst vergessen habe, im Moor versteckten. Ich war bezüglich der Falknerei stets zwiegespalten – das Zähmen und Einschränken von Vögeln, ein Symbol für Freiheit in Ketten. Darum machen mich auch Vögel, die man in Käfigen hält, wütend. Aber ich bin von Bewunderung für die Rolle erfüllt, die Falkner bei der Erhaltung der glorreichen Wanderfalken, wie sie in diesem Kapitel beschrieben wird, gespielt haben. In der Tat ist Tom Cade, der Mann, der diese Bestrebungen geleitet und initiiert hat, selbst Falkner und hat sich bei seiner Arbeit sehr auf das Wissen und die Fähigkeiten seiner Mit-Enthusiasten verlassen.

Der Wanderfalke ist (gemeinsam mit dem Gerfalken) lange als der klassische Vogel der alten Kunst der Falknerei angesehen worden. Der amerikanische Naturforscher Roger Tory Peterson schrieb: »Der Mensch trat aus den Schatten des Altertums mit einem Falken auf seinem Handgelenk hervor.« Auch wenn die Wanderfalken manchmal nur zum Jagen für den Kochtopf eingesetzt wurden, war die Falknerei größtenteils ein Sport für den Adel. In den USA begann die Zeit der Falknerei erst zu Beginn des 20. Jhs. und schnell wurde der Wanderfalke auch dort das bevorzugte Tier.

Vieles ist über diesen Falken geschrieben worden – seine Schönheit, seine Geschwindigkeit, sein tödlicher Sturzflug, wenn er von oben auf seine Beute herabschießt. Jedoch gibt es ein Buch von Tom Cade mit dem Titel *Return of the Peregrine: A North American Saga of Tenacity and Teamwork*, das dokumentiert, wie der Falke in Amerika beinahe ausgerottet wird und die unglaubliche Geschichte erzählt, wie er gerettet und in die Wildnis zurückgebracht wird. Dieses Buch war, zusätzlich zu den Informationen, die wir von Tom Cade, dem Kopf der Erhaltungsbemühungen, persönlich bekamen, unsere Hauptinformationsquelle für dieses Kapitel.

Man hat in fast allen Erdteilen bis auf die Antarktis Wanderfalken beobachtet. In Europa waren sie stets zahlreicher als in Nordamerika – tatsächlich wurden in England während des Zweiten Weltkrieges viele Wanderfalken wegen der Gefahr, die sie für die Brieftauben der Armee darstellten, getötet. Doch nach dem Krieg begannen einige Ornithologen zu vermuten, dass etwas mit den britischen Wanderfalken nicht stimmte. Und 1960 bat der Bird Trust for Ornithology (BTO) den heute verstorbenen Derek Ratcliffe (den leitenden Wissenschaftler des Nature Conservancy Council der britischen Regierung), im gesamten Land eine Untersuchung der nistenden Wanderfalken vornehmen zu lassen. So fand er heraus, dass im Süden die Zahlen tatsächlich einen ernsten Schwund aufwiesen, im Rest Englands und Wales reduziert und nur in abgelegenen Gegenden Schottlands noch normal waren.

Der BTO trug die Vermutung vor, dies sei auf die äußerst toxischen Chlorpestizide zurückzuführen, die nach dem Zweiten Weltkrieg in die britische Landwirtschaft eingeführt worden waren. Es hatte viele Berichte gegeben, angefangen in den späten 1940er Jahren, dass Vögel, die sich von Samen ernährten, scheinbar als Resultat der Nahrungsaufnahme auf pestizidbehandelten Feldern gestorben waren. Man entdeckte auch die Kadaver von Raubtieren, bei denen man annahm, dass sie durch das Fressen kontaminierter Beutetiere vergiftet worden wären.

Ratcliffes nächste Untersuchung 1963 zeigte ein weiteres dramatisches Absinken der Zahlen der Wanderfalken, besonders im Süden, wo man nur noch drei Pärchen fand. Wiederum waren es nur die abgelegenen Gegenden Schottlands, in denen die Vögel nicht betroffen waren. Berichte aus Europa bestätigten ein ähnliches Absinken der Vogelpopulationen, darunter die der Wanderfalken.

Der Kampf um das Verbot des DDT
Als mehr Menschen auf den Tod so vieler Vögel aufmerksam wurden, gab es einen großen öffentlichen Aufschrei. Die britische Regierung beauftragte Wissenschaftler der Monks Wood Forschungsstation mit der Durchführung von Studien zu den nachteiligen Effekten von Pestiziden. In der Zwischenzeit wurde eine Reihe »freiwilliger Verbote« empfohlen, die die Nutzung von Chlor- und anderen toxischen Pestiziden einschränkten. Ratcliffe hatte herausgefunden, dass selbst bewohnte Horste (Nester von Falken und Adlern) oft zerbrochene Eier enthielten. Er vermutete, dass Chemikalien die Dicke der Eierschalen beeinflussten und nahm ein verdorbenes Ei mit nach Monks Wood, um Tests damit durchzuführen. Es enthielt Spuren von DDE (dem Restprodukt von DDT) und anderen chemischen Pestiziden.

Also hatte das britische Team bereits die Effekte chemischer Pestizide studiert, als Rachel Carson 1962 *Silent Spring* veröffentlichte – die Ergebnisse ihrer eigenen Forschungen nach den Gründen für das Sterben Tausender Vögel und Insekten in den USA. Berichte aus Europa dokumentierten einen ähnlichen Rückgang der Vogelpopulationen, darunter des Wanderfalken, wobei wiederum angenommen wurde, dass der Grund Pestizide seien.

In den USA war einer der Biologen und Falkner, die von dem scheinbaren Rückgang der Wanderfalken-Populationen beunruhigt waren, Joe Hickey, ein Professor der University of Wisconsin. 1939 hatte er eine breit angelegte Studie aktiver Nistplätze des Appalachen-Wanderfalken östlich des Mississippi durchgeführt. 1963 gewann er Daniel Berger (der seit 13 Jahren jährlich Studien der Wanderfalken-Population entlang des Mississippi gemacht hatte) dafür, eine Studie der Nistplätze durchzuführen, die er (Hickey) bereits 20 Jahre zuvor abgedeckt hatte. 1964 reisten Berger und sein Teamkollege in 14 Bundesstaaten der USA und eine kanadische Provinz. In den gesamten drei Monaten sahen sie nicht einen bewohnten Horst und nicht einen Wanderfalken. Der Zusammenbruch der Appalachen-Wanderfalkenpopulation war total.

Bald nachdem Hickey diese schockierenden Neuigkeiten erfahren hatte, hörte er von Ratcliffe über die Pestizid-Situation in Großbritannien. Sofort machte er sich daran, eine Zusammenkunft zu organisieren, zu der alle interessierten Parteien eingeladen waren: Falkner, Wissenschaftler, Regierungsvertreter, selbst Vertreter von Landwirtschafts- und Pharmafirmen. Die Konferenz, die unter dem Namen Madison-Konferenz bekannt wurde, fand Mitte 1965 in Wisconsin statt. Dort erklärte Ratcliffe der versammelten

Mannschaft, was in Großbritannien passierte. Und er berichtete von einer Konferenz, an der 71 Wissenschaftler aus elf europäischen Ländern teilgenommen hatten, deren Schluss lautete, dass der beständige Einsatz von Pestiziden im Allgemeinen und der von Chlor-Pestiziden im Besonderen eine größere Bedrohung für Wildtiere darstellte.

»Kurz nach der Konferenz begannen die Leute, sich Eier sowie Gewebe von bereits toten Wanderfalken anzuschauen und fanden sowohl DDT als auch das Restprodukt DDE«, schreibt Tom Cade in seinem Buch. »Von da an stand so ziemlich fest, dass DDT das Hauptproblem war, dem die Wanderfalken sich gegenübersahen.« Aber es brauchte angesichts des entschlossenen Widerstands seitens der landwirtschaftlichen und landwirtschafts-chemischen Firmen wissenschaftlichere »Beweise«, um die Regierungen davon zu überzeugen, Gesetze gegen die Benutzung dieser Gifte zu erlassen. Besagte Firmen behaupteten, die kausale Verbindung zwischen dem Dünnerwerden der Eierschalen und der Benutzung einiger Pestizide sei unwesentlich.

Also entwickelte Ratcliffe eine Methode, die Dicke einer Eierschale auf Grundlage des Gewichts, der Länge und Breite des Eis, gemessen mit einem Greifzirkel, zu errechnen, und benutzte diese zur Untersuchung von Eiersammlungen im gesamten Vereinten Königreich. Von 1947 angefangen stellte er einen merklichen Rückgang der Dicke der Eier fest. In der Zwischenzeit untersuchten Wissenschaftler des US Fish and Wildlife Service im Patuxent Wildlife Research Center den Einfluss von DDT und DDE auf unterschiedliche Vogelarten, u. a. auch der Turmfalken. Ihre Experimente erbrachten das Ergebnis, dass bereits relativ kleine Mengen verschiedener Chemikalien bei Turmfalken zu einem Dünnerwerden der Eierschale führen konnten und dass sich dies mit der Situation wildlebender Turmfalken, die von pestizidverseuchter Beute kontaminiert waren, korrelieren ließ.

»Eine Einschränkung von DDT wird es nie geben.«

Die wissenschaftlichen Beweise türmten sich, aber der Widerstand blieb stark. In der Tat behaupteten die wissenschaftlichen Berater von Präsident Lyndon Johnson auf der Madison-Konferenz: »Eine Einschränkung von DDT wird es nie geben.«

»Diese Aussage«, sagte mir Tom, »fassten viele von uns als Herausforderung auf.«

Für die Regulation von Pestiziden war die soeben entstandene Environmental Protection Agency (EPA) zuständig, die nach einem Gerichtsbeschluss, den der Environmental Defense Fund erwirkt hatte, Mitte 1971 Anhörungen zu DDT durchführte. Über acht Monate verteilt wurden 125 Zeugen aufgerufen, woraufhin William Ruckelshaus, der von Präsident Nixon zum ersten Leiter der EPA ernannt worden war, mutig ein landesweites Verbot von DDT aussprach, und das mit Unterstützung des Präsidenten.

Die unvermeidbare Anfechtungsklage scheiterte am Obersten Gerichtshof. Die Beweise, die so viele Wissenschaftler zu den Effekten von Chemikalien auf Raubvögel, besonders bei Wanderfalke, Weißkopfseeadler, Fischadler und Braunpelikan, erbracht hatten, ließen sich nicht abweisen. Es war ein langer harter Kampf, der jedoch mit einem großen Sieg für den Naturschutz endete und rechtliche Präzedenzfälle in der Umweltgesetzgebung schuf, die weitreichende Segnungen für die Umwelt mit sich brachten.

In Kanada war DDT bereits verboten und auch in Europa hatten Umweltschützer Lobbyarbeit für eine Gesetzgebung gegen DDT und andere schädliche Chemikalien geleistet. In Großbritannien hatten die freiwilligen Verbote der Regierung bei den meisten toxischen Chemikalien, die in Pestiziden Verwendung fanden, zusammen mit einer reduzierten Benutzung derselben vonseiten der Bauern, schon dazu geführt, dass es 1979, als die Europäische Union ihre Benutzung schließlich endgültig verbot, größtenteils aus dem Verkehr gezogen waren.

Die Entdeckung der Natur des Brutverhaltens der Wanderfalken
In Erwartung eines letztendlichen Verbots der Benutzung von DDT gründete Tom Cade 1970 den Peregrine Fund und begann mit der Planung eines Nachzuchtprogramms, das das Ziel hatte, die Wanderfalken in die östlichen Vereinigten Staaten zurückzubringen. Man wusste jedoch nur wenig darüber, wie man sie in Gefangenschaft züchtete, obwohl ein paar Falkner in den USA und Europa einige Erfolge vorzuweisen hatten. In den späten 1950er Jahren, als einige Falkner schon bemerkt hatten, dass die Wanderfalken Schwierigkeiten zu haben schienen, vereinigten sie sich zur North American Falconers Association; am Gründungstreffen 1961 kamen 45 Falkner aus vielen Staaten zusammen, um die Situation zu erörtern. Einige von ihnen hatten die Zucht in Gefangenschaft vorgeschlagen.

Tom ist selbst Falkner und hat immer wieder, als er seinen ehrgeizigen Plan vorantrieb, den Rat und die Hilfe anderer Falkner gesucht. Dank ihrer wusste er, dass junge Wanderfalken auch ohne elterliche Anleitung das Jagen lernen können. Und schon seit der elisabethanischen Zeit hatten Falkner das »Hacking« praktiziert: Man zog ein Wägelchen auf eine Hügelkuppe und setzte Jungfalken darauf, noch ehe sie fliegen konnten. Man brachte ihnen jeden Tag Nahrung und nachdem sie flügge waren, konnten die Jungvögel nach Belieben kommen und gehen. Wenn sie dann den entsprechenden Muskeltonus entwickelt hatten und selbst Vögel fangen konnten, wurden sie zum Training wieder eingefangen. Diese Praktik sollte ganz klar ein Teil von Toms Auswilderungsplan werden. Das Wichtigste war, laut dem Wissen der Falkner, dass die Wanderfalken ihrem Wesen nach gut zur Zucht in Gefangenschaft geeignet waren. Tom schrieb: »Obwohl sie die Meister der Lüfte waren und wilde und unvergessliche Landschaften bewohnen, waren die Wanderfalken doch auch seit Jahrhunderten … Vögel, die aufgrund ihrer sanften und friedlichen Natur nur allzu gern die Wünsche des Menschen erfüllen.«

Da er an der Cornell University unterrichtete und mit deren berühmtem Ornithologie-Labor in Verbindung stand, war Tom in der Lage, dort eine Bruteinrichtung zu schaffen, die unter dem liebenswerten Namen »Peregrine Palace« (Wanderfalkenpalast) bekannt wurde. Für einige seiner ersten Vögel wandte er sich an Dr. Heinz Meng, einen Professor der State University of New York – New Paltz. Als begeisterter Falkner und Abgänger der Cornell University hatte Meng sein eigenes kleines Brutprogramm eingerichtet und lieh Tom für sein Programm sein Brutpaar und ihre Jungen.

Durch Versuch und Irrtum fanden Tom und die Mitarbeiter des Peregrine Fund heraus, wie man die meisten Vögel in möglichst kurzer Zeit züchtet. Das Programm beinhaltete natürliche Fortpflanzung durch Falkenpärchen, die Methode, ein Falkenpärchen zwei oder sogar drei Gelege ausbrüten zu lassen und künstliche Befruchtung, wobei die so entstehenden Eier entweder von nistenden Wanderfalken ausgebrütet wurden oder in Brutkästen kamen. Nach und nach fand man heraus, dass der Erfolg größtenteils von dem Alter, mit dem der Vogel in Gefangenschaft kam, abhing. Ältere Exemplare pflanzten sich selten fort und man lernte, wie man mit den Nestlingen umzugehen hatte. Man fand heraus, dass es das Beste war, die Küken in Gruppen aufzuziehen und sie mit fünf Wochen zu den Wagen-Kisten zu bringen, die man im ganzen Land an geeigneten Orten aufstellte.

Besonders Phyllis Dague und Jim Weaver spielten während des ganzen Programms eine Schlüsselrolle. »Die beiden leiteten das Programm an der Cornell«, erzählte mir Tom. »Phyllis machte einfach alles – sie war Sekretärin, Buchhalterin, trieb Geld auf, fütterte die Küken und assistierte im

Feld.« Phyllis lebte sogar ein paar Jahre im Peregrine Palace, da Tom der Meinung war, dass ständig jemand bei den Vögeln sein sollte. Anfangs gab es dort nicht einmal ein Fenster und in dem Buch *Return of the Peregrine* beschreibt Phyllis, wie sie dunkle, windige Nächte allein im »Büro« des Peregrine Fund verbrachte. Und tatsächlich wurde dieses Büro, obwohl es jedes Jahr bei der Brandinspektion durchfiel, von einer kleinen Gruppe von Menschen benutzt, die darin Großes leisteten.

Auch Jim Weaver wurde in den frühen Tagen an der Cornell rekrutiert. Tom erzählte mir, dass Jim ein wunderbares Talent besaß, mit Vögeln umzugehen und sie in der Gefangenschaft fit zu halten. Und noch wichtiger, er war ein hervorragender Manager und Teamchef und rekrutierte eine Gruppe loyaler und hingebungsvoller Mitarbeiter. Einer von ihnen war Bill Burnham, der nach Jahren der Arbeit im Schutzprogramm schließlich das World Center for Birds of Prey gründete. Bis zu seinem frühen Tod im Alter von 59 Jahren war er Präsident des Peregrine Fund.

Verliebte Wanderfalken
Eines der Dinge, das mir beim Recherchieren dieser Geschichte den meisten Spaß gemacht hat, war die Beschreibung der unterschiedlichen Persönlichkeiten von Wanderfalken. Ich war begeistert, als ich von einem beson-

*Fortpflanzungsbiologe Cal Sandfort, während er geduldig seinen »Kopulationshut« trägt. Bill Heinrich zufolge hat Cal wahrscheinlich mehr in Gefangenschaft geborene Falken großgezogen als irgendjemand sonst auf der Welt.
(Bild: Peregrine Fund File Photo)*

ders wilden Männchen im Cornell-Brutprogramm las, das man Sergeant Pepper nannte. Er terrorisierte die Weibchen, die man ihm als Partner anbot, statt sich mit ihnen zu paaren. Aber dann verliebte er sich, nachdem er acht Weibchen nacheinander abgewiesen hatte »in eine kleine Latina aus Chile«, schreibt Tom. Die beiden Vögel akzeptierten einander sofort. »Sie begannen zu turteln und er fing an, sie zu füttern. Obwohl sie mitten in der Mauser zu uns gekommen war, beschleunigte sie diese irgendwie und war im Frühling wieder in der Lage, sich fortzupflanzen. Und in jedem folgenden Jahr bekamen die beiden dann viele Junge.«

Künstliche Befruchtung wird notwendig, wenn ein Weibchen sich weigert, die Werbung eines Männchens anzunehmen – oder wenn sich ein Männchen gänzlich weigert, sich mit einem Weibchen zu paaren. Um so ein Männchen handelte es sich bei BC (Beer Can/Bierdose), den man aus der Wildnis mitnahm, als er gerade zwei Tage alt war. BC wurde von Hand aufgezogen und so von Menschen geprägt, dass er Weibchen völlig ablehnte. Als er Teil des Brutprogramms wurde, musste er daher zum Samenspender für die künstliche Befruchtung werden und William Heinrich bekam die Aufgabe, BC von Hand »auszuziehen«. Das war ein ziemlicher Stress für BC – und »äußerst würdelos!«, sagte Heinrich. Als er hörte, dass Les Boyd einen »Kopulationshut« entworfen hatte, überredete er ihn, vorbeizukommen und ihm zu erklären, wie dieser funktionierte.

Les sagte Heinrich, er solle auf einen der Nistsimse in BCs Kammer klettern und einen toten Vogel mitnehmen. Als BC dann losflog, um das Geschenk zu nehmen, musste Heinrich sofort Augenkontakt herstellen und dabei den ii-tschip-Balzruf imitieren, um dann den Kopf zu senken, dass er auf einer Höhe mit dem Sims war – und es BC so ermöglichen, mit seinem Hut zu kopulieren. Und so ii-tschipte Heinrich und senkte den Kopf: Doch BC fraß nur zufrieden von dem toten Vogel. Les wies Heinrich an, die gesamte Prozedur zu wiederholen – vom Herstellen des Augenkontakts bis zum Senken des Kopfs – bis BC schließlich ein wenig Interesse zeigte. Als Heinrich es geduldig das zehnte Mal machte, konnte Les einfach nicht anders, als in lautes Lachen auszubrechen – und Heinrich, der nun glaubte, man hätte ihn zum Narren gehalten, kletterte herunter und sagte, er würde aufhören.

Es brauchte etwas, bis der zerknirschte Les in der Lage war, ihn zu überzeugen, dass er wirklich schon fast Erfolg gehabt hatte und seine Possen – wie lächerlich sie auch für einen menschlichen Beobachter sein mochten –, was BC betraf alles andere als absurd waren! Und so machte Heinrich weiter und wiederholte seine »lächerliche« Werbung dreimal am Tag. Und zwei Tage später wurde BC der freiwillige erste Samenspender für den Peregrine Fund. Von da an lieferte er mehrmals am Tag Samen von guter Qualität und zwar freiwillig – und vielleicht sogar mit Freuden! Die Ergebnisse verbreiteten sich weit und breit in Nordamerika in Form von Jungvögeln, die er, ohne es zu wissen, gezeugt hatte.

Rückkehr in die Lüfte
1974 schickte der Peregrine Fund die ersten vier Jungvögel aus dem Brutprogramm in einer experimentellen Aussiedlung in die Wildnis. Zwei wurden von einem wildlebenden Paar in Colorado in Pflege genommen, das eines seiner Eier verloren hatte (aufgrund dünner Schale) und ein zweites Attrappengelege ausbrütete (das der Peregrine Fund ihm untergeschoben hatte). Diese Attrappen wurden durch die in Gefangenschaft geborenen Küken ausgetauscht – die erfolgreich angenommen und großgezogen wurden. Die anderen beiden in Gefangenschaft gezeugten Küken kamen zu Heinz Meng, der eine Wagen-Kiste ganz oben auf dem zehnstöckigen Turm seiner Universität gebaut hatte; auch sie wurden erfolgreich flügge. Und so hatte man die ersten experimentellen Aussiedlungen in Gefangenschaft geborener Wanderfalken in den USA durchgeführt.

Im folgenden Jahr wurden 16 Küken zu fünf Wagen-Stellen an unterschiedlichen Orten geschickt. Viele dieser jungen Vögel kehrten im darauffolgenden Jahr dorthin oder in die Nähe zurück. »Als 1976 so viele Tiere zurückkamen«, sagt Tom in seinem Buch, »war ich ziemlich zuversichtlich, dass wir mit Erfolg mehr auswildern könnten und dass die Chancen gut standen, die Spezies zurückzubringen.«

In dieser Zeitspanne »liehen mir Falkner aus den ganzen USA ihre Wanderfalken, um zu den Brutbestrebungen beizutragen«, erzählte mir Tom. Auch teilten sie ihr Wissen über »Hacking«-Techniken mit ihm, was sich als von unschätzbarem Wert für die Aussiedlungen in die Wildnis erwies. Tatsächlich wurden Aussiedlungen anfangs von Falknern durchgeführt, obwohl sich, als das Projekt immer größeren Kreisen bekannt wurde, Hunderte von Freiwilligen mit den unterschiedlichsten Lebensentwürfen einstellten, die sie als »Hackingplatz-Betreuer« unterstützten. Das war eine anstrengende Aufgabe, die es mit sich brachte, wochenlang bei den Hacking-Plätzen zu campen, Hitze, Kälte und Insekten auszuhalten, von Begegnungen mit Bären und Elchen, Klapperschlangenbissen und selbst

Waldbränden gar nicht zu reden. Doch fast alle nahmen diese Entbehrungen auf sich, ohne zu klagen und entwickelten einen tiefen Respekt für die Vögel, deren Zukunft sie zu sichern halfen. »Ein Wanderfalke beherrscht die Lüfte, wie kein anderes Tier, das ich jemals gesehen habe«, schrieb Janet Linthicum, eine der Hackingplatz-Betreuerinnen. Viele der Freiwilligen schlugen Karrieren in der Naturschutzbiologie ein.

1976 herrschte unter den Wanderfalken, die in fünf Staaten ausgesiedelt wurden, eine hohe Überlebensrate; in den 1980er Jahren setzte der Peregrine Fund Vögel in mehr als einem Dutzend Staaten der östlichen USA von Maine bis nach Georgia und in einigen Staaten der Rocky Mountains aus. Natürlich gab es auch kritische Stimmen gegen das Projekt. Einige Wissenschaftler waren besorgt, dass die genetische Reinheit verloren gehen würde, da Wanderfalken aus Alaska sich mit Tieren aus Kanada, Mexiko, Südamerika und Europa paarten. Jedoch weist Tom in seinem Buch auf Folgendes hin: »Es gab in den östlichen USA keine Bestände mehr und wir benutzten Kombinationen aller Tiere, die wir nur kriegen konnten. Jedoch kam die überwiegende Mehrheit der Brutbestände aus Nordamerika.«

Andere Kritiker befürchteten, dass die eingeführten Vögel nicht in der Lage sein würden, sich an ihre neue Umgebung anzupassen, weil Individuen aus Populationen, die über lange Strecken hinwegzogen, verwendet wurden, um die neuen Populationen im Osten aufzubauen, wo die Wanderfalken traditionell nur über kurze Distanzen gezogen waren. »Aber es funktionierte alles gut«, sagte Tom. »Einige der freigelassenen Vögel aus den arktischen Beständen zogen im Herbst bis Südamerika, besonders im ersten Jahr.« Andere zogen jedoch gar nicht und von Zügen weit in den Norden ist nichts bekannt.

Vollständige Wiederherstellung der Population –
die Verwirklichung eines Traums
In diesem Kapitel habe ich mich bisher auf die Anstrengungen und den schließlichen Erfolg des Programms im Osten der USA konzentriert – denn dort waren die Wanderfalken vollständig ausgestorben und ihre Erhaltung verdankt sich nur der Nachzucht und Wiederaussiedlung in die Wildnis. Aber wie Tom Cade bemerkt hatte, war das Ziel des Peregrine Fund, die Populationen dieser herrlichen Vögel wieder zu den Zahlen zurückzuführen, die vor dem durch das DDT verursachten Rückgang herrschten. Und in der Tat hat sich ein Großteil der Erhaltung der Wanderfalken-Bestände in Nordamerika natürlich vollzogen, wie Tom Cade betonte, und zwar durch

erhöhte Überlebensraten und Reproduktionsraten der verbliebenen Populationen nach dem Verbot des DDT. Der arktische Wanderfalke *(Falco Peregrinus Tundrius)* erholte sich von selbst, ohne Aufzucht in Gefangenschaft oder Wiedereingliederung. Auch die Wanderfalken erholten sich im amerikanischen Südwesten und in Mexiko von selbst gut. Im Westen – Kalifornien, Colorado, New Mexico, Utah, Idaho, Washington, Montana und Wyoming – wurde die natürliche Erholung der Bestände noch durch die Freilassung von in Gefangenschaft geborenen Vögeln verstärkt.

Der Peregrine Fund schuf 1975 in Colorado eine zweite Bruteinrichtung und unter der Leitung von Jerry Craig erreichte das Programm sein Ziel, bis 1985 jedes Jahr mehr als 100 Vögel pro Jahr zu züchten. Unter der Leitung von Richard Fyfe gab es überdies ein Wiedereingliederungsprogramm in Südkanada. Dieses deckte das Verbreitungsgebiet der Unterart *Falcus peregrinum anatum* ab, so dass man nur solche Wanderfalken zur Zucht verwendete. Zusammengenommen haben diese Programme, wie mir Tom erzählte, an die 7000 junge Wanderfalken durch »Hacking«, »Pflegeeltern« und »Fremdpflege« gezüchtet.

Mit Dankbarkeit
1999 hielt der Peregrine Fund eine Feier ab, um den Tag zu begehen, an dem der Wanderfalke offiziell aus der Liste bedrohter Arten gestrichen wurde – mehr als Tausend Menschen nahmen teil. In seiner Rede sagte Tom: »Meine lieben Freunde und Kollegen, wir haben den guten Kampf für den Wanderfalken gekämpft und einen großen Sieg errungen ... es ist wirklich phänomenal, was wir gemeinsam erreicht haben und ich glaube, dass die Erholung des Wanderfalken in die Geschichte des Naturschutzes als eines der größeren Ereignisse des 20. Jhs. eingehen wird. Doch wie wir alle wissen, ist Naturschutz eine kontinuierliche Serie von Herausforderungen – der Kampf für den Naturschutz ist nie vorbei. Daher möchte ich Sie ermuntern: Stoßen Sie weiter vor zu neuen Herausforderungen, denn es gibt bestimmt welche, die auf jene warten, die danach streben, unsere Welt zu einem Ort zu machen, der Raum für das Leben in all seinen glanzvollen Formen bietet.«

Scarlett und Rhett: Helden der Stadt
Dank einer überraschenden Entwicklung hat sich das Profil des Wanderfalken in der Öffentlichkeit gestärkt: Falken, die in städtischen Gebieten an Gesimsen von Gebäuden in großer Höhe aufgezogen wurden, kehren in der

Dank der erfolgreichen Wiedereinführung des Wanderfalken in die größeren Städte haben die Amerikaner einen neuen Zeitvertreib bekommen. Hier ist ein ausgewachsenes Tier zu sehen, das im 24. Stock des Union Central Building in Cincinnati, Ohio, auf seinen Eiern sitzt. (Bild: Ron Austing)

Folge zu diesem Nest zurück und ziehen dort ihre Jungen groß. Man erwartete, die Jungvögel würden ausziehen und sich natürlichere Plätze suchen, um ihre Horste zu bauen. Aber das Leben in der Stadt hat seine Vorteile, und das trotz der gelegentlichen Todesfälle, wenn die Vögel in Hochspannungsleitungen fliegen: Die Wanderfalken sind dort sicher vor ihren natürlichen Feinden, dem Virginia-Uhu und dem Steinadler. Im mittleren Westen befanden sich im Jahr 2000 70 % aller Nester in Städten oder ihrer näheren Umgebung, viele auf Kraftwerken. Brücken gehören ebenfalls zu den bevorzugten Orten zum Nestbau. Auch in Europa haben die Wanderfalken in letzter Zeit den Zug in die Städte angetreten.

Mit den Jahren hat die Öffentlichkeit ein enormes Interesse an den Falken entwickelt. Es ist heute nicht ungewöhnlich, dass Videomonitore so aufgestellt werden, dass sie es der Öffentlichkeit ermöglichen, Anteil an den neuesten Entwicklungen in einem Falkenhorst zu nehmen; die Websites zu diesem Thema sind bereits Legion. Ein Nest hat sich als besonders interessant erwiesen. Scarlett, die Tochter von Sergeant Pepper und seiner »kleinen Latina« war eines der Jungen aus dem zweiten Schwung, der in Gefangenschaft gezüchteten Wanderfalken, die an einem alten Geschützturm in Maryland aufgezogen wurden. 1978 tauchte sie am 33. Stock 100 Light Street, einem Versicherungsgebäude, das den Hafen von Baltimore überblickt, auf. Im darauffolgenden Frühling beobachtete man, wie sie sich vor ihrem eigenen Spiegelbild im Fenster desselben Gebäudes in Pose warf und Werberufe ausstieß. Der Peregrine Fund – der die Vögel genau im Auge behält – überzeugte die Firma davon, auf dem Fenstersims eine

Nistplattform einzurichten, die lediglich verlangte, diese müsse zur Fassade des Gebäudes passen. Also scharrte Scarlett auf spanischem Rosa-Granit und legte dort ihre Eier! Bald hatte sie ein großes und bewunderndes Publikum gewonnen.

Man ließ in der Nähe zwei Männchen frei, aber sie ignorierte beide und keines der beiden blieb. Nichtsdestoweniger legte sie drei (offensichtlich unbefruchtete) Eier, die (vom Peregrine Fund) durch zwei Küken ersetzt wurden, die sie erfolgreich aufzog. Über die nächsten vier Brutzyklen hinweg blieb sie ihrer bevorzugten Fensterkante treu. Man entließ in der näheren Umgebung diverse Männchen, leider hatte bis 1980 keines Erfolg, als sie schließlich die Verbindung mit Rhett einging. Ihre Eier waren unfruchtbar, doch sie zogen erfolgreich Pflegeküken groß. Unglücklicherweise starb Rhett an einer Strychninvergiftung, die er sich an einer Taube zugezogen hatte. Das Männchen, für das sich Scarlett im Jahr darauf entschied, Ashley, erholte sich zwar von einer Schussverletzung, starb dann aber offenbar bei einem Zusammenstoß mit einem Fahrzeug auf der Francis Scott Key Bridge.

In der Zwischenzeit verfolgte die Öffentlichkeit Scarletts amouröse Affären auf Schritt und Tritt und es herrschte allgemeiner Jubel, als sie wieder ein junges Männchen fand. Sein Name war Beauregard und die beiden zogen Junge aus ihren eigenen Eiern groß, die ersten fruchtbaren von Scarlett überhaupt. Traurigerweise starb sie dann an einer starken Kehleninfektion. Doch die Tradition, auf dem rosa Fenstersims aus spanischem Granit zu nisten, die Scarlett begründet hatte, lebte weiter: Beauregard lockte andere Gefährtinnen an und die Öffentlichkeit war in der Lage, auch das Schicksal anderer Wanderfalken mitzuverfolgen.

Die Geschichte von Scarlett und ihrem Galan trug viel dazu bei, in der Öffentlichkeit Verständnis für die Schwierigkeiten der Wanderfalken zu wecken. Es war nicht länger gleichgültig, wenn ihre Partner vergiftet oder erschossen wurden. Man staunte, wie sie in den sechs Jahren, in denen der Fenstersims ihr Hauptquartier gewesen war, 18 Pflegejunge großzog und daraufhin vier ihrer eigenen Küken. Und man war stolz, dass in den 22 Jahren, die vergangen sind, seit Scarlett ihre ersten Eier gelegt hat, mehr als 60 Junge auf dem von Menschenhand geschaffenen Horst am 100 Light Street Building erfolgreich flügge geworden sind.

Der amerikanische Totengräber *(Nicrophorus americanus)*

Der amerikanische Totengräber ist nur eines von Millionen von Insekten und anderen wirbellosen Tieren, die eine so große und oft unbemerkte Rolle bei der Aufrechterhaltung von Lebensräumen und Ökosystemen spielen. Die meisten Leute stempeln sie einfach unter dem Sammelbegriff »Krabbelgetier« oder »Insekten« ab. Manche, wie etwa Schmetterlinge, bewundert und liebt man aufgrund ihrer Schönheit (auch wenn die Leute an deren Raupen zumeist weniger interessiert sind, wenn sie sie nicht gar abstoßend finden). Andere, wie bspw. Spinnen, erzeugen unwillentlich Angst – sogar Entsetzen. Kakerlaken verabscheut man regelrecht. Hunderte von Spezies verfolgt man aufgrund der Tatsache, dass sie unserer Nahrung Schaden zufügen – wie z. B. Wüstenheuschrecken, die über riesige Flächen hinweg Nutzpflanzen verheeren können. Und es gibt zahllose Arten, wie Moskitos, Tsetsefliegen und Zecken, die gefährliche Krankheiten übertragen, die wiederum andere zugrunde richten können, darunter auch uns.

Aus diesen Gründen sind Insekten zur Zielscheibe von Bauern, Gärtnern und Regierungen geworden. Unglücklicherweise bedienen diese sich

Lou Perrotti, Koordinator der Aktivitäten um den amerikanischen Totengräber für die Association for Zoos and Aquariums ist ein leidenschaftlicher Fürsprecher dieser Käfer. Hier überprüft er eine Brut auf Nantucket Island, Massachusetts. »Irgendwer muss da draußen unterwegs sein und die Viecher retten«, sagte er mir (achten Sie auf die Tätowierung auf seinem Unterarm). (Bild: Roger Williams Park Zoo)

chemischer Pestizide als Waffen – was bei allzu vielen Ökosystemen zu den schrecklichsten Schäden geführt hat, entweder, weil zusätzlich zu den beabsichtigten Spezies noch weitere zahllose Arten vernichtet wurden oder weil die vergifteten Insekten von anderen Geschöpfen, die in der Nahrungskette weiter oben stehen, gefressen werden.

Doch für jede Tierart, die uns oder unserer Nahrung schadet, gibt es zahllose andere, die, oft unbemerkt, für das Wohl der Umwelt, in der sie leben, arbeiten. Dessen wurde ich mir das erste Mal bewusst, als ich noch ein kleines Kind war und jeden Regenwurm aufhob, den ich auf der Straße gestrandet vorfand (wie es übrigens auch Dr. Albert Schweitzer getan hat) und von dem wertvollen Beitrag erfuhr, den sie für die Gesundheit des Bodens leisten. Millionen wirbelloser Tiere liefern anderen Arten Nahrung – darunter auch uns –, die in der Nahrungskette weiter oben stehen. In vielen Regionen ernähren sich die Menschen von Termiten, Heuschrecken und Käferlarven – sogar ich habe so etwas einmal probiert! Bienen bestäuben den Großteil unserer Nahrungspflanzen und die momentane Verwüstung der Bienenstöcke in Nordamerika und Europa erzeugt richtiggehend Angst.

Und was ist mit dem amerikanischen Totengräber? Welche Rolle spielt er für unsere Umwelt, wenn er denn überhaupt eine spielt? Ich erfuhr Folgendes, als ich mich am 07. März 2007 mit Lou Perrotti und Jack Mulvena vom Roger Williams Zoo in Providence, Rhode Island, traf. Sie erzählten mir, dass Biologen 1989 erkannt hätten, dass es mit dem amerikanischen Totengräber rapide abwärts ging und so wurde er eine von mehreren Insektenarten, die im Endangered Species Act aufgeführt wurden. Danach begann Roger Williams 1993 mit einem Zuchtprogramm für den US Fish and Wildlife Service; 2006 wurde dieser Käfer dann das erste Insekt, für dessen Art man einen Überlebensplan aufstellte. Momentan ist Lou der Koordinator für den amerikanischen Totengräber in der Association of Zoos and Aquariums.

Als er anfing, über die Käfer zu reden, war sofort klar, dass sie in ihm den perfekten Wortführer hatten. Er ist ein Mann von leidenschaftlichem Interesse für Insekten und sagte mir, er habe »ein Herz für alles Krabbelgetier«, seit er ein Kind war. Wie so viele andere Leute, mit denen ich gesprochen habe, während ich Informationen für das Buch zusammentrug, hatte Lou Eltern, die seine Faszination für wirbellose Tiere verstanden und unterstützten. (Das erstreckte sich auch auf andere Tiere – sie erlaubten es ihm, Boas *(Boa constrictor)* zu züchten, als er neun Jahre alt war!)

Während wir uns unterhielten, wurde Lou immer lebhafter. »Irgendjemand muss die Viecher [die Totengräber] da draußen retten«, sagte er. Und genau das tut er. Hier einige der Fakten, die er mir über diese bemerkenswerten Käfer mitgeteilt hat. Die wenigsten Leute haben eine Vorstellung davon, wie faszinierend sie sind. Ich hatte ganz bestimmt keine.

Der amerikanische Totengräber ist der größte Vertreter seiner Gattung in Nordamerika – manchmal wird er auch als »Riesenaaskäfer« bezeichnet. Einst lebten diese Käfer in Wäldern und mit Gestrüpp bewachsenen Graslandgebieten – praktisch überall, wo es Aas von passender Größe und Boden, der geeignet war, es zu verscharren, gab – d. h. in 35 Staaten des gemäßigten Ostens von Nordamerika. Aber 1920 waren die Populationen im Osten größtenteils verschwunden und 1970 dann auch in Ontario, Kentucky, Ohio und Missouri. In den 1980er Jahren ging es dann auch im mittleren Westen rasend schnell abwärts. Heute gibt es nur noch sieben Orte, wo ihre Existenz belegt ist – Block Island (Rhode Island), ein einzelner Bezirk in Oklahoma, einige verstreute Populationen in Arkansas, Nebraska, South Dakota, Kansas und eine kürzlich entdeckte Population bei einer Militäreinrichtung in Texas. Ein Grund für das jähe Abfallen der Populationszahlen dieser Art in ihrem gesamten historischen Verbreitungsgebiet, zusätzlich zu Lebensraumverlust und -fragmentierung, hängt wahrscheinlich mit der Ausrottung der Wandertaube und den stark reduzierten Zahlen der Schwarzfußiltisse und Präriehühner zusammen, die alle Aaslieferanten von idealer Größe waren.

Warum wir den Totengräber brauchen

Lassen Sie mich nochmals zu der Frage zurückkommen, die ich zuvor gestellt habe – würde der Verlust des amerikanischen Totengräbers eine Rolle spielen? Die Antwort ist, wie Lou und Jack betonen, ein emphatisches *Ja*. Sie ernähren sich von Aas – dem Fleisch toter Tiere. Lou nennt sie die »effizientesten Recycler der Natur«, weil sie für das Recycling verrottender Tiere ins Ökosystem verantwortlich sind. Dieser Prozess führt Nährstoffe in die Erde zurück, was wiederum den Pflanzenwuchs stimuliert. Ebenso verhindert dieser fleißige Käfer durch das Verscharren von Kadavern im Boden, dass Fliegen und Ameisen in großen Zahlen auftreten.

Lou erklärte mir, wie diese Käfer ihre Nahrung finden. Sie können Aas aus einer Entfernung von bis zu zwei Meilen »riechen« und zwar durch Sensoren in ihren Fühlern. Das Männchen schwirrt mit einigem Lärm durch die Luft und erreicht den Kadaver, den es ausgemacht hat, üblicherweise kurz nach Einbruch der Dämmerung. Daraufhin stößt es – zusammen mit den anderen Männchen, die ebenfalls das Festmahl entdeckt haben – Pheromone aus, die für die Weibchen der Spezies absolut unwiderstehlich sind. So sind an einem Kadaver zumeist mehrere Käfer versammelt. Es hat den Anschein, dass sie sich zu Paaren zusammentun und es kann zu allerhand Kämpfen kommen, bis eines der Pärchen die Beute für sich beanspruchen kann. Dieses arbeitet dann beim Vergraben des Kadavers zusammen. Das kann harte Arbeit sein: Einen Kadaver von der Größe eines Blauhähers zu vergraben dauert etwa zwölf Stunden.

Aufgabenteilung bei Käfereltern
Ist der Kadaver erst unter der Erde in Sicherheit gebracht, befreien die Käfer ihn zunächst von Federn und Haaren und überziehen ihn dann mit oralen und analen Sekreten, die das Fleisch konservieren, das als Nahrung für die Jungen dient. Sodann paaren sich die beiden Käfer und innerhalb eines Tages legt das Weibchen die befruchteten Eier in einer kleinen Kammer ab, die das Pärchen in der Nähe des Kadavers gegraben hat. Hier warten beide Eltern darauf, bis die Jungen aus den Eiern schlüpfen, was nach zwei oder drei Tagen eintritt. Dann tragen Mutter und Vater gemeinsam die Larven in die »Speisekammer«. Dort beginnen die Jungen – und das ging wirklich über mein Fassungsvermögen – die Mundwerkzeuge der Eltern zu streicheln, um sie dazu zu bekommen, sie zu füttern, woraufhin die Erwachsenen die Nahrung für ihre Jungen hervorwürgen. Wie ungeheuer erstaunlich – eine Insektenart, bei der sich Mutter und Vater gemeinsam um ihre Jungen kümmern!

Für gewöhnlich haben bereits Fliegen ihre Eier in den Kadaver abgelegt, bevor dieser sicher im Erdreich verscharrt ist. Diese schlüpfen rasch und werden zu hungrigen Konkurrenten der jungen Käfer. Aber Hilfe lässt nicht lange auf sich warten: Auf den Körpern der erwachsenen Käfer reiten kleine orange Milben, die schnell auf den Kadaver klettern und sich dort auf die Fliegeneier und Maden stürzen. Nach etwa zwei Wochen verpuppen sich die gesättigten Käferlarven im Erdreich und die Eltern ziehen weiter, die Milben wiederum kommen als Passagiere mit. Die jungen Käfer tauchen etwa 45 Tage später auf.

Lou und sein Team waren mit ihrem Aufzuchtprogramm in Gefangenschaft erfolgreich – Ende 2006 hatte man über 3000 Käfer gezüchtet und in die freie Wildbahn auf Nantucket Island ausgesiedelt. Die in Gefangenschaft gezüchteten Weibchen (die alle mit einem genetischen geeigneten Männchen gepaart wurden) werden in Plastikbehältern zum Ort ihrer Freilassung gebracht. Diese Behälter wiederum werden in eine Kühlbox gesteckt, da die Käfer übermäßige Hitze nicht überleben. In einer weiteren Kühlbox werden tote Wachteln transportiert, die die Käfer dann als Aas für ihre Jungen verwenden. Kichernd erzählte uns Lou: »Ich kann mitten in der Urlaubszeit auf einer Fähre mitfahren und habe wegen des schrecklichen Geruchs, der aus den Behältern kommt, immer noch genug Platz um mich herum.«

An der Wiederansiedelungsstelle sind bereits Löcher für die Käfer vorbereitet. Die toten Wachteln kommen in die Köcher und werden an den Füßen mit Zahnseide zusammengebunden und so an einer kleinen orangenen Flagge befestigt, die dem Wiederansiedelungsteam später helfen soll, die verscharrten Kadaver wiederzufinden. Die Käfer werden dann in dem Loch freigelassen, wo sie im Idealfall erkennen, dass sie dort einen Frühstart im Reproduktionsprozess hinlegen können. Lou erzählte, dass man Nantucket Island deshalb als Ort für die Wiederansiedlung ausgewählt hat, weil es dort, wie auch auf Block Island, keine Säugetiere gibt, die als Konkurrenten der Käfer auftreten würden. Nach einer Weile bemerkten jedoch Vögel wie Krähen und Möwen, dass eine orange Flagge eine Nahrungsquelle bedeutete und begannen, das Aas für die Käfer auszugraben, so dass die Biologen mittlerweile einen Maschendraht über jede Brut breitet, um diese zu schützen.

Lou erzählte mir, dass er es liebt, Kindern etwas über Insekten beizubringen. Kinder sind von Natur aus neugierig. Und »Krabbelgetier«, auch wenn es Furcht und Abscheu weckt, birgt eine echte Faszination für sie. Ich erzählte Lou, dass ich als Kind Stunden mit der Beobachtung von Spinnen, Libellen, Hummeln und dergleichen zugebracht hatte. Meinen Sohn faszinierten als kleines Kind die Ameisen, wie sie in einer geordneten Kolonne ein Termitennest angriffen und mit jeweils einem unglücklichen Opfer in den Mundwerkzeugen zurückkehrten. Und der dreijährige Enkel meiner Schwester setzte plötzlich eine Schnecke, der er zuvor zugesehen hatte, wie sie über den Boden kroch, auf die Fensterscheibe und rannte ins Haus, um sie sich durch das Glas anzuschauen, weil ihn offenkundig der Mechanismus, der es ihr gestattete, wie durch Magie vorwärts zu gleiten, faszinierte und neugierig machte.

Unglücklicherweise ist es für Lou wesentlich schwerer, das Interesse der Erwachsenen an den Bestrebungen zur Rettung des amerikanischen Totengräbers zu wecken. »Wie oft lautete die erste Frage«, sagte er, »werden sich die auf meinen Garten stürzen?«« Wenn sich die Leute nur die Zeit zum Zuhören nehmen und das Gefühl von Neugier und Staunen aus ihrer Kindheit behalten würden, um wie viel reicher wäre ihr Leben. Ich jedenfalls bin bei meinem frühmorgendlichen Treffen mit Lou und Jack ganz bestimmt in eine andere und ungeheuer faszinierende Welt versetzt worden, in der riesige Insekten ihre Jungen und winzige Milben ernähren, die im Austausch gegen eine kostenlose Mahlzeit und eine Fahrt zum Restaurant ihren Wohltäter den Rücken von deren Konkurrenten freihalten.

Nach unserem Besuch schickte Lou mir einen wunderbaren Druck von einem amerikanischen Totengräber, dessen Orange und Schwarz lebhaft leuchteten. Jetzt, da ich diese Zeile schreibe, steht er angelehnt an der Wand meines Zimmers und erinnert mich an die Magie der Natur.

Der Nipponibis *(Nipponia Nippon)*

Von der chinesischen Wissenschaftlerin Dr. Yongmei Xi und ihren bemerkenswert erfolgreichen Bemühungen, den Nipponibis vor dem Aussterben zu schützen, erfuhr ich zuerst von George Archibald von der International Crane Foundation (ICF). Er sagte, der Nipponibis gehöre zu seinen Lieblingsvögeln und er sandte mir sogar Fotos von ihnen, um mir zu zeigen, wie wunderschön sie sind. Erfreulicherweise konnte ich mich zwei Wochen nach meinem Gespräch mit George mit Yongmei Xi selbst treffen, als ich 2007 in Shanghai war – was für ein Privileg! Während wir von einem Schauplatz zum nächsten fuhren (anders wäre keine Zeit gewesen), sprachen Yongmei und ich über diese besonderen Vögel und ihre Liebe zu ihnen.

Einst waren die Nipponibisse in den Feuchtgebieten Japans, Chinas, Koreas und Sibiriens zahlreich vertreten. Bereits 1930 jedoch waren nur noch wenige übrig: Man hatte sie erbarmungslos gejagt, besonders wegen ihrer herrlichen Federn, aber auch, weil unter Frauen der Glaube verbreitet war, das Essen von Ibisfleisch würde ihnen nach einer Geburt helfen, ihre Kraft wiederzuerlangen. Nach dem Ende des Zweiten Weltkriegs, 1945, stand fest, dass die verbleibenden Populationen im gesamten ehemaligen Verbreitungsgebiet als Folge von Bejagung, Pestiziden und Lebensraumverlust fast ausgelöscht waren. Als besonders katastrophal erwies sich die Dränage sonst im Winter überfluteter Felder, was die Übertragung von Krankheiten an Menschen durch Schnecken verhindern sollte.

Yongmei Xis Leidenschaft und Entschlossenheit halfen, die Ausrottung dieses wunderschönen Vogels abzuwenden. Sie ließ diesen Schnappschuss machen, damit sie ein Bild eines Nipponibis auf lange Reisen mitnehmen konnte. (Bild: Yongmei Xi)

Es ist interessant, dass der Ibis mit der Zeit offenbar eine Abhängigkeit vom Menschen entwickelt hatte – sie brauchen geflutete Reisfelder als Lebensraum. Sie schlafen und brüten auf Bäumen an höher gelegenen Hängen und fühlen sich am wohlsten, wenn in der Nähe der Bäume, die sie sich zum Nisten gesucht haben, Menschen leben.

1978 war der Nipponibis in Korea ausgestorben. (George Archibald unternahm heroischen Anstrengungen, die letzten vier für die Zucht in Gefangenschaft in ihrem Überwinterungsgebiet in der koreanischen demilitarisierten Zone zu fangen. Doch seine Mission scheiterte.) 1981 fing man die letzten noch übrigen Exemplare in Japan und brachte sie in ein Brutzentrum, wo sie jedoch nicht brüteten.

China sucht nach dem letzten Ibis
In der Zwischenzeit wuchs die Besorgnis um das Schicksal der Nipponibisse in China. Dr. Liu Yen-zhou vom Institut für Zoologie in Peking organisierte eine Suche nach ihnen in Zentralchina. Drei Jahre lang fand das Team keine Spur. Dann bekam es 1981 eine Gruppe von sieben Vögeln in den Tsinling-Bergen, nicht weit von der alten Hauptstadt Xiang, zu Gesicht.

Das Forstministerium stimmte sofort zu, den Schutz für diese wertvollen Individuen zu gewährleisten – die letzten ihrer Art. Man zahlte den Bauern Geld, damit sie ihre Reisfelder nicht mit toxischen Chemikalien behandelten und so verbesserte sich der Lebensraum nach und nach. Gleichzeitig wurden einige innovative Techniken entwickelt, um den Vögeln so viel Hilfe zukommen zu lassen, wie nur möglich, z. B. indem man die Stämme der Bäume, in denen sie nisteten, mit glattem Plastik umwickelte, um so zu verhindern, dass sie Beute von Schlangen wurden. Indem man Netze unter den Nestern ausspannte, konnte man schwache Küken, die von stärkeren Geschwistern hinausgeworfen wurden, entweder wieder zurück ins Nest setzen und ihnen so eine zweite Chance geben oder – wenn sie sehr schwach waren (manchmal wurde ein Küken auch ein zweites Mal hinausgeworfen) – sie einfangen und in Obhut nehmen. Diese Vögel sollten in der Folge Teil eines Nachzuchtprogramms werden.

Durchbruch in Gefangenschaft
Das Ergebnis aller Maßnahmen war, dass die wildlebende Population wieder zunahm, allerdings sehr langsam. Yongmei studierte den Nipponibis erstmals 1988. Sie sagte mir, dass ein Paar Nipponibisse in der Wildnis jedes Jahr nur ein Gelege hat; im Durchschnitt überleben zwei Küken. Yongmei fand jedoch heraus, dass ein Pärchen in Gefangenschaft bis zu drei Gelege pro Jahr haben kann, von dem dann durchschnittlich sieben Küken überleben. Und so entschied man 1990, ein Brutprogramm zu starten, 2006 gab es insgesamt vier entsprechende Zentren in China.

Yongmei wurde in der Zwischenzeit immer vertrauter mit diesen wunderschönen Vögeln und das zweifelsohne auch aufgrund ihrer Empathie mit ihnen – das ist sicher auch einer der Gründe für den Erfolg, den sie und ihr Team mit dem Brutprogramm hatten. Sie versuchte, den gefangenen Vögeln, soweit möglich, Nahrung zu verschaffen, die Elemente beinhaltete, die sie auch in der Wildnis fressen würden – z. B. Schmerlen, einen verbreiteten, kleinen Fisch, den die Ibisse in überfluteten Reisfeldern finden. Sie erzählte mir, wie aufgeregt sie gewesen war, als es ein Pärchen Ibisse, die in Gefangenschaft geboren worden waren, das erste Mal schaffte, erfolgreich seine eigenen Jungen großzuziehen. Zuvor hatten die Eltern manchmal ihre eigenen Eier zerstört oder ihre Jungen getötet, so dass Yongmei zu der Überzeugung gelangt war, die Gehege seien ungeeignet.

Und so konstruierte sie im Jahr 2000 einen großen Käfig aus grünem Nylon an einem Berghang. Er war von Bäumen umgeben und auch innen wuchsen richtige Bäume. Der Bruterfolg in diesem Gehege lieferte den ersten Beweis, dass Eltern sich auch in Gefangenschaft um ihre Jungen kümmern konnten, wenn die Bedingungen ihren Vorlieben entsprachen. Als sie die gefangenen Vögel beobachtete, sah Yongmei, wie die Ibisse mit den unterschiedlichsten Wildvögeln interagierten, die von der Nahrung angezogen wurden. »Wenn die wilden Vögel auf dem Draht des Gehegedachs landen«, erzählte sie mir, »rufen sie nach den Gefangenen, die ihnen antworten.« Sie glaubt, dass die wilden Vögel die gefangenen mit ihrem Überfluss an Futter beneiden – aber sie meint, die gefangenen Vögel seien mit ihrer hauptsächlich aus Pellets bestehenden Nahrung unzufrieden und würden viel lieber mit ihren Besuchern davonfliegen, wenn diese wieder aufbrechen.

Yongmei erzählte mir auch, dass zwei ihrer jungen, gefangenen Ibisse 1999 dem japanischen Kaiser zum Geschenk gemacht wurden. Ihre natürliche Nahrung – Schmerlen – und den ursprünglichen Nahrungsbehälter des Pärchens sandte man mit ihnen nach Japan. Für die Brutsaison gab man dem Pärchen Zweige. Sie begannen, Eier zu legen und aus einem von diesem schlüpfte sogar ein Küken, ein Männchen. Im nächsten Jahr wurde aus China ein weiteres Weibchen nach Japan geschickt. Mit diesen drei Gründungsvögeln wurde ein neues Ibis-Brutprogramm eingerichtet. Man teilte mir mit, dass es 2000 bereits 107 Nipponibisse in Japan gab.

Zurück in die Wildnis
Im Jahr 2008 gab es bereits ungefähr 1000 Ibisse in China – davon 500 in freier Wildbahn, 500 weitere in Gefangenschaft – und es gibt Pläne, einige der gefangenen in die Wildnis zurückzubringen. Man unternimmt bereits größere Anstrengungen, um ihren Lebensraum im Hanzhong-Basin wiederherzustellen. Die Benutzung landwirtschaftlicher Pestizide wird strikt kontrolliert und eine Reihe von Hand gegrabener Wasserspeicher, die mit einem Netzwerk von Flüssen verbunden sind, wird die Situation für die Vögel und die Reisbauern verbessern. Auch ein Teil des Graslandes wird geflutet werden. Es läuft ein Aufklärungsprogramm für die Menschen in den 91 Dörfern der Region, durch das sie Informationen über den Nipponibis und seine Lebensgewohnheiten bekommen.

Vielleicht werde ich diese herrlichen Vögel eines Tages in freier Wildbahn sehen können. Ich bin George so dankbar, dass er mir ein Foto von einem fliegenden Nipponibis geschickt hat und natürlich vor allem dafür, dass er mich Yongmei vorgestellt hat, was es mir ermöglichte, diese bemerkenswerte Geschichte, die ich hier berichtet habe, von ihr persönlich zu hören.

Der Schreikranich *(Grus amricana)*

Kraniche haben eine fast mystische Ausstrahlung. Sie sind eine uralte Spezies und ihre Stimmen, so laut und wild, klingen wie Echos der Vergangenheit selbst. Auch sind sie ungeheuer elegante Vögel, mit ihren langen Beinen, langen Hälsen und langen scharfen Schnäbeln, perfekt geeignet für die Graslande und Feuchtgebiete, wo sie nach Futter suchen. Heute gibt es auf der Welt ziemlich viele Kranicharten, von denen die meisten bedroht sind.

Dieses Kapitel beschreibt die enormen Anstrengungen, die von zahllosen engagierten Männern und Frauen unternommen wurden, um den Schreikranich vor der Ausrottung zu bewahren, den einzigen einheimischen Kranich Nordamerikas. Es sind wirklich herrliche Vögel, aufgerichtet ein Meter zwanzig bis ein Meter fünfzig groß, mit schneeweißem Gefieder, von einer leuchtend roten Kappe an der Oberseite des Kopfes, schwarzen Gesichtsmarkierungen und schwarzen Primärfedern, Handschwingen, die im Flug deutlich erkennbar sind, abgesehen. Mit ihren langen, speerartigen Schnäbeln und wilden goldenen Augen können sie bei der Verteidigung ihrer Jungen Außerordentliches leisten.

Man schätzt, dass es in Nordamerika, als die ersten Europäer ankamen, etwa 10 000 Schreikraniche gab. Sie überwinterten in den Hochlanden von Zentralmexiko und an der Golfküste von Texas und Louisiana sowie an der südöstlichen Atlantikküste, u. a. in Delaware und der Chesapeake Bay. Ihre Brutgebiete waren zahlreich – sie waren über die gesamten Prärien der USA bis weit hinein nach Zentralalberta in Kanada verstreut. Doch Ende des 19. Jhs. brüteten die wandernden Schreikraniche nirgends mehr in den USA. Und 1930 brüteten sie auch nicht länger in den Prärien von Alberta. Tatsächlich wusste niemand, wo die letzten Zugvögel brüteten, außer, dass es irgendwo in Kanada war.

Eine nicht-wandernde Schar Schreikraniche in Louisiana nistete dort die gesamten 1930er Jahre hindurch, doch 1940, als es ohnehin nur noch 13 von ihnen gab, verstreute ein Hurrikan die verbleibende Gruppe und obwohl sechs überlebten, waren sie zum Untergang verurteilt. Zu diesem Zeitpunkt kamen auch nur noch weniger als 30 der eingewanderten Schreikraniche im Herbst in Texas (im Aransas National Wildlife Refuge) von ihren unbekannten Brutgebieten im kanadischen Norden an. Die Tage des Schreikranichs schienen gezählt und die meisten Menschen hatten das Gefühl, man könne nichts zu ihrer Rettung unternehmen.

George Archibald beim Tanz mit GeeWhiz, dem einzigen Abkömmling von Tex, einem berühmten weiblichen Schreikranich, dem George geduldig »den Hof gemacht« hatte, um eine so starke Verbindung zu ihr zu bekommen, damit sie wieder zeugungsfähig wurde. (Bild: David Thompson/ICF).

Doch ein paar waren entschlossen, es zu versuchen. Drei Organisationen, der US Fish and Wildlife Service, sein kanadisches Äquivalent, der Canadian Wildlife Service, und die Audubon Society arbeiteten in dem verzweifelten Versuch zusammen, das Aussterben dieser Art zu verhindern. Zuerst musste man mehr über die Kraniche herausfinden. Die meisten Informationen, die man zusammentragen konnte, waren deprimierend: Die Kraniche wurden von Jägern geschossen oder auch von Bauern, die sie als potentielle Gefahr für ihre Ernten ansahen und daher verabscheuten – ein solcher schwor öffentlich, er würde »die lästigen Dinger sofort erschießen«, wenn er sie zu Gesicht bekäme. 1953 kamen nur noch 23 Kraniche in Texas an.

Als letztes Mittel führten die Tierschutzorganisationen eine Aufklärungskampagne durch. Sie informierten die Menschen entlang der Zugrouten – soweit diese bekannt waren – über die Kraniche, ihre Geschichte und ihre gegenwärtige schwierige Situation. Und sie baten sie um Mithilfe. Es funktionierte und das Abschießen hörte auf. In der Zwischenzeit versuchten Privatleute in den Organisationen, durch Lobbyarbeit die Regierungen dazu zu bringen, etwas zu unternehmen und den Kranichen besseren gesetzlichen Schutz zu gewährleisten.

1954 kam der Durchbruch: Der kanadische Forst-Superintendent G. M. Wilson und sein Hubschrauberpilot Don Landells sichteten zwei weiße Vögel und ein zimtfarbenes Küken in den nördlichen Sümpfen und Tümpeln des abgelegenen Wood Buffalo Nationalparks im nördlichen Kanada. Sie hatten die letzten Brutgebiete der Schreikraniche gefunden! Die Vögel zogen jedes Jahr über die atemberaubende Distanz von 2400 Meilen von Nordkanada nach Texas und wieder zurück.

Nach und nach wuchs die kleine Schar dank der Schutzmaßnahmen und der Aufklärungskampagne entlang der Zugrouten. 1964 kamen 42 Vögel in Texas an und im darauffolgenden Jahr war ihre Zahl sogar noch größer. Doch die Situation war fragil. Schließlich kamen 1966 der Canadian Wildlife Service (CWS) und der USFWS überein, bei einem Nachzuchtprogramm zusammenzuarbeiten. Keineswegs alle waren der Meinung, das sei eine gute Idee, aber die beiden nationalen Wildtier-Organisationen trieben ihren Plan voran.

Darf ich vorstellen? Ernie Kuyt, der Eierdieb!
Ernie Kuyt, den ich auf Empfehlung meines Freundes Tom Mangelsen angerufen habe, war einer der ersten, die man heranzog, um einen Brutplan auszuarbeiten. In einem langen Gespräch erzählte mir Ernie, dass er mehr oder minder unabsichtlich an die Schreikraniche geraten war. Der CWS hatte einen Freilandbiologen gebraucht, der half, die Nester zu finden und die überzähligen Eier sicher in eine Kolonie für die Aufzucht in Gefangenschaft zu überführen. Ernie war der einzige, der zur Verfügung stand.

Man stellte einen Plan auf: Kraniche legen gewöhnlich zwei Eier, ziehen aber meist nur ein Küken groß – und oft ist auch nur eines der Eier überlebensfähig. Also überprüfte Ernie, wenn er ein Nest mit mehr als einem Ei fand, diese überzähligen Eier. »Der Kranichbiologe Rod Drewien war es«, sagte Ernie, »der mich gelehrt hat, wie man die Überlebensfähigkeit der Eier testet, indem man sie einfach kurz in lauwarmem Wasser treiben lässt.« (Ich kenne diese Methode – ich testete so früher in Tansania jedes Hühnerei, bevor ich es kaufte!) Wenn beide Eier gut waren, nahm Ernie eines mit. Wenn ein Nest nur schlechte Eier hatte, entfernte er sie und ersetzte sie durch eines der guten Eier, die er aus anderen Nestern mitgenommen hatte. Alle überschüssigen Eier, die er sammelte, wurden in das Wildtier Forschungszentrum von Patuxent, Maryland, zum Brüten geschickt, um so eine Population für die Aufzucht in Gefangenschaft auf den Weg zu bringen.

Ernie erzählte mir, wie er am 2. Juni 1967 das Basislager verließ, um sein allererstes Ei zu sammeln. »Die Amerikaner hatten einen speziellen Styroporbehälter konstruiert, um darin jedes der kostbaren Eier vom Nest in das Basislager transportieren zu können. »Erst als der Helikopter schon im Landeanflug war, bemerkte ich, dass ich den Behälter vergessen hatte!« Sie konnten nicht zurück, weil das den Zeitplan und das Budget durcheinandergebracht hätte. Doch er erinnert sich an das ominöse Memo aus dem Hauptquartier, das gewarnt hatte: »Wir sind uns einig, dass keine Fehler passieren dürfen!« Es stand viel auf dem Spiel und alle Augen ruhten auf Ernie und seinem Team.

Glücklicherweise hatte Ernie, der wusste, dass er nasse Füße bekommen würde, wenn er durch die Sümpfe stapfte, dicke Wollsocken mitgebracht. Vorsichtig versenkte er eines der guten Eier in einer der Socken, bis es sich sanft in die Zehe schmiegte. Er trug die Socke am Bund und transportierte so das Ei zurück zum wartenden Helikopter. »Das funktionierte so gut, dass wir den ausgeklügelten Koffer gar nicht benutzten«, erzählte er mir. »Während der 25 Jahre, die ich mit den Kranichen gearbeitet habe, habe ich über 400 Eier transportiert, ohne auch nur eines von ihnen zu beschädigen – und das in dicken Wollsocken!!«

Geschichten von der Arbeit im Feld
Ernie erzählte mir eine interessante Geschichte über ein Kranichpärchen, das unter der Bezeichnung Hippo-Lake-Pärchen bekannt war, weil es sein Nest in der Nähe eines Sees gebaut hatte, der die Form eines Flusspferdes hatte. Auf einem seiner Erkundungsflüge stellte er fest, dass ihr Nest leer war. Ein paar Tage später sah er ein einzelnes Ei. Aber zwei Tage später »war das Ei weg, obwohl sich noch immer einer der Vögel um das Nest kümmerte.« Elf Tage später, als Ernie unterwegs war, um ein Ei einzusammeln, flog er wieder am Hippo Lake vorbei. Der Kranich brütete in dem Nest – als er jedoch aufstand, sah Ernie, dass das Nest noch immer leer war.

»Die ausgewachsenen Vögel hatten fast zwei Wochen auf dem leeren Nest gesessen! Wollten sie uns irgendetwas damit sagen?« Als die Piloten den Hubschrauber landeten, legte Ernie ein Ei in das Nest, das er gerade aus einem anderen mitgenommen hatte. Das Hippo Lake-Pärchen brütete das Pflege-Ei aus und Ernie durfte das Küken beringen, bevor es flügge wurde.

Immer wenn Ernie am Boden war, kreiste über ihm ein Flieger, der die Umgebung im Auge behielt und ihn so vor nahenden Bären oder Elchen warnen konnte. Einmal machte die Cessna, als er sich gerade einem Nest näherte, einen flachen Dive über ihm – das Signal für Gefahr – und er sah, wie sich ein Schwarzbär auf ihn zu bewegte. Glücklicherweise war er noch nicht ausgewachsen – wahrscheinlich etwa zwei oder drei Jahre alt. »Ich nahm mir einen trockenen Tamarack-Stock und drosch ihn gegen einen Baum und schrie dabei so laut ich nur konnte«, erzählte Ernie. Der Bär, etwa 30 Meter entfernt, schaute ihn an und lief dann weg. Das Ei in dem nahe gelegenen Nest war schon so weit entwickelt, dass man die charakteristischen Pickgeräusche des Kükens deutlich hören konnte. Wenn Ernie den Bären nicht vertrieben hätte, hätte dieser ziemlich sicher das Nest gefunden und geplündert.

Die Verfolgung der Kranichzüge
Ernie sammelte nicht nur Eier, sondern folgte den Kranichen auch in einer Cessna 206, als sie sich auf den Zug nach Süden machten, indem er sie über ein Radiosignal verfolgte und so wertvolle neue Informationen gewann. Eines Herbsts lud er Tom Mangelsen ein, sich ihm anzuschließen, um die Reise mit Film und Fotos zu dokumentieren, und um die Kraniche im wahrsten Sinne des Wortes »im Auge zu behalten«, während Ernie damit beschäftigt war, die Route aufzuzeichnen und der Pilot sich auf das Fliegen der Maschine konzentrierte.

Wandernde Kraniche nutzen die Thermik, um sich in die Höhe zu schrauben und scheinbar mühelos auf ihren großen Schwingen dahinzugleiten. »Bei schlechtem Wetter oder Gegenwind flogen sie wenig oder gar nicht«, erzählte mir Tom, »aber an guten Tagen konnten sie 400 Meilen oder mehr schaffen.« Glücklicherweise waren die Schreikraniche mit ihrem weißen Gefieder und ihrer riesigen Flügelspannweite relativ leicht zu sehen. »Wir konnten in fast der Hälfte der Zeit Sichtkontakt zu ihnen halten«, sagte Tom, »und auch die Funksignale auffangen, die von Vögeln in einem Radius von 25 bis 100 Meilen übertragen wurden.«

»Den Kranichen zuzuschauen, wie sie mit solcher Anmut in einem grenzenlosen Himmel über einer endlosen Landschaft dahinglitten«, sagte Tom, »war das schönste Erlebnis meines Lebens.«

Ernie erlebte dasselbe. Er sagte mir, »die Möglichkeit und Gelegenheit mit den Kranichen zu ziehen … war der Höhepunkt meiner fünfundzwanzigjährigen Studie.«

Ein Schwarm ist zu fragil
Während Ernie und andere den Schwarm von Wood Buffalo/Aransas schützten, planten Kranichbiologen und Naturschützer des US-amerikanischen und kanadischen Schreikranich-Wiedereingliederungsprogrammteams andere Initiativen. Der letzte verbleibende Wildschwarm war einfach zu fragil: Wenn ein Unglück eintrat, konnte er genauso leicht vernichtet werden wie der Schwarm von Louisiana.

Der erste Plan sah vor, die Eier von Schreikranichen in die Nester von Kanadakranichen zu legen, die in Idaho nisteten. Diese Initiative schlug fehl, weil diese Küken zwar tatsächlich den Kanadakranichen nach New Mexico folgten, wie man gehofft hatte, jedoch niemals mit ihrer eigenen Art balzten oder sich mit ihr paarten. Ein junger Kranich wird, wie es bei vielen Vogelarten der Fall ist, von seinen Eltern geprägt, bald nachdem er geschlüpft ist, und wenn zur kritischen Zeit kein Vogel der eigenen Art zur Verfügung steht, wird das Küken von beinahe jedem beweglichen Objekt geprägt. Unglücklicherweise waren diese Schreikraniche von den Kanadakranichen geprägt und machten diesen den Hof, als sie die sexuelle Reife erlangt hatten.

In der Zwischenzeit waren einige Experten, darunter George Archibald, der Mitbegründer der International Crane Foundation, der Meinung, man solle versuchen, einen nicht-wandernden Schwarm in Florida zu etablieren, in der weitläufigen Region von Kissimmee. 1993 kam die erste Gruppe gezüchteter Kranichküken dort an und wurde ausgewildert. Danach wurden dort bis 2005 jedes weitere Jahr Küken hingeschickt, um die Zahlen zu verstärken. Diese Vögel bildeten Paare, grenzten Reviere ein und bauten Nester, ganz wie die Vögel in der Natur. Doch es gab zahlreiche Probleme, vor allem durch die Beutezüge von Rotluchsen. 2005 entschied man trotz all der harten Arbeit und der großen Hoffnungen, die Aussetzung der in Gefangenschaft geborenen Küken nicht fortzusetzen und die Zukunftsperspektiven für die wenigen noch verbleibenden Kraniche in Florida sind düster.

Von Kranichen, Menschen und ihren fliegenden Maschinen
Obwohl die Dinge bei dem einen Wanderungsschwarm gut standen, schlugen zwei kostspielige Versuche, neue Schwärme zu etablieren, fehl. Es war immer noch Bedarf an neuen Schwärmen – und so wurde eine innovative Idee vorgeschlagen. Wie wäre es, wenn man jungen Kranichen beibrachte, einem Ultraleichtflieger zu folgen? Bei einer Konferenz in Kalifornien hör-

te ich einen Vortrag zu diesem Thema von Bill Lishman, einem begeisterten und leidenschaftlichen Naturforscher. Er tat sich schließlich mit Joe Duff, einen Ex-Geschäftsmann, zusammen und die beiden hatten, nachdem sie zunächst mit nicht bedrohten kanadischen Gänsen gearbeitet hatten, die Technik perfektioniert – die der Öffentlichkeit in dem populären Film *Amy und die Wildgänse* vorgestellt wurde.

Ende der 1990er Jahre zeigten Bill und Joe die Ergebnisse ihrer Arbeit mit Schreikranichen auf dem jährlich stattfindenden kanadisch/US amerikanischen Treffen der Schreikranich-Erhaltungsteams, in der Hoffnung, das Team davon zu überzeugen, sich ihre Methode zu eigen zu machen – doch es dauerte fünf Jahre, bis das Team zustimmte (viele waren der Meinung, Bill und Joe wären nur daran interessiert, noch einen Film zu machen). 1999 war dann das Geburtsjahr der Operation Wanderung, mit dem Ziel, jungen Kranichen, die in Gefangenschaft geboren waren, beizubringen, wie sie von Wisconsin nach Florida fliegen sollten.

Operation Wanderung
2006 bekam ich von Joe eine Einladung – ob ich nicht interessiert wäre, das Training der Schreikraniche aus erster Hand zu erleben? In einem Ultraleichtflieger mitzufliegen? Mein Terminplan war voll, aber das war etwas, was ich unmöglich ablehnen konnte, und ich schaufelte zwei Tage meiner US/Kanada-Herbsttour frei. Zwei Tage, die ich nie vergessen werde.

Joe und ich in Kranichanzügen, bevor wir in den Ultraleichtflieger steigen. Operation Wanderung bringt jungen Kranichen bei, wie sie von Wisconsin nach Florida ziehen können, indem sie einem Ultraleichtflugzeug folgen, das als Stellvertreter der Eltern fungiert.
(Bild: © www.operationmigration.org)

Joe Duff und der Operationsverwalter Liz Condie holten mich am Flughafen von Madison, Wisconsin, ab. Es regnete während der einstündigen Fahrt zu dem Wohnwagenpark am Necedah National Wildlife Refuge still vor sich hin. Und immer, wenn ich in der Nacht aufwachte, hörte ich wieder, wie der Regen auf das Metalldach des Wohnwagens trommelte. Es schien unwahrscheinlich, dass das Wetter einen Flug am nächsten Morgen zulassen würde.

Das Wetter war am Morgen tatsächlich ungeeignet und so traf ich stattdessen mehrere Teammitglieder und erfuhr mehr über das Programm. Im selben Jahr waren zuvor 18 Kraniche, etwa 45 Tage alt, aus dem Wildtier-Forschungszentrum in Patuxent angekommen. Um zu verhindern, dass diese Schreikranichküken den Stempel ihrer menschlichen Pflegeeltern aufgeprägt bekommen, tragen diejenigen, die sie für die Freilassung vorbereiten und trainieren, weiße, kleidartige Kostüme, schwarze Gummistiefel und Helme mit Visieren, die ihre Augen verbergen. Sie tragen Kassettenrekorder mit sich, die die Brutschreie der Kranicheltern abspielen, sowie das Geräusch des Ultraleichtfliegers, dem die Kraniche folgen sollen. In der einen Hand hält der Betreuer eine Puppe, die dem Kopf und Hals eines ausgewachsenen Kranichs gleicht, komplett mit goldenen Augen, langem schwarzen Schnabel und dem charakteristischen roten Schopf. Die Ärmel des Kostüms, die Hand und Arme bedecken, gehen in den langen, weißen Hals der Puppe über (ein Metallrohr, bedeckt von weißem Stoff). Im »Hals« sind Samenkörner, die durch ein Loch fallen gelassen werden können, wenn die Puppe auf dem Boden pickt.

Während der Sommermonate, die dem herbstlichen Zug vorangehen, setzte die Crew aus Piloten, Biologen, Tierärzten und Praktikanten der Operation Wanderung in Necedah die Erziehung der jungen Vögel fort.

Am selben Morgen besuchte ich die heranwachsenden Kraniche in ihrem abgesperrten Pferch, der zur Hälfte aus seichtem Wasser besteht. Es waren wunderschöne, gold und weiß gefiederte Jungvögel. Ich zog mir einen der Kranichanzüge an, lieh mir die Puppe eines Kranichkopfes und folgte Joe und den beiden anderen Piloten, Brooke und Chris, in den Pferch, wobei ich auf dem Weg auch eine Wanne mit Desinfektionsmittel durchwaten musste. Ich konnte kaum glauben, dass ich Teil dieses außergewöhnlichen, inspirierenden Projekts war und spürte, wie mir Tränen in die Augen stiegen. Sobald wir in Hörweite der Kraniche waren, wurde nicht mehr gesprochen.

Die Jungkraniche, die gelernt hatten, als Schwarmmitglieder zusammenzuleben, waren so groß wie Erwachsene, trugen aber noch das weiß-goldene Gefieder der Heranwachsenden. Ihre langen Flügel mit den schwarzen Spitzen waren von den täglichen Trainingsflügen gestärkt und sie waren fast so weit, ihre 1200 Meilen lange Reise nach Florida anzutreten. Sie waren überaus neugierig und gingen allem nach, was ihre Fantasie anregte, wobei sie die Dinge sanft mit ihren Schnäbeln untersuchten. Hin und wieder gab mir einer meiner menschlichen Mit-Kraniche eine Weintraube; ich öffnete den Schnabel meiner Puppe mit einem Hebel, griff die Frucht und bot sie einem der Kraniche an. Sie lieben Weintrauben.

Alles war durchdrungen von einem Gefühl des Geheimnisvollen, dem Gefühl, dass ich mich in Gegenwart uralter Vogelweisheit befand und mit einer Lebenskraft, die über mein Selbst hinausging, verbunden war. Mein Menschsein war gemindert. Und dann zog einer der Kraniche an der Spitze meines »Flügels«, während der zweite meine Stiefel anstupste und ein dritter sich am Gürtel des Puppenkopfes versuchte, so dass ich mich zurückziehen musste, um mich ihm – oder ihr – von Schnabel zu Schnabel zuzuwenden. Ich merkte gar nicht, wie die Zeit verstrich und viel zu bald mussten wir sie wieder verlassen.

Der Flug mit den Kranichen
Als ich am nächsten Morgen um sechs Uhr hinausblickte, war der Himmel klar und es herrschte fast kein Wind. Ein perfekter Tag zum Fliegen! Am Hangar zog ich mein weißes Kranichkostüm an, dann kamen die Ohrhörer und schließlich der Helm. Die Piloten fuhren den Flieger aus dem Hangar und ich kletterte in den winzigen Passagiersitz hinter Joe. Nachdem wir uns angeschnallt hatten, verband er meine Ohrhörer mit dem System, so dass ich ihn hören konnte, zog an der Leine zum Anlassen des Motors, fuhr zur Startbahn – und es ging los.

Wir waren umgeben von der goldblassen Luft des Morgens und ließen uns von ihrem Vorüberströmen wachkitzeln. Ich hatte zum ersten Mal in meinem Leben das Gefühl, wirklich zu fliegen, ein Teil der Luft, der Wolken und des Himmels zu sein. Verteilt über die langsam erwachende Gegend flogen die anderen drei Flieger auf die Landebahn, die neben dem Kranichpferch lag, zu. Dann landeten wir gemeinsam und man ließ die Kraniche heraus, damit sie sich ihrer seltsamen Versammlung von Eltern anschließen konnten – verkleidete Menschen und merkwürdige Fluggeräte! Einer der vier Piloten, Chris, fuhr vorsichtig durch die 18 Kraniche hindurch und etwa sieben folgten ihm und liefen dem Flieger nach; als er abhob, taten sie es ihm gleich. In die Höhe ging es, der Ultraleichtflieger als Elternteil und seine Kleinen, die ihm folgten. Die übrigen Jungvögel am Boden schlenderten um den Piloten Brooke herum und machten es ihm daher recht schwer abzuheben, doch er schaffte es und alle bis auf einen flogen ihm nach. Er machte einen großen Kreis, schoss dann noch einmal zurück, an dem letzten Kranich vorbei, und so entschied sich auch dieser, ihm nachzufliegen.

Bald waren alle in der Luft. Wegen meines zusätzlichen Gewichts, konnte Joe seine Geschwindigkeit nicht so reduzieren, dass die Kraniche uns hätten folgen können – doch wir waren ihnen trotzdem oft sehr nahe. Die Piloten kommunizierten miteinander, so dass sie kehrtmachen und einen Kranich mitnehmen könnten, der allein davongeflogen war oder es erfahren, wenn sich zwei oder drei mehr ihrem kleinen Schwarm anschließen. Einer der Kraniche war ein Meister darin, im Windschatten des Fliegers dahinzugleiten und musste kaum mit den Flügeln schlagen.

Ich kann nur schwer die Gefühle beschreiben, die ich erlebte, als ich da hinter Joe saß. Ich fühlte mich so sehr als Teil des ganzen Szenarios, wie ich da in der zerbrechlichen kleinen Maschine über dem Tier-Refugium dahinflog, mit den anderen Fliegern neben mir, die wie riesige Vögel jeder eine Schar Kraniche hinter sich herzogen, in dem herrlichen Morgen mit seiner Frische nach dem Regen, der aufgehenden Sonne und den goldenen Wolken. Die Spiegelbilder der Flieger und der Kraniche glänzten auf der ruhigen Oberfläche des Wassers unter uns. Ich bekam ein neues Gefühl für die Kraniche selbst, in einem Grad von Verbundenheit, der ans Spirituelle grenzte.

Ich wäre am liebsten für immer weitergeflogen, zwischen Himmel und Erde, in Gesellschaft dieser erlesenen jungen Schreikraniche. Wenn nicht das Motorengeräusch gewesen wäre, wäre es eine beinahe überirdische Erfahrung gewesen und ich hätte geglaubt, ich selbst sei ein Vogel.

Ich rief während der langen Wochen des Vogelzugs regelmäßig bei Joe an – es war schockierend, zu hören, wie viele Flugtage aufgrund schlechten Wetters verloren gingen. Zuletzt kamen die Neuigkeiten, auf die ich gewartet hatte: Alle Vögel hatten es nach Florida geschafft. Nach einer Reise von 1200 Meilen waren alle in ihrem neuen Winterquartier im Chassahowitzka National Wildlife Refuge angekommen. Die Leute im Team konnten nach Hause zu ihren Familien zurückkehren. Und für die Kraniche würde sich endlich so etwas wie Normalität einstellen. Erfahrene Wärter würden sie nachts einschließen, um sie dann morgens wieder in ihren neuen Lebensraum freizulassen. Das Gehege, das in einem großen Weiher errichtet worden war, diente einem doppelten Zweck: um die Küken vor nächtlichen Räubern zu schützen und weiterhin als Lehrbeispiel, nachts im Wasser zu schlafen.

Und dann rief mich Joe ein paar Monate später wieder an, dieses Mal mit niederschmetternden Nachrichten. Bis auf einen waren alle herrlichen Kraniche gestorben, erschlagen von einem Blitz, als sie während eines wilden Sturms, der auch 20 Menschen das Leben gekostet hatte, in ihrem Pferch gewesen waren. Doch solche Rückschläge gilt es in dem Kampf um die Rettung von Tieren, die durch uns fast ausgerottet wurden, immer wieder zu ertragen. Joe und der Rest der Crew von der Operation Wanderung würden weitermachen.

Noch im selben Jahr gab es gute Neuigkeiten: Im Sommer 2006 nisteten mindestens sechs Kranichpärchen in Necedah und legten Eier – und obwohl nur ein Küken flügge wurde, folgte es seinen von Menschen ausgebildeten Eltern nach Florida. Im darauffolgenden Frühling (2007), nisteten die beiden ausgewachsenen Tiere – die als First Family bekannt wurden – wieder in Necedah und legten ein Ei.

Die Begegnung mit Eiern – und anderen Vögeln –
im Wildtierzentrum von Patuxent
Eines herrlichen Tages, fünf Monate nach meinem Flug in dem Ultraleichtflieger mit Joe, besuchte ich das Schreikranich-Brutprogramm im Wildtier-Forschungszentrum von Patuxent in Maryland, wo zwei Drittel aller Schreikraniche, die bislang ausgewildert worden sind, großgezogen wurden. Der Direktor des Kranichprogramms, John French, erschien mit einigen seiner Mitarbeiter, um mich zu begrüßen und mir zu erklären, wie alles funktioniert. Momentan hat Patuxent die Aufgabe, sämtliche Küken, die für die Operation Wanderung vorgesehen sind, aufzuziehen und zu trainieren. Dieses Training wird von einem Team von Wissenschaftlern, Tierärzten und Mitarbeiten, die diese unterstützen, und den Kranichwärtern durchgeführt, die sich direkt um die Vögel kümmern. Viele der Angestellten in Patuxent sind schon zehn bis zwanzig Jahre dort und geben dem Kranichprojekt Beständigkeit und Stabilität.

Die Eier kommen von Brutvögeln, die in Patuxent leben, werden jedoch auch vom ICF und anderen Einrichtungen übersandt. Als ich zu Besuch war, waren 45 Eier in den unterschiedlichsten Brutstadien vorhanden und die »Kükensaison«, wie die Crew von Patuxent es nennt, war in vollem Gange. Eines der Küken schlüpfte tatsächlich, als ich dort war und ich stattete ihm einen Besuch ab. Die Küken dürfen noch nicht einmal im Ei menschliche Stimmen hören; wie bereits erwähnt, spielt man ihnen schon ganz früh Aufnahmen von den Brutschreien der Kraniche und das Geräusch der Ultraleichtflieger vor. Man sagte mir, diese Aufnahmen würden während des gesamten Brutprozesses mindestens viermal am Tag abgespielt.

Als wir uns dem Ei näherten, konnten wir das verzweifelt klingende Piepen des Kükens hören, als es darum kämpfte, durch die Schale zu brechen, und hin und wieder tauchte in einem quadratischen Loch, das es bereits gepickt hatte, ein kleiner Schnabel auf. Ich hätte gern geholfen, aber wie John mir sagte, ist der erste Kampf um das Ausbrechen entscheidend für das Überleben des Kükens. Die Küken, die es nicht allein aus dem Ei schaffen, sind oft schwach; in der Wildnis würden sie aller Wahrscheinlichkeit nach nicht durchkommen. Die, die den Durchbruch schaffen, sind für gewöhnlich robust, gerade als ob der schwierige, zweitägige Prozess auch ihre Beharrlichkeit und Entschlusskraft anstacheln würde – was für einen Vogel, der sich dereinst der anspruchsvollen Aufgabe des Überlebens in der Wildnis stellen soll, ungeheuer wichtig ist. (Das sich so abmühende Küken nannten wir nach einem Freund von mir, der großzügig für die Operation Wanderung gespendet hatte, Addison).

Als Nächstes zog ich wieder meinen Kranichanzug an und begleitete ein zwei Wochen altes Küken auf seinem täglichen Gang in das Feuchtgebiet-Areal, in Begleitung seiner Wärter Kathleen (Kathy) O'Malley und Dan Sprague. Diese regelmäßige Übung ist notwendig, um ihre rasch wachsenden Beine zu stärken. Außerdem kann sich das Küken so an eine Umgebung von Feuchtgebieten gewöhnen, wo es jagen lernt, indem es dem Beispiel der Puppe folgt, die einer der Wärter handhabt, der sie wie ein Kranich in Erdreich und Wasser bohren lässt.

Auf dem Rückweg folgte das Küken zusammen mit seinem »Elternteil« einem lärmenden Ultraleichtflieger auf einem kleinen Pfad im Kreis. Wenn es älter wird, wird es lernen, dem Flugzeug zu folgen, wenn dieses vom Wärter den Pfad entlanggefahren wird. Wenn es so weit ist, wird der reguläre Kopf der Puppe durch einen mit extrem langem Hals ausgetauscht (man bezeichnet diesen als Robo-Kranich), so dass der Wärter weiter mit dem Küken interagieren kann, auch wenn er im Flugzeug sitzt. Ein Robo-Kranich kann, wie die Puppe, die ich in Necedah verwendete, dem stets hungrigen

Küken als Belohnung Mehlwürmer geben, wenn der Wärter einen Abzug betätigt – das regelmäßige Belohnen ist wichtig, wenn sie dem Flieger folgen. Die Küken beginnen mit dem täglichen Training, sobald sie fünf Tage alt sind. Zu dem Zeitpunkt, da sie zu Joe und seinem Team von der Operation Wanderung nach Wisconsin geschickt werden, haben sie schon wochenlang Übung darin, dem Flieger am Boden zu folgen und sind bereit, mit ihren Flugstunden zu beginnen.

Krankheit, gebrochene Herzen und beständige Entschlossenheit
Vier Monate nach meinem Besuch in Patuxent erfuhr ich, dass, obwohl es damals dort 45 Eier gegeben hatte, nur 17 Küken mit einem Privatjet zur Operation Wanderung nach Wisconsin gebracht werden konnten. Kathy erklärte, dass Krankheiten und genetische Probleme – wie Scoliose (Verkrümmung der Wirbelsäule), Herzkrankheiten und schwache Beine – dafür verantwortlich waren, dass man so viele Küken verloren hatte. Sie ist seit 1984 beim Schreikranich-Programm und hat mehr als 300 Schreikranich-Küken großgezogen – ein Weltrekord! Sie hat definitiv ein Talent für diese Arbeit – in ihrem ersten Jahr als Leiterin stieg die Überlebensrate von unter 50 auf 97 %.

Sie erzählte mir, dass sie viele Nächte im Kampf um das Leben von Kranichen verbracht hat und manchmal für Wochen rund um die Uhr mit Tierärzten zusammenarbeiten musste. Einmal wuchs ein giftiger Schimmelpilz im Futter und 90 % der Vögel (Kanadakraniche wie Schreikraniche) erkrankten. »Wir mussten fast alle Vögel mit Magensonden ernähren, um sie zu retten«, erinnert sich Kathy. »Wir arbeiteten sechs Wochen durch ... das war eine schreckliche Zeit. Aber wir haben es durchgestanden.«

Joe erzählte mir, dass sein Traum, in diesem Herbst einen wesentlich größeren Schwarm leiten zu können, nicht wahr werden sollte. »Aber immerhin haben wir 17 Vögel, die wir trainieren können – und es gab nicht mehr viele auf der Welt, als die ersten Schritte zur Rettung der Schreikraniche unternommen wurden.« Addison, versicherte er mir, ging es jedoch wirklich gut und er sei – »stark und wild«.

Ein Besuch beim ursprünglichen Schwarm in Texas
In der Zwischenzeit ist der wildlebende Schwarm in Aransas/Wood Buffalo, der die ersten Eier für die ersten im Aufzuchtprogramm in Gefangenschaft gezüchteten Küken in Patuxent lieferte, immer größer geworden. Im Herbst 2006 kehrten 237 Vögel von Kanada nach Aransas in Texas zurück

und zwar mit 45 flüggen Küken, die es auf einen neuen Rekord brachten – *sieben* »Zwillinge« (was bedeutet, dass jeweils zwei Küken aus Gelegen mit zwei Eiern geschlüpft sind). Und im folgenden Jahr überwinterten 266 Wildkraniche in dem Reservat.

Das Wildtier-Reservat von Aransas wurde 1937 von Präsident Franklin D. Roosevelt gegründet, um Zugvögel und andere Vögel zu schützen, die in den Brackwasserpfuhlen dieses sumpfigen Lebensraums reichlich Nahrung finden – Landkrabben und andere Wasserlebewesen. Wir hätten hier keine Geschichte zu erzählen, wäre dieses Land damals nicht geschützt worden. Unglücklicherweise ist es mit den Feuchtgebieten entlang der texanischen Küste aufgrund menschlichen Bevölkerungsdrucks, eines lebhaften kommerziellen Schiffsverkehrs und der Einführung exotischer Spezies abwärtsgegangen. Darüber hinaus gingen 1500 Morgen des Reservats an den Bau eines Kanals, der 6000 Morgen der Sumpfgebiete durchschneidet, den Atlantic Intercoastal Waterway, verloren.

Zum Anbruch des neuen Jahrtausends wurde geschätzt, dass etwa 20 % des ursprünglichen Reservats verloren waren. Schließlich entschied man, dass etwas geschehen müsse. Man unternahm größere Anstrengungen, die Sümpfe zu schützen und wiederherzustellen: Man hat die Ufer entlang der Wasserstraße mit schwerer Mattierung gesäumt, die die Erosion der Salzsümpfe vollständig stoppt. Außerdem wurden neue Deiche errichtet und aus dem Kanal ausgebaggertes Material wurde an der Innenseite der Barriere aufgetürmt und mit den Samen von Sumpfpflanzen besät. Man hofft, dass die Kraniche schließlich in diesen von Menschenhand geschaffenen Lebensraum einziehen werden.

Ich war 2002 in Aransas, um den 100sten Geburtstag des National Wildlife Refuge Systems mitzufeiern. Mein Besuch war von Conoco Phillips arrangiert worden – der seit Jahren Fonds zur Erhaltung der Sumpfgebiete gespendet hatte. Bei besagtem Abendessen übergab mir Tom Stehn, der Schreikranich-Koordinator beim US Fish and Wildlife Service in Aransas, eine der liebevoll gehüteten Federn vom Flügel eines Schreikranichs (mit all den nötigen Regierungsgenehmigungen für den Besitz!). Doch zuvor war noch Zeit, draußen in einem Forschungsboot herumzustreifen. Während wir langsam über die Wasserstraßen dahinglitten, flog ein Rosalöffler vorüber, seine rosa Flügel angestrahlt von der untergehenden Sonne. Und dann erhob sich der Ruf der Schreikraniche und erfüllte die Luft mit ihrer Magie. Da waren sie, ein Pärchen, groß und aufrecht standen sie da, senkten dann aber die Köpfe, um nach Krabben und Fröschen der Feuchtgebiete zu fischen. Wir sahen noch zwei weitere Pärchen, bevor die Dämmerung hereinbrach und wir zurück mussten. Wir versuchten gar nicht, in ihre Nähe zu kommen – es war genug, zu wissen, dass sie da waren und noch immer in ihre alten Winterquartiere zur Futtersuche zurückkamen. Und noch ein letztes Mal hörten wir den Ruf eines Schreikranichs, der über die dunkler werdenden Sümpfe herüberklang.

Das Bild ist noch lebhaft in meinem Kopf, während ich hier sitze und an die vergangenen paar Jahre denke. Entgegen allen Widerständen und allen Wahrscheinlichkeiten haben diese uralten Vögel überlebt. Und das nur dank der Vorstellungsgabe, der Hingabe und schieren Entschlossenheit der Leute, denen ich während meiner Entdeckungsreisen begegnet bin (und natürlich auch derer, denen ich nicht begegnet bin). Menschen, die ihr Leben der Aufgabe gewidmet haben, dafür zu sorgen, dass der Schreikranich nicht aus den Sumpfgebieten und Prärien, den Flüssen und dem Himmel von Nordamerika verschwindet.

Die Romanze von George und Tex
George Archibald hat sein Leben den Kranichen aller Art gewidmet. Er hat eine Rolle bei der Rettung des Schreikranichs gespielt – und das nicht nur auf konventionelle Art. Die Geschichte seiner Werbung um ein Schreikranichweibchen namens Tex ist bezaubernd.

Tex, die 1966 im Zoo von San Antonio schlüpfte, wurde von Menschen aufgezogen und dementsprechend geprägt. Sie war ein seltener und wertvoller Vogel mit einzigartigem Genmaterial und es war wichtig, dass sie sich fortpflanzte – aber ein gesamtes Jahrzehnt, in dem man ihr immer wieder passende Kranichmännchen vorstellte, verstrich erfolglos. Tex bevorzugte weiße Männer. George wusste, dass direkt von Menschen aufgezogene Kraniche manchmal Eier legen, wenn sie eine enge Bindung zu einem Menschen eingehen – also erklärte er sich bereit, um Tex zu »werben.«

Tex kam im Sommer 1976 bei der International Crane Foundation an, wo man für das ungewöhnliche Paar einen Unterschlupf gebaut hatte. Tex Seite war mit zwei Eimern ausgestattet – einer mit Wasser und einer mit Futterscheiben. Auf Georges Seite war eine Pritsche und ein Schreibtisch mit einer Schreibmaschine.

Den Großteil des Tages stand Tex in der Nähe und sah George zu, aber manchmal führte sie ihn auch ins Freie.

Kraniche vollführen einen beeindruckenden Werbungstanz, der Verbeugungen, Sprünge, Rennen und das In-die-Luft-Werfen von Gegenständen beinhaltet. George stimmte zu, mehrmals am Tag diese Darbietung für Tex zu vollführen, um ihr Band in den ersten Monaten der Beziehung zu stärken.

Und es funktionierte. Im folgenden Frühling legte Tex ihr erstes Ei. Unglücklicherweise war es, obwohl es künstlich befruchtet worden war, unfruchtbar. Also ging die Werbung weiter. Im nächsten Frühling legte sie wiederum ein Ei, doch zu Georges immenser Enttäuschung starb das Küken beim Schlüpfen. Und die nächsten drei Jahre über war George in China, so dass andere mit Tex tanzten. Doch für die legte sie nie ein Ei.

»Im Frühling 1982 ging ich mit Tex aufs Ganze«, erzählte George mir. Er verbrachte sechs Wochen lang jede wache Stunde mit ihr, von morgens bis abends, sieben Tage die Woche. Und wieder legte sie ein Ei. Und diesmal kam das Küken durch, man nannte es Gee Whiz.

Drei Wochen später sollte George bei der *Tonight Show with Johnny Carson* auftreten, als er hörte, dass Tex von Waschbären getötet worden war. Er trat trotzdem in der Show auf und verkündete die traurige Nachricht, nachdem er seine Werbungs-Erzählung mit 22 Millionen Menschen geteilt hatte.

»Das Publikum im Studio schnappte nach Luft und die Welle des Schmerzes fühlte man im ganzen Land«, sagte er. »Durch ihren Tanz und ihren Tod, so meine ich, hat Tex einen großen Beitrag dafür geleistet, die öffentliche Aufmerksamkeit auf die Bedrängnis bedrohter Tierarten zu lenken.«

Gee Whiz gedieh und paarte sich schließlich mit einem Schreikranich-Weibchen. Viele seiner Nachkommen sind zurück in die Wildnis ausgesiedelt und die Gene von Tex leben aufs Beste in den Populationen sowohl der gefangenen wie auch der wildlebenden Schreikranichpopulationen weiter.

Die Angonoka oder Madagassische Schnabelbrustschildkröte
(Geochelone yniphora)

Mein Freund Allison Jolly, ein namhafter Primatenforscher und Autor, erzählte mir zuerst von der Angonoka oder Schnabelbrustschildkröte, die in einem abgelegenen Gebiet im nordwestlichen Madagaskar lebt, das als Soalala-Halbinsel bezeichnet wird. Man bezeichnet sie als Schnabelbrustschildkröte, da ein Teil ihres unteren Panzers wie ein Schnabel zwischen ihren Vorderbeinen hervorsteht.

»Es sind unglaublich witzige Tiere«, erzählte mir Allison. »Die Männchen liefern sich mit ihren langen ›Schnäbeln‹ unten an ihrem Panzer, die unter dem Kinn hervorstehen, Turniere. Das Ziel dabei ist, den Rivalen auf den Rücken zu drehen. Sie sind so groß wie Fußbälle. Der Verlierer wiegt sich dann wie wild auf dem Rücken hin und her und versucht, wieder auf die Füße zu kommen.« Auch wenn es natürlich für das Männchen, das verloren hat, eine recht würdelose Situation und überhaupt nicht lustig ist!

Diese Schildkröten leben in einem 600 Quadratmeilen großen Gebiet mit jungem Bambusbestand und Savanne. Ohne das Engagement einer Gruppe von Naturschützern wären sie aller Wahrscheinlichkeit nach über die Klippe gestürzt, hinunter in den Abgrund des Aussterbens. Die Schildkröten wurden nicht als Nahrung gejagt, sondern von verantwortungslosen Händlern, die einen internationalen Handel mit seltenen Spezies hochgezogen hatten, und an Sammler verkauft. Zusätzlich wurde der Lebensraum der Angonoka von Buschschweinen, die aus Afrika eingeschleppt worden waren, überrannt. Die Ortsansässigen glaubten, dass es der Gesundheit ihrer Hühner förderlich sei, wenn sie eine Angonoka zusammen mit ihnen hielten – seltsamerweise halten die Leute auf Südmadagaskar eine ähnliche Art, die »Strahlenschildkröte« aus demselben Grund bei ihrem Geflügel. Vielleicht ist etwas dran.

Don Reid, dessen Name für immer in einem Atemzug mit der Erhaltung der Angonoka genannt werden wird, hier mit einem Weibchen im Nordwesten Madagaskars. Auf ihren Panzer ist ein Sender geklebt. (Bild: Don Reid)

1986 startete der Durrell Wildlife Conservation Trust (DWCT) das Projekt Angonoka in Zusammenarbeit mit der madagassischen Regierung und mit Unterstützung des World Wildlife Fund (WWF). Leiter des Projekts war für mehr als zehn Jahre Don Reid, dessen Name für immer mit dem Erhalt der Angonoka in einem Atemzug genannt werden wird. Ich habe mit Don telefoniert und er sagte mir, dass er sich, als er zuerst vor Ort ankam, in einer kleinen Feldstation mitten im Wald wiederfand, umgeben von Dorfbewohnern, die nicht nur verwirrt davon waren, was diese Naturschützer so trieben, sondern auch so ziemlich alles, was Weiße taten, verdächtig fanden. Es gab ein paar Biologen vom WWF, die hin und wieder vorbeikamen, doch obwohl man in der Nähe einer Hauptstraße war, war das Reisen während der Regenzeit schwierig. Sein Job war es, ein Nachzuchtprogramm zur Rettung der Angonoka vor dem Aussterben einzurichten.

Versuch und Irrtum

»Als wir anfingen«, erzählte mir Don, »war das wirklich von Null an. Niemand wusste etwas über das Verhalten der Schildkröten. Wir wussten nicht, was sie fraßen. Also mussten wir im Wald zum Pflanzensammeln gehen und irgendwie erraten, was sie mögen.« Die Wissenschaftler lernten durch Versuch und Irrtum. Sie fanden heraus, dass die Schildkröten einen Kaktus liebten, der eingeführt worden war. »Sie liebten ihn so sehr, dass wir ihnen Medizin geben konnten, wenn wir sie in Kakteenblätter einwickelten«, sagte Don lachend. Er erzählte mir, dass er sie als höchst seltsame Geschöpfe erlebte. »Während der langen Trockenzeit saßen sie für Wochen nur herum und taten nichts.«

Sie begannen die Nachzucht mit acht Exemplaren, davon fünf Männchen, die alle von Ortsansässigen konfisziert worden waren. Über die Jahre wurden noch mehr konfisziert, Junge schlüpften und die Population in Gefangenschaft wuchs.

Zwischen Januar und Juli gräbt jedes Weibchen im Abstand von 28–30 Tagen zwischen einem und sieben etwa 15 Zentimeter tiefe Nester. »Nur nachts ruht sie sich aus«, erzählte Don. »In jedes dieser Nester legt sie ein einzelnes, riesiges Ei. Und zwar um Mitternacht.« Erstaunlicherweise schlüpfen die Jungen alle etwa mit ein bis zwei Wochen Abstand, mitten in der Regenzeit.

Im November 1987, dem ersten Jahr des Brutprogramms, bemerkte Don, als er mittags hinausging, um die Temperatur zu überprüfen (was er stets dreimal am Tag tat), dass das Erdreich im Zentrum eines der Nistlöcher irgendwie eingestürzt war. »Ich sah eine Bewegung«, sagte er. Er holte einen Löffel, fühlte damit ganz vorsichtig unter dem Sand – »und heraus kam ein gerade geschlüpftes Junges.« Dem viele weitere folgen sollten.

Der erste Schritt ist Vertrauen
Die andere Person, mit der ich gesprochen habe, war Joanna Durbin, die 1990 in das Angonoka-Programm involviert wurde. Sie erzählte mir von den faszinierenden Erfahrungen, die sie und andere Teammitglieder machen durften, als sie darum kämpften, das Vertrauen, das Interesse und schließlich die Unterstützung der Dorfbewohner vor Ort zu gewinnen.

Zuerst, sagte sie mir, bestand deren einziges Interesse an den Schildkröten darin, dass sie ihre Hühner bei guter Gesundheit halten sollten. Naturschutz war ihnen völlig gleichgültig. Man sagte Joanna, sie solle bei den Dorfältesten Rat einholen, die ihr sagten (als sie erst einmal zugestimmt hatten, überhaupt mit ihr zu reden), dass es nötig sei, dass das Team von den Ahnen akzeptiert würde. Sie erfuhr, dass König Ndranokossa, der letzte König der Region im 19. Jh., oft zu seinen Leuten zurückkehrte und durch die Stimme eines der Ältesten zu ihnen sprach. Er nahm auch recht oft an Dorfzeremonien teil.

Eines Tages nahm Don sie in ein Dorf mit, wo eine kranke Person um Hilfe ersucht hatte. Sie warteten einen Tag und eine Nacht und sahen zu. Es wurde viel gesungen, einige der Dorfbewohner verfielen in einen tranceartigen Zustand, es erschienen zahlreiche Leute aus der Vergangenheit und alte Frauen wurden zu jungen Männern. Nach dem Marathon dieser Vorstellungszeremonie dauerte es natürlich nicht lange, bis Joanna dem König höchstpersönlich begegnete – der natürlich durch einen der Ältesten sprach. Es war ein sehr erfolgreiches Treffen, bei dessen Ende er verkündete, dass das Team akzeptiert werden sollte, weil es sich bei seinen Mitgliedern um Freunde der Angonoka handelte. Es sollte ein kulturelles Ereignis stattfinden, um die Dorfbewohner zusammenzubringen und die Notwendigkeit, die Angonoka und ihren Lebensraum zu schützen, zu diskutieren. Ein Fest solle abgehalten werden.

Schließlich war alles bereit. Platz wurde auf die traditionelle Art geschaffen, und zwar indem man eine riesige Kuhherde, bestehend aus Kühen der unterschiedlichen Dörfer, im Unterholz im Kreis herumtrieb. Es wurde gesungen, getanzt, rezitiert und ein riesiges Festmahl veranstaltet, an dem auch der König selbst teilnahm. Ich erinnerte mich an die Schwierigkeiten, die ich hatte, als ich in mein Budget für Gombe Geld für Opferhühner, weiße Roben etc. einfließen lassen musste, um die schwarze Magie aus unserem ersten Platz im Feld im Norden auszutreiben und fragte Joanna, wer die Rechnung gezahlt hat. »Die Dorfältesten organisierten es – und der Durrell Trust bezahlte«, so sagte sie.

Als schließlich der Zeitpunkt gekommen war, die Angonoka zu diskutieren, wurde entschieden, dass ein Bereich im Herzen ihres Lebensraums geschützt werden sollte. »Wir müssen unsere Umwelt verwalten«, sagte einer der Dorfältesten. »Wir wissen auch, wie man das macht. Aber niemand macht sich mehr die Mühe.«

Der Lebensraum der Angonoka besteht aus einem abgelegenen Gebiet etwa 150 Meilen nördlich des Brutzentrums. Es war, wie Don mir erzählte, einfach zu abgelegen, um das Zentrum dorthin zu verlegen. Er machte selbst einiges an Feldarbeit, aber das detaillierte Studium der Angonoka in der Wildnis wurde von Lora Smith durchgeführt. Ihre Arbeit – die ebenfalls Teil des Durrell-Programms war – über das Verhalten und die erforderlichen Lebensbedingungen der Schildkröten befähigten das Team, das beste Gebiet für die Einrichtung eines geschützten Lebensraums zu finden.

Trance, Gebet, Freilassung

Natürlich ließ sich das endgültige Ziel des Brutprogramms – die Angonoka zurück in die Wildnis zu bringen – nicht verwirklichen, bis es ausreichend geschützten Lebensraum gab. Es war also ein guter Tag, als 1998 Baly Bay, im Nordwesten von Madagaskar gelegen und ein optimaler Lebensraum für die Schildkröten, zum Nationalpark erklärt wurde. Dieser würde ständig von acht Vollzeit-Wächtern beschützt werden, sowie von einem Netzwerk von 40 Wildhütern aus den Dörfern, die nach Wilderern und Waldbränden Ausschau halten und eng mit der örtlichen Polizei zusammenarbeiten.

Anfangs wurden ein paar Jungtiere ausgesetzt und überwacht. Sie passten sich sofort an und ihre Wachstumsrate kam der ihrer Altersgenossen im Brutprogramm gleich. Es gab keine Todesfälle, keine Wilderei und keine ernsten Feuer.

Die erste großangelegte Auswilderung fand Ende 2005 statt, als 20 junge Angonoka in große Interims-Gehege im Wald freigelassen wurden. Das Ereignis wird in einem Newsletter der British Chelonia Group beschrieben (BCG) beschrieben, einer Organisation, die sich der Förderung der Interessen von Land- und Wasserschildkröten verschrieben hat und weltweit Geld für Naturschutzprojekte sammelt.

»Wir kamen bei Einbruch der Abenddämmerung ins Dorf und wurden von den Bewohnern stürmisch begrüßt, die uns dann in einen mit Palmenblättern überdachten Unterstand führten, der mit Laub und Blumenkränzen geschmückt war«, schrieb Richard Lewis, der Naturschutz-Koordinator für das Madagaskar-Programm des Durrell Wildlife Conservation Trust. Nach mehreren Reden und Tänzen, die die ganze Nacht hindurch gingen (für die, die dem gewachsen waren!), machten sich das Team und die Schildkröten schließlich am nächsten Morgen in den Wald auf. Alle versammelten sich in einer kleinen Feldstation am Rande des Waldes. Ein spiritueller Führer sprach ein Gebet und bat den König und die Ahnen um ihr Wohlwollen, einer der Ältsten fiel in Trance, sprach als König und gab den Segen.

Endlich wurden dann die 20 jungen Schildkröten, die von all der harten Arbeit, der Planung und den Feiern nichts mitbekommen hatten, in den Wald gebracht und in Fünfergruppen in die Freigehege entlassen. Dort blieben sie für einen Monat und gewöhnten sich an ihren neuen Lebensraum, bevor sie, versehen mit Sendern, die man an ihre Panzer geklebt hatte, freigelassen wurden.

Über die nächsten Jahre hin werden noch mehr Angonoka in die freie Wildbahn entlassen werden. Der Erfolg des Programms verdankt sich natürlich der Hingabe und harten Arbeit so vieler Leute, darunter besonders des Durrell-Teams – und Don Reid. Darüber hinaus ist es ein Programm, das sich ohne das anhaltende Wohlwollen der Ortsansässigen kaum aufrechterhalten lassen würde.

Die Schildkröten meiner Kindheit
Das Schreiben dieser Geschichten hat meine Erinnerungen an meine eigenen Schildkröten geweckt (keine Schnabelbrustschildkröten natürlich!), die ich als Kind hatte. Wir wussten nichts von dem Haustierhandel, der ihr Überleben in der Wildnis bedrohte, oder den schrecklichen Transportbedingungen. Das Männchen Percy Bysshe, den ich in meinem Schulmädchenhumor so genannt hatte, weil er shell-y war! (unübersetzbares Wortspiel, Anm. d. Übers.) kam als Erster an.

Eines Tages hatte es den Anschein, er hätte sich davongemacht, obwohl wir überall suchten. Zu unserem Erstaunen tauchte er sechs Wochen später wieder auf – gefolgt von einem Weibchen! Wie um alles in der Welt er sie gefunden hatte, kann ich mir nicht erklären, besonders, da Schildkröten in unserem Gebiet nicht sehr verbreitet waren. Ich nannte sie Harriett und sie wurden unzertrennlich. Ich vermute, dass er ihr, wenn sie empfängnisbereit war, auf dem Fuß folgte; als er nahe genug heran war, zog er den Kopf ein und machte einen Satz nach vorn, um mit einem lauten »knack« an ihren Panzer zu stoßen.

Es hatte den Anschein, dass er besonders dann recht amourös wurde, wenn meine Großmutter im Garten Gäste zum Tee hatte. Wenn es ihr dann nicht gelang, ihre Aufmerksamkeit von den beiden abzulenken, war die kleine Damenrunde trotz ihrer viktorianischen Sensibilität gefesselt, wenn er versuchte, den uneinnehmbaren Wall des Panzers seiner Geliebten zu erklettern, nur um wieder herunterzufallen, wenn sie, genervt von der ganzen Prozedur, einfach unter ihm davon spazierte. Man hat es nicht leicht als Schildkröte!

Mein Sohn rettete zwei Weibchen, deren Panzer beschädigt waren, aus der letzten Lieferung, die nach England importiert wurde. Als eine davon starb, schien die andere in Teilnahmslosigkeit zu versinken und wir dachten, sie würden ebenfalls sterben. Zu unserem Erstaunen freundete sie sich mit der kleinen schwarzen Katze vom Nachbarn an. Jeden Tag sahen wir, wie sie sich neben der einsamen Schildkröte in ihrem Kasten zusammenrollte. Letztere kam schließlich in eine Kolonie im Chester Zoo, wo sie sich gut eingelebt hat.

Der Formosa-Binnenlachs *(Oncorhynchus masou formosanus)*

Von diesem Fisch hörte ich das erste Mal während meines ersten Besuchs auf Taiwan 1996. Ich war auf Einladung von Jason Hu dorthin gereist, der damals der Direktor des Informationsbüros der Regierung mit dem Ressort ausländische Belange war. Als Vater zweier Kinder hatte er eine gewaltige Leidenschaft für Umweltschutz und war der Meinung, ein profilierter Besuch von jemandem mit internationalem Bekanntheitsgrad könnte ihm in seinem Bestreben nützlich sein, die Umwelt besser zu schützen. So konnte ich sinnvolle Gespräche mit wichtigen Entscheidungsträgern führen und es gab viel positive Aufmerksamkeit seitens der Medien. Schließlich bekam ich, kurz bevor ich Taiwan wieder verließ, eine Audienz mit dem taiwanesischen Präsidenten Lee Teng-hui.

Es war ein positives Treffen. Wir sprachen über Tiere, die Umwelt und die verschiedensten Themen bezüglich Naturschutz. Ich zeigte ihm einige der Symbole, die ich auf meinen Reisen um die Welt mit mir trage – wie etwa die Flugfeder des Kalifornischen Kondors – und ich fragte ihn, ob er nicht etwas wüsste, das ich als Symbol für eine taiwanesische Erfolgsgeschichte mitnehmen könnte. Und da erzählte er mir vom Kampf um die Rettung des Formosa-Binnenlachses vor dem Aussterben. Die Geschichte faszinierte mich, doch ich hatte das Gefühl, es sei nicht ganz das Richtige, mit einem getrockneten Fisch herumzureisen, wie er es vorschlug!

Ein Überlebender der Eiszeit
Der Formosa-Lachs wurde während der letzten Eiszeit zum Binnenlachs, gefangen in den kalten Bergflüssen. Er findet sich nur auf Erhebungen über 1800 Meter im Chichiawan-Fluss, wo die Temperaturen auf unter 18 Grad sinken können. Studien belegen, dass der Lachs genau diese Temperatur in einer sehr reinen Strömung braucht, wenn er überleben soll.

Früher gab es diesen Lachs in Fülle und so war er ein Grundnahrungsmittel im Speiseplan der Ureinwohner, die in der Region lebten und ihn als Bunban bezeichneten. Doch Ende des letzten Jahrhunderts waren aufgrund von Überfischung und Verschmutzung nur noch etwa 400 Exemplare vorhanden, was ihn zu einem der seltensten Fische der Welt machte. Wenn er nicht aussterben sollte, musste etwas getan werden.

In den späten 1990er Jahren *wurde* auch etwas getan. Ein entschlossenes Team aus dem Nationalpark von Shei-pa entschied, den Fisch zu schützen

Die Freude, eine einzigartige Art zu retten. Dr. Liao Lin-yan, eine treibende Kraft hinter den taiwanesischen Bestrebungen, den Formosa-Binnenlachs zu retten und zu erhalten. (Bild: Liao Lin-yan).

und zu alter Größe zurückzuführen. Ein wichtiges Mitglied dieses Teams war Liao Lin-yan (damals noch Doktorand), der sich der Sache besonders verschrieben hatte. Unglücklicherweise konnte ich mich während meines letzten Besuchs auf Taiwan nicht mit ihm treffen. Und da er kein Englisch spricht und ich kein Chinesisch, konnten wir noch nicht mal telefonieren. Doch Kelly Kok, die ausführende Direktorin des JGI Taiwan sprach mit ihm und gab die Informationen an mich weiter.

Liao wollte ursprünglich Tierarzt werden, kam aber dann zur Abteilung für Aquakulturen. »Eigentlich ist es so ziemlich dasselbe«, sagte er. »Auch Fische werden krank; und statt einzelnen Tieren zu helfen, helfe ich eben einem ganzen Teich voll!« Nach seinem Studienabschluss bewarb er sich erfolgreich um eine Stellung im Shei-pa Nationalpark.

»Da der Formosa-Binnenlachs eine so wählerische Tierart ist, die sauberes Wasser mit der richtigen Temperatur braucht sowie ziemlich wählerisch bei der Nahrung ist, ist es sehr schwierig, ihn in seine natürliche Umgebung zurückzubringen«, sagte Liao. »Aber unser Team war entschlossen, das zu verwirklichen.« Sie zermarterten sich das Gehirn, wie man die Anzahl der Setzfische erhöhen könnte und verbrachten dann schlaflose Nächte über der Frage, wie sie die jungen Fische zum Fressen bringen könnten. »Das Dumme ist, dass sie lebende Organismen bevorzugen«, erklärte Liao. »Aber in den Bergen kommt man nur schwer an Wasserflöhe und Shrimps erschienen uns kaum als die angemessene Wahl.« So mussten die Lachse dazu erzogen werden, Fischfutter zu fressen. Liao beschrieb, wie er das Futter im Wasser herumtreiben ließ, um es wie lebende Beute aussehen zu lassen. »Und als die Mutigen es einmal gekostet hatten, folgten die Furchtsamen ihrem Beispiel.«

Als Liao die Arbeit in dem Projekt begann, sahen die Regenerationsteiche aufgrund zahlreicher Taifune und Überschwemmungen wie aufgegebene Gruben aus. Die Ausrüstung war unzureichend und zusammengesammelt. »Damals waren die Verhältnisse wirklich schwierig«, erinnerte sich Liao. »Die Teiche lagen hoch oben in den Bergen und es war schon eine Aufgabe für sich, an die simpelsten Einzelteile für die Wartung zu kommen.« Dennoch verbesserten sich nach und nach die Bedingungen.

Die Rettung der Lachse unter Einsatz des eigenen Lebens
Dann wurde Taiwan 2004 von ungewöhnlich starken Taifunen heimgesucht – und das Team, das gerade vor Ort war, musste hilflos zusehen, wie der Wasserspiegel in den Teichen stieg und die kostbaren Fische von den

Fluten davongetragen wurden. Sie kämpften darum, so viele sie nur konnten zu retten, aber die Arbeit war gefährlich und sie riskierten ihr Leben – jeden Moment hätte eines der Teammitglieder von den sturzbachartigen Fluten davongespült werden können. Und man verlor ja nicht nur Fische, sondern auch die Wasser- und Stromzufuhr. Die verbleibenden Lachse waren nach wie vor in Gefahr, da die Tanks leckten und die Wassertemperatur stieg. Das Team schaffte einen Notfall-Wasserversorgungslaster herbei. Sie liehen sich Eisblöcke aus Hotels vor Ort. Die harte Arbeit der vorangehenden Jahre war größtenteils weggeschwemmt. »Es war wirklich tragisch«, sagte Liao, »aber wir können immer noch von vorn anfangen.«

Tatsächlich sah das Erhaltungsteam aufgrund der Katastrophe ein, dass die kostbaren Fische eine sicherere Umgebung brauchten und man entschied, im Shei-pa Nationalpark das Ökologische Zentrum für Formosa-Binnenlachse einzurichten. Es war nicht leicht, das Geld zusammenzubekommen, aber nach Monaten harter Arbeit hatten sie Erfolg. 2007 war dann das Zentrum mit seinen großangelegten Strukturen zur Sicherstellung von Wasser- und Stromversorgung fertig. Man gab ihm mit einer großen Feier das Geleit, bei der eine Tanzgruppe aus der Grundschule vor Ort traditionelle Tänze und Stammesgesänge der Atayal-Ureinwohner darbot. Jeder Gast bekam einen Setzling zum Einpflanzen, um so die Wiederherstellung des Landes und den Schutz der Bunban zu symbolisieren. »Mit Teamwork können wir die Junglachse in unserem Ökozentrum bis zur Fortpflanzung bringen und die Population bei 5000 Exemplaren halten«, sagte der Parkdirektor.

Die Feier brachte auch das erste Aufklärungsprogramm des Zentrums mit dem Titel »Dialog mit Mutter Natur« auf den Weg, das die Wichtigkeit des Schutzes der Umwelt und bedrohter Tierarten betonte – besonders natürlich des »Schatzes der Nation«, des Formosa-Binnenlachses. Mit den Jahren seit Beginn des Projekts sind auch viele Wissenschaftler von den Universitäten des Landes in das Programm integriert worden; der kleine Fisch hat ziemliche Aufmerksamkeit auf sich gezogen, u.a. auf seine Vorgeschichte, seine Ökologie und sein Verhalten. Die Taiwanesen sind stolz auf ihren einzigartigen Binnenlachs und tun ihr Bestes, um ihn zu schützen.

Die Notwendigkeit von Reservepopulationen
Es bestand ganz klar die Gefahr, dass die eine Formosa-Binnenlachs-Population von Taifunen oder Krankheiten ausgelöscht werden würde und so entschied das Wiederansiedelungsteam, es sei nötig, zusätzliche Populatio-

nen in Reserve zu züchten. Nach breit angelegten Forschungen fand man zwei Gebiete, die passend schienen, in den Flüssen Szechiehlan und Nanhu. Dr. Liao sagte mir, dass etwa 1000 Fische in die neuen Örtlichkeiten ausgewildert wurden. Eine Überprüfung nach zwei Jahren konnte von Schwärmen von 80 bis 90 Fischen, darunter auch solche der zweiten Generation im Szechiehlan berichten; im Nanhu fand man etwa 40 Jungfische.

So verbesserten sich die Aussichten für das Überleben des Formosa-Binnenlachses nach und nach. 2008 waren es zehn Jahre, die das Team des Nationalparks gearbeitet hatte, um das Gebiet des Chichiawan-Flussbassins zu schützen und die Zahl der Lachse dort ist über die letzten Jahre ziemlich stabil bei etwa 2000 Exemplaren geblieben – ein ziemlicher Unterschied zu den wenigen Hundert, die es zu Beginn des Wiedereingliederungsprogramms noch gab.

Eine ganz besondere Erinnerung
Ich bat Kelly, noch mal Kontakt mit Liao aufzunehmen, um herauszufinden, ob er nicht auch eine ganz persönliche Geschichte für uns hätte. Er schrieb uns von einer Begebenheit, die sich 1999 ereignete, als er sich gerade dem Team angeschlossen hatte. »Das erste Mal, als ich versuchte, einen Fisch für die künstliche Befruchtung zu fangen, war ich ziemlich besorgt, ob ich es schaffen würde, den richtigen Fisch zu erwischen – ein Weibchen, das wir erfolgreich besamen könnten. Es gab ungefähr 500 Lachse draußen im Qijiawan-Bach – woher würde ich wissen, dass ich den richtigen hatte? Ich machte mich mit einigem Bangen an meine Aufgabe und hoffte, ich würde einfach großes Glück haben.«

Zu dieser Zeit hatte das Team bereits herausgefunden, dass die beste Methode, einen ausgewachsenen Lachs zu fangen, war, Fischernetze zu benutzen und nachts zu arbeiten. Dann konnte man keine Schatten auf das Wasser werfen. Bei dieser Aktion leitete Liao die Gruppe, die damit betraut war, zum Bach zu gehen, um die Netze auszuwerfen; eine andere Gruppe wartete im Labor darauf, die gefangenen Fische in Empfang zu nehmen. »In dieser Nacht warfen wir drei volle Stunden die Netze aus«, erinnerte sich Liao. »Jedes Mal, nachdem wir sie ausgeworfen hatten, überprüften wir eifrig das Ergebnis.« Doch jedes Mal waren die Netze wieder leer und nach drei Stunden hatten sie nur einen Lachs gefangen, ein Männchen. Da alle total erschöpft waren, entschieden sie, es dabei bewenden zu lassen.

»Doch dann«, erzählte Liao, »sah ich ein Weibchen, das nahe des Flussufers lag; sie war offensichtlich voller Eier. Ich fing sie und wir brachten sie zusammen mit dem Männchen schleunigst ins Labor.« Die Worte transportierten regelrecht seine Aufregung und Spannung. »Es stellte sich heraus, dass mein Lachs bereit war, ihre Eier zu legen. Alles, was uns zu tun blieb, war, sie sanft herauszudrücken und zu besamen. Es waren über 600 Eier! Man sagte mir, es sei der schönste weibliche Lachs gewesen, den man je gesehen habe. Sie war wirklich mein Glücksfisch!«

Liao war durch seine Arbeit oft gezwungen, längere Zeit entfernt von seiner Heimat Keelung zu verbringen, die drei Stunden mit dem Auto entfernt ist. Doch er sagt, dass, auch wenn die Arbeit hart ist, »der Anblick der Lachse, wie sie frei und leicht durch die Flüsse dahinschwimmen, das Opfer allemal wert ist.« Liao wird nicht müde, jedermann zu erinnern, dass wir alle das Unsere tun müssen, um unseren Planeten zu schützen. »Fische können in verschmutztem Wasser nicht überleben«, sagte er mir, »und wir können es auch nicht!« Und er spekulierte, dass »wenn der Formosa-Binnenlachs ausstirbt, werden vielleicht letztlich auch die Menschen vom Angesicht der Erde verschwinden.«

Das Vancouver-Murmeltier *(Marmota vancouverensis)*

Diese Murmeltiere sind etwa so groß wie eine Hauskatze und wiegen zwischen fünf und fünfzehn Pfund – dabei sind sie außerordentlich attraktiv. Mit ihrem dicken, schokoladenbraunen Fell, weißen Schnauzen und einnehmenden Gesichtsausdruck sehen sie aus wie Figuren aus einem Walt Disney-Klassiker. Ihr historischer Lebensraum war auf den Wiesen der unteren Hänge der Berge von Vancouver Island, die durch Lawinen, den sich langsamen vorschiebenden Schnee, Stürme und Brände erzeugt wurden. Solche Wiesen sind selten auf Vancouver Island und daher waren diese Murmeltiere auch nie besonders zahlreich.

Erst 1910, als einige geschossen wurden, um als Ausstellungsstücke in Museen zu landen, fand die Wissenschaft heraus, dass es sich bei ihnen um eine eigene Art handelte. Danach waren bestätigte Sichtungen bis 1973 selten, als Doug Heard von der Universität von British Columbia in zwei Kolonien mit dem Studium des Verhaltens der Murmeltiere begann. Einige Jahre später begannen einheimische Naturforscher mit systematischen Populationserhebungen. 1987 begann Andrew Bryant eine Studie, die, obwohl sie eigentlich als Kurzprojekt für seine Masterarbeit gedacht war, nun schon 20 Jahre andauert! Dieses Projekt hat ihn tief in die Anstrengungen einbezogen, die gegen das Abgleiten des Vancouver-Murmeltiers in die Vergessenheit unternommen werden.

Darf ich vorstellen? Andrew Bryant, der Murmeltier-Mann
Im Dezember 2007 rief ich Andrew an, der auf einem kleinen Bauernhof in der Nähe von Nanaimo auf Vancouver Island lebte und wir unterhielten uns lange über die Murmeltiere. Wie bei so vielen anderen Personen, die in diesem Buch auftauchen, hätte ich mich gern persönlich mit ihm getroffen und ein Gespräch von Angesicht zu Angesicht geführt. Im November 2008 war mir genau das bei einem ruhigen Mittagessen in einem Hotel in Vancouver vergönnt. Ursprünglich hatte ich geplant, die Murmeltiere selbst zu besuchen – aber es war die falsche Jahreszeit und sie waren im Winterschlaf, der jedes Jahr viele Monate dauert. Also brachte mir Andrew als Geschenk ein ausgestopftes Spielzeug-Murmeltier mit. In der Tat war die Gelegenheit, mich mit dem Mann zusammenzusetzen und zu reden, der so hart für ihre Rettung gearbeitet hat, auf gewisse Art noch besser, als die Murmeltiere zu sehen. Denn Andrew ist wirklich ein Mann nach meinem Herzen, mit einem großartigen Sinn für Humor, einer offenkundigen Leidenschaft für seine Arbeit und einer tiefen Liebe für die Murmeltiere, denen er einen so großen Teil seines Lebens gewidmet hat.

Kahlschlag auf Vancouver Island
Wie Andrew mir erzählte, verlassen die jungen Murmeltiere traditionellerweise in ihrer »Teenagerzeit« (meist mit zwei Jahren) ihre heimischen Berggipfel und wandern zu anderen Gipfeln in der Nähe, wo sie sich paaren und dann für den Rest ihres Lebens bleiben. Zu Beginn seiner Studie hatten die Jahre des nicht regulierten Kahlschlags der Wälder, während der 1970er und 1980er Jahre, zu einer Veränderung im Verhalten der Murmeltiere geführt. Die Holzfirmen hatten unabsichtlich neue Lebensräume geschaffen, die den bevorzugten natürlichen Lebensräumen der Murmeltiere ähnelten – offene, baumlose Bereiche, bedeckt von Gras und anderen Pflanzen und mit gutem Erdreich, in dem die Murmeltiere ihren Bau graben können.

Und so machten sich viele der heranwachsenden Tiere nicht länger die Mühe, bis zum nächsten Berggipfel zu reisen und kolonisierten stattdessen

Das Lebenswerk von Andrew Bryant ist der Schutz dieser bezaubernden Säugetiere. Hier sieht man ihn mit Barbara am Pat Lake auf Vancouver Island, British Columbia. (Bild: Andrew Bryant).

Hier hält Wayne O'Keefe, ein Holzfäller, der für die MacMillan Bloedel Limited arbeitete, Iris im Arm. Es war dieser Moment, der zu größeren Veränderungen in der Praxis des Holzfällens führte, die dem Vancouver-Murmeltier zugute kamen. (Bild: Andrew Bryant)

die kahlgeschlagenen Gebiete. Der zusätzliche Lebensraum führte zu einem Populationsboom und verdoppelte die Anzahl der Tiere bis zum Ende des Jahrzehnts von 150 auf 300–350. »Wenn es nicht auch die Populationen der Raubtiere beeinflussen würde, wäre Kahlschlag wahrscheinlich sogar gut für die Murmeltiere«, sagte mir Andrew.

Die Murmeltiere bewegten sich jedoch am liebsten auf den Holzfällerstraßen durch ihren neuen Lebensraum, was sie zu leichter Beute für Pumas, Wölfe und Steinadler werden ließ, die denselben Lebensraum bewohnten, besonders dort, wo die Bäume schon wieder nachwuchsen und so Deckung boten. Die reichen neuen Gebiete wurden, wie Andrew mir sagte, »zu Populationssenken, weil nur wenige der Murmeltiere, die dorthin zogen, lange überlebten.« Und so sackten die Zahlen der wildlebenden Murmeltiere in den Keller. 1998 gab es nur noch etwa 70 Murmeltiere und fünf Jahre später war die Zahl auf 30 gesunken. Ironischerweise trug zu diesem letzten Absinken das Einfangen der Murmeltiere für ein Aufzuchtprogramm in Gefangenschaft bei – zwischen 1997 und 2004 wurden 56 in der Wildnis geborene Murmeltiere in die Zucht überführt.

»Wenn da nicht die Holzfirmen gewesen wären …«
In der Frühphase seiner Studie stiefelte Andrew fast täglich hoch in die Berge, um die Murmeltiere auf dem in Privatbesitz befindlichen Holzschlag-Gebiet zu beobachten. Oft meldete er sich bereits um 3.30 oder 4.00 Uhr morgens als »Herr Murmeltier auf dem Weg zum Green Mountain« an. Die Monate verstrichen und die Holzfäller wurden neugierig, was er zu so früher Stunde auf ihrem Berg trieb, bis sich eines Morgens Wayne O'Keefe, ein Holzfäller, der für die MacMillan Bloedel Limited arbeitete, entschied, hochzufahren und zu sehen, was »Herr Murmeltier« da tat.

»Alles an diesem Morgen war einfach perfekt«, so Andrew. »Ich konnte eines der Weibchen betäuben, markieren und machte ein Foto von Wayne, wie er in seiner wunderbaren Day-Glo-Sicherheitsweste und seinem Helm, die im Morgenlicht glänzten, das Murmeltier hält. Er sagte: ›Wow, das ist cool – du solltest runterkommen und beim Mittagessen mit den Jungs darüber reden.‹ Also tat ich es.«

Das Gespräch war ein großer Erfolg und führte zu einem Treffen mit dem Haupt-Vorarbeiter der Holzfäller, dann mit dem Manager des Waldes und schließlich mit Stan Coleman, einem hochrangigen Manager des Unternehmens. »Ich fand mich in einem Vorstandszimmer eines Holzunternehmens wieder, bewaffnet mit Fotos, Dias und Karten und erzählte, was ich über die Murmeltiere und die Effekte des Holzfällens zu wissen glaubte.« Nachdem er geduldig zugehört hatte, fragte Stan: »Was soll ich in der Sache unternehmen?«

»Ich sagte ihm, dass er jetzt Verantwortung für die Tiere übernehmen könne oder ihr Hinscheiden auf seine Kappe nehmen, wenn die Art erst verloren wäre«, sagte Andrew. Das Ergebnis des Treffens war, dass Stan einer der größten Fürsprecher der Murmeltiere wurde und die Firma dazu anhielt, alles Erdenkliche für die Bestrebungen zu tun, das Murmeltier zu schützen.

Andrew weist gerne darauf hin, dass für das Vancouver-Murmeltier, auch wenn es die erste Tierart war, die offiziell vom IUCN und dem US Fish and Wildlife Service als in Kanada bedroht gelistet wurde, diese Aufnahme »letztlich wenig bis nichts dazu beitrug, den Murmeltieren zu helfen – nein, es war die Heimatliebe eines Holzfällers vor Ort, die dazu führte, dass etwas geschah.« Eine Spende von einer Million kanadischen Dollar half, die Marmot Recovery Foundation (MRF) [»Murmeltier Wiederansiedelungs-Stiftung«] zu gründen, eine nicht gewinnorientierte Organisation, bei der Andrew weiterhin als wissenschaftlicher Berater arbeitet.

1999 wurde das Land aufgekauft und dann erneut verkauft. Heute gehört der Lebensraum der Murmeltiere der Island Timberlands und Timber West Forests. Bislang haben alle Besitzer den Schutz der Murmeltiere durch anhaltende finanzielle Unterstützung geehrt. »Die große Ironie bei alldem ist«, sagte Andrew, »dass, wenn die Holzfirmen nicht gewesen wären, wir nie auf die Beine gekommen wären!« Er sagte mir, dass zwar weiterhin Holz gefällt wird, es aber mittlerweile geschützte Bereiche gibt. Wenn sich die Wälder regenerieren, lassen sich auch Naturschutzmaßnahmen implementieren.

Ernstmachen mit der Erhaltungsarbeit
Das Murmeltier-Erhaltungsteam schätzte, dass eine Gesamtpopulation von 400 bis 600 Murmeltieren, verteilt auf drei unterschiedliche Gebiete auf Vancouver Island, nötig sein würde, um eine vollständige »Erhaltung« der Art sicherzustellen. Von 1997 bis 2001 erstellte das Team einen Erhaltungs- und Wiederansiedelungsplan, mit einem Nachzuchtprogramm, welches die Zoos von Toronto und Calgary durchführen sollten, sowie das in Privatbesitz befindliche Zucht- und Naturschutzzentrum in Langley (in der Nähe von Vancouver) und eine eigens entworfene Einrichtung, die am Mount Washington auf Vancouver Island geschaffen werden sollte. Man wählte Freilassungsstellen an Orten aus, wo der Lebensraum geeignet und die Bedrohung durch Raubtiere geringer war. Die ersten Jungen wurden 2000 im Zuchtprogramm geboren und 2003 begann man mit der Auswilderung.

Feldbeobachtungen nach der Auswilderung ergaben, dass auch die in Gefangenschaft geborenen Murmeltiere ihre natürliche Fähigkeit zur Identifikation von Raubtieren behalten hatten und oft pfiffen, wenn sich ein Puma oder ein Wolf näherte oder wenn ein Adler über ihnen kreiste, um die anderen Murmeltiere zu warnen. 2004 erreichte das Team eine Art Meilenstein, als sich ein in Gefangenschaft geborenes Murmeltier mit einem wildlebenden Weibchen paarte und im darauffolgenden Jahr der erste Wurf eines in Gefangenschaft geborenen Pärchens verzeichnet werden konnte. Sie lebten in einem vollständig geschützten, natürlichen Lebensraum, in dem eine frühere Kolonie ausgestorben war.

Als ich mich mit Andrew traf, erzählte er mir, dass 2008 ein ungeheuer erfolgreiches Jahr für die Murmeltiere gewesen war. Das Nachzuchtprogramm hatte »den größten Wurf, der je dokumentiert wurde – neun Junge waren entwöhnt worden – und 57 Murmeltiere wurden in die Wildnis ausgesiedelt.« In ihrem Lebensraum wurden elf Würfe, die es auf 33 Junge brachten, verzeichnet, wobei die meisten von ihnen von in Gefangenschaft geborenen Eltern stammten. Ab Oktober gab es 190 Exemplare in Gefangenschaft und etwa 130 in freier Wildbahn. »Die Gesamtsumme von 320 Murmeltieren ist etwas ganz anderes als die geschätzten 70 Tiere von 1998«, sagte Andrew triumphierend. Darüber hinaus sind alle diese Tiere über mehr als zwölf Berge verteilt – vor fünf Jahren waren lediglich fünf Berge besiedelt.

Jedes in der Wildnis geborene Junge wird mit einer Marke versehen, jedes Tier der Population ist bekannt – alle von ihnen mit Zahlen, manche noch immer mit Namen. Außerdem ist das genetische Profil der einzelnen Tiere bekannt. Das Murmeltier-Erhaltungsteam ist zu Recht stolz auf die Tatsache, dass man es geschafft hat, die genetische Varianz aufrechtzuerhalten – es ist seit Beginn der Zucht in Gefangenschaft nicht ein Gen verloren gegangen (obwohl sicherlich einiges an genetischer Vielfalt verloren ging, als ganze Kolonien ausstarben).

Laut Wiederansiedelungsplan sollten jedes Jahr Murmeltiere aus der Gefangenschaft entlassen werden, um die wildlebenden Populationen zu verstärken, bis die selbsterhaltende Populationsstärke von 400 bis 600 Tieren erreicht ist – was in den nächsten 15 bis 20 Jahren passieren sollte, wie Andrew glaubt, auch wenn er darauf hinweist, dass auf lange Sicht viele Faktoren berücksichtigt werden müssen – wie etwa die Anzahl der Raubtiere, die anhaltende Unterstützung, die globale Erwärmung. Nichtsdestoweniger bleibt er optimistisch, dass das Vancouver-Murmeltier in seinen traditionellen Lebensräumen auf den Berggipfeln vollständig erhalten werden wird.

Oprah Winfrey, Franklin und wer sonst noch alles
Und dann sind da natürlich noch die Murmeltiere selbst, die alle ihre ganz eigene Persönlichkeit und ihren Beitrag einbringen. Als Andrew damit begann, seine Daten für seinen Abschluss aufzuzeichnen, rügten ihn seine Betreuer dafür, Namen statt Zahlen zu verwenden, um die einzelnen Tiere zu identifizieren. Er sagte mir, dass er sich leichter an Namen erinnern könne – eine Vorgehensweise, mit der ich natürlich konform gehe! Er kannte die Murmeltiere als Individuen: »Ich wusste, wo sie lebten, ich wusste, was sie taten und ich wusste, wie sie zu finden waren«, erklärte er mir. Er nannte sein Lieblingsweibchen Oprah Winfrey und ihre Bekanntschaft dauerte

zehn Jahre, während derer sie »elf Junge hatte, bevor sie getötet wurde, wahrscheinlich von einem Wolf.« Dann war da noch Franklin, der als (namenloses) Junges markiert und für eine Weile beobachtet wurde, um dann im darauffolgenden Jahr zu verschwinden. Fünf Jahre später tauchte er wohlauf wieder auf, und zwar am Mount Franklin – daher der Name. »Seitdem«, so Andrew, »hat er einen Haufen Junge gezeugt.«

Andrew ist großzügig mit seinem Lob für alle, die geholfen haben, seine Bemühungen um die Erhaltung der Murmeltierbestände möglich zu machen. »Ich hatte den Luxus, dass ich auf den Schultern einiger wirklich großer Leute stehen durfte und viel Unterstützung bekam. Viel wichtiger ist die Tatsache, dass ohne die Hingabe vieler, sehr talentierter Menschen – Mitarbeiter und Freiwillige – die Träume nur Träume geblieben wären. Ich kann es nicht oft genug betonen ... es war *Teamwork*, die dieser Tierart wieder zu einer potentiellen Zukunft verholfen hat!«

Aber niemand hat mehr für das Überleben dieser bezaubernden Wesen getan, als Andrew selbst. Ich fragte ihn, was ihm über die letzten 20 Jahre die Kraft zum Weitermachen gegeben hat, vor allem in den schwierigen Zeiten, als die Dinge nicht so liefen. Er antwortete mit einem Lächeln: »Ich liebe die kleinen Burschen einfach. Sie sind echte Überlebenskünstler. Sie haben es gelernt, dort zu leben, wo sich nur wenige andere Wesen hinwagen.«

Thanes Feldaufzeichnungen

Das Sumatra-Nashorn *(Dicerorhinus sumatrensis)*

Es war nur ein paar Stunden nach seiner Geburt, als ich Andalas sah, das Baby-Sumatra-Nashorn, das im Herbst 2001 im Zoo von Cincinatti geboren wurde. Nach Jahren, die diese wunderbare Geburt erwartet worden war, war ich einfach nur verblüfft, wie unglaublich süß er war, mit seinen übergroßen Augen und überraschend dickem Pelz. Nashörner sind vieles, aber »süß« ist nicht unbedingt die typische Feldbezeichnung für dieses Tier. Es handelte sich um die erste erfolgreiche Geburt eines Sumatra-Nashorns in Gefangenschaft seit 112 Jahren. Wegen seiner langen roten Haare mit dem Spitznamen »haariges Nashorn« belegt, ist das Sumatra-Nashorn das bedrohteste Großsäugetier in Gefangenschaft. Die Spezies ist in der Wildnis von Malaysia und Indonesien auf weniger als 300 Exemplare dezimiert.

Es handelt sich um ein Tier, das seine Geheimnisse lange tief in schattigen Wäldern verborgen hatte. Es brauchte einige kluge Köpfe und sogar noch stärkere Herzen, um die Lebensweise dieser scheuen Tierart zu entschlüsseln, alles in der Hoffnung, ihr Verschwinden von unserem Planeten zu verhindern.

Tatsächlich sponserte die *Today Show* sechs Jahre später, als das dritte Sumatra-Nashorn geboren wurde, einen Namenswettbewerb. Der Gewinner war *Harapan*, das indonesische Wort für Hoffnung. Ich könnte mir keinen passenderen Namen vorstellen, da »Harry« tatsächlich ein Symbol der Hoffnung für diese Spezies im Belagerungszustand war. Er eroberte die Herzen aller, als er nur eine Stunde nach seiner Geburt im Zoo vorsichtig umherzugehen anfing. Und wir hatten keine Zweifel, dass aus ihm ein großer Bursche werden würde, da er in den ersten Wochen seines Lebens alle 15 bis 30 Minuten gesäugt werden wollte. (Die Wachstumsrate dieser selten dokumentierten Tierart ist erstaunlich: Harry wog bei seiner Geburt 86 Pfund und übertraf vier Wochen später bereits die 200. Sobald er ausgewachsen ist, wird er an die 1500 Pfund wiegen.)

Die Geschichte, wie Andalas, Harry und ihre Schwester Suci schließlich zur Welt kamen, ist ein hervorragendes Beispiel, um zu illustrieren, welche Herausforderung die Aufzucht in Gefangenschaft sein kann. 1990 wurde von einem Konsortium amerikanischer Zoos, die in der Sache zusammenarbeiteten, ein kühner Plan zur Rettung des Sumatra-Nashorns entworfen, der die Zusammenarbeit mit der indonesischen Regierung beinhaltete und so die Schaffung des Sumatra Rhino Trust ermöglichte. Der Plan sah so aus, dass die Nashörner aus den Waldgebieten Südasiens, die zur Abholzung für Bauholz und Farmland vorgesehen waren, zur Zucht in die USA importiert werden sollten. Aber lediglich sieben Nashörner wurden, in dem Versuch, die Spezies nicht nur als Absicherung gegen die Ausrottung, sondern auch zur Erregung der öffentlichen Aufmerksamkeit für die Schwierigkeiten der Wildtiere Südasiens zu züchten, an führende amerikanische Zoos geliefert.

Der Zuchtplan war vom ersten Moment an im Kreuzfeuer der Kontroverse. Ganz wie damals, als der Kalifornische Kondor zur Zucht aus der Wildnis eingefangen wurde, gab es einige Tierschützer, darunter auch solche vom asiatisch-pazifischen Zweig des World Wildlife Fund, die sich gegen das Einfangen der Nashörner aussprachen. Eine ihrer Hauptsorgen war die völlige Unkenntnis der Zuchterfordernisse dieser scheuen Spezies.

Wie sich herausstellte, führte diese Unkenntnis auch zum Tod einiger 1990 importierter, gefangen genommener Nashörner. Herauszufinden, wie man sich diesen überraschend empfindlichen Wesen annehmen sollte, war erheblich schwieriger, als irgendjemand geahnt hatte. Als die Nashörner zuerst nach Amerika kamen, schien alles hervorragend zu laufen. Sie fraßen unglaubliche Mengen von Wiesenlieschheu und Alfalfa und obwohl sie ihrer Natur nach eher unsozial waren, hoffte man, dass sie sich einrichten und auch in den Zoos fortpflanzen würden, wie ihre Cousins aus Afrika dies taten.

Doch das Sumatra-Nashorn war kein Nashorn der Ebenen und daran gewöhnt, Gräser zu verdauen. Sie kommen aus den abgeschiedenen Bereichen dichter tropischer Regenwälder und ihre Lebensräume und Nahrungspräferenzen waren beinahe unbekannt. So bekamen sie also nicht alles, was sie brauchten, aus dem Heu und den Körnern, auch wenn sie viel davon fraßen. Bald ging es vielen der Nashörner, die man in die Zoos gebracht hatte, sehr schlecht. Und vier Jahre später, 1994, gab es nur noch drei der haarigen Nashörner in Gefangenschaft, alle im Zoo von Cincinnati.

Da kam ein Augenblick der Wahrheit, der ihr gesamtes Leben veränderte. Damals diskutierten die Zootierärzte, die Wärter und der Direktor Ed Maruska in einigen traurigen und manchmal streitlustigen Meetings, was man für Ipuh tun könne, der seit Tagen nicht gefressen hatte und nicht aufgestanden war. Er welkte buchstäblich dahin. Nach einigem Streiten und Ringen über diese Fragen wurde entschieden, dass die Art zu selten und Ipuh mit seinem Fortpflanzungspotential zu wertvoll war, als dass man Euthanasie hätte in Erwägung ziehen können. Es musste jedoch etwas geschehen.

Und die Lösung war eine Überraschung. Der Leiter der Nashorn-Wärter – ein bärbeißiges, tätowiertes Nashorn von Mann – namens Steve Romo – war es, der das Rätsel um die Gesundheit von Ipuh lösen sollte, obwohl er kein Ernährungsspezialist war. Romo, wie er im Zoo genannt wird, formulierte es so: »Ich wusste von meinen Beobachtungen an Mahatu, unserem Weibchen, die an ihrer Nahrung aus Heu und Pellets eingegangen war, dass das bei Sumatra-Nashörnern nicht funktionierte.«

Romo erzählte mir, dass er schon 1984 etwas über die natürliche Ernährung der Sumatra-Nashörner in Erfahrung gebracht hatte, als ihn die amerikanischen Zoos nach Malaysia geschickt hatten, um Jeram und Eronghe zu helfen, den ersten Sumatra-Nashörnern, die gerettet wurden. Er erinnerte sich, dass Jeram Futter »mit viel klebrigem Saft aus der Jackfrucht bekam …, demselben klebrigen Saft, der auch im Ficus ist«. Auch wenn keine Jackfrüchte in den USA zu bekommen waren, wusste Romo doch, dass Ficus zu haben war.

»Niemand erwartete, dass Ipuh überleben würde, ich auch nicht«, erzählte er mir. Also ließ er als »Henkersmahlzeit« für Ipuh Ficus kommen. Als Romo den Ficus jedoch in den Stall schleifte und damit begann, ihn zu waschen, rief der Wärter, der bei Ipuh Wache hielt: »Hey, ich weiß nicht, was du da hast, aber Ipuh hat das erste Mal seit zwei Tagen den Kopf gehoben!«

Ipuh konnte den Ficus aus zwölf Meter Entfernung durch eine Stalltür, die stabil genug war, ein männliches Nashorn zu halten, riechen. Und als sie ihm den Ficus brachten, stand er auf und begann zu fressen. Er fraß ihn tatsächlich ganz auf und isst bis heute Feigen und Ficusarten, die aus Kalifornien in Tiefkühlkisten eingeflogen werden. Damit ist das Sumatra-Nashorn auch der Welt teuerstes Lebewesen, was seine Nahrung anbelangt!

Ipuh ist auch heute, 13 Jahre später, noch das einzige Sumatra-Nashorn in der Geschichte, das für die Nachzucht gehalten wird. Er hat drei Junge gezeugt, darunter unseren geliebten Harry, und es geht ihm weiterhin blendend. Romos Lektionen zur Nahrung für die Nashörner werden auf der ganzen Welt angewandt, von den Zoos, die Sumatra-Nashörner ausstellen bis hin zu Naturschutzgebieten in Indonesien, wo kleine, in Gefangenschaft lebende Populationen an den Rändern der Schutzgebiete gehalten werden.

Und bis heute läuft auch eine Partnerschaft mit dem Zoo von San Diego, der Ficus und Feigenzweige sammelt und sie als Futter für die Nashörner an den Zoo von Cincinnati liefert.

Zuchtfehler und -rätsel
Das erste Rätsel, wie man Ipuh füttern sollte, war gelöst. Herauszubekommen, wie man ihn erfolgreich mit einem Weibchen paaren könnte, war dagegen beinahe tödlich. Jedes Mal, wenn die Wärter das Männchen und das Weibchen in denselben Hof brachten, kämpften die beiden, schrien, jagten und rammten einander, oft bis sie blutig waren. Sie können sich das Chaos außerhalb des Nashorn-Hofs sicher lebhaft vorstellen. Ich kann Ihnen versichern, dass es nicht nur die Nashörner waren, die brüllten.

Also intervenierten ihre Wächter Jahr für Jahr, Versuch für Versuch und mussten Wasserspritzen benutzen, um sie zu trennen. So ging es fünf Jahre, bis der Zoo eine junge Reproduktionsphysiologin namens Terri Roth einstellte, die im Zentrum für Forschung und Naturschutz im National Zoo in

Washington D.C. gearbeitet hatte. Die Monate vergingen und Terri und ihr Team studierten das Hormonniveau in Emis Urin und Fäkalien. Die Veterinär-Techniker konditionierten Emi dazu, sich von ihnen Blut abnehmen und tägliche Ultraschalluntersuchungen ihrer Eierstöcke durchführen zu lassen. Dadurch stellte Terris Crew 1997 fest, das Emis Östrus oder Empfänglichkeitsphase lediglich 24 bis 36 Stunden lang war und nagelten so das Zeitfenster fest, das für eine erfolgreiche Paarung entscheidend war.

Wasserspritzen bereit!
Terri konnte den Tag festlegen, an dem die Wärter Emi und Ipuh zur Paarung zusammenbringen sollten. Alle waren an diesem Morgen nervös und aufgeregt. Und wie immer waren Wärter mit Wasserspritzen auf den Seiten des Hofs aufgestellt. Doch seit diesem Frühlingsmorgen sind die Feuerwehrschläuche zu den Hydranten zurückverlegt worden, da die Nashörner eine überraschend liebevolle Reproduktionsdemonstration an den Tag legten.

Ipuh versuchte an diesem Tag 47 Mal, sich mit Emi zu paaren und war nie wirklich erfolgreich, aber es gab keine Jagd und keinen Kampf. 21 Tage später ließ Terri die Nashörner wieder zusammenbringen und diesmal war Ipuh erfolgreich. Bald konnte zur aller Freude festgestellt werden, dass Emi trächtig war. Die Herausforderungen waren jedoch noch nicht vorbei. Emi entwickelte über die nächsten paar Jahre ein Muster, schwanger zu werden und dann innerhalb der ersten 90 Tage eine Fehlgeburt zu haben. Zwischen 1997 und 2000 verlor sie fünf Schwangerschaften, was Terri veranlasste, ihr für ihre nächste Schwangerschaft eine tägliche Dosis Progesteron zu verordnen, ein Hormon, das man gewöhnlich bei Pferden anwandte.

Und es funktionierte! Am 13. September 2001 wurde ein männliches Kalb namens Andalas (einer der ursprünglichen Namen der Insel Sumatra) im Zoo von Cincinnati geboren. Emi erwies sich nach all diesen Prüfungen und Schwierigkeiten als phänomenale Mutter. Andalas wog bei seiner Geburt 72 Pfund, um im Alter von 15 Minuten aufzustehen und herumzugehen. Er saugte wie wild und hatte bei seinem ersten Geburtstag bereits 900 Pfund erreicht. Nach vier Jahren im Zoo vom Los Angeles wurde er dann nach Indonesien geschickt, wo eine kleine Population der haarigen Nashörner am Rand eines Reservats gehalten wird.

Die Rückkehr von Andalas in sein Heimatland erregte nicht nur internationale Medienaufmerksamkeit, sondern schloss auch den Kreis, indem sie bewies, dass Aufzucht in Gefangenschaft bei dieser kritisch bedrohten Tierart nicht nur möglich ist, sondern ein Erfolg zu werden scheint. Es besteht die Hoffnung, eine Population für die Aufzucht in Gefangenschaft in der Nachbarschaft der Parks einzurichten, so dass man die Jungen leichter in die freie Wildbahn entlassen kann, um die Population dort zu verstärken.

In den letzten Jahren haben sich Emi und Ipuh noch öfter mit Erfolg gepaart. Jetzt, als Mutter-Veteranin, braucht Emi auch kein Progesteron mehr, um ihren Fötus ganz auszutragen. Man will nun Andalas mit zwei jungen Weibchen in einem Refugium in Indonesien paaren, um auch die genetische Vielfalt der gefangenen Population dort zu erhöhen.

Rettet es also eine Tierart, wenn man ein paar Nashörner züchtet? Nicht allein. Weg Nummer eins, den Schutz solcher Spezies und ihrer Lebensräume voranzubringen, ist es, den Leuten in der Region, den Wert wildlebender Tiere vor Augen zu führen. Vielleicht ist das wichtigste Ergebnis dieses erfolgreichen Nachzuchtprogramms, die erhöhte öffentliche Aufmerksamkeit und Entschlossenheit für den Schutz der wilden, haarigen Nashörner – und zwar auf der ganzen Welt, wenn auch natürlich besonders in Indonesien.

Der Wolf *(Canis lupus)*

Das erste Mal bekam ich wilde Wölfe im Lamar Valley im nördlichen Abschnitt des Yellowstone-Nationalpark zu Gesicht. Ich gebe gern zu, dass ich, nur weil ich diese Wölfe gesehen habe, an Wunder glaube. Denn es ist nichts anderes als ein Wunder, dass der Wolf – der einst in dieser Gegend gnadenlos ausgerottet worden war – in den Yellowstone-Park zurückgekehrt ist.

Lange als gemeingefährlicher Räuber gefürchtet, ist dieses höchst soziale Wesen in Wahrheit sehr wichtig für den Menschen. Nicht nur, dass es sich bei Wölfen um die Ahnherren unserer geliebten Hunde handelt; nein, sie sind auch eines der bemerkenswertesten Symbole des Naturschutzes. Im weiten Yellowstone-Ökosystem des amerikanischen Westens war die erfolgreiche Wiedereinführung des Wolfs sowohl ein beachtliches Comeback wie auch ein großer Streitpunkt. Das größte Wunder dabei ist vielleicht, dass die Bauern das erste Mal seit dem Auftauchen der Feuerwaffen anfangen, mit den Wölfen zusammenzuleben. Auch wenn einige Viehzüchter sich weiterhin gegen die Wiedereinführung wehren – die Wölfe sind wieder da und bleiben es allem Anschein nach auch.

Das Ergebnis von all dem ist, dass die Rückkehr des Wolfs in den Yellowstone-Nationalpark die Nummer eins auf der »Weltrangliste der wichtigsten zehn Naturschutzprogramme« [»World's Top Ten Conservation Programs«] wurde. Es bedurfte Jahrzehnte an Arbeit, Aufklärung, Diskussionen und Erklärungen, bis diese verrückte Mischung aus westlichen Naturschützern, Viehzüchtern, Bundesbiologen und Träumern schließlich Erfolg hatte.

Meiner Meinung nach ist die Wiederkehr des Wolfs deshalb so bedeutsam, weil ihr Jahrhunderte um Jahrhunderte der Verfolgung vorausgegangen sind. Es gibt Dokumente aus dem 17. Jh., in denen in einigen Kolonien Prämien für geschossene Wölfe versprochen wurden und in denen der Wunsch der Ausrottung der Spezies in besagten Gebieten formuliert wird. Die Amerikaner haben Jahrhunderte aufs Sorgfältigste daran gearbeitet, den Wolf zu vernichten. Und im frühen 20. Jh. hatten sie es geschafft. Eine Tierart, die einst in den meisten der südlichen 48 Staaten gelebt hatte, war fast vollständig verschwunden (eine kleine Population in Minnesota war mehr oder weniger alles, was noch übrig war).

Diese fast vollständige Ausrottung war nicht nur durch die Verwendung von Tellereisen zustande gekommen. Oder durch die willkürliche Bejagung und Prämien. Was den Wölfen letztlich den Rest gab, war die weiträumige Verwendung von Gift in riesigen Gebieten. Und was sie zurückbrachte, war ein riesiger öffentlicher Aufschrei und die damit einhergehende Unterstützung, die darauf zielten, dem Wolf im amerikanischen Westen einen passenden Lebensraum zu verschaffen.

Mike Phillips ist Geschäftsführer des Turner Endangered Species Fund, der seinen Hauptsitz in Bozeman, Montana, hat. Mike leitete von 1994 bis 1997 das Wolf-Wiedereingliederungsprogramm im Yellowstone-Park. Zehn Jahre zuvor war er auch an der Wiedereinführung des Rotwolfs in den Südosten der USA beteiligt, über das Jane in diesem Buch berichtet hat. Mike erzählte mir, dass er während seiner vielen Erhaltungsprojekte viel darüber gelernt hat, mit den Menschen vor Ort zu kommunizieren und ganz besonders darüber, ein offenes Ohr für ihre Sorgen zu haben.

»Sie müssen dafür sorgen, dass die Ortsansässigen genau wissen, was Sie vorhaben, weil sie Sie garantiert fragen: ›Moment, *was* wollt ihr machen?‹« Und die Viehzüchter überall im Westen sagen oft zu mir: ›Es ist nicht so, dass wir gegen die Wölfe wären. Mit den Wölfen können wir leben. Aber was wir nicht wollen, ist eine weitere Erosion unserer Lebensweise. Wir wollen nicht noch mehr staatliche Eingriffe bei dem, was wir tun.‹ Die erleben das nur als einen weiteren Indikator dafür, dass der Westen, wie sie ihn einst kannten, sich verändert.«

Natürlich gehen die Bestrebungen nicht dahin, die Wölfe auf den Farmen der Privatleute auszuwildern, sondern auf Bundesgebiet im Yellowstone-Nationalpark. Einem Ort, von dem landesweite Umfragen ergeben haben, dass die überwältigende Mehrheit der Amerikaner dort wieder Wölfe sehen möchte. Was Mike Phillips ermutigt, ist, wie er sagt, »die parteienübergreifende Unterstützung für den Endangered Species Act seit mehr als 30 Jahren. Man streitet und diskutiert viel über dieses Gesetz, aber das amerikanische Volk hört nicht auf, seine Stellvertreter wissen zu lassen, dass sie keine weiteren Ausrottungen in ihrem Land wollen, solange es etwas zu sagen hat.«

Mike war an jenem Märzmorgen 1995 dabei, als die Käfige geöffnet wurden und man es den ersten Wölfen seit 69 Jahren erlaubte, frei im Yellowstone-Park herumzulaufen. Was das Projekt so kompliziert machte, war nicht nur die soziopolitische Herausforderung, sondern auch die administrative mit der ganzen Logistik sowie eine biologische.

»Wir wussten schon von anderen Versuchen, Wölfe an bestimmte Orte zu verlegen, dass sie, wenn wir sie einfach im Yellowstone-Park freiließen, einfach abhauen würden«, erzählte mir Mike. »Aber der Zweck dieses Programms bestand darin, den Wolf im Yellowstone wiederanzusiedeln, also mussten wir sie so auswildern, dass sie einen starken Hang entwickeln würden, in der Region zu bleiben. Wir bastelten deshalb ein Akklimatisierungsprogramm, das es den Wölfen erlauben würde, über längere Zeit am Ort ihrer künftigen Auswilderung in Gefangenschaft zu bleiben. Das bedeutete, kurz gesagt, dass sie gefüttert und getränkt werden mussten.«

Wasser war natürlich leicht zu haben. »Um Himmels willen, im Winter können sie einfach Schnee fressen«, sagte mir Mike. »Aber stellen Sie sich die Futtermengen vor, die wir heranschaffen mussten. Wir brauchten am Tag pro Wolf fünf Pfund Futter. Und wenn man 20 Wölfe hat, die man auswildern will, dann sind das 100 Pfund am Tag, 700 Pfund die Woche und 3000 Pfund im Monat. Da kommt schon etwas zusammen.«

Mike war vom Erfolg der Wolf-Wiederaussiedelung erstaunt. »Egal welchen Maßstab man ansetzt – das Programm war ein Erfolg. Die Population ist schneller gewachsen als erwartet. Und besonders überraschend, viele der

Rudel sind sichtbar geblieben. Es ist heute mehr oder weniger normal, dass Besucher im nördlichen Bereich des Yellowstone-Parks Wölfe in freier Wildbahn sehen.«

Bei der Frage, wie die Zukunft der Wölfe aussieht, zeigte Mike, dass er im Herzen Biologe ist: »Die andere Sache, die Sie im Auge behalten müssen ist, dass Wölfe hervorragende ökologische Generalisten sind. Sie brauchen keine tollen Lebensumstände, damit es ihnen gut geht. Man muss sie in erster Linie allein lassen und ihnen Zugang zu Beutestücken geben, die normalerweise größer sind als sie selbst. Geben Sie Wölfen eine großräumige Landschaft, in der sie etwas zu fressen finden, das genügt völlig.«

Im Grunde genommen machte er sich keine Sorgen um die Zukunft des Wolfs im Yellowstone-Park und auch fast keine um seine Zukunft in den nördlichen Rocky Mountains im Allgemeinen. Das Ergebnis der Arbeit von Mike Phillips und Hunderter anderer, die am Wolf-Wiederansiedelungsprogramm beteiligt waren, ist, dass wir heute wieder wildlebende Wölfe im Westen sehen können, so wie Lewis und Clark vor 200 Jahren.

TEIL 3

Niemals aufgeben

Einleitung

Bislang ist es in unseren Geschichten um Tierarten gegangen, die bereits am Rand des Aussterbens standen und wieder in die Natur ausgesiedelt wurden, auch wenn nur wenige von ihnen ohne jegliches menschliches Zutun überleben. Vor allem mit dem anhaltenden menschlichen Bevölkerungswachstum, dem Lebensraumverlust, der Umweltverschmutzung, Wilderei, dem Klimawandel und so weiter, müssen wir ständige Wachsamkeit in unserem Bestreben, sie und ihre Lebensräume zu schützen, walten lassen.

Die Tiere in diesem Teil sehen sich sogar einer noch unsichereren Zukunft gegenüber. Sie sind vor dem Aussterben gerettet worden, konnten jedoch aus den unterschiedlichsten Gründen nicht ausgewildert werden.

In den weiten Wüstenlebensräumen Chinas und der Mongolei wird das wildlebende Trampeltier noch immer von Jägern bedroht, ebenso vom Wassermangel, da ein großer Teil des Schmelzwassers aus den umgebenden Bergen für landwirtschaftliche Zwecke abgeleitet wird, das wahrscheinlich bei fortgesetzter globaler Erwärmung noch weniger werden wird. Die Zukunft des Trampeltiers ist von ständigen Gesprächen mit den Regierungen Chinas und der Mongolei abhängig, d. h. vom politischen Willen, ein Gebiet zu finden, in dem das wildlebende Trampeltier sicher und nach seinen Bedürfnissen leben kann.

Die Zukunft des Pardelluchses in der Wildnis ist vom Willen der Behörden abhängig, Gebiete seines natürlichen Lebensraums vor menschlichen Eingriffen zu schützen – und zu einem gewissen Ausmaß von der Fähigkeit des Luchses, Straßen sicher zu überqueren!

Manche müssen während der Aufzucht in Gefangenschaft neu trainiert werden, um sich den Realitäten ihres Lebensraums anpassen zu können. Die Großen Pandas, die in Gefangenschaft gezüchtet werden, muss man so aufziehen, dass sie in ihrem natürlichen Lebensraum besser überleben und mehr Futter finden als bisher. Und die Bestrebungen, dem Waldrapp eine neue Zugroute beizubringen, ist immer noch in der Frühphase – wenn sich auch alles sehr ermutigend anhört.

Ich habe viele Leute getroffen, die sich bemühen, eine sicherere Zukunft für diese Tierarten in der Wildnis zu ermöglichen – manche von ihnen sind schon seit vielen Jahren dabei. Zum Glück für die Tiere und für künftige Generationen wird keiner von ihnen je aufgeben, egal wie groß die Herausforderungen sind, denen sie sich gegenübersehen.

Und auf noch etwas sei hingewiesen: Diese Geschichten repräsentieren gleichzeitig zahllose weitere Rettungsversuche, die die Publikation verdienen würden und von denen einige – wie etwa die des China-Alligators – auf unserer Website www.janegoodallhopeforanimals.com auftauchen werden. Eines der Probleme, dem ich mich beim Schreiben dieses Buches gegenübergesehen habe, ist die schiere Menge bewunderungswürdiger Anstrengungen zur Rettung bedrohter Tierarten, und zwar auf der ganzen Welt. Gerade heute habe ich beispielsweise von der wunderschönen kleinen Röhrenspinne gelesen, die in der Nähe meiner Heimat lebt. Die Populationszahlen waren bereits auf etwa 50 Exemplare gesunken, doch dank der Aufzucht in Gefangenschaft gibt es mittlerweile wieder 1000 Spinnen. Ich hoffe, dass wir auf unserer Website noch viele weitere dieser laufenden Projekte sowie die Wissenschaftler und Bürger, die dabei helfen, die Biodiversität auf unserem Planeten aufrechtzuerhalten und wiederherzustellen, würdigen können.

Wir wissen nicht, was die Zukunft für das Leben auf unserer Erde bereithält und ob unsere vereinten Kräfte das Blatt zugunsten der Tiere und ihrer Welt wenden können. Was zählt ist, dass wir nicht aufhören, es zu versuchen.

Der Pardelluchs *(Lynx pardinus)*

Vom Pardelluchs erfuhr ich, als ich im Juni 2006 in dem Magazin *Ronda Iberia* der Iberian Air auf dem Weg von Spanien nach England etwas über ihn las. Auf der iberischen Halbinsel beheimatet, ist dieser Luchs, wie ich las, eine der bedrohtesten Katzenarten. In dem Artikel wurde auch Miguel Angel Simon vorgestellt, ein Biologe, der einen Erhaltungsplan für den Pardelluchs vorantrieb. Ich hatte sofort Lust, mich mit ihm zu treffen.

Nach einem Jahr kam auch tatsächlich ein Treffen zustande, als ich in Barcelona war: Miguel Angel reiste von seiner Feldstation an, um mit mir zu sprechen. Wir trafen uns zusammen mit Ferran Guallar, dem Geschäftsführer des JGI-Spanien, an einem Tisch in einem ruhigen Bereich meines Hotels, wobei Guallar dann den Dolmetscher gab. Miguel Angel ist ein sehniger Mann mit kurzem, militärischem Schnurrbart, er wirkte geschäftsmäßig und kompetent und hatte ganz klar eine große Leidenschaft für seine Arbeit mit dem Luchs.

2001 hatten Miguel und sein Team die erste Zählung der Luchspopulation in ganz Andalusien begonnen. Sie stellten Fotofallen auf und suchten nach Zeichen für die Anwesenheit des Luchses, wie etwa Fäkalien. Als Ergebnis stellte sich heraus, dass die Spezies ernste Schwierigkeiten hatte. Nicht nur, dass der Luchs von Lebensraumverlust, Bejagung und Fallen, die für andere Tiere aufgestellt waren, betroffen war, nein, auch die Hasen, seine Hauptnahrungsquelle, waren durch eine Epidemie beinahe ausgelöscht. Tatsächlich waren sie in einigen Regionen des Landes, das die Phönizier als »Hispania« – »Land der Hasen« bezeichnet hatten, völlig verschwunden. Zweifellos, meinte Miguel, seien viele der Luchse einfach verhungert. Seine Zählung ergab, dass nur in zwei Regionen von Südspanien noch etwa zwischen 100 und 200 Luchse am Leben waren. In den letzten 20 Jahren waren sie in Zentralspanien und Portugal ausgestorben. Es würde wirklich verzweifelter Maßnahmen bedürfen, sollten diese wunderschönen Tiere nicht ganz aussterben.

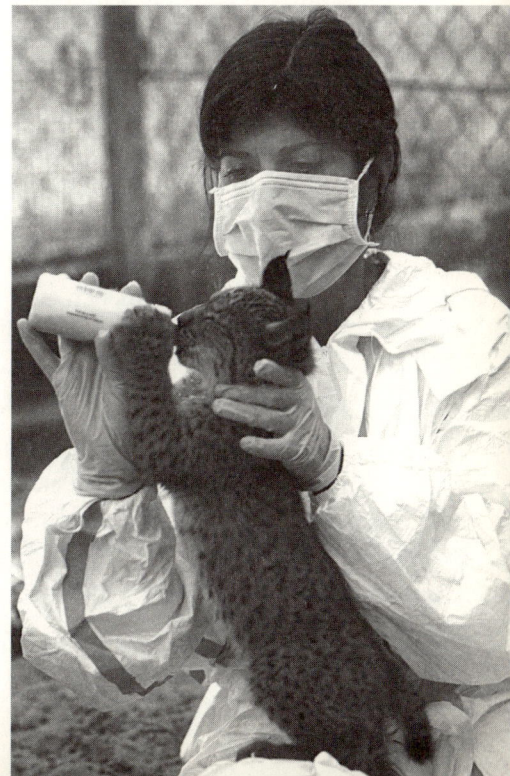

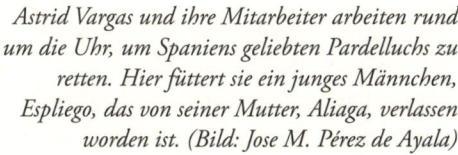

Astrid Vargas und ihre Mitarbeiter arbeiten rund um die Uhr, um Spaniens geliebten Pardelluchs zu retten. Hier füttert sie ein junges Männchen, Espliego, das von seiner Mutter, Aliaga, verlassen worden ist. (Bild: Jose M. Pérez de Ayala)

Auf der Suche nach Freunden für den Luchs
Ein Finanzierungsantrag bei der EU erbrachte in einer der größten Mittelbewilligung für die Arbeit mit bedrohten Tierarten 26 Millionen Euro für die Zeit zwischen 2006 und 2011. Das Luchs-Erhaltungssprogramm wurde in Verbindung mit elf Partnern eingerichtet: Vier Naturschutzgruppen, vier Ministerien und drei Jagdorganisationen. Da die meisten der verbleibenden Luchse sich auf Privatgrund in den ländlichen Bezirken von Andujar in Jaen, von Cardena in Cordoba und Doñana in Huelva befanden, war es von größter Bedeutung, die volle Zusammenarbeit der Landbesitzer sicherzustellen.

Das war zuerst nicht leicht. Ein Luchs sieht Rehkitze als Beute und viele Bauern waren besorgt, die Luchse könnten auch Jagd auf ihre Lämmer machen – was tatsächlich vorkommt. Und so gingen Miguel und sein Team von Anfang an jedem Bericht über die Tötung von Lämmern nach und entschädigten die Bauern – selbst wenn sich herausstellte, dass der Räuber ein Wolf gewesen war. Man brachte einen Plan auf den Weg, der vorsah, die Landbesitzer auszuzeichnen, die gute »Umweltschutzakten« hatten.

Nach und nach änderte sich die Einstellung der Landbesitzer. Immer mehr von ihnen, ob sie nun 15 000 oder 50 Morgen Land besaßen oder einfach nur eine Sommervilla mit Garten, unterzeichneten Vereinbarungen mit Miguels Team. Erstens würden sie den Luchs auf ihrem Land beschützen. Zweitens würden sie auf das Schießen von Hasen verzichten und diese den Luchsen lassen. Drittens würden sie es Mitarbeitern des Luchs-Erhaltungsprogramms erlauben, ihr Land für kontrollierte Wiederansiedlungen (von Luchsen wie von Hasen) zu nutzen und die Tiere dann zu überwachen. Tatsächlich ist es eine Art Statussymbol geworden, wenn man behaupten kann, man hat einen Luchs auf seinem Land – immerhin ist der Luchs an manchen Orten ein Totemtier. So ist der Luchs nun durch 98 separate Vereinbarungen geschützt, und zwar auf einem Gesamtgebiet von etwa 540 Quadratmeilen.

Wie Miguel mir sagte, ist die Erholungsrate natürlich quälend langsam. Ein Weibchen hat nur alle zwei Jahre Junge und zieht normalerweise nie mehr als zwei gleichzeitig auf. Nichtsdestoweniger warfen 2005 im Frühling 20 Weibchen bei einer der Haupt-Forschungsstellen etwa 40 Junge, von denen im Herbst etwa 30 überlebt hatten. Doch das ist die Zeit, so Miguel, wo es erst wirklich schwierig wird, weil die jungen Erwachsenen sich aufmachen, um eigene Reviere zu finden. Die Männchen gehen, wenn sie etwa ein Jahr alt sind, die Weibchen bleiben vielleicht noch für eine Jahreszeit. Egal, wie alt sie sind, viele verschwinden einfach, sobald sie auf eigene Faust losziehen. Doch Miguel zufolge hat man mittlerweile angefangen, mit Sendern ausgestattete Halsbänder zu verwenden, um sie per GPS aufspüren zu können.

Ich fragte Miguel, ob er uns eine gute Geschichte erzählen könnte und er lieferte uns eine, die, wie er sagte, beweist, dass das Schutzprogramm funktioniert. 1997 gab es in einem Gebiet nur sieben ausgewachsene Luchse (identifiziert durch Fotofallen) – zwei Weibchen und fünf Männchen – und nur ein Junges. Niemand glaubte, dass diese winzige Gruppe eine Überlebenschance hätte, besonders, weil sich unter den Hasen Krankheiten breitmachten. Trotzdem bat man den Sohn des verantwortlichen Wildhüters, dem Jungen einen Namen zu geben. Der kleine Junge wählte, ohne zu zögern, den Namen Pikachu. Und zur staunenden Freude aller Beteiligten überlebte Pikachu zusammen mit sämtlichen ausgewachsenen Tieren. Heute gibt es in der Region 45 Luchse. »Und Pikachu«, fügte Miguel hinzu, »ist der Boss.«

Ein Besuch bei den Luchsen
Um die Art zu erhalten, wurde ein Nachzuchtprogramm eingerichtet. Eine Gruppe von Wissenschaftlern, die eng mit Miguel und seinem Team zusammenarbeitet, legte sorgfältig fest, welche Luchse aus welchen Gebieten eingefangen werden sollten, um die genetische Vielfalt sicherzustellen. Die Regeln sind streng: Nur wenn drei Junge von einem Weibchen ihr erstes halbes Jahr überleben, darf eines von ihnen eingefangen werden, das dann in eine der beiden Zuchteinrichtungen geschickt wird.

Miguel arbeitet eng mit Astrid Vargas zusammen, die das El Acebuche Centre in Doñana leitet, und stellte sie mir per Telefon vor. Ein Jahr später landete ich zusammen mit meiner Schwester Judy in Sevilla, um zu der Zuchteinrichtung zu fahren. Astrid konnte uns nicht selbst am Flughafen treffen, da es in der Nacht zuvor eine Tragödie gegeben hatte. Sie war von den Freiwilligen geweckt worden, die die Weibchen und Jungen der Zucht über Fernsehmonitore überwachten. Sie sagten ihr, dass es einen ernsten Kampf unter den Jungen gegeben hatte – bereits das sechste Mal im vergangenen Monat. Als Astrid ankam, hatte eines der jungen Weibchen schon einen tödlichen Biss in die Kehle bekommen.

Ich erfuhr, dass dies der zweite Todesfall bedingt durch Kämpfe unter den Jungen seit Beginn des Zuchtprogramms war. Infolgedessen war es ein eher niedergeschlagenes Team, das uns bei unserer Ankunft empfing: Astrid, Antonio Rivas (Toñe), Juana Bergara (die leitende Wärterin) und einige engagierte Freiwillige. Es war kaum überraschend, dass sie aufgebracht waren – sie zeigten mir später Videomaterial der Aggressionen, die aufgrund ihrer Plötzlichkeit und Wildheit schockierend waren.

Astrid sagte mir, dass sie niemals das erste Mal vergessen würde, als so ein Geschwistermord in der Zuchteinrichtung stattgefunden hatte. Die Mutter war Saliega, bekannt als Sali. Sie war das erste Weibchen, das überhaupt in Gefangenschaft geworfen hatte. Sie war eine hervorragende Mutter und ihren drei Jungen ging es gut – bis diese ungefähr sechs Wochen alt waren. Plötzlich wurde ein spielerisches Gerangel zwischen Brezo und einer seiner Schwestern tödlich ernst und sie fingen an, wirklich wild zu kämpfen. Sali wirkte perplex und versuchte, dazwischenzugehen und hielt immer abwechselnd einen der beiden im Maul und schüttelte sie. Doch Brezo ließ nicht locker und tötete schließlich seine Schwester, selbst stark verwundet, mit einem Biss in die Kehle.

»Plötzlich waren wir vom Zustand der glücklichen Familie in eine schreckliche Krisensituation mit einem toten und einem verletzten Jungtier geraten, dazu noch mit einer völlig überforderten Mutter, die das dritte Junge wiederholt mit dem Maul packte und es quer durchs Gehege trieb.

In fieberhafter Eile kontaktierte Astrid so viele Experten, wie sie nur konnte. Schließlich kam sie zu Dr. Sergey Naidenko, einem russischen Wissenschaftler, der 20 Jahre den eurasischen Luchs studiert hatte. Dieser sagte ihr, dass er während 18 Jahren viele Geschwister-Aggressionen bei gefangenen Luchsen aufgezeichnet hatte und glaubte, dieses Verhalten wäre normal. Doch niemand hatte ihm geglaubt – man führte es auf schlechtes Management zurück. Astrid war hocherfreut, an Naidenko geraten zu sein. »Es war, als hätte ich einen Guru gefunden«, erzählt sie mir.

Sie fragte ihn, ob er Erfolg damit gehabt hätte, verletzte Junge wieder zu ihren Müttern zurückzubringen und er sagte, ja, mit hundertprozentiger Erfolgsrate. Doch er warnte sie, dass dies mit äußerster Vorsicht zu geschehen habe. Hier musste Astrid eine schwierige Entscheidung treffen: Sie wusste, dass Brezo seine Mutter und ihre Milch brauchte, wusste jedoch auch, dass ihr die Medien und die Umweltbehörden scharf auf die Finger sahen. Was, wenn sie die falsche Entscheidung traf und diese zum Tod eines weiteren wertvollen Luchses führen würde? Man würde ihr die Schuld geben und so ihren Status, vielleicht sogar den des gesamten Zuchtprogramms beschädigen. Da das Ziel jedoch lautete, die Luchse in die Wildnis zurückzubringen, war es von vitaler Bedeutung, dass die Jungen von ihren Müttern aufgezogen wurden. Also entschied sie sich, wenn auch mit einigem Bangen, das Risiko einzugehen.

Brezo war anderthalb Tage von seiner Mutter getrennt gewesen. Erst besprengten sie ihn mit Salis Urin – sie markierte ihre Jungen öfter. »Wir versuchten, so gut es ging, unseren menschlichen Geruch mit Salis eigenem Aroma zu überdecken.« Sobald Sali Brezo zu Gesicht bekam, »begann sie, Freudenlaute auszustoßen«. Als er im Gehege war, striegelte sie ihn, markierte ihn und legte sich dann hin, um ihn zu säugen. »Brezo war im Himmel für Luchse«, sagte Astrid, »und wir waren so glücklich und so berührt von der Szene, dass es mir immer noch einen Schauer über den Rücken jagt, wenn ich daran denke.«

Seitdem hat das Team in mehreren der folgenden Würfe Kämpfe unterbrochen. Sie finden stets statt, wenn die Jungen etwa sechs Wochen alt sind, augenscheinlich grundlos.

Mütter und Junge

Ich durfte aus erster Hand miterleben, wie wichtig für Astrid die Luchse des Programms sind. Sie und die leitende Wärterin Juana Bergara nahmen mich als Erstes mit zu Esperanza, der Mutter des Jungen, das nachts zuvor getötet worden war. Trotz dieses Traumas – oder vielleicht gerade deswegen – war sie offenbar sehr, sehr angetan, Astrid und Juana zu sehen. Obwohl alle Jungluchse in der Zuchteinrichtung mit nur wenig menschlichem Kontakt aufgezogen werden und man sie, soweit möglich, auf das Überleben in freier Wildbahn vorbereitet, ist Esperanza von Hand aufgezogen und hat eine besondere Verbindung zu Menschen.

Wir trugen Schutzstiefel und Gummihandschuhe und näherten uns dem Gehege. Sofort fing sie an, mit der Atmung Grußlaute auszustoßen und sich gegen das Gitter zu reiben. Sie stieß wiederholt mit dem Kopf gegen den Maschendrahtzaun – als Zeichen der Zuneigung, wie Astrid mir sagte. Es war deutlich, dass sie gar nicht genug Aufmerksamkeit bekommen konnte – ich hatte das Gefühl, dieser Kontakt beruhigte sie nach dem Stress der Nacht. Ich konnte hören, dass sie schnurrte wie eine glückliche Hauskatze. Man hatte sie 2001 gefunden, als einwöchiges, halb totes Luchsjunges. Die Tierärzte des Zoos von Jerez retteten sie und zogen sie groß. Sie bekam keinen anderen Luchs zu Gesicht, bis sie ein Jahr alt war.

Um zu ermöglichen, dass die Jungen von ihren Müttern lernen, werden die Familien in großen Freigehegen gehalten, wo die Jungen das Jagen lernen.

Natürlich werden Hasen extra zu diesem Zweck gezüchtet. In einem der Gehege waren drei Junge am Spielen. Ihre Mutter führte sie an einen ansehnlichen schwarzen Hasen heran, aber sie legten keinerlei Interesse an den Tag, ihn zu verletzen, noch zeigte der Hase irgendeine Furcht. Er schien fast mit ihnen spielen zu wollen! Der Wärter erzählte mir, einer der Luchse habe sich geweigert, einen bestimmten Hasen zu töten, der mehrere Wochen in dem Gehege geblieben war – und so den schnellen Tod vieler seiner Artgenossen hatte mitansehen müssen. Das ist natürlich der schwierige Teil bei solchen Programmen. Astrid sagte mir, dass ihr die Hasen immer leidtun. Was das Ganze für sie noch schlimmer macht, ist die Tatsache, dass ihr Sohn Mario mit seinen vier Jahren immer die Hasen sehen will, wenn er die Einrichtung besucht. Und er fragt jedes Mal, ob er sie mit nach Hause nehmen darf.

Astrid nahm mich auch mit zu zwei Männchen des Zuchtprogramms, ausnehmend schönen Geschöpfen. Einer lag relativ weit weg und beobachtete uns aufmerksam. Der andere war nahe der Umzäunung, spuckte und fauchte aber, als wir uns näherten. Astrid erzählte, dass er in der Wildnis gelebt hatte, bis er drei Jahre alt war. Dann wurde er ins Zentrum gebracht, zu stark verletzt, um freigelassen zu werden. Astrid erzählte von einem anderen verletzten Luchs namens Viciosa, der ihr aus Andalusien geschickt worden war, und ich erinnerte mich, dass Miguel bei unserem Treffen in Barcelona davon berichtet hatte. Als er sie gefunden hatte – er war den Signalen ihres Halsbandes gefolgt – war sie dem Tod nahe. Sie war bei Kämpfen während der Paarungszeit schwer verletzt worden und wog nur noch elf Pfund, statt der üblichen 24 bei einem durchschnittlichen Luchs. Erstaunlicherweise erholte sie sich bei guter Pflege und guter Nahrung innerhalb von drei Wochen.

Als Astrid sie aufnahm, hatte man ihr in Miguels Team schon den Namen Viciosa (»die Bösartige«) aufgedrückt. »Aber sie war überhaupt nicht bösartig«, sagte Astrid, »sie wollte einfach nur fressen und fressen!« Als Viciosa zum Ende der Paarungszeit wieder in ihr Revier entlassen wurde, paarte sie sich sofort mit einem Männchen und warf neun Wochen später zwei Junge.

Ich war von Astrids Einrichtung sehr beeindruckt. Es sind überall Kameras zu Überwachung der Freigehege und andere für das Innere der Bauten angebracht. Die Monitore sind 24 Stunden am Tag an und werden das ganze Jahr über von Mitarbeitern und Freiwilligen überwacht, mit besonderer Aufmerksamkeit natürlich in der dreimonatigen Phase, wenn die Jungen geworfen und aufgezogen werden. All das Videomaterial liefert einzigartige Einsichten über das Verhalten von Luchsen.

Beeindruckt hat mich eine außergewöhnliche Methode zum Sammeln von Blutproben. Jeglicher Versuch, einen Luchs ruhigzustellen oder sie irgendwie anzufassen, ist für sie extrem unangenehm. Ein deutscher Wissenschaftler hatte die Idee, das Blut durch den Einsatz einer riesigen Wanze zu gewinnen. Die Luchse schlafen nachts auf einer Korkunterlage. In diese wird ein kleines Loch geschnitten und dort legt man dann eine hungrige Wanze hinein. Diese begibt sich auf direktem Weg zu dem warmen Körper und fängt an, sich an ihm vollzusaugen. Nach zwanzig Minuten, wenn sie anfängt, das Blut zu verdauen, wird sie unter der Schlafplattform herausgenommen und man entnimmt das Blut mit einer Spritze. Der Luchs schläft ungestört weiter. Und die Wanze ist wiederverwendbar! (Zweifellos wird diese Methode bei Leuten, die sich für die ethische Behandlung von Wanzen einsetzen, zu einem Aufschrei führen!)

Eine tragische Tötung
Bevor wir abfuhren, sahen Judy und ich uns das Infrarotmaterial von den tragischen Geschehnissen der vorigen Nacht an. Es war acht Minuten lang. Es beginnt damit, dass das Opfer am Rand seines nächtlichen Quartiers ohne ersichtlichen Grund von hinten von seinem Bruder angegriffen wird. Dann beginnen die beiden, im Ernst zu kämpfen. Das Opfer geht von Anfang an in die Defensive, legt sich auf den Rücken und tritt mit den Hinterläufen. Nach zwei Minuten hört es mit dem Treten auf. Esperanza schießt heran und packt das Opfer in dem Versuch, es wegzuziehen. Sie schafft es dreimal, die beiden zu trennen, aber der Aggressor gibt nicht auf. Man ruft Astrid an und nach fünf Minuten ist sie da, aber obwohl es ihr gelingt, das Junge herauszuholen, ist es für eine Rettung zu spät. Sieben Rippen sind gebrochen und die Lunge ist durchbohrt.

Nachdem das sterbende Junge entfernt wurde, benimmt sich Esperanza seltsam. Jedes Mal, wenn der Aggressor versucht, in den Bau zurückzukehren, zieht ihn seine Mutter – die nicht länger in der Lage scheint, ihn auf die gewohnte Weise im Nacken zu packen – wieder hinaus, egal, wie sehr er sich wehrt. Das wiederholt sich mehrmals. Aus irgendeinem Grund will ihn Esperanza nicht mehr in diesem Bau haben.

Später hörte ich von Astrid, dass eine sorgfältige Untersuchung der Leiche ergab, dass die eigentlich tödlichen Wunden nicht von dem Bruder geschlagen worden waren, wie man vermutet hatte, sondern von der Mutter in dem Versuch, ihre Jungen zu trennen. »Esperanza«, sagte mir Astrid,

»passte immer gut auf ihre Jungen auf, war aber etwas grob. Ihr Instinkt, die beiden zu trennen, war gut. Aber sie war in Gefangenschaft aufgezogen worden, hatte als Junges keine Luchse als Spielgefährten gehabt und so keine Chance, ihre eigene Kraft einschätzen zu lernen. Und das«, so Astrid, »erwies sich als tödlich.«

Die Zukunft der Luchse in der Wildnis
Am selben Abend fuhren Astrid, Toñe und Javitxu Judy und mich in das Luchshabitat im Doñana-Nationalpark. Natürlich sahen wir keine Luchse, auch wenn Javitxu uns sagte, dass er gerade in der Woche zuvor eine Mutter mit drei Jungen auf einer der vielen Lichtungen unter den niedrigen Bäumen hatte spielen sehen.

Während der Fahrt diskutierten wir die vielen Schwierigkeiten und Probleme, die noch auf das Programm zukamen – der Schutz eines geeigneten Lebensraums, um nur einen Punkt zu nennen. Selbst Nationalparks sind nicht immer sicher. Ein Teil der Pufferzone des Doñana-Nationalparks war von einem Golfplatz übernommen worden. Außerdem machen jedes Jahr Hunderttausende die Wallfahrt zum Fest der Heiligen Jungfrau von Rocio zu Ehren einer Marienstatue, die der Legende zufolge einst wie von Geisterhand in einem Baum erschien. Unglücklicherweise ziehen die Pilger durch 1a-Luchs-Lebensraum, direkt durch den Nationalpark, mitten in der Paarungszeit. Dann kommen auch immer mehr Touristen in die Region, angezogen von ihren wunderbaren Stränden. Und mit der Zunahme des Straßenverkehrs steigt auch die Zahl der von Autos getöteten Luchse (momentan gehen etwa 5 % aller toten Luchse auf dieses Konto).

Nichtsdestoweniger konnten wir uns bei einem köstlichen Abendessen in einem freundlichen Restaurant darauf einigen, dass es auch viel Positives zu verzeichnen gibt. Zum einen ist die Luchspopulation in Doñana mittlerweile stabil bei 40 bis 50 Tieren. Natürlich sind dabei die Anzahl der fortpflanzungsfähigen Weibchen und die Anzahl der Jungen, die jedes Jahr geboren werden, wirklich wichtig. In den letzten Jahren gab es zehn bis fünfzehn Weibchen.

Außerdem hat man mit der Konstruktion von Tunnel unter den Straßen begonnen und hofft, dass die Luchse lernen werden, diese zu benutzen – wie es Tiere anderswo bereits tun. Man denkt auch über den Bau von Brücken über die Straßen nach. Schließlich – und das ist der wichtigste Punkt – arbeitet man daran, auch die Zahlen der Hasen zu steigern.

Wir schenkten den Rest des Rotweins in unsere Gläser und stießen auf die Erhaltung des spanischen Luchses an und auf die engagierten Menschen, die alles dafür geben, um diesen Traum wahr werden zu lassen.

Postscriptum
Im Herbst 2008 erfuhr ich von Astrid, dass das Zuchtprogramm Mitte 2008 die Prognosen übertroffen hatte. Es gab, wie sie sagte, 52 Luchse in Gefangenschaft, von denen 24 in der Einrichtung geboren worden waren. Das bedeutete ihr zufolge, dass, gesetzt der Bereich für die Freilassung steht bereit, 2009 die Wiederaussetzung in Gefangenschaft geborener Luchse stattfinden könnte. Und da seit einem Straßenunfall Ende 2006 kein Pardelluchs in Doñana getötet wurde, hat es den Anschein, dass diese Region tatsächlich für die Wiederaussetzung der in Gefangenschaft geborenen Luchse geeignet ist.

Dann hörte ich von Miguel, dass die Anzahl fortpflanzungsfähiger Weibchen in der Region auf 19 gestiegen war und es zwischen 17 und 21 neue Jungtiere gab, die im September 2008 noch am Leben waren. Auch wenn das Verdikt noch aussteht, ob der herrliche spanische Pardelluchs nun wieder einen geeigneten Lebensraum, der ihm das Gedeihen in der Wildnis erlaubt, haben wird oder nicht – einen geschützter Bereich also, der vor Pilgern, Golfplätzen und dergleichen sicher ist –, sind die Neuigkeiten doch momentan durchaus ermutigend.

Das Trampeltier *(Camelus bactrianus ferus)*

In der Wüste Gobi auf dem Gebiet der Mongolei und Chinas, in einer der ödesten Regionen der Welt, leben noch heute wilde zweihöckrige Trampeltiere. Vor etwa 4000 Jahren wurden die ersten Trampeltiere eingefangen und domestiziert. Mit der Zeit entfernten sich die Nachkommen dieser frühen, domestizierten Herden genetisch von ihren wildlebenden Verwandten.

Mein gesamtes Wissen über diese Tiere verdanke ich John Hare, dem Mann, der mehr für ihre Rettung getan hat als irgendjemand sonst. In der Tat wäre es für das Trampeltier wohl schon längst zu spät, wären da nicht er und seine chinesischen und mongolischen Kollegen, mit denen er arbeitet und die er inspiriert. Ich begegnete ihm das erste Mal 1997, kurz vor dem Erscheinen seines Buch *Auf den Spuren der letzten wilden Kamele. Eine Expedition ins verbotene China*.

John Hare, Abenteurer, Forscher und leidenschaftlicher Anwalt des wildlebenden Trampeltiers, hier mit zahmen Trampeltieren nahe der tibetanischen Nordgrenze, bei der Überprüfung einer Zufluchtsstätte für ihre arg bedrohten, wildlebenden Cousins. (Bild: Yuan Lei)

John war früher beim diplomatischen Dienst Großbritanniens – ein Mann von alter Art, zäh, aber nicht schwer gebaut, effizient, entschlossen und mit großer Leidenschaft fürs Abenteuer. Über die Jahre haben wir viel über seine Mission zur Rettung des Trampeltiers gesprochen. Als wir uns das erste Mal begegneten, wusste ich nicht mehr über Trampeltiere als er über Affen. Ich machte einen Ritt auf einem zahmen Tier im Kolmarden Zoo in Stockholm, einfach nur, um zu sehen, wie es sich anfühlt und John hatte, während er in Nigeria diente, ein paar wildlebende Schimpansen gesehen. Wir beide sind im Grunde genommen Wesen der Wildnis und verlassen sie nur, um sie zu retten. John hat sein Wissen großzügig mit mir geteilt und mir etwas über seine Jahre mit den Chinesen, Mongolen und den Trampeltieren geschrieben.

»Meine Abenteuer in der Wüste – die es mir in den vergangenen zwölf Jahren erlaubt haben, die vier Enklaven der überlebenden Trampeltiere in der Gobi, China und der Mongolei zu besuchen – begannen in keinem dieser beiden Länder, sondern in Moskau. Ich war 1992 dort, um eine Ausstellung über Naturfotografie im polytechnischen Museum zu veranstalten. An der Rezeption sah ich einen Mann im dunklen Anzug und mit Stalin-Schnurrbart und ich fragte ihn, wie er es schaffte, im gesetzlosen Moskau zu überleben. Denn damals war Moskau ein gefährliches Pflaster, gerade war sowohl der Kommunismus wie auch Recht und Ordnung zusammengebrochen. Da dachte ich an nichts weniger als an Kamele und die Wüste Gobi.

›Ich arbeite für die russische Akademie der Wissenschaften‹, sagte Professor Peter Gunin in zögerlichem Englisch. ›Ich leite eine gemeinsame Expedition von Russland und der Mongolei in die Wüste Gobi. So komme ich jedes Jahr aus Moskau raus und überlebe.‹

›Nehmen Sie jemals Ausländer auf Ihre Expeditionen mit?‹, fragte ich. ›Ich würde meinen rechten Arm dafür hergeben, um mitkommen zu können.‹

Peter Gunin strich sich über seinen dichten Schnurrbart. ›In Moskau gibt es keinen Markt für den rechten Arm eines Ausländers‹, sagte er lächelnd. ›Nicht einmal die Mafia interessiert sich für so etwas. Was können Sie denn? Sind Sie Wissenschaftler?‹

›Unglücklicherweise nicht‹, antwortete ich und suchte verzweifelt nach etwas von Relevanz, was ich zu meinen Gunsten anführen konnte. ›Ich könnte Fotos machen und als Kameramann mitkommen.‹

›Mein Kollege Anatoly kommt als offizieller Fotograf auf die nächste Expedition mit‹, antwortete Peter. ›Haben Sie denn gar keinen wissenschaftlichen Hintergrund? Ich muss es schließlich vor der Akademie rechtfertigen, Sie mitzunehmen.‹

›Benutzen Sie auf Ihren Expeditionen Kamele?‹, fragte ich. ›Ich habe ziemlich viel Erfahrung mit Kamelen in Afrika gesammelt.‹

›Das ist es!‹, rief er. ›Kamele. Wir brauchen einen Kamel-Experten. Wir brauchen jemanden, der eine Untersuchung der Population des wildlebenden *Camelus bactrianus*, des Trampeltiers in der mongolischen Gobi, durchführt.‹

›Ich weiß nichts über wildlebende Trampeltiere‹, sagte ich. ›Überhaupt nichts. Ich wusste nicht einmal, dass es so ein Tier gibt.‹

›Sie werden alles Nötige über das Trampeltier lernen, wenn Sie mit uns kommen‹, sagte Peter Gunin. Er zwinkerte mir ziemlich deutlich zu. ›Vorausgesetzt, Sie können die Devisen beschaffen.‹

›Wie viel wollen Sie?‹

›Fünfzehnhundert Dollar plus Flugkosten.‹

›Ich werde versuchen, das aufzutreiben‹, sagte ich ohne das geringste Zögern. Ich hatte keine Ahnung, wie ich das auftreiben sollte oder ob ich in meinem Job freibekommen würde. Ich wusste nur, dass ich mit diesem liebenswürdigen Professor in die mongolische Gobi musste.«

Das Ergebnis dieser Zufallsbegegnung war, dass John mehrere Expeditionen in die Wüsten Chinas und der Mongolei unternommen hat und so viel mehr als jeder andere über die wildlebenden Trampeltiere, ihre Gewohnheiten, Lebensräume, ihren Populationsstatus und ihre Geschichte weiß.

Trampeltiere ernähren sich größtenteils von Sträuchern. Ihre Höcker dienen als reichhaltiger Fettspeicher, der es ihnen erlaubt, lange ohne Nahrung auszukommen. Auch sind sie in der Lage, lange ohne Wasser durchzuhalten – das, entgegen der landläufigen Meinung, nicht in den Höckern gespeichert wird. Wenn sie Wasser finden, können sie bis zu 25 Liter auf einmal trinken, um so die Reserven aufzufüllen. Vor 200 Jahren zogen die Trampeltiere durch die Wüsten der südwestlichen Mongolei, des nordwestlichen China bis hinein nach Kasachstan, in Lebensräume, die von felsigen Bergen über Ebenen bis hin zu hohen Sanddünen reichten. Jahre der Verfolgung haben die Spezies auf vier kleine, fragmentierte Populationen reduziert, drei davon im Nordwesten Chinas (ungefähr 650 Tiere) und eine in der Mongolei (etwa 450 Tiere).

Der Primärfeind heißt Mensch
Ihre Feinde sind die Menschen, die Jagd auf sie machen, im Wüstensand, wo sie zu überleben versuchen, nach Öl forschen, Atombombentests im Herzen ihrer Heimat durchführen und auf der Suche nach Gold ihre wenigen Weiden mit Kaliumzyanid vergiften. Es kann sein, dass es weniger als 1000 von ihnen gibt – sie sind stärker bedroht als der Große Panda.

»In meinem Kampf für dieses ängstliche, scheue Wesen«, schrieb mir John, »habe ich Expeditionen geleitet, vier davon auf zahmen Trampeltieren, und zwar in einigen der atemberaubend schönsten und doch lebensfeindlichsten Regionen, die man sich vorstellen kann. Ich bin durch Sperrzonen gereist, die man über 40 Jahre nicht hatte betreten dürfen, habe die erste aufgezeichnete Durchquerung der Gashun Gobi von Norden nach Süden unternommen und das Glück gehabt, über einen Außenposten der alten, verlorenen Stadt Lou Lan zu stolpern. Und ob ich nun hinter zahmen Trampeltieren oder Dromedaren hermarschiert bin oder den Horizont nach ihren wilden Verwandten abgesucht habe, diese Tiere haben es mir ermöglicht, das zu tun, was ich am liebsten tue: Forschen.«

John hat einen immensen Respekt für diese erstaunlichen Geschöpfe entwickelt, die so ideal für die Wüstenumgebung geeignet sind. »Kürzlich«, erzählte er mir, »reiste ich mit Pasha, einem einhöckrigen Dromedar, dreieinhalb Monate durch die Sahara. Als ich so Tag für Tag auf ihm ritt, wurde er mir ein wunderbarer Weggefährte. Gegen Ende folgte er mir überallhin, wie ein Hund und schnüffelte an meiner Hosentasche, in der ich seine geliebten Trockendatteln hatte.«

John gründete 1997 die Wild Camel Protection Foundation (WCPF), eine in Großbritannien registrierte Wohltätigkeitsorganisation, um Geld für Schutzmaßnahmen für das wildlebende Trampeltier zu sammeln. Die WCPF überzeugte in Zusammenarbeit mit herausragenden chinesischen Wissenschaftlern die chinesische Regierung, das 67 500 Quadratmeilen große Nationale Naturreservat Arjin Shan Lop Nur für wildlebende Trampeltiere einzurichten – das ist größer als Polen und fast so groß wie Texas.

Es ist ein wildes, ödes Wüstenland, wo aufgrund der geringen Wassermenge, die den Großteil des Jahres über zur Verfügung steht, abgesehen von salzigem Matsch, der an die Oberfläche quillt, nur wenig überleben kann. Früher gab es dort Süßwasser aus der Schneeschmelze in den Bergen. Aber der Bau von Dämmen und die übermäßige Nutzung dieses Wassers für die Landwirtschaft haben es mehr oder minder verschwinden lassen, außer vielleicht in der gebirgigen Region im Süden des Reservats. Die wildlebenden Trampeltiere haben gelernt, zu überleben, indem sie das salzige Wasser trinken, das ihre zahmen Vettern nicht anrühren würden – auch wenn die wildlebenden Trampeltiere natürlich Süßwasser immens bevorzugen, wenn sie es bekommen können.

Bei meiner ersten Begegnung mit John versuchte dieser, Geld für fünf Wildhüterstellen im Reservat aufzutreiben und ich konnte zwei großzügige Freunde, Fred Matser und Robert Schad überreden, das Geld für drei der Stellen zu spenden. Es war nicht schwierig – beide waren von meiner Schilderung der Trampeltiere, ihres wilden Lebensraums und dem, der sein Leben für ihre Rettung riskierte, in Bann geschlagen. Und beiden ist der Schutz der natürlichen Welt ein leidenschaftliches Anliegen.

John und ich begegneten uns zufällig in Peking wieder, im Hauptquartier des chinesischen Jane Goodall Instituts, als er einen Workshop organisierte, an dem Regierungsdelegierte Chinas und der Mongolei teilnehmen sollten. Er brauchte die Kooperation beider Länder, um das Überleben der wildlebenden Trampeltiere in den aneinandergrenzenden Gebieten beider Länder sicherzustellen. Die wildlebenden Trampeltiere waren in der Mongolei bereits seit 1982 im großen Gobi-Reservat A unter Schutz gestellt und waren es nun auch in dem neu eingerichteten Reservat in China, aber es gab keine Kommunikation zwischen den beiden Ländern. Der Workshop führte zu einer historischen Übereinkunft, die von der chinesischen und der mongolischen

Regierung unterzeichnet wurde, gemeinsam die wildlebenden Trampeltiere entlang der internationalen Grenze zu schützen. Man hatte auch beiderseits zugestimmt, bei einem Datenaustauschprogramm zusammenzuarbeiten.

Dennoch gibt es nach wie vor große Bedenken hinsichtlich der Zukunft des wildlebenden Trampeltiers, und zwar trotz dieser erfolgreichen Schachzüge zu ihrem Schutz. Man hat sie jahrhundertelang wegen ihres Fleisches und ihrer Häute gejagt und tut dies heute noch – entweder als »Sport« oder weil man sie für Konkurrenten der domestizierten Tiere beim wertvollen Wasser und Weideland in den Wüsten hält. Ironischerweise war es die fünfundvierzigjährige Zeitspanne, als die Gashun-Gobi als nukleare Testzone genutzt wurde und der Zutritt dort strikt verboten war, die ihnen ihr einziges Refugium verschaffte. Doch mittlerweile wurde eine Gaspipeline durch die einst verbotene Wüste gebaut und darüber hinaus wimmelt es dort von illegalen Goldsuchern, die die Umwelt mit hochgiftigem Kaliumzyanid vergiften. Hybridisierung mit domestizierten Kamelen ist eine weitere Gefahr für das Überleben der wilden Trampeltiere. Aus diesen Gründen waren John und der WCPF der Meinung, es sei wichtig, ein Aufzuchtprogramm in Gefangenschaft für Trampeltiere einzurichten.

2003 stimmte die mongolische Regierung dieser Idee nicht nur zu, sondern spendete auch noch großzügig ein passendes Gebiet für die Zucht – Zakhyn-Us, nahe des großen Gobi-Reservats A, wo eine Süßwasserquelle das ganze Jahr über ihre Versorgung sicherstellt. Man errichtete einen hohen Zaun, einen Stadel für Heu und drei Pferche, in denen die gefangenen Trampeltiere und neugeborenen Kälber Unterschlupf vor extremem Wetter suchen könnten. Was enorm wichtig ist, da die mongolischen Winter in der kältesten Zeit des Jahres von Dezember bis April sehr streng sein können und man es mit Temperaturen von minus 40 Grad oder kälter zu tun hat.

In den Sommermonaten, wenn das Fieber der Paarungszeit sich gelegt hat und die Geburtensaison vorüber ist, werden die gefangenen Trampeltiere aus dem umzäunten Bereich entlassen, so dass sie in der Nähe ihrer natürlichen Heimat als Herde weiden können. Während dieser Phase werden sie ständig von einem mongolischen Hirten und seiner Familie überwacht, die vom WCPF dafür bezahlt werden. In der Zwischenzeit kann sich das Gras im umzäunten Gebiet erholen.

»Nach den ersten drei Jahren«, schrieb mir John, »wurden den elf Trampeltierweibchen und dem Trampeltierbullen, den die mongolischen Hirten eingefangen hatten, sieben Junge geboren.«

Das letzte Mal, als ich mich mit John traf, brachte er wunderbare Neuigkeiten mit. Nach einem erfolgreichen Trainingskurs der Edge Fellowship, der bei der zoologischen Gesellschaft von London abgehalten worden war, hatte er zwei junge Wissenschaftler – einen Chinesen und einen Mongolen – eingeladen, zwei Nächte mit ihm in einem Gher (die mongolische Version einer Jurte) auf seinem Land in England zu verbringen. »Wir sangen Lieder und der Whisky floss in Strömen und das half, die Vorurteile abzubauen und die Freundschaft zwischen den beiden zu vertiefen«, sagte er. Die beiden Wissenschaftler sind mittlerweile enge Freunde und stehen in regelmäßigem E-Mail-Kontakt zu den Problemen, denen sich die Trampeltiere in ihren Ländern gegenübersehen. »Trotz aller technischen Wunder«, sagte John, »ist es immer noch der menschliche Kontakt, der wirklich zählt, und so wird es auch immer bleiben.«

Bevor wir auseinandergingen, gab mir John einen der sechs Winterhüte, gewebt aus dem Haar, das die Trampeltiere im Zuchtprogramm abgeworfen hatten. Bald wird es mehr dieser Hüte geben – die Frau des Hirten hat eine kleine Industrie daraus gemacht und verkauft ihre Produkte auf der Website der Wild Camel Protection Foundation. Dieser weiche Hut ist eines meiner kostbarsten Besitztümer und liegt jetzt, da ich dies schreibe, neben mir – als Symbol der Hoffnung, sowohl für die Menschen als auch die Trampeltiere der chinesischen und mongolischen Wüsten.

Der Große Panda *(Ailuropoda melanoleuca)*

Ich habe noch nie einen Panda in freier Wildbahn gesehen. Das haben wenige, selbst jene nicht, die Jahre damit verbracht haben, sie im Feld zu studieren. Ich habe mehrere gesehen, die die chinesische Regierung an größere Zoos verliehen hat, darunter 1972 das erste Paar, das an den Smithsonian National Zoo in Washington geschickt worden war. In jüngerer Zeit habe ich den Exemplaren des Zoos von Peking einen Besuch abgestattet, wo ich zu meiner Überraschung sah, wie das Männchen es sich in einer Astgabel bequem gemacht hatte. Natürlich wusste ich, dass Pandas oft klettern, besonders die Jungen – ich hatte sie mir nur einfach nicht da oben zwischen den Blättern vorgestellt, was allerdings kaum überraschend ist, da die meisten Zoos erst kürzlich damit begonnen haben, ihren Pandas Gelegenheiten zum Klettern zu verschaffen.

Don Lindburg, der Teamchef für Große Pandas im Zoo von San Diego, hält Mei Sheng hoch, das zweite Junge, das in seiner Einrichtung geboren wurde. Mei Sheng zog mit vier Jahren nach China, um Teil des Zuchtprogramms von Wolong für Große Pandas zu werden. (Bild: San Diego Zoo)

Die Heimat des Großen Panda ist Südchina, in gemäßigten Misch-Laubwäldern östlich des tibetanischen Plateaus. Auch wenn es mittlerweile an die 1600 in der Wildnis geben mag, ist ihre Zukunft alles andere als gewiss. Eines der Probleme, vom Verlust ihres Lebensraums abgesehen, ist ihre Ernährung. Sie sind Bären – doch anders als andere Bären können sie nur von bestimmten Bambusarten leben. Da Bambus nicht besonders nährstoffreich ist, müssen die Großen Pandas riesige Mengen davon vertilgen. Insofern war es besonders besorgniserregend, als ein massives Bambussterben im Lebensraum der Pandas einsetzte. Es war undenkbar, dass der Große Panda, ein Symbol der Nation, aussterben sollte. Also schickte die chinesische Regierung Wissenschaftler ins Feld, um herauszufinden, was los war.

Erste Studien in freier Wildbahn
Professor Hu Jinchu und seine Kollegen bauten eine Hütte im Wolong Naturreservat in den Qionglai-Bergen. Dort schloss sich ihnen drei Jahre später mein guter Freund Dr. George Schaller an, der bei einer vom WWF finanzierten Feldstudie mit den chinesischen Wissenschaftlern zusammenarbeiten sollte. Damals waren die Verhältnisse in China schwierig. Nach viereinhalb Jahren hatte George das Gefühl, er könne nichts mehr beitragen

und kehrte dem Projekt den Rücken. Später sollte er in seinen Erinnerungen an das Projekt schreiben: »Mich erfüllte eine schleichende Verzweiflung, als der Panda mehr und mehr von der Angst um sein Aussterben überschattet wurde.«

Und tatsächlich ging zwischen 1975 und 1989 der halbe Lebensraum des Großen Panda in der Provinz Sichuan aufgrund von Abholzung und Landwirtschaft verloren; der verbleibende Wald war zersplittert von Straßen und anderem Menschenwerk. Das beeinflusste unter anderem die Regeneration des Bambus, da sich dieser am besten unter dem Dach eines Laubwaldes entwickeln kann. Die Panda-Population wurde in kleine, isoliert voneinander lebende Gruppen zerstreut. Und das ist, wie George es formulierte, »schon die Blaupause für das Aussterben«. Außerdem wurden die Pandas illegal von Wilderern getötet.

Auch Pan Wenshi begann in den 1970er Jahren mit den Großen Pandas zu arbeiten und zwar mit seinen eigenen Forschungen in den Qinling-Bergen. Sein formales Studium war von der Kulturrevolution unterbrochen worden, so dass er nicht mit denselben universitären Zertifikaten wie andere Panda-Forscher starten konnte. Dennoch dauerte sein Projekt 13 Jahre, während derer er und sein rein chinesisches Team 21 Pandas mit Sendehalsbändern versahen und beobachteten, was wertvolle Informationen über alle möglichen Aspekte ihres Verhaltens zutage förderte.

Devra Kleiman, deren Arbeit mit den Goldenen Löwenäffchen in Teil 2 dargestellt wird, war in die Arbeit zum Schutz der Pandas involviert, seit sie 1978 China das erste Mal besuchte und so lernte sie Pan Wenshi recht gut kennen. Bei einem ihrer Besuche, im November 1992, versprach Pan, dass sie zu Ehren ihres 50. Geburtstags ihren ersten wildlebenden Panda zu Gesicht bekommen sollte. Sie machte sich mit einigen seiner Teammitglieder zu einer Höhle auf, wo ein Weibchen und ihre Jungen ihren Bau hatten – doch als sie ankamen, waren die Pandas weg. Pan war am Boden zerstört. Doch plötzlich erklangen Panda-Rufe durch das Tal »und so bekam ich nicht nur einen wilden Panda zu sehen, sondern drei – einen, der auf einem Baum saß und zwei am Boden«, sagte Devra. »Es war eine ungeheuer ungewöhnliche Sichtung, da die Forscher fast nie Pandas zusammen sahen, wenn nicht gerade Paarungszeit war, besonders nicht im November. Pan war genauso aufgeregt wie ich!«

Ein weiterer Biologe, der sich Mitte der 1990er Jahre dem Team im Wolong-Naturreservat anschloss, war Dr. Matthew Durnin, der mittlerweile auch Vorstandsmitglied im JGI-China ist. Er sagte mir, er habe nur einmal in seinen zehn Jahren, da er die steilen, dicht bewaldeten Hänge auf und ab stapfte und nach einem auffälligen Zeichen suchte, das ihm zeigen würde, wo der Panda sei – wie etwa Reste von Bambus oder Pandakot –, einen Panda in freier Wildbahn gesehen.

Von Zeit zu Zeit schlossen sich Studenten dem Team an, um ein paar Monate Erfahrung im Feld zu sammeln. Da das Forschungsfeld so groß war, teilte sich das Team auf und tauschte dann am Ende des Tages die gewonnenen Informationen aus. »Eines Abends«, erzählte Matt, »kam ich von einem weiteren Panda-losen Tag zurück und bemerkte sofort, dass etwas im Busch war. – Einer der Studenten, der erst seit zwei Monaten bei dem Projekt war, hatte nicht nur einen Großen Panda aus der Nähe gesehen, sondern ihn auch noch fotografiert!« Offenbar waren der Student und der chinesische Forscher in die Nähe des Pandas gekommen, als dieser schlief und beim Aufwachen hatte er etwas groggy gewirkt. Sie warteten fünf oder sechs Minuten, bis das Tier schließlich völlig wach wurde und weglief. Den einzigen Panda, den Matt je zu Gesicht bekommen hatte, sah er nur kurz, als der über einen weit entfernten Bergkamm lief.

Während seiner Zeit in Wolong lernte Matt viele Mitarbeiter kennen, die vor Ort angestellt waren. »Von denen habe ich so viel gelernt«, sagte er mir. »Sie bekamen nicht viel bezahlt, aber sie waren so voller Energie und scheinbar so enthusiastisch, dass man hätte glauben können, sie hätten sich diese Arbeit ausgesucht – obwohl es tatsächlich einfach nur sehr wenige Arbeitsmöglichkeiten gab und sie wahrscheinlich kaum eine Wahl hatten.«

Der Wärter Wee Pung stammte aus einer ethnischen Minderheit und hatte schon fast 15 Jahre in Wolong gearbeitet. Er schien sehr stolz auf das Reservat und seine Rolle als Wärter zu sein. »Dieser Mann«, erzählte Matt, »hielt die ganze Zeit Wache über diesen Ort und lebte im Wald.« Und auch wenn er diesen Beruf aus Not ergriffen haben mag, erzählte Wee Pung eines Tages Matt, dass er nicht einmal, seit er sich dem Projekt angeschlossen hatte, in der Lage gewesen sei, seine Familie zu besuchen – er konnte sich die Fahrt einfach nicht leisten. Matt nahm an, dass seine Familie sich am anderen Ende des Landes befände. Doch wie sich herausstellte, »war sie nur zwei Stunden mit dem Auto entfernt.« Und so fuhr ihn Matt natürlich hin.

Zucht in Gefangenschaft

Die Chinesen haben viel Aufwand und Geld in Programme für die Nachzucht in Gefangenschaft gesteckt, hatten aber über Jahre wenig Erfolg. Viele westliche Wissenschaftler wurden in das Zuchtzentrum in Wolong eingeladen, um für kurze Zeit mit den chinesischen Wissenschaftlern zusammenzuarbeiten – Devra ging 1982 selbst für mehrere Monate nach China. Damals kam man nur sehr schwer zu der Einrichtung. Man musste von der Hauptstraße aus etwa eine Stunde bergauf gehen und, wie Devra sagte, »musste man die Pandas von Hand dorthin transportieren – zwei Arbeiter pro Panda – auf dem steilen, glitschigen Weg, der durch zwei Tunnel verlief, die aus der Bergflanke gesprengt worden waren.«

Eines der Probleme bei der Nachzucht in Gefangenschaft war damals, wie Devra mir erzählte, mangelnde Einsicht in das Verhalten der Pandas, was zu Fehlern bei der Haltung führte. Die Pandas wurden getrennt voneinander gehalten und hatten keine Möglichkeit, miteinander in soziale Interaktion zu treten. Selbst während der Paarungszeit wurden Männchen und Weibchen einander nur selten vorgestellt, da man Angst vor Aggressionen hatte. Künstliche Befruchtung war die bevorzugte Methode zum Herbeiführen einer Schwangerschaft. Tatsächlich gab es nur wenige Männchen, die überhaupt in der Lage waren, sich auf natürliche Art mit Weibchen zu paaren. Das lag, wie Devra meinte, teilweise daran, dass sie keine Gelegenheit zu klettern hatten und ihre Hinterläufe daher oft nur schwach entwickelt waren. Manchmal hatte das Weibchen bei der Kopulation Schwierigkeiten, das Männchen zu stützen und das Männchen war oft kaum in der Lage, die Besteigungsposition zu halten.

1995 bis 2000 schickten die Zoos von San Diego und Atlanta nach Anfragen aus China ihre Wissenschaftler nach Wolong, um dort mit den chinesischen Kollegen zusammenzuarbeiten. Mein guter Freund, Don Lindburg, sein Post-Doktorand Ron Swaisgood und Rebecca Snyder aus Atlanta leisteten dort eine Menge erfolgreiche Arbeit. Gleichzeitig arbeiteten chinesische Zoos, besonders die von Wolong und Chengdu, daran, Pandas zu züchten.

Erfolg

Endlich begannen 2000 erstmals die Geburten die Todesfälle zu überwiegen und von 2005 an konnte die gefangene Population einen signifikanten Zuwachs verzeichnen. »Das war«, sagte Devra, »eine direkte Konsequenz aus der veränderten Einstellung zur Haltung der Pandas. Insgesamt ist der

Matt Durnin im Wolong-Naturreservat in China bei der Untersuchung eines sieben Monate alten Pandas. (Bild: Matt Durnin)

deutliche Anstieg der Zahlen bei der gefangenen Population in jüngerer Zeit deshalb zustande gekommen, weil die Bedingungen für die Pandas besser geworden sind und öfter natürliche Paarungen stattfinden.« Dank einer neuen Möglichkeit, die im Zentrum für die Nachzucht in Gefangenschaft im Chengdu-Zoo entwickelt worden war, konnte man jetzt einer Pandamutter dabei helfen, ihre Jungen aufzuziehen, wenn sie Zwillinge warf. Zuvor hatte eine Mutter üblicherweise eines ihrer beiden Babys aufgegeben – was nicht weiter überraschend ist, da es eine Menge Arbeit bedeutet, zwei Jungpandas aufzuziehen. Wie kleine Kätzchen können auch Pandajunge mehrere Wochen nicht ohne Stimulation urinieren oder ihren Darm entleeren – machbar bei einem Baby, äußerst schwierig bei zweien. Jetzt geht der Mutter jedoch ein menschlicher Helfer zur Hand: Die Zwillinge rotieren, so dass sich der menschliche Helfer um das eine Junge kümmert, wenn die Mutter mit dem anderen beschäftigt ist. Das Ergebnis war, dass 2008 in Wolong eine 95 %-Überlebensrate bei den dort geborenen Pandasäuglingen herrschte, verglichen mit 50 % in den Jahren zuvor.

Die ersten Monate eines Jungpandas
Neulich aß ich mit meinem alten Freund Harry Schwammer, dem Direktor des Wiener Zoos, zu Abend, der ebenfalls am Zuchtprogramm für Gro-

ße Pandas beteiligt ist. Er sagte mir, dass sie kürzlich ihre erste Pandageburt zu verzeichnen gehabt hätten. Die leitende Wärterin, Eveline Dungl, erzählte mir, wie die Mutter, Yang Yang, in ihrem Freigehege einen mit Zweigen ausgelegten Bau angelegt hatte, aber in der Folge in eine speziell für sie vorbereitete Nistkiste im Innern gezogen war. Zwei Tage später hörte Eveline ein Quieken, »das definitiv nicht von Yang Yang kam«.

Yang Yang war eine hervorragende Mutter und erst als das Baby namens Fu Long zweieinhalb Monate alt war, ging sie wieder mehrere Stunden am Stück hinaus, um zu fressen. »Jetzt, wo Fu Long beinahe ein Jahr alt ist, ist er schon recht selbstsicher und erkundet seine Umgebung. Auch wenn er sich noch größtenteils von Muttermilch ernährt, interessiert ihn der Bambus schon sehr. Und er probiert auch gern Blätter und Zweige von anderen Pflanzen. Es gibt keinen Baum im Gehege, auf den er nicht schon geklettert wäre und keine Plattform, auf der er nicht schon ein Nickerchen gehalten hätte.«

Harry Schwammer und seine Mitarbeiter tauschen sich bei der Frage, wie sich die Großen Pandas wieder auswildern lassen, ständig mit chinesischen Wissenschaftlern aus. Sie glauben, dass es wichtig ist, die Jungpandas mit minimalem Kontakt mit ihren menschlichen Pflegern aufzuziehen. Aber wie wir noch sehen werden, gibt es viele weitere Herausforderungen.

Probleme bei der Wiederaussiedelung

Die Idee einer Wiederaussiedelung in China wurde 1991 mit einem Veto belegt, was sich 1997 und 2000 wiederholte, mit der Begründung, dass man nicht genug wusste, besonders über wildlebende Pandas und ihren Lebensraum. Auch war man der Meinung, es stünde für ein solches Langzeitprojekt nicht genug Geld zur Verfügung. Schließlich und endlich konnte keines der momentanen Zuchtsysteme passende Kandidaten liefern. Jedoch wurde 2006 Xiang Xiang, ein junges Männchen aus dem Zuchtzentrum von Wolong, in das Reservat entlassen. In der Dokumentation, die ich über ihn sah, schien es ihm gut zu gehen. Sein Wärter zeigte ihm, wie man den richtigen Bambus auswählte und die Daten aus seinem Senderhalsband zeigten, dass er manchmal Wanderungen von mehr als fünf Meilen unternahm – um dann stets zum Auswilderungsort zurückzukehren. Jedoch endete dieser scheinbar gute Beginn tragisch, als er offenbar von den ursprünglichen Panda-Einheimischen angegriffen und verwundet wurde. Und obwohl er sich von den Verletzungen erholte, wurde er wieder angegriffen und starb an den Verletzungen.

Tourismus und Bewusstsein
Heute bringen viele chinesische Schulen ihren Zöglingen etwas über das Verhalten der Großen Pandas und Naturschutz bei, besonders in den Provinzen Chengdu und Sichuan, wo man sehr stolz auf die Pandas ist. Und tatsächlich hat der Große Panda Chengdu auf die Karten des Tourismus gebracht. Chengdu ist die Schlüsselstadt für den Besuch des Wolong Reservatszentrums für Große Pandas, in dem Besuchern Vorträge gehalten und Filme gezeigt werden. Es wird ihnen sogar erlaubt, mit kleinen Pandajungen zu spielen. Was für ein Schock war es da für eine Gruppe amerikanischer Touristen, die dieses Zentrum besuchten, als 2008 ein schreckliches Erdbeben die Berge der Sichuan-Provinz verwüstete. Ein Artikel in der *New York Times* berichtete, die Gruppe sei voller Bewunderung für »die Großzügigkeit und den Heldenmut« der Panda-Wärter gewesen, die ihnen geholfen hatten, die Straße zu erreichen. »Die Wärter riskierten ihr Leben«, sagte einer der Besucher. »Das war eine echt gefährliche Angelegenheit.« Und als alle Besucher in Sicherheit waren, rannten die Wärter zurück und retteten alle 13 Pandajungen, wobei sie sie unter den Armen trugen, während sie gefährliche, felsenübersäte Straßen zu meistern versuchten. Während des Erdbebens wurde ein Großteil der Gehege zerstört, ein Panda wurde getötet, einer wurde verletzt und sechs entkamen (von denen vier später wieder eingefangen wurden.)

Natürlich richtete sich die unmittelbare Besorgnis auf das Leid der Tausenden betroffenen Menschen, besonders der Kinder, die in den mit billigen Mitteln errichteten Schulen starben. (Sämtliche zehn Schulen der Roots & Shoots-Gruppen des JGI waren betroffen. Die meisten Lehrer und Schüler verloren ihre Häuser und viele mussten den Verlust von Familienmitgliedern beklagen. Ihre Schulgebäude sind größtenteils eingestürzt oder unbrauchbar. Ein Junge wurde getötet.)

Es herrschte jedoch auch nationale und internationale Besorgnis um die wilden Pandas, von denen die meisten in den 44 Naturreservaten der Sichuan-Berge leben. Dr. Lu Zhi, ein führender Experte für Pandas und der Direktor der chinesischen Conservation International, sagte, selbst als man noch versuchte, Abhilfe bei der menschlichen Tragödie zu schaffen, versuchte man auch herauszufinden, wie sehr die Pandas betroffen waren.

»Die Zeit der Pandas ist jetzt«
Während der 1990er Jahre gab es Veränderungen in der chinesischen Naturschutzpolitik, aufgrund der massiven Überschwemmungen im Yangtse-

Bassin, die die Regierung veranlassten, kommerzielle Abholzungen zu verbieten und massive Renaturierungsbemühungen an den Steilhängen der Hügel einzuleiten. Der bisherige Kahlschlag hatte dazu geführt, dass die Schutzschicht, die zur Erhaltung der Wasserscheiden nötig war, verschwunden war. Zum Glück für den Großen Panda fiel ein Großteil dieser Region in sein Einzugsgebiet. Für die Chinesen ist der Große Panda ein Schatz der Nation und plötzlich schien es möglich, neue Reservate für ihn bereitzustellen. Erst kürzlich, 2006, brachte die Regierung sogar noch stärkere Unterstützung für den Schutz des Lebensraums des Großen Pandas zum Ausdruck, als die Provinzregierungen von Sichuan und Gansu übereinkamen, die verstreuten Naturreservate in den Minshan-Bergen auszudehnen und zu verbinden, vermutlich die Heimat etwa der Hälfte der 1590 Pandas.

Über die Jahre wurden Konferenzen, auf denen der Schutz des Großen Panda Thema war, in Berlin (1984), Tokyo (1986), Hangzhou, China (1988) und Washington D.C. (1991) abgehalten. 2000 brachte die zoologische Gesellschaft von San Diego Wissenschaftler aus China, Europa und Nordamerika zusammen, um sich über das aktuelle Verständnis des Großen Panda auszutauschen. Bekannt unter dem Namen »Panda 2000« führte diese Konferenz zu neuer Zusammenarbeit sowie Freundschaften und lieferte eine Menge neuer Informationen, die in einem dickeren Band unter dem Titel *Giant Panda: Biology and Conservation* veröffentlicht wurden. In seinem Vorwort schrieb Don Lindburg: »Die möglicherweise deutlichste Übereinstimmung, die sich aus diesem Ereignis ergab war, *dass die Zeit des Panda jetzt ist.*«

George Schaller, der so pessimistisch gewesen war, als er China in den 1980er Jahren verließ, schrieb in seiner Einleitung zu dem Buch: »Die heutigen Aussichten für die Rettung des Großen Panda haben nie dagewesene Ausmaße erreicht.«

Die Geburt eines Pandas: Ein Symbol neuer Zusammenarbeit
Vor ein paar Monaten traf ich mich mit meinem Freund Donald Lindburg in Kalifornien, um über seine jahrelange Beteiligung an den Zuchtprogrammen für Große Pandas in Wolong und San Diego zu sprechen. Er erzählte mir von einer Geburt, deren Zeuge er geworden war und ich bat ihn, mir eine Darstellung zu schicken. Es war 1999 im Zoo von San Diego die erste Geburt, seit denen im National Zoological Park in den späten 1980er Jahren.

Bai Yuns Schwangerschaft war gut verlaufen. »Kürzlich hatte ein Tierarzt die Anwesenheit eines Fötus in der Gebärmutter von Bai Yun mit Ultraschall bestätigt«, schrieb Don, »und ihr Hormonprofil ließ auf eine Niederkunft innerhalb von Tagen schließen. Jetzt hatte die Wache der letzten 24 Stunden begonnen und ein Videomonitor zeigte die Mutter in ihrem Gebär-Bau, die Mitarbeiter waren mucksmäuschenstill. Es gab genug Hinweise, dass zu diesem entscheidenden Zeitpunkt etwas schieflaufen, sehr, sehr schieflaufen könnte, was zu gemischten Gefühlen von Hoffnung und Aufregung führte.

Bereits früh am Tag waren die ersten Zeichen der Wehen deutlich erkennbar. Als sich die Geschwindigkeit von Bai Yuns Anspannungen erhöhte, erklang plötzlich ein kratzig klingendes Heulen, ein Geräusch, das die eifrigen Zuschauer noch nie zuvor gehört hatten. Zwei der Mitarbeiter aus dem Wolong-Zentrum in China und schon zuvor Zeuge von Geburten, gaben das Zeichen, dass alles in Ordnung sei.

Aller Augen hingen wie gebannt am Monitor, als die frischgebackene Mutter Bai Yun sich vorbeugte und ihr wenige Sekunden altes Junges vom Boden des Baus aufhob. Sie legte es auf ihren immensen Bauch und begann, es kräftig abzulecken. Bald gab das Junge eine neue Art von Geräusch von sich – ein Geräusch, das wir später Zufriedenheits-Vokalisation nannten – und sank in sein erstes postnatales Nickerchen.

Die Luft vibrierte vor Aufregung. Alle Anwesenden wollten schreien und klatschen, hielten sich aber aus Angst, sie könnten die Mutter im nahe gelegenen Bau stören, sehr zurück. In den nächsten Tagen holten *Good Morning America* und die *Today Show* sowie die örtlichen Medien die aktuellen Neuigkeiten dieses ungewöhnlichen Ereignisses ein. Aus China traf im Konsulat von Los Angeles insgeheim die Nachricht ein, das Junge solle, sobald es 100 Tage alt sei, Hua Mei genannt werden, was übersetzt ›China-USA‹ bedeutet.

Die Symbolik war klar. Eine einzige Geburt wird die Spezies nicht retten – aber die neu eingeschlagene Richtung zu ihrem Schutz stand fest.«

Das Zwergwildschwein *(Porcula salvania)*

Ich habe die Familie der Schweine immer geliebt. Das erste Tier, das ich je »an mich gewöhnt« hatte, war ein Sattelschwein, das ich Grunter [Grunzer] taufte. Es lebte zusammen mit zehn anderen auf einem Feld. Ich nahm ihm wäh-

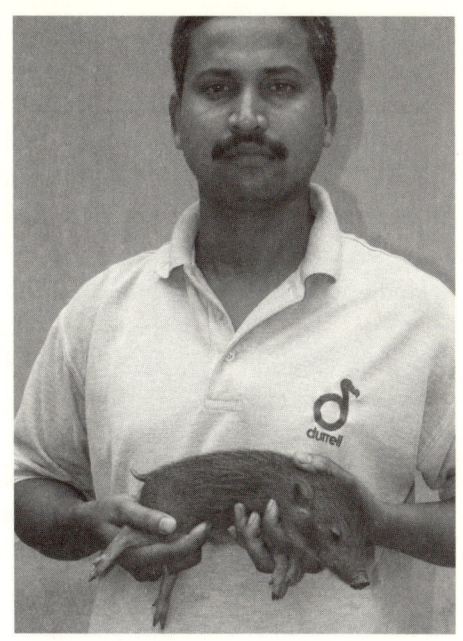

Die Population der Zwergwildschweine war bereits auf ein paar Überlebenskünstler geschrumpft, die im Manas-Nationalpark in Indien lebten. Viele engagierte Menschen haben mitgeholfen, dieses einzigartige hochintelligente Tier durch Nachzucht in Gefangenschaft wiederanzusiedeln. (Bild: Goutam Narayan)

rend der Sommerferien jeden Tag nach dem Essen meinen Apfelbutzen mit und schließlich ließ er sich von mir den Rücken kratzen! Welch ein Triumph!

Eine meiner Lieblingserinnerungen an Gombe war, als eine Rotte von Buschschweinen an mir vorüberzog, während ich ganz still im Wald saß. Sie wussten nichts mit mir anzufangen, starrten und schnüffelten, kamen näher – bis ich umzingelt war. Eines gab einen grunzenden Alarmruf von sich und sie rannten ein paar Meter davon, kamen aber zurück, um mich wieder stumm anzustarren. Schließlich zogen sie weiter, raschelten durch die Blätter und fraßen heruntergefallene Mbula-Früchte. Außerdem habe ich auch eine Zeitlang Mitglieder einer anderen Schweinefamilie beobachtet: Die Warzenschweine auf den Ebenen der Serengeti, wie sie auf ihren gebeugten Knien grasten, mit hochgerecktem Schwanz dahinliefen und sich um die besten Schlafplätze für die Nacht rangelten. Bei Nachtfahrten durch Deutschland, Ungarn und Tschechien habe ich einen Blick auf Wildschweine erhascht.

Als ich die ersten Zwergwildschweine zu Gesicht bekam – ein Paar in einem Züricher Zoo – konnte ich meinen Augen kaum glauben. Ein Schwein, höchstens 30 Zentimeter hoch und mit einem Maximalgewicht von 20 Pfund! Ich war mir sicher, ich hätte es mit zwei Jungtieren zu tun –

doch es waren vollständig ausgewachsene Tiere, dunkelbraun mit struppigem Fell, kurzen Beinen und einem winzigen Schwanz. Beim Männchen konnte ich erkennen, wie die Eckzähne aus dem Maul herausspitzten.

Der Mann, der diese zierlichen Geschöpfe 1847 zuerst beschrieb, B. H. (Brian Houghton) Hodgson, muss ziemlich verblüfft gewesen sein. Er hielt sie für eine andere Tierart und obwohl andere Wissenschaftler später das Zwergwildschwein zu einem Verwandten des Wildschweins erklärten, sollte Hodgson schließlich doch recht behalten. Aktuelle genetische Forschungen weisen darauf hin, dass Zwergwildschweine zu einer einzigartigen Gattung gehören und keine nahen Verwandten haben.

Sie leben in Gebieten, die mit hohem, dichtem Gras bewachsen sind, wo sie sich als Allesfresser von Wurzeln, Knollen, den unterschiedlichsten wirbellosen Tieren, Eiern und so weiter ernähren, wobei sie während des Tages fressen, wenn es nicht so heiß ist. Sie bauen recht ausgeklügelte Nester, wobei sie oft mit der Schnauze und den Hufen eine Mulde graben, am Rand Erde aufhäufen. Diese Mulde wird dann mit Gras ausgefüttert, das sie an allen Seiten herunterbiegen, um dann noch mehr (Gras) im Maul herbeizuschleppen, mit dem sie ein Dach bauen. Üblicherweise bewohnen einige Weibchen mit ihren Jungen das eine Nest, während die Männchen, die Einzelgänger sind, sich ihre eigenen bauen. Ihre Feinde sind – abgesehen vom Menschen – Python und Rothund (auch bekannt als asiatischer Wildhund). Für jene unter ihnen, die sich für Kleinigkeiten interessieren, sei erwähnt, dass das Zwergwildschwein der einzige Wirt der blutsaugenden Schweinelaus *(Haematopinus oliveri)* ist. Einer Laus, die als kritisch gefährdet eingestuft wird und ihren Namen von William Oliver bekommen hat, dem Vorsitzenden der IUCN Spezialistengruppe für Schweine, Pekaris und Flusspferde.

Als ich die Zwergwildschweine in Zürich sah, hatte ich keine Vorstellung davon, wie gefährdet sie waren. Einst waren sie von Bhutan bis Nordindien und Nepal verbreitet. Aber in der Wildnis haben ihre Zahlen aufgrund mehrerer Faktoren während des letzten Jahrhunderts ständig abgenommen: Alle haben mit dem Wachstum der menschlichen Bevölkerung im Schwemmgebiet des Brahmaputra zu tun: Überweidung, kommerzieller Holzschlag, Überschwemmungskontrollprogramme, das Abernten von Gras für den Bau von Dächern und besonders Brände. Das Ergebnis war, dass man Ende der 1950er Jahre glaubte, das Zwergwildschwein sei ausgestorben und 1961 wurden sie auch so in den Listen geführt.

Zehn Jahre später besuchte J. Tessier-Yandell, ein Teepflanzer aus Assam, Gerald Durrell in seinem Zoo in Jersey, England, und fragte ihn, ob es irgendwelche besonderen Tiere in Assam gäbe, an denen er Interesse hätte. Lachend sagte Durrell: »Ja, besorg mir ein Zwergwildschwein.« Und genau das tat er! Er fand vier, die auf einem Markt für Teegärtner verkauft wurden. Man hatte sie auf einer kleinen Plantage gefunden, wo sie sich versteckten, nachdem ein Wald in der Nähe abgebrannt war. Man hoffte, sie würden sich fortpflanzen, aber es war niemand verfügbar, der professionellen Rat erteilen könnte und so wurde nichts daraus, obwohl man noch ein paar Zwergwildschweine mehr anschaffte. Damit war klar, dass das Zwergwildschwein eindeutig nicht ausgestorben war. Durrell machte hocherfreut Pläne für ein Nachzuchtprogramm und stellte die Finanzierung für Feldforschung sicher.

William Oliver, der zu dieser Zeit der wissenschaftliche Berater Durrells im Zoo von Jersey war, organisierte Mitte der 1970er Jahre ausgedehnte Felduntersuchungen und zog den Schluss, dass sich nur noch kleine Überbleibsel an Zwergwildschwein-Gruppen in Assam befanden, in den Ebenen südlich des Himalaya. Es gab nicht mehr als 1000 Exemplare und die Zerstörung ging weiter.

Es war 1977, als die beiden Zwergwildschweine, denen ich begegnet war, in den Züricher Zoo geschickt wurden. Zunächst lief alles gut: Die Sau wurde trächtig und warf gesunde Ferkel. Doch dann starb sie bei einem »Unfall«. Den Ferkeln ging es weiterhin gut, aber das einzige Weibchen unter ihnen blieb unglücklicherweise nur mit ihrem Vater und ihren Brüdern zur Gesellschaft zurück. Sie war erst ein Jahr alt, als sie schwanger wurde (was viel zu jung ist) und starb bei der Entbindung. So endete diese Hoffnung auf Nachzucht in Gefangenschaft. Die einzigen anderen Zwergwildschweine, die nach Europa geschickt worden waren, gingen 1898 an den Londoner Zoo, wo beide starben, ohne Junge großzuziehen.

1996 bekam der Durrell Wildlife Conservation Trust (damals der Jersey Wildlife Preservation Trust) zusammen mit einer Subvention der EU die Erlaubnis, in Guwahati (der Hauptstadt Assams) ein Nachzuchtprogramm anzufangen und so wurden sechs Zwergwildschweine aus der letzten überlebenden Population im Nationalpark von Manas eingefangen.

Anfang 2008 rief ich auf Ratschlag der Frau von Gerald Durrell, Lee, Goutam Narayan an, der das Programm leitet. Die Stimme, die aus Indien bei mir ankam, klang warmherzig und er war großzügig mit seiner Zeit. Er erklärte, dass das Zuchtprogramm dank der Hilfe Parag Dekas, eines hervorragenden Tierarztes, der von Anfang an Mitglied des Teams war, gut lief. »Wir befolgten die etablierten Zuchtrichtlinien – und verließen uns auf unseren gesunden Menschenverstand«, sagte er. Üblicherweise werden einmal im Jahr vier oder fünf Junge geboren. Bei der Geburt wiegen sie kaum 150–180 g, sind zuerst gräulich-rosa und entwickeln in der zweiten Woche blassgelbe Streifen. In der Wildnis leben sie etwa acht Jahre, bringen es aber in Gefangenschaft auf zehn.

Ich fragte Goutam, ob er aus seinen langen Jahren im Projekt irgendwelche Geschichten zu erzählen habe. Er berichtete mir von einem örtlichen Forsthüter in Manas, der ein junges Zwergwildschwein halb erfroren und dem Tod nahe an einem kalten Oktobertag 2002 im Fluss treiben gesehen und es gerettet hatte. Der Tierarzt Parag Deka machte sich flugs nach Manas auf und versuchte alles, um das Schweinchen wiederzubeleben. Als sich sein Zustand verschlechterte, brachte er es ins Zuchtzentrum von Guwahati, wo sich das kleine Männchen entgegen aller Wahrscheinlichkeit wundersamerweise erholte. Es hat sich als wertvolle Verstärkung des Zuchtprogramms erwiesen, neue Gene aus der Wildnis mitgebracht und in den vergangenen sechs Jahren mehrere Würfe gezeugt.

»Von den sechs ursprünglichen Tieren«, erzählte mir Goutam, »haben wir es mittlerweile auf etwa 80 gebracht, verteilt auf zwei Zentren.« Er sagte, die Schweine seien bereit, ausgewildert zu werden, »aber das Problem ist die fortgesetzte Ausbeutung der Umwelt.« Ich konnte die Frustration in seiner Stimme hören. Das Zwergwildschwein ist, wie er erklärte, eine gute »Indikatorenspezies« – sie reagiert sehr sensibel auf Störungen in der Zusammensetzung der Kräuter und anderer Pflanzen im Gras. Und er wurde nicht müde zu betonen, »sie brauchen Gras für ihre Nester«. Sie verstecken sich in ihren Nestern und finden so Schutz vor Hitze und Kälte. »Sie brauchen alle das ganze Jahr über Gras«, berichtete er.

In der Zwischenzeit hat der Durrell Wildlife Conservation Trust neben dem Pygmy Hog Conservation Program unter der Führung von William Oliver und in Zusammenarbeit mit dem Forstamt von Assam an der Erstellung von Plänen gearbeitet, die das Langzeitmanagement der Spezies sicherstellen sollen; dazu gehört auch das Festlegen eines geeigneten Ortes für die Aussiedlung. Und im Frühling 2008, erst vier Monate, nachdem ich mit Goutam gesprochen hatte, wurden drei Gruppen von Zwergwildschweinen, insgesamt 16 Tiere (sieben Männchen und neun Weibchen) zu einer

Einrichtung in der Nähe des Namer-Nationalparks gebracht, das Ganze mit dem Ziel, eine zweite Population in der Wildnis zu errichten. Dort lebten sie fünf Monate in Auswilderungsgehegen, die so entworfen waren, dass sie den natürlichen Grasland-Lebensraum widerspiegelten und die Schweine so auf das Leben in der Wildnis vorbereiteten.

Zuletzt kam der Tag, da sie an den Ort ihrer Bestimmung gebracht wurden, das Sonai Rupai Wildlife Sanctuary, 110 Meilen nördlich von Guwahati. Nach zwei Wochen in für sie vorbereiteten Gehegen wurden die Tore geöffnet und es stand ihnen frei, sich davonzumachen. Man verfolgte ihre Bewegungen durch direkte Beobachtung von Köderstationen aus, sowie durch die Untersuchung von Exkrementen und Nestern. Goutam erzählte mir kürzlich in einer E-Mail, dass es den meisten von ihnen gut geht und eines der Weibchen sogar in der Wildnis geferkelt hatte.

Man hat in den umliegenden Dörfern ein groß angelegtes Aufklärungsprogramm gestartet, da feststeht, dass die kleinen Schweine ohne die Zusammenarbeit der Leute vor Ort keine Chance haben, in der Wildnis zu überleben. Jetzt, da ich dies schreibe, sind bereits zwei weitere potentielle Auswilderungsstellen in Assam entdeckt worden, und zwar in den Nationalparks von Nameri und Orang. Ich bin entschlossen, auf einer meiner Reisen nach Indien Goutams Einladung anzunehmen und diesen bezaubernden kleinen Zwergwildschweinen zu begegnen sowie den engagierten Leuten, die so hart für ihre Rettung arbeiten.

Der Europäische Ibis oder Waldrapp *(Geronticus eremita)*

Im Februar 2008 begegnete ich Rubio, einem der 32 Waldrappe, die im Konrad-Lorenz-Institut in Grünau in Österreich untergebracht sind. Diese Vögel werden etwa 60 Zentimeter lang und haben den langen, gebogenen Schnabel, der für alle Ibisse typisch ist. Sie haben einen charakteristischen Gefiedersaum am Genick, doch ihre Köpfe sind kahl und weisen kein Gesichts- oder Schopfgefieder auf, außer im Kindesalter. Ich hatte gehofft, im Gras sitzen zu können, während sie frei um uns herumflogen, wie sie es sonst auch tun, aber unglücklicherweise waren alle eingesperrt, weil die Raubrate in letzter Zeit ungewöhnlich hoch gewesen war.

So ging ich mit einem der Wärter und Dr. Fritz Johannes, dem Leiter des Projekts, in das riesige Vogelhaus. Aus der Nähe betrachtet waren sie wun-

Ich hatte das unglaubliche Glück, Rubio besuchen zu dürfen, einen der wenigen von Hand aufgezogenen Waldrappe in Österreich, denen man den winterlichen Zug nach Süden beibringt, indem man sie Ultraleichtfliegern nachfliegen lässt. (Bild: Markus Unsöld)

derschön, denn wir hatten Glück mit dem Wetter: Die kalte Wintersonne brachte den herrlich schimmernden Glanz ihres fast schwarzen Gefieders zur Geltung und schien auf ihre langen rosa Schnäbel und Beine. Die Jungtiere, deren Federn bronzefarben sind, hatten ihre Federkappen noch nicht verloren.

Zunächst zogen die Vögel es vor, nur von ihrem Wärter und Fritz Mehlwürmer anzunehmen, doch dann entschied Rubio wohl, dass ich auch O.K. war und zog von Fritz' Schulter auf meine um. Nachdem er eine Unmenge Mehlwürmer vertilgt hatte, machte er sich an das ernste Geschäft, mich zu striegeln. Was mich wirklich erstaunte, war, wie warm sich sein Schnabel anfühlte und wie umsichtig und sanft er ihn benutzte, als er mein Haar putzte. Er unternahm auch den Versuch, meine Ohren und Nasenlöcher einer Untersuchung zu unterziehen – wobei ich zugeben muss, dass ich darauf nicht so scharf war!

Schließlich ließ er sich davon überzeugen, zu seinem Wärter zurückzukehren – doch nicht, bevor er mich auf der Rückseite meiner Jacke mit einer weißlichen Flüssigkeit markiert hatte. Das bringt natürlich Glück, also versuchte ich, dankbar zu sein.

Ich war zusammen mit dem Team vom JGI-Österreich nach Grünau gereist, um etwas über die Versuche zu erfahren, dem Waldrapp eine Zugroute von Österreich nach Süditalien beizubringen. Im Vogelhaus neben dem von Rubio lebten die Waldrappe, die am Frühlingszug über die Alpen teilnehmen sollten.

Ausgestorben in Europa
Der Ibis war einst von den trockenen Gebirgszügen Südeuropas bis nach Nordwestafrika und den mittleren Osten verbreitet. Heute jedoch ist er eine äußerst seltene Vogelart geworden, da er durch die Benutzung von Pestiziden, dem Lebensraumverlust und der Bejagung wegen seines schmackhaften Fleisches fast in seinem gesamten früheren Verbreitungsgebiet ausgerottet wurde. Der letzte Waldrapp verschwand im 17. Jh. aus Europa. In den 1980er Jahren glaubte man, die Spezies sei auch im mittleren Osten ausgestorben, nachdem man die letzte verbleibende Wildkolonie für ein Aufzuchtprogramm in Gefangenschaft eingefangen hatte.

Zwischen 1950 und dem Ende der 1980er Jahre verschwanden auch die letzten wandernden Kolonien in den Bergen von Marokko. Glücklicherweise hatte man jedoch Vögel aus dieser Kolonie in den 1960er Jahren für Ausstellungen in europäischen Zoos eingefangen und so wurden sie zu den Gründern eines internationalen Zuchtprogramms in Zoos. Ich sah Nachkommen dieser ersten Vögel in Innsbruck, wo man sie seit 40 Jahren züchtet.

2000 glaubte man, es gäbe nur noch eine Kolonie von etwa 85 Brutpaaren der *(nicht-wandernden)* europäischen Ibisse in der Wildnis, und zwar im Sous Massa Nationalpark in Marokko. Doch dann fand man zur Überraschung und Freude der Biologen eine kleine Gruppe in der syrischen Wüste. Es waren nur sieben Vögel, aber es gab drei Nester und sie hatten Junge – sieben wurden 2003 flügge.

Ein von Menschen geführter Vogelzug
Die (normalerweise) frei fliegende Zuchtkolonie, die ich in Österreich besucht habe, wurde 1997 eingerichtet. Der Waldrapp kann während der Sommermonate gut in den österreichischen Alpen überleben, sich von Insekten und anderen wirbellosen Tieren ernähren, aber die Wintermonate würden sie dort nicht überstehen. Um eine autarke Population zu schaffen, wäre es also nötig, dass die Vögel lernen, wie schon in der Vergangenheit, in wärmere Klimazonen zu ziehen. Und so erstellte man eine Studie zur

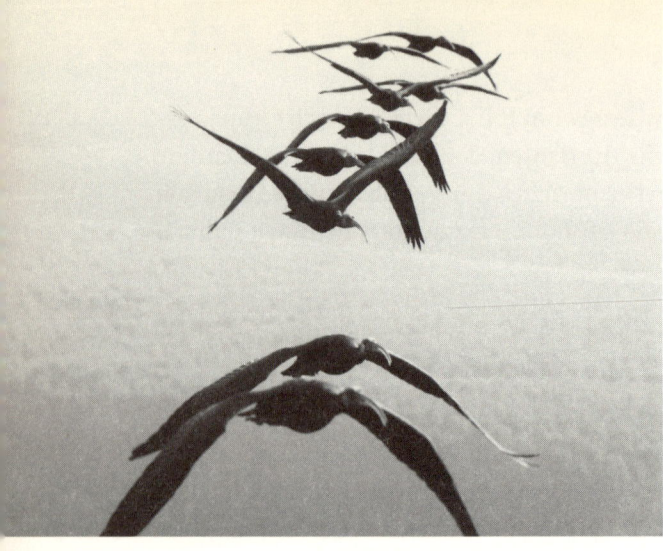

Flugformation der Ibisse in Norditalien aus der Perspektive des Ultraleichtfliegers. (Bild: Markus Unsöld)

Durchführbarkeit des Plans, dem Waldrapp beizubringen, Ultraleichtflugzeugen auf einer Zugroute über die Alpen in die italienische Toskana zu folgen (basierend auf der Pionierarbeit mit Kanadagänsen und Schreikranichen, wie im letzten Teil beschrieben).

Anders als die Schreikraniche – die, wie wir gesehen haben, von Wärtern aufgezogen werden, die seltsame weiße Gewänder tragen, um zu verhindern, dass die Tiere von Menschen geprägt werden –, werden die Ibisse von Hand aufgezogen und schließen sich eng an ihre Fürsorgepersonen an. Sie bekommen das Geräusch des Fliegers zu hören und die Ziehmutter – Fritz' Frau Angelika – trägt den Helm, den sie während des Flugs aufsetzen wird.

Während ihres Trainings entfernten sich die Vögel anfangs zu weit vom Flieger und das, obwohl Angelika ständig nach ihnen rief. Aber das verbesserte sich nach und nach und am 17. August 2004 begann der erste erfolgreiche Vogelzug, neun Waldrappe folgten zwei Fliegern. Etwas mehr als einen Monat danach kamen die Flieger am 22. September mit sieben Waldrappe im eigens ausgewählten Winterquartier in der Laguna die Orbetello an, einem WWF-Naturreservat in der Südtoskana. (Die anderen beiden Waldrappe schafften die Strecke nicht allein und wurden in Kisten mitgebracht).

Im folgenden Jahr folgte man – mit einem anderen Flieger (mit altmodischen Flügeln und einem stärkeren Motor) – derselben Route und brauchte, bei weniger Zwischenlandungen, nur 22 Tage, vom 18. August bis zum 8. September. Da dieser Flieger auch mit niedrigerer Geschwindigkeit fliegen konnte, konnten die Vögel näher bei ihm bleiben, so dass die gesamte Operation glatter verlief.

Während des Winters 2004–2005 blieben die jungen Vögel nach ihrer Ankunft in der Toskana nahe bei ihrem nächtlichen Schlafplatz und unternahmen selten Ausflüge, die weiter als eine halbe Meile waren. Als jedoch der Sommer heran war, unternahmen sie längere Flüge von bis zu zwölf Meilen, bis sie zurückkehrten. Und einige sah man auf der Zugroute, wie sie Richtung Österreich flogen. Nach ein paar Wochen kehrten sie in die Toskana zurück, aber es schien, dass der Zuginstinkt noch immer gegenwärtig war, wovon sich Johannes, Angelika und der Rest des Teams sehr ermutigt fühlten.

Im Frühling 2006 unternahmen alle Vögel, die 2004 den Fliegern aus Österreich in die Toskana gefolgt waren, lange Flüge, während die, die an dem zweiten erfolgreichen Zug 2005 teilgenommen hatten, in ihrem Überwinterungsgebiet blieben. Wahrscheinlich werden die Vögel mit dem Älterwerden eher in ihre Brutgebiete in Österreich aufbrechen, wenn die Zeit des Frühlingszugs heran ist, und dies scheint genetisch programmiert zu sein.

Der Frühling 2006 war eine aufregende Zeit für Fritz, Angelika und dem Rest des Teams. Sie bekamen einige Berichte über Sichtungen – hauptsächlich von Vogelbeobachtern und Jägern – einzelner Waldrappe, die lange Flüge von bis zu 300 Meilen unternommen hatten. Die meisten von ihnen hatten die Route zurückverfolgt, die ihnen von den Menschen gezeigt worden war. Ein paar jedoch waren weit vom Kurs abgekommen. In manchen Fällen mag es daran gelegen haben, dass sie auf dem Hauptzug einen Teil des Wegs in Kisten verbracht haben (die paar, die dem Flieger nicht hinterhergekommen waren, hatte man einsammeln müssen); so war ihre »Erinnerung« an die Reise unvollständig.

Endlich stellte sich im Frühjahr 2007 der Erfolg ein! Vier der Waldrappe, die 2004 von Grünau aus nach Süden geführt worden waren, hatten die sexuelle Reife erreicht und flogen zu jedermanns Freude nach Österreich. Es handelte sich um das Weibchen Aurelia und die Männchen Bobby, Speedy und Medea. Sie alle kehrten wohlbehalten nach Grünau zurück – »der erste vollständige Wanderungszyklus der Vögel unabhängig vom Menschen«, erzählte mir Fritz stolz. Die Orte, die sie sich für die Zwischenlandungen ausgesucht hatten, waren nicht unbedingt dieselben, wie die, bei denen sie während des von Menschen geführten Zugs Rast gemacht hatten, sie schienen aber von der Art des Lebensraums bestimmt zu sein. Als sie zurück waren, tat sich Aurelia mit Speedy zusammen: Sie zogen drei Junge groß.

Der Herbstzug 2007 in das toskanische Winterquartier begann mit einiger Verwirrung, als die 17 Zugvögel sich den beinahe 40 frei fliegenden Vögeln im österreichischen Konrad-Lorenz-Institut beigesellten. Dort verloren sie die Motivation, nach Süden zu ziehen und blieben lieber bei den anderen, statt sich auf die Reise zu machen. Schließlich entschied man sich, die verwirrten Vögel einzufangen und sie etwa 45 Meilen südlich wieder freizulassen. Ein ausgewachsener Vogel und eines von Aurelias Jungen ließen sich nicht einfangen und blieben in Grünau, aber vier der Erwachsenen, darunter Aurelia und Speedy mit ihren verbleibenden zwei Jungen, machten sich, wie man gehofft hatte, auf die Reise nach Süden.

Einige der Vögel wurden mit einem GPS-Datensammler ausgestattet. Dieser speichert alle fünf Minuten die Position, sobald der Vogel in Reichweite ist, kann der Forscher so die Flugroute genau rekonstruieren. Die Daten zeigten, dass sie exakt der Route gefolgt waren, entlang derer man sie 2004 geführt hatte. Am 15. September wurden Medea, Bobby und Aurelia mit ihren Jungen – aber ohne Speedy – in Osoppo in Norditalien gesehen. Fünf Tage später – einen Tag nachdem der parallel von Menschen geleitete Zug bei der Laguna di Orbetello angekommen war – kamen Aurelia (ohne ihre Jungen) und Medea in der Toskana an. Bobby traf zwei Wochen später ein, aber von den beiden Jungen hat man seitdem nichts mehr gesehen.

Und was war aus Speedy geworden? Seine Geschichte ist faszinierend. Selbst während des ersten Zugs hielt er sich abseits von den anderen. Im Frühling 2007 flog er allein los, flog nach Norditalien, dann weiter nach Slowenien und von dort nach Österreich. Er hielt sich jedoch nicht lang auf und flog gleich in die Steiermark weiter, in die Nähe von Leoben, weiter nach Nordosten, bis er schließlich in die Nähe von Wien kam. Dort machte er kehrt in die Steiermark, wo er, wundersamerweise, Aurelia und Medea begegnete. Daraufhin flogen er und Aurelia gemeinsam nach Grünau.

Dann trennte sich Speedy im Herbst wiederum von der Gruppe, als diese sich gerade auf den Rückflug in die Toskana machte. Dieses Mal hatte man sich entschieden, ihm einen Satellitentransmitter statt eines GPS-Geräts anzulegen. Diese Technologie speichert zwar nur jeden dritten Tag ein paar Positionen, aber diese Daten werden den Forschern in Echtzeit übertragen.

Unglücklicherweise funktionierte das Gerät nicht und übertrug nur eine Position vom 18. September. Doch dieser Datenpunkt war sehr interessant, weil er exakt auf seiner Flugroute – man hatte diese anhand der Frühlings-GPS-Daten rekonstruiert – lag. Mit anderen Worten: Er folgte seinem eigenen, einzigartigen Flugpfad zurück in die Toskana. »Wir bekamen keine weiteren Satelliten-Positionen und auch keine Sichtungsberichte«, sagte Johannes. Speedy scheint verschwunden zu sein. »Nichtsdestoweniger«, sagte er mir, »war der Zug der ausgewachsenen Vögel ein großer Erfolg für das Projekt. Aurelia, Medea und Bobby sind die ersten frei lebenden, unabhängigen, wandernden Waldrappe in Europa nach etwa 400 Jahren! Das motivierte uns sehr.«

Ein weiterer Schritt in Richtung Erfolg
Gerade als ich dies im August 2008 zu Hause in Bournemouth schrieb, bekam ich eine E-Mail von Johannes in Slowenien. Er sagte mir, dass sie eine neue Route ausprobieren, eine Konsequenz der Probleme im Vorjahr. Diesmal führen sie die jungen Ibisse um die Alpen *herum*, statt sie zu überqueren – und »bis jetzt ist es phantastisch«, wie er schrieb. »Die Vögel haben hervorragende Leistungen erbracht, sind mehr als 60 Meilen am Tag geflogen, viel weiter als in den Jahren zuvor.«

Und es gibt auch Neuigkeiten von den sechs älteren Vögeln, die schon die sexuelle Reife erreicht und es gelernt hatten, den Fliegern zu folgen. Im April zogen sie aus Italien nordwärts nach Österreich. Wie im Jahr zuvor landeten sie schließlich in der Steiermark, etwa 50 Meilen von ihrem Geburtsort entfernt. Alle sechs wurden daraufhin in ein kleines Dorf in Norditalien in der Nähe der ursprünglichen Zugroute gebracht, wo man ein geeignetes Vogelhaus vorbereitet hatte. Zwei der Vögel haben sich gepaart und erfolgreich zwei Jungvögel aufgezogen. Das Vogelhaus wurde im Juli geöffnet. Bislang sind die Vögel in der Nähe geblieben, aber Johannes erwartet, dass alle acht »in den nächsten zehn Tagen mit dem Zug beginnen werden.« Wenn die Gruppe die Toskana erreicht – »und es besteht eine gute, realistische Chance, dass sie das tun«, so Johannes, »dann würde das definitiv beweisen, dass ein von Menschen angeführter Vogelzug ein geeignetes methodologisches Werkzeug für die Einführung autarker, wandernder Gruppen Europäischer Ibisse ist.« Das würde einen großen Erfolg für das Team darstellen.

Johannes schloss seine Mail mit dem Bericht eines Plans, 2009 ein neues Projekt in der Region des marokkanischen Atlas zu beginnen, einem der wichtigsten Brutgebiete für den Waldrapp bis in die 1980er Jahren. Der erste Schritt wird darin bestehen, die Verfügbarkeit der Nahrung in einem Gebiet des nördlichen Atlas anhand einiger von Hand aufgezogener Ibisse zu überprüfen.

Ich denke an ihn, wie er sich zusammen mit seiner Frau und dem Rest des Teams für den nächsten Flug in die Toskana bereit macht. Und wenn ich meine Augen schließe, kann ich mich in das Vogelhaus in Österreich zurückversetzen, wo ich mit Johannes und Rubio zusammen saß. Dort habe ich mich in diese reizenden Vögel verliebt, die so ganz anders sind als die Schreikraniche. Ich fühle fast noch die sanfte Berührung von Rubios warmem, rosa Schnabel, als er mich damit striegelte. Als es Zeit war aufzubrechen, hatte ich ihm den letzten Mehlwurm gegeben und die Kolonie widerwillig verlassen, um meinen eigenen, endlosen Zug um die Erde fortzusetzen.

Das Zwergkaninchen *(Brachylagus idahoensis)*

2007 führte mich meine Tour zu einem Vortrag an die Washington State University (WSU) in Pullman. Dort hörte ich vom Zwergkaninchen und den unternommenen Anstrengungen, um es vor dem Aussterben zu bewahren. Sobald man auch nur eines gesehen hat, verliebt man sich in sie – ein perfektes kleines Kaninchen, das kleinste in Nordamerika. Ein ausgewachsenes Tier passte mit Leichtigkeit in meine Handfläche. Kindheitserinnerungen an Peter Rabbit und seine Geschwister Flopsy, Mopsy und Cottontail stiegen in meinem Geist auf. Ich hing am Haken!

Die Population dieser Zwergkaninchen war über Jahrtausende im Columbia Basin von anderen Zwergkaninchen isoliert und weist genetische Unterschiede zu denen auf, die sich in Idaho, Oregon, Montana, Nevada und Kalifornien finden. Die Zwergkaninchen haben sich bei ihrer Ernährung spezialisiert und leben in den trockenen Weidegebieten der westlichen USA von Wüstensalbeisträuchern. Sie brauchen diese hohen, dichten Wüstensalbeisträucher sowohl zum Schutz als auch als Nahrung sowie Böden, die tief genug für das Anlegen eines Bausystems sind. Zwergkaninchen sind eine von zwei nordamerikanischen Kaninchenarten, die tatsächlich ihre eigenen Bauten graben. Beginnend in den frühen 1990er Jahren, sackten die Populationszahlen der Zwergkaninchen in Washington State immer weiter ab, eine Konsequenz des Verlusts ihres Lebensraums, bedingt durch die Fragmentierung der verbleibenden Wüstensalbei-Ökosysteme, die erfolgte, als immer mehr Land von Höfen, Farmen und größer werdenden Städten beansprucht wurde. 1999 fragte das Department of Fish and Wildlife des Staates Washington bei Dr. Rod Sayler und seiner Kollegin Dr. Lisa Shipley

Rod Sayler und Lisa Shipley arbeiten unermüdlich für die Erhaltung und das Überleben der Zwergkaninchen. Hier in der Zuchteinrichtung für bedrohte Tierarten der Washington State University, Pullman. (Bild: Shelly Hanks)

an, ob sie bei der Durchführung von Studien zu den schrumpfenden Populationen helfen würden. Damals arbeiteten Rod und Lisa an der Einschätzung des Einflusses von grasenden Rindern auf Wüstensalbei, von denen man wusste, dass sie für die Zwergkaninchen wichtig waren. Diese Studien hatten kaum begonnen, als man herausfand, dass die größte verbleibende Zwergkaninchen-Population soeben einen heftigen Tiefschlag erlitten hatte – wahrscheinlich aufgrund einer Krankheit. Es waren vermutlich weniger als 30 Exemplare übrig. Der USFWS verlieh diesen Kaninchen 2001 als Notlösung temporär den Status bedroht, wobei dieser Status mit einer endgültigen Entscheidung 2003 zementiert wurde. Damals entschied man auch, ein Nachzuchtprogramm in Gefangenschaft mit dem Ziel zu starten, die Kaninchen in der Folge wieder auszuwildern.

Sechzehn Kaninchen wurden gefangen und in Zuchteinrichtungen geschickt. Sollten noch welche in der Wildnis geblieben sein, waren sie bald verschwunden. Der Zoo von Oregon hatte bereits damit begonnen, die nicht bedrohten Idaho-Zwergkaninchen zu züchten, um dadurch den besten Umgang herauszubekommen, bevor man diese an den kostbaren Überlebenden der Population aus dem Columbia Basin ausprobierte. Rod und Lisa, die das Nachzuchtprogramm an der Washington State University leiteten, fanden heraus, dass die Kaninchen außerhalb der Paarungszeit besser allein in Gehegen lebten, da ein hoher Aggressionsgrad herrschte. Man lernte außerdem viel aus der nächtlichen Beobachtung der Kaninchen über ferngesteuerte Kameras und Infrarotaufnahmen.

Bald wurde deutlich, dass man bei den Exemplaren aus Washington – anders als bei den Idaho-Kaninchen – einen wesentlich geringeren Zuchterfolg hatte, weniger Junge pro Weibchen, niedrigere Wachstumsraten bei den Jungen und einige Knochendeformationen. Alle drei Einrichtungen hatten obendrein mit Krankheiten und Parasiten zu kämpfen. Schließlich zog man den Schluss, der Grund sei die Inzucht-Depression, die aus der reduzierten genetischen Diversität bei der kleinen gefangenen Population resultierte. Jedes Mal, wenn ein genetisch wichtiges Kaninchen starb, bedeutete das, dass wieder ein Stück Vielfalt verloren ging und die Chancen für die langfristige Lebensfähigkeit der winzigen verbleibenden Population sanken. Schließlich kam das Wiederansiedelungsteam des USFWS 2003 zu der Ansicht, dass die einzige Möglichkeit, die reproduktive Fitness der Spezies zu erhöhen und so die Zwergkaninchen des Columbia Basins zu retten, unglücklicherweise darin bestand, dass man es einigen von ihnen erlaubte, sich mit Idaho-Zwergkaninchen zu paaren. Das verschaffte dem Nachzuchterfolg und dem Gesundheitszustand der hybriden Sprösslinge tatsächlich den erhofften Schub.

Schließlich schien es nach sechs Jahren erstmals realistisch, einige der Washington-Zwergkaninchen wieder auszuwildern und wieder einmal ebneten die Idaho-Kaninchen den Weg. 42 in Gefangenschaft gezüchtete Idaho-Kaninchen, ausgestattet mit Senderhalsbändern, wurden in die Wildnis von Idaho entlassen. Es ging ihnen gut und in der Folge der Freilassung warfen mindestens zwei der überlebenden Weibchen.

Die Geschichte von Grasshopper
Mein Besuch an der WSU fand statt, gerade bevor die ersten 20 in Gefangenschaft gezüchteten Zwergkaninchen aus dem Columbia-Basin am 13. März 2007 im Osten des Staates Washington ausgewildert werden sollten, etwa 100 Meilen von der Universität entfernt. Jedes von ihnen war mit einem kleinen Senderhalsband ausgestattet, so dass man ihre Bewegungen im Auge behalten konnte. Alle waren aufgeregt und voller Hoffnung, aber

man war sich auch klar, dass der Erfolg keineswegs garantiert war. Ich traf Len Zeoli, einen Doktoranden, der die Anpassung der Zwergkaninchen an die Wildnis studieren sollte. Und ich begegnete Grasshoper, einem der männlichen Zwergkaninchen, das ausgewildert werden sollte. Was für ein ungeheuer liebenswertes Zwergkaninchen war er doch – die Vorstellung, dass er ein Senderhalsband trägt, stimmte mich traurig. So winzig dieser auch war – das Zwergkaninchen war es schließlich auch.

Natürlich brannte ich darauf, zu erfahren, wie die Auswilderung lief. Len vermeldete, dass alles glücklich verlaufen war und die Zwergkaninchen sich »sehr kaninchenartig« verhalten hätten. Doch es gab unerwartete Probleme – die Hälfte der Zwergkaninchen machte sich aus dem Gebiet, in dem sie freigelassen worden waren, davon, anzunehmenderweise auf der Suche nach einem neuen Zuhause oder neuen Partnern. Das war bei der probeweisen Wiedereinführung in Idaho nicht passiert. Zusätzlich hatte man durch Räuber wie Kojoten und Greifvögel hohe Verluste zu beklagen.

Ich fragte besonders nach Grasshopper. Man sagte mir, dass er und sein Bruder Ant zu acht Männchen gehörten, die sich aus dem Radius der Telemetrie-Geräte, das nur eine Dreiviertelmeile abdeckte, herausbewegt hatten. Schließlich konnte man die beiden doch noch lokalisieren – nur ein paar 100 Meter von der Feldstation entfernt, in der sich Len aufhielt. Irgendwie hatten sie es über dreieinhalb Meilen unwirtlichen und manchmal felsigen Gebiets geschafft. Da er wusste, dass sie nicht besonders lange durchhalten würden, fing Len Grasshopper und Ant ein und so kamen sie zurück in Gefangenschaft.

»Das ganze Wiedereingliederungsprogramm hindurch waren alle eher entmutigt«, erzählte mir Rob. »Aber dann passierte etwas Erstaunliches und gab uns ein bisschen Hoffnung zurück.« Eines Tages, als Len gerade auf Patrouille war, tauchte plötzlich ein Zwergkaninchenjunges aus einem der künstlichen Bauten auf, die man eingerichtet hatte. Es saß da und schaute ihn an und er schaffte es, einige Nahaufnahmen zu machen. »Den Rest des Sommers über sahen wir das Junge regelmäßig«, sagte Len. »Und es wurde durch ein Foto, das in einer Pressemitteilung veröffentlicht wurde, ziemlich berühmt.«

Das Foto bewies, dass in Gefangenschaft nachgezüchtete Zwergkaninchen sich auch in freier Wildbahn schon in der ersten Paarungssaison fortpflanzten – d. h., wenn sie lange genug den Raubtieren entkommen und sich an das trockene Wüstensalbei-Habitat anpassen konnten. »Am Ende des

Sommers wurden die letzten beiden Zwergkaninchen, die wir ausgewildert hatten, von Raubtieren geschnappt und wir gaben die Feldstudie für 2007 auf. Alle hatten auf einen größeren Erfolg gehofft, aber zumindest hatten wir viel gelernt, das den Zwergkaninchen in der Zukunft weiterhelfen wird.«

Rod und Len haben, wie ich gehört habe, ihre Populationsmodell-Studien vollendet und aus diesen den Schluss gezogen, dass die gefangene Population mindestens verdoppelt werden muss, um mehr auswildern zu können. Da die ersten Würfe eines Jahres üblicherweise sterben, womöglich aufgrund des kalten, nassen Erdreichs, richtet die Forschungshelferin Becky Elias in einem Treibhaus Zuchtgehege ein. Man baut inzwischen erheblich größere, natürlichere Gehege, so dass sich die Kaninchen besser an eine natürliche Umgebung anpassen können. Es bestehen Pläne, den nächsten Schwung junger Kaninchen in ein Übergangsgehege bei der Wiederansiedelungsstelle zu entlassen, um sie vor Raubtieren zu schützen, während sie sich noch an das Leben in der Wildnis gewöhnen. Ich hörte, dass Grasshoper und Ant leider gestorben sind, bevor sie unter besseren Überlebensbedingungen wieder freigelassen werden konnten – aber in Gefangenschaft ist eine neue Ladung Zwergkaninchen herangewachsen, die in Zukunft ausgewildert werden kann.

Rod Sayler fasst zusammen: »Wir sind in punkto Wiedereinführung dieser bedrohten Tierart in der Landschaft definitiv noch nicht über den Berg – vor diesem kleinen Kaninchen liegen noch große Herausforderungen. Aber wir haben noch immer Hoffnung! Wir haben viel aus den Auswilderungen im letzten Jahr gelernt und geben nicht auf.«

Meine besten Wünsche für euch alle, die Menschen, die mit von der Partie sind und all die bezaubernden kleinen Zwergkaninchen.

Das Attawari-Präriehuhn *(Tympanuchus cupido Attawarii)*

Das Attawari-Präriehuhn ist, wie die weniger seltenen großen Präriehühner auch, eine Art, die das sogenannte Lek betreibt. Das bedeutet, dass die Männchen auf einem sorgfältig ausgewählten Stück kurzen Grases oder kahlem Boden zusammenkommen. An beiden Seiten ihres Halses befinden sich hellorange Luftsäcke, die die Männchen im aufgeblasenen Zustand befähigen, dröhnende Laute auszustoßen, wenn sie einander herausfordern. Die Weibchen, die von den Geräuschen angezogen werden, versammeln sich beim Lek, der Balzarena, um sich einen Partner zu suchen.

Die Präriehühner gehören zu den Rauhfußhühnern, am Boden nistenden Vögeln, die 40–45 cm groß werden und etwa anderthalb bis zwei Pfund wiegen. Das Gefieder des Attawari-Huhns ist gestreift, mit engen, vertikalen dunkelbraunen Balken und die Männchen haben verlängerte Federn (die man als Pinnae bezeichnet) am Kopf, die wie kleine Ohren von diesem abstehen. Sie sind kleiner als die anderen Präriehühner und haben auch nicht deren bis zu den Füßen reichende Federn. Außerdem sind die Attawari-Hühner an der Oberseite mehr gelbbraun, mit einem hervorstechenden, kastanienfarbenen Hals.

Ich habe nie ein Attawari-Präriehuhn gesehen, von einem Balzritual ganz zu schweigen. Aber ich habe die größeren Präriehühner während ihrer Paarungszeit in den Sandhügeln von Nebraska gesehen. Tom Mangelsen und ich waren vor Tagesanbruch gekommen, in der Hoffnung, das spektakuläre (und nicht wenig komische) Gehabe der Männchen zu sehen.

Die ersten Präriehühner tauchten auf, als es noch nicht hell genug war, ihre Farben zu erkennen, aber bald erleuchtete die aufgehende Sonne das braun gestreifte Leibgefieder, die kurzen, schwarzen Schwanzfedern und das herrliche Orange-Rot ihre Luftsäcke und Augenkämme. Wir erlebten eine umwerfende Darbietung, als mehr und mehr Hähne zum Lek zusammenkamen. Das Tier, das uns am nächsten war, schien das dominante zu sein. Immer wieder begann er damit, sich zur Schau zu stellen – er dröhnte, senkte seine halb ausgebreiteten Flügel, hob den Schwanz und blies seine Luftsäcke auf, das wurde von einem überaus raschen Stampfen der Füße begleitet. Hin und wieder fing einer der Hähne an, mit schnellen, kleinen Schritten auf einen anderen zuzulaufen, den Kopf gesenkt, die

Ein männliches Attawari-Präriehuhn, das in der Paarungszeit die anderen Männchen herausfordert. (Bild: Grady Allen)

Flügel ausgebreitet. Wenn er dem anderen nahe kam, bremste er ab und die beiden starrten sich an, bevor sie in die Höhe sprangen und mit den Füßen nacheinander schlugen. Nachdem sie diese Herausforderung mehrere Male wiederholt hatten, lief einer davon, anzunehmenderweise geschlagen.

Schließlich tauchte eine Henne auf – was dazu führte, dass sich das Sich-in-die-Brust-Werfen und die Scharmützel intensivierten. Dem kleinen Weibchen schien das ganze Treiben völlig gleichgültig zu sein, während sie auf dem Lek herumging. (Man sagte uns, dies sei nicht der Höhepunkt der Paarungszeit – sonst wären noch mehr Hennen aufgetaucht und das Ganze hätte sich weiter angeheizt). Die Show dauerte ungefähr zwei Stunden, dann verschwanden die Vögel im Unterholz. Was für ein bezaubernder Morgen. Ich war der Meinung, dass Gott die Präriehühner wohl erschaffen hatte, um während der dreimonatigen Lekzeit stets Grund zum Lachen zu haben! Es heißt, dass einige Tänze der Indianer der nordamerikanischen Ebenen, besonders die der Lakota, auf diesem Gehabe basieren – ich würde sehr gerne einen sehen!

Einst lebte das Attwari-Präriehuhn auf etwa sechs Millionen Morgen des Ökosystems der Hochgrasprärien, von der Golfküste von Texas nach Louisiana und etwa 75 Meilen landeinwärts. Damals herrschte auf den windgepeitschten Prärien eine große Biodiversität, vor allem verschiedener Gräser. Doch durch eine Reihe von Ereignissen, die wir nur zu gut kennen, wurde mehr und mehr unberührtes Land von der Entwicklung menschlicher Strukturen und der Landwirtschaft verschlungen, und als man damit begann, Flächenbrände zu verhindern, begann eine Invasion von Büschen ins Grasland. Jahr für Jahr verschwanden die Hühner: 1919 aus Louisiana und 1937 gab es weniger als 9000 in Texas. 1967 wurde das Attawari-Präriehuhn als bedroht gelistet und sechs Jahre später räumte ihm der Endangered Species Act zusätzlichen Schutz ein.

Heute ist weniger als 1 % der ursprünglichen Prärie übrig, die einst vom Attawari-Präriehuhn bewohnt wurde, wobei viel davon so fragmentiert ist, dass die verbleibenden Nischen für die Unterhaltung einer lebensfähigen Population zu klein sind. Glücklicherweise wurde Mitte der 1960er Jahre ein Zufluchtsort eingerichtet, als der WWF ein Gebiet von etwa 3500 Morgen kaufte. 1972 wurde dieses an den USFWS übergeben und heute hat das Attawater's Prairie Chicken National Wildlife Refuge 60 Meilen östlich von Houston das Dreifache seiner ursprünglichen Größe und ist eines der größten Überbleibsel von Küstenprärielebensraum im südöstlichen Texas. Die einzigen Gruppen Attwari-Präriehühner in freier Wildbahn außerhalb dieses Refugiums leben auf einem winzigen Stück Land in der Nähe von Texas City.

Der Erhaltungsplan für diese Vögel erforderte die Einrichtung drei geographisch getrennter, lebensfähiger Populationen – insgesamt etwa 5000 Exemplare. Zur Erreichung dieses Ziels entwickelte der USFWS zunächst eine aktive Öffentlichkeitsarbeit sowie ein Aufklärungsprogramm, um Unterstützung für die Vögel zu gewinnen; zweitens wurde weiterhin die aktive Forschung vorangetrieben und drittens suchte man die Zusammenarbeit mit der Regierung und privaten Landbesitzern, um den Lebensraum der Präriehühner zu verwalten. In den frühen 1990er Jahren wurde ein Aufzuchtprogramm in Gefangenschaft mit dem Ziel, die Präriehühner auszuwildern, gestartet.

Die ersten Küken schlüpften 1992 im Fossil Rim Wildlife Center in Texas; andere Organisationen wie die Texas A & M University und einige Zoos schlossen sich an. Sobald die in Gefangenschaft aufgezogenen Küken in der Lage sind, für sich zu überleben, werden sie zu einem geplanten Auswilderungsort gebracht, wo man ihre Gesundheit überprüft und man sie mit Sendern ausstattet. Zwei Wochen kümmert man sich noch in Akklimatisierungsgehegen um sie, woraufhin sie dann in ihre natürliche Umgebung ausgewildert werden. Es hat den Anschein, dass sie genetisch darauf programmiert sind, sich sofort an das Leben in der Hochgrasprärie anzupassen. Mit anderen Worten: Sobald man sie auswildert, verhalten sie sich, als ob sie sich auf eigenem Grund und Boden bewegen.

Ortsansässige bieten Schutz
2007 wurde eine neue Schutzvereinbarung zwischen der Coastal Prairie Coalition der Grazing Lands Conservation Initiative und dem USFWS verabschiedet, die privaten Landbesitzern helfen sollte, Teil der Naturschutzbestrebungen zu werden und den Küstenprärielebensraum wiederherzustellen und zu bewahren. Im August wurden 30 in Gefangenschaft aufgezogene Jungvögel aus unterschiedlichen Einrichtungen auf dem Land einer Privatranch in Goliad County in Texas ausgewildert, einem Streifen Prärie, der seit Mitte des 19. Jhs. stets im Besitz derselben Familie war. Das Ereignis war ein Meilenstein, die erste Auswilderung, die je auf Privatgrund durchgeführt wurde, und auch 2008 und 2009 sollte es dort damit weitergehen.

Man hofft, dass sich noch wesentlich mehr Landbesitzer anschließen werden. Weitere, in Gefangenschaft gezüchtete Vögel sind auf dem Land der Texas Nature Conservancy in der Nähe von Texas City freigelassen worden sowie im Attawater's Prairie Chicken National Wildlife Refuge in der Nähe des Eagle Lake, Texas, mit dem Manager Terry Rossignol.

Das ganze Jahr 2007 haben die Mitarbeiter im Refuge hart dafür gearbeitet, die Zahlen der Küken, die in der Wildnis schlüpfen, zu erhöhen. Sie waren bei insgesamt 12 von 18 Nestern (wobei zwei von diesen zerstört und neu errichtet wurden) erfolgreich und 77 Küken erreichten das Alter von zwei Wochen. Während dieser ersten Wochen sind sie sehr verwundbar – anfällig für Raubtiere, Überschwemmungen und Hungertod. Daher besteht die verzweifelte Notwendigkeit, in dieser Zeit so viele wie nur möglich am Leben zu halten. Man entschied sich, um die Mithilfe von Freiwilligen zu bitten. Zur Verfügung stellten sich 43 Leute – Angestellte des Fish and Wildlife Service aus der Region, eine Magisterklasse eines Naturforschungsprojekts und verschiedene andere. Es war ihr Job, beim Sammeln von Insekten für die Küken und ihre Mütter zu helfen.

Jeder Freiwillige wurde mit einem großen, planenartigen Netz und einigen Plastiktüten ausgestattet und damit in das Hochgras im Refugium geschickt. Ihre Aufgabe war es, das Netz schnell zwischen den Gräsern hin und her zu kehren, um so viele Insekten von möglichst unterschiedlichen Arten wie nur möglich einzufangen. Diese mussten dann, um sie intakt zu halten, in drei Liter fassende Taschen gefüllt werden. Jeden Tag wurde von neun oder zehn Uhr morgens bis etwa vier Uhr Nachmittags gesammelt. Eine Mutter und ihre zehn bis zwölf Küken können am Tag etwa zwölf Tüten voller Insekten verdrücken, solange die Küken noch nicht älter als ein paar Wochen sind. Das sind etwa 100 Insekten pro Küken am Tag.

Ein Huhn, ein Sieg nach dem anderen
Als ich mich mit Terry am Telefon unterhielt, sagte er, dass trotz all der harten Arbeit nur 18 Küken überlebt hatten. Tatsächlich, so sagte er, hatte man angenommen, die Zahl würde noch niedriger ausfallen, aber dann hatte man im September »vier nicht markierte und nicht mit Senderhalsband ausgestattete Vögel gesehen«. Offensichtlich handelte es sich auch bei ihnen um Überlebende aus der Paarungszeit. Trotzdem nimmt es sich immer noch als niedrige Überlebensrate aus – aber es sind 18 Vögel mehr, um die Zuchtkolonie zu stärken.

Ich fragte Terry, was ihm die Kraft zum Weitermachen gibt, wie er über Enttäuschungen und Rückschläge hinwegkommt, denen er sich in seinem Kampf für die Rettung des Attawari-Präriehuhns ausgesetzt sieht. »Manche Tage sind schwieriger als andere«, sagte er. Und bei diesen Tiefpunkten denkt er an die »kleinen Siege« zurück, die sie erleben durften und schafft es so, sich seine positive Einstellung zu bewahren. Er lobte die vielen Freiwilligen, die so hart für dieses farbenfrohe, komische Prärie-Rauhfußhuhn arbeiteten. »Es besteht Hoffnung«, sagte Terry, »solange die Leute willens sind, zu helfen.«

In Terry hat das Attawari-Präriehuhn einen starken Fürsprecher. Er beschäftigt sich seit Februar 1993 direkt mit den Vögeln und denkt nicht daran, aufzugeben. Der Grund für seine Hartnäckigkeit? »Mich haben immer die Underdogs angezogen«, sagte er mir, »und ich mag Herausforderungen. Die Attawari-Hühner haben mir beides geboten. Und tief drinnen wünsche ich mir, dass es das Attawari noch gibt, wenn ich mal Enkel habe, so dass die genauso viel Freude an den Hühnern haben können wie ich.«

Asiatische Geier

Bengalgeier *(Gyps bengalensis)*
Indischer Geier *(G. indicus)*
Schmalschnabelgeier *(G. tenuirostris)*

Ich habe großen Respekt für Geier. Sie faszinieren mich. Ich habe sie nicht in Asien beobachtet, aber Stunden damit verbracht, ihnen auf den Ebenen der Serengeti in Tansania zuzusehen. Wunderschön ist ihre machtvolle Art zu fliegen, ihre Sehkraft ist sagenhaft und ihr Sozialverhalten überaus komplex. Die nackte Haut ihrer Hälse und Köpfe, die manche Leute abstoßend finden, ist absolut notwendig – stellen Sie sich vor, wie es sich anfühlen würde, wenn Blut und Eingeweide Ihre Federn verkleben! Und bei manchen Arten ist diese nackte Haut auch ein Stimmungsbarometer. Wenn ein Tier bei dem Wettbewerb um einen Kadaver zornig wird oder es um die Paarung geht, kann der Hals hellrosa werden! Die Geier sind jedoch auch erstaunlich geduldige Vögel. Manchmal müssen sie, nachdem sie lange Strecken geflogen sind, zusehen, wie die größeren Raubtiere wie Löwen und Hyänen sich vollfressen. Dann sind endlich die Geier an der Reihe, die – oft mit Erfolg – die Konkurrenten der Schakale werden.

Katastrophe in Indien

Mitte der 1990er Jahre wurde Dr. Vibhu Prakash von der naturhistorischen Gesellschaft in Bombay zu einem der ersten Helden, die die wissenschaftliche Gemeinschaft darauf hinwiesen, dass die Geier in Indien starben – völlig unerklärlich und in großer Zahl. In der Tat waren Ende der 1990er Jahre bereits alle drei Geierarten, der Bengalgeier, der Schmalschnabelgeier und der Indische Geier als ernsthaft bedroht gelistet. Man schätzte, dass ihre Populationszahlen in weniger als einer Dekade um 97 % gesunken waren – »einer der steilsten Rückgänge, die je bei einer Vogelart zu verzeichnen war«, so Dr. Debby Pain von der Royal Society for the Protectin of Birds (RSPB). Man fand die Geier auch in Nepal und Pakistan sowie in Indien durchweg tot oder am Sterben vor. An manchen Orten waren sie völlig verschwunden.

Als man beim Peregrine Fund von der Katastrophe erfuhr, schickte man Wissenschaftler aus, um die Zuchtpopulation der Indischen Bengalgeier in der Punja-Provinz in Pakistan zu überprüfen. Im Jahr 2000 fand man dort 2400 besetzte Nester in 13 Brutkolonien vor. Man kehrte jedes Jahr während der Brutsaison zu denselben Stellen zurück und hatte sinkende Zahlen bei den besetzten Nestern zu verzeichnen – und täglich wurden tote Geier eingesammelt. 2006 gab es nur noch 27 Brutpaare. Der Bericht schloss mit den Worten: »Diese Studie hatte den möglicherweise katastrophalsten Populationsniedergang überhaupt bei einer Raubvogelart zu dokumentieren.«

2007 traf ich mich bei meinem Besuch in Indien mit Mike Pandey, einem erfolgreichen Wildtier-Filmer und Naturschützer, und wir sprachen über die Situation der Geier. Er sagte mir, dass er sich, als er bemerkt hatte, wie gefährdet die asiatischen Geier waren, entschieden hatte, die Kadaverhalde in Rajasthan zu besuchen, wo er die Geier schon Jahre zuvor gefilmt hatte. Damals, so sagte er, war er buchstäblich von Tausenden von Geiern umgeben gewesen, die sich um die Kadaver stritten und die Umwelt sauber hielten. Doch bei seiner Rückkehr sah die Situation ganz anders aus.

»Ich schritt über die Kadaver von Tausenden von Geiern hinweg«, sagte er. »Ich ging auf den gebrochenen Flügeln dieser mächtigen Vögel.« Er war schockiert. Ein Rudel wilder Hunde, die auf der Kadaverhalde ihr Futter fanden und sich dort paarten, griff ihn an, aber er schaffte es, auf das Dach seines Jeep zu springen und nur mit ein paar Kratzern davonzukommen.

Geier, die gerade am Rand des nepalesischen »Geier-Restaurants« – ein Ort, wo sie ungefährliche Nahrung, frei von Diclofenac, bekommen – ihren Hunger gestillt haben. (Bild: Manoj Gautan)

Die wichtige Rolle der Aasfresser

Einst hatte der indische Subkontinent, wie Mike mir sagte, die höchste Dichte von Geiern überhaupt – an die 87 Millionen, wie er schätzt. Gleichzeitig gab es etwa 900 Millionen Rinder in Indien, die höchste Zahl weltweit. Die Geier pflegten die Kadaver der Rinder, die in den Städten, Dörfern und auf dem Land starben, wegzuschaffen – geschätzte zehn Millionen im Jahr. Da die Geier so wenig geworden sind, liegen nun Millionen von Rinderkadavern – und auch die von Wildtieren – verwesend herum und erzeugen so eine massive gesundheitliche Gefahr für Menschen und ihre Herden. Die Wildhunde und Ratten, die die Aufgabe der Aasvögel übernahmen, brauchen viel länger, um einen Kadaver abzunagen.

Mike schickte mir eine E-Mail, in der er berichtete, dass kürzlich an vier Orten in Indien Ausbrüche von Anthrax zu verzeichnen waren. »Heiße, sommerliche Luftströmungen könnten leicht die Anthraxsporen oder Pathogene aus den verfaulenden Kadavern in die Stratosphäre und so um die ganze Welt tragen«, schreibt er. Mike ist ernsthaft besorgt, was geschehen würde, wenn wir die asiatischen Geier verlieren. »Unsere gedankenlosen Handlungen haben den Meisterkompostierer aus dem Himmel gefegt«, so seine Worte. Ohne die Geier »werden die verwesenden Kadaver zur Brutstätte für Hunderte von tödlichen, mutierenden Pathogenen, die gefährlicher sind als die Vogelgrippe oder irgendetwas sonst, was dem Menschen bekannt ist.«

Sechs Monate nach meinem Besuch in Indien traf ich mich mit Jemima Parry-Jones, der Direktorin des International Center for Birds of Prey in Großbritannien. Sie sagte, dass am Höhepunkt des Geiersterbens, 1997, laut einer Schätzung der World Health Organisation 30 000 Menschen in Indien an Tollwut gestorben seien – mehr als in jedem anderen Land der Welt. Dies wiederum, sagte sie, sei auf die ungeheure Zunahme von Ratten und wilden Hunden zurückzuführen, beide Überträger der Tollwut. »Das ist nur ein Lehrstück, das zeigt, dass wir keine Vorstellung haben, wie menschenverursachte Artenrückgänge sich später auf den Menschen auswirken werden.«

Ein weiterer Dienst, den die Geier traditionell in Asien geleistet haben, bestand in ihrer Rolle bei den Begräbnisriten in manchen Gemeinden, darunter auch die der Parsen in Indien. Jemima beschrieb ein außergewöhnliches Treffen mit einer Gruppe von Parsen, unter ihnen ein Hohepriester, in einem eher lauten Café in England. Die Parsen erklärten, dass der Niedergang der Geierpopulationen ein ernstes Problem für ihre Gemeinden darstellte, da man sich darauf verließ, die Geier würden die Leichname ihrer Toten fressen, die traditionsgemäß auf einer runden, erhöhten Struktur aufgebahrt würden, die man als Turm der Stille bezeichnete. Nach und nach erstarb der Lärm an den umliegenden Tischen und wich einer etwas verblüfften Stille!

Warum sie starben
Kein Wunder, dass so viele Leute sich um die mögliche Ausrottung der Geier in Asien Sorgen machten – ganz abgesehen von ihrem eigentlichen Wert als Vogelspezies von unglaublichem Design. Anfangs glaubte man, eine Krankheit sei verantwortlich, doch Autopsien toter Vögel ergaben keinerlei virale oder bakterielle Infektionen. Die betroffenen Geier kauerten sich zusammen, ließen Kopf und Nacken hängen und man stellte fest, dass ihre inneren Organe entzündet waren, ihre Leber war bedeckt mit weißlichen Kristallen. Man nahm an, bei den Kristallen handle es sich um Harnsäure und bei der Krankheit um ein Leiden ähnlich der Gicht bei Menschen. Doch was verursachte sie?

Im Mai 2003 präsentierte ein Wissenschaftler, der mit dem Peregrine Fund zusammenarbeitete, bei einem Treffen von Raubvogelbiologen Informationen, die den wachsenden Verdacht zu bestätigen schienen, dass das Geiersterben mit dem entzündungshemmenden Schmerzmittel Diclofenac in Verbindung stand. Geier, die an der Gicht gestorben waren, wiesen eine hohe Konzentration von Diclofenac in ihren Nieren auf. Dieses Präparat für

Tiere hatte es bis in die frühen 1990er auf dem indischen Subkontinent gar nicht gegeben, war dann aber sehr schnell beliebt geworden, da es recht billig war – weniger als ein Dollar für einen Behandlungsverlauf.

Im Januar 2004 bestätigten die Ergebnisse einer gemeinsamen Studie des Peregrine Fund und der ornithologischen Gesellschaft von Pakistan, dass es sich bei Diclofenac in den Kadavern tatsächlich um den Hauptgrund für das Geiersterben handelte. Es war diese wichtige Studie, die schließlich in einem Herstellungsverbot für tierärztliches Diclofenac durch den Hauptmedikamentenbeauftragten Indiens resultierte. Dieses Verbot weitete sich schnell auf Nepal und Pakistan aus.

Unglücklicherweise reicht das nicht aus: Nicht nur, dass es größere Schwierigkeiten bei der Durchsetzung des Verbots gibt, nein, es ist auch nach wie vor legal, es zu importieren, zu verkaufen und zu benutzen. Des Weiteren hat Diclofenac, das legal für die Anwendung bei Menschen hergestellt wird, angefangen, den Veterinärmarkt zu infiltrieren. Bis das Diclofenac nicht vollständig aus der Umwelt Indiens, Pakistans und Nepals verschwunden ist, gibt es keine sichere Zukunft für die asiatischen Geier.

Nichtsdestoweniger war es ein historischer Triumph, dass die indische Regierung die Herstellung dieses Medikaments in so relativ kurzer Zeit verboten hat. Teilweise lässt sich das auf das Erscheinen des Films von Mike Pandey im März 2006 zurückführen. Er erschien unter dem Titel *Broken Wings* und war ein Ergebnis seiner schockierenden Besuche auf den Kadaverhalden. Es ist ein eindrucksvoller Dokumentarfilm, der nicht nur die Gründe für das Geiersterben erklärt, sondern auch die große Rolle, die diese Vögel bei der Aufrechterhaltung eines gesunden Ökosystems in Südasien spielen. Der Film wurde auf allen nationalen Filmkanälen gezeigt und in fünf Sprachen übersetzt. Auch das Radio trug die Geschichte weiter.

Gleichzeitig hat man groß angelegt versucht, auf persönlicher Ebene in Kontakt mit den Einheimischen zu kommen, da diese auf lange Sicht den größten Einfluss auf das Schicksal der Geier haben. Mike erzählte mir, dass die »Earth Matters«-Stiftung lebensgroße Geierpuppen bauen ließ und mit ihnen in ländlichen Gemeinden auf Tour ging, um den Bauern so zu zeigen, wie großartig diese Vögel sind und mit welchen Schwierigkeiten sie zu kämpfen haben. Parallel dazu haben der Peregrine Fund, die RSPB und die naturhistorische Gesellschaft von Bombay mehr als 10 000 Aufklärungsbroschüren und Flyer auf Urdu und Hindi für die Dörfer in Indien und Pakistan produziert, die den verbleibenden Geierkolonien am nächsten liegen.

Ein Geier-Restaurant
Dank einer weiteren Initiative des Peregrine Fund wurde 2003 ein »Geier-Restaurant« nahe eines Brutplatzes in Pakistan eingerichtet, wo nicht kontaminierte Nahrung für die Geier ausgelegt wurde. Doch obwohl dies die Sterblichkeitsrate in der Hauptpaarungszeit reduzierte, machte es keinen Unterschied, sobald die Jungen flügge waren, und so wurde es wieder aufgegeben. Es wird jedoch eine ähnliche Fütterungsstation in Nepal von einer engagierten Roots & Shoots-Gruppe unter der Führung von Manoj Gautam weiter betrieben. Die Gruppe besteht aus ortsansässigen Jugendlichen aus Nawalparasie, einer Stadt, 150 Meilen westlich von Kathmandu. Sie sammeln Tierkadaver (üblicherweise Kühe und Büffel), die kein Diclofenac enthalten und bringen sie zum Geier-Restaurant, um so den Vögeln eine sichere Futterquelle zu liefern. Die Arbeit ist hart – der Transport der Kadaver erfordert viel Zeit, Energie und Geld.

Roots & Shoots arbeitet auch dafür, in den Gemeinden vor Ort ein Bewusstsein für das Problem zu schaffen. Das Ergebnis ist, wie Manoj mir erzählte, dass die Leute ein Interesse für die Rettung der Geier entwickelt haben. Einmal berichteten bspw. 2007 einige Jugendliche der Roots & Shoots-Gruppe, sie hätten Geier nicht identifizierte Kadaver fressen sehen. Manoj und sein Team begaben sich sofort dorthin und sahen, dass bereits die Hälfte des Kadavers gefressen worden war. Aus Angst, er könnte Diclofenac belastet sein, begruben sie die Überreste. Zwei Tage später hörten sie, dass einige der Geier krank waren und zu sterben schienen. Und wieder eilte das Roots & Shoots-Team zum Ort des Geschehens.

»Wir sahen, dass drei der Geier große Schmerzen hatten, am Boden mit den Flügeln schlugen und nicht mehr fliegen konnten«, erzählte Manoj. Ein Vogel schaffte es, davonzufliegen, doch seine Flügelschläge waren schwach. Die anderen beiden starben. Es bestätigte sich der Verdacht auf Diclofenacvergiftung, als Manoj die Vögel sezierte und die verräterischen Anzeichen entdeckte – Harnsäure in Leber und Nieren.

»Schweren Herzens begruben sieben von uns die Geier in zwei Gruben, die die Roots & Shoots-Mitglieder in der Nähe an einem Flussufer ausgehoben hatten«, erzählte mir Manoj. Glücklicherweise konnten diese Todesfälle jedoch die Entschlossenheit des Teams nicht schwächen, sondern verstärkten sie vielmehr noch. »Wir legten gemeinsam das Bekenntnis ab«, so Manoj, »dass wir eine solche Zerstörung nicht wieder geschehen lassen würden.« Ein größeres Problem besteht darin, dass Diclofenac oft von Indien aus über die Grenze geschmuggelt wird. Und so überprüfen die R&S-Mitglieder sogar die örtlichen Tierbedarfsläden auf der Suche nach Diclofenac und tun ihr Bestes, um sicherzustellen, dass niemand das Medikament verkauft.

Die Bedrohung durch das Drachenfest
Es gibt noch eine weitere Gefahr für die Geier – eine aus einer völlig unerwarteten Richtung. Einmal im Jahr werden in ganz Asien ungeheuer populäre Drachen-Festivals abgehalten – ein Brauch, der dem Westen durch den eindrucksstarken Bestseller, der auch verfilmt wurde, von Khaled Hosseini, *Drachenläufer*, lebhaft vor Augen gebracht wurde. Diese Festivals werden Ende des Winters zur Feier der Erntezeit abgehalten. Wettbewerbe im Drachenfliegen sind ein alter Brauch, aber in jüngerer Zeit wurden die traditionellen Baumwollfäden durch Schnüre, die mit scharfem, zerstoßenem Glas überzogen sind, ersetzt. Während der Zeit der Feste wird der Himmel Tag für Tag von Tausenden von Drachen verdunkelt. Die Drachen treten miteinander in Wettbewerb, versuchen, einander aus dem Himmel zu verdrängen und mit den rasiermesserscharfen Schnüren die Drachen der Gegner durchzuschneiden ... alles nur zum Spaß.

Unglücklicherweise werden von den neuen Drachenschnüren Tausende von Vögeln getroffen und verletzt, darunter auch viele Geier. Mike Pandey erzählte mir, eine als »Maajah« bezeichnete Schnur sei die gefährlichste – manchmal schneidet sie einem Vogel seine Flügel vollständig ab. Er berichtete, dass allein 2008 beim Drachenfest in der Stadt Ahmedabad mehr als 8000 verletzte Vögel, darunter vier übel zugerichtete Geier von den Nichtregierungsorganisationen und Freiwilligen vor Ort abgeliefert wurden.

Was sogar noch tragischer ist, wie Mike mir sagte, ist die Tatsache, dass diese Feste auf dem Höhepunkt der Brutsaison abgehalten werden. »Es ist von vordringlicher Wichtigkeit, zu den alten Baumwollfäden zurückzukehren und auch dafür zu sorgen, dass die neuen Schnüre nicht verstrickt in Büschen und Bäumen zurückbleiben«, sagte er. Glücklicherweise gibt es einen Hoffnungsschimmer in dieser Situation. Die »Earth Matters«-Stiftung kämpft gemeinsam mit anderen besorgten Organisationen und einzelnen Menschen für ein landesweites Verbot der glasüberzogenen Schnüre. Außerdem drehte Mike einen Streifen, der im Nationalen Filmnetzwerk Indiens übertragen wurde und in dem er die Leute bat, die Benutzung der Maajah-Schnur zu unterlassen.

Nachzucht in Gefangenschaft: Die Lösung?
Während der internationalen Geier-Konferenz in Indien Anfang 2004, wurde eine Resolution verabschiedet, um ein Nachzuchtprogramm für alle drei asiatischen Geierarten auf den Weg zu bringen, um sie so vor dem Aussterben zu schützen. Diese wurde später von der International Union for the Conservation of Nature ratifiziert.

Als ich Jemima begegnete, erzählte sie mir, dass »wir in Indien mittlerweile drei Einrichtungen haben; die eine, die älteste, ist in Pinjore, außerhalb von Kalka im Staat Haryana, eine in Westbengalen und eine in Assam. Die in Assam wird sich vor allem auf den Schmalschnabelgeier konzentrieren, da sie in seinem natürlichen Verbreitungsgebiet liegt und er der seltenste der drei kritisch bedrohten Arten ist.«

Wie bei vielen Raubvögeln, ist es selten leicht, an Eier oder Küken für die Zucht zu kommen. »Ich werde nie vergessen, wie wir die Küken für das Nachzuchtprogramm zusammengetragen haben«, sagte uns Jemima. »Wir fuhren über Meilen auf einer der unheimlichsten Straßen, die ich seit Langem gesehen habe, und als wir am Nest angekommen waren, nahm einer der indischen Dorfbewohner seine Schuhe ab, schnappte sich ein Hanfseil und kletterte auf einen der riesigen Bäume, um ein Geierküken einzusammeln, das zusammen mit einem anderen Küken in dem Programm aufgezogen werden sollte. Ich dachte an meine Freunde aus den USA, die teure Seile und Karabiner gebraucht hätten, wenn sie auf diesen Baum hätten steigen sollen.«

Im Januar 2007 schlüpfte das erste Bengalgeierküken in Pinjore, überlebte aber unglücklicherweise nicht. Als ich im Januar 2008 mit Jemima sprach, sagte sie mir, dass noch mehr Bengalgeierpärchen in der Einrichtung nisteten und auf Eiern saßen. »Die Küken sollten bald schlüpfen«, sagte sie, »aber man muss im Auge behalten, dass die Mitarbeiter Zeit brauchen, um die Erfahrung zu sammeln, die sie befähigen wird, alles richtig hinzukriegen.«

Im Zuchtprogramm in Indien gibt es momentan 170 Vögel – etwa 40 in Westbengalen, vier in der neuen Einrichtung in Assam und den Rest in Pinjore. »Unser Ziel ist es«, so Jemima, »75 Pärchen zusammenzubekommen, 25 von jeder Art, und zwar in jeder der Einrichtungen, bevor wir irgendwelche Wiederaussiedlungen durchführen, und natürlich muss die Umwelt 100-prozentig sicher für sie sein.« Viele der Vögel, die verletzt worden sind – besonders während der Drachenfeste – können ohnehin nicht wieder freigelassen werden.

Nepal plant seine eigene Zuchteinrichtung, aber es mangelt teilweise an Unterstützung. Pro und Kontra von Nachzucht in Gefangenschaft, mit dem Ziel einer endgültigen Aussiedlung in die freie Wildbahn werden, wie wir gesehen haben, immer wenn eine Spezies dem Aussterben nahe ist, heiß diskutiert. Manoj ist sehr angetan von der Aufmerksamkeit und den Mitteln, die der Schutz der asiatischen Geier in jüngerer Zeit erhalten hat, glaubt aber, dass die Nachzucht in Gefangenschaft ultima ratio sein sollte, wenn es nur noch geringe Hoffnung gibt, eine Art in ihrem natürlichen Lebensraum zu retten. Und er meint, die Situation in Nepal sei noch nicht so verzweifelt, dass Nachzucht in Gefangenschaft deshalb gerechtfertigt erscheint. »Wir haben neuerdings positive Anzeichen für die Situation des Geiers beobachten dürfen«, schrieb er mir.

Seine Hauptsorge besteht darin, dass man plant, viele Vögel einzufangen, um das Zuchtzentrum auf den Weg zu bringen. Er befürchtet, dies könne einen negativen Einfluss auf die etwa 400 verbleibenden Brutpaare in Nepal haben. Auch ist er skeptisch, ob die in Gefangenschaft aufgezogenen Vögel jemals effektive Aasfresser werden oder die einzigartigen sozialen Fähigkeiten erlernen können, die sie brauchen, um in der Wildnis zu überleben. »Wir müssen die Geier als effektive Aasfresser bewahren, nicht als Bälle aus Fleisch und Knochen, die mit Federn bedeckt sind und keine Ahnung vom Aasfressen haben«, sagte er mir. »Sie müssen ihre natürliche Lebensweise lernen, was nur möglich ist, wenn sie in der Wildnis aufgezogen werden.«

Und so würden Manoj und andere, die ebenfalls gegen die Nachzucht in Gefangenschaft sind, lieber sehen, wenn die Gelder in den besseren Schutz der Brutpopulation in der Wildnis fließen würden, also in die ständige Überwachung der Nester, Wachsamkeit gegenüber der Importierung von Diclofenac und den Kampf gegen die Benutzung der Maajah-Schnur auf Drachenfesten. All das wird von seinem Roots & Shoots-Team in Zusammenarbeit mit anderen Nichtregierungsorganisationen und zunehmend besorgten Bürgern bereits geleistet.

»Verstehen ist die Voraussetzung dafür, sich etwas zu Herzen gehen zu lassen«

Eine Strategie, auf die sich fast alle Naturschützer einigen können, ist die der Aufklärung. Wenn die Leute die Geier erst richtig verstehen und einsehen, welche Rolle diese in unserem Leben spielen, bekommen sie ein Gefühl für die Herrlichkeit ihres Flugs oder verlieben sich einfach in den Charme eines einzelnen Tieres und werden so mit größerer Wahrscheinlichkeit echte Anstrengungen auf sich nehmen, um sie zu schützen. Um diese Entwicklung voranzubringen organisieren Manoj und sein Roots & Shoots-Team die erste »Geierbesichtigungstour« in Nepal, von Kathmandu bis zum Geier-Restaurant im Nawalparasi-Distrikt. Sie hoffen, dass die Tour genug Geld für den Schutz der Geier zusammenbringt und gleichzeitig den Touristen die Großartigkeit dieser Vögel und ihren einzigartigen Beitrag zur Aufrechterhaltung des ökologischen Gleichgewichts vor Augen führen wird.

Mike Pandey hat es während seiner Arbeit an dem Film *Broken Wings* gelernt, die Geier als zähe und starke Aasvögel sowie als höchste Meister der Lüfte zu respektieren und auch hat er sich der Aufgabe verschrieben, diese Vögel zu verstehen. »Nur wenn wir etwas verstehen, fangen wir an, es zu respektieren«, sagte er. »Und was wir respektieren, das lieben wir ... und was wir lieben, schützen wir auch.« Aufklärung, das glaubt auch er, ist der Schlüssel. Die Leute müssen, »die Dynamik der Natur und das zerbrechliche Netz, das uns alle in einem Kreislauf des Lebens in gegenseitiger Abhängigkeit zusammenhält, verstehen lernen.« Er beobachtete, wie »es die Leute veränderte, als sie die Verbindung zwischen dem Geier und ihrem eigenen Lebens sahen ... in den Herzen vieler wuchs eine Ehrfurcht und sie verliebten sich in das Geschöpf, das dafür geschaffen war, die Erde frei von Verseuchung und Krankheit zu halten«.

In der Tat haben die Geier wortgewandte und leidenschaftliche Botschafter. Es macht mir Hoffnung, dass durch Nachzucht in Gefangenschaft und besseren Schutz der Wildnis sowie durch die zunehmende Wachsamkeit und Sorge der Menschen die asiatischen Geier sich wieder erholen werden, um zu Tausenden durch die Lüfte zu kreisen und ihre uralte und entscheidende Rolle im großen Plan der Dinge zu erfüllen.

Die Hawaiigans oder Nene *(Branta sandvicensis)*

Die Hawaiigans oder Nene, um den Lokalnamen zu verwenden, ist der Staatsvogel Hawaiis. Ihren Namen hat sie von dem *ne ne* in ihrem sanften Schrei. Wissenschaftler sind der Meinung, dass sie einst fast völlig identisch mit der Kanadagans war, sich die beiden Spezies jedoch nach Jahren der Evolution voneinander trennten. Die Nene, mit ihrem langen Hals und ihren schwarzen und cremefarbenen Flächen im Gefieder, schwimmt nur selten.

Ihre Füße sind nur zur Hälfte mit Schwimmhäuten verbunden, haben aber noch lange Zehen, die gut dafür geeignet sind, auf den felsigen Lavahängen von Hawaii herumzuklettern. Da sich die Nene auf einer tropischen Insel entwickelt haben und daher keine Notwendigkeit bestand, kalten Temperaturen oder Raubtieren davonzufliegen, war das Fliegen für sie weniger wichtig als für die Kanadagans – daher sind ihre Flügel wesentlich schwächer ausgeprägt.

Vor der »Entdeckung« der hawaiianischen Inseln durch Kapitän James Cook, gab es vermutlich etwa 25 000 oder mehr Nene. Doch in den 1940er Jahren wurde die Spezies fast vollständig von Jägern ausgerottet, da es keine Gesetze gab, die das Jagen während der winterlichen Brutsaison verboten. Zusätzlich richteten eingeschleppte Fressfeinde wie Schweine, Katzen, Mungos, Ratten und Hunde große Verwüstungen an, weil sie es auf Eier und Jungvögel abgesehen hatten. Katzen töteten sogar erwachsene Vögel. Für viele große Vögel der Inseln gilt dasselbe: Ohne die Fähigkeit, schnell oder weit zu fliegen, waren sie leichte Beute für die Eindringlinge.

1949 waren in der Wildnis nur noch 30 Exemplare übrig. Es gab jedoch Nene in Gefangenschaft – einige in einer Einrichtung für bedrohte Tiere des Staates Hawaii in Pohakuola und einige, die man nach Slimbridge in Großbritannien geschickt hatte. Man begann in diesen beiden Einrichtungen mit der Nachzucht, um die Vögel schließlich wieder auswildern zu können.

Kürzlich unterhielt ich mich lange mit Kathleen Misajon, die seit 1995 mit den Nene arbeitet. Nachdem sie ihren Abschluss gemacht hatte, bewarb sie sich für ein dreimonatiges Praktikum auf Hawaii, um weiter mit den Ne-

Die Parkangestellte Kathleen Misajon, wie sie 2006 im Hawaii Volcanoes National Park, mit dem langjährigen freiwilligen Helfer (über 20 Jahre) Lloyd Yoshina, eine Nene beringt. (Bild: Ron McDow)

ne arbeiten zu können – und ist immer noch dort! Die Nene zu züchten, ist nicht schwierig, sagte sie mir, da seit 1960 mehr als 2700 Vögel aufgezogen und ausgewildert wurden. Das Problem ist – wie auch beim Großen Panda und vielen anderen Arten – die Schaffung einer für ihr Überleben ausreichend sicheren und geeigneten Umwelt.

Viele der tief liegenden Küstenregionen Hawaiis sind zur Erschließung freigegeben worden und der Rest ist ständig von weiteren Störungen durch Menschen und eingeschleppte, nicht-einheimische Pflanzen bedroht. Aber, so Kathleen, »vielleicht besteht das noch größere Problem darin, dass schon vor so langer Zeit so viel Lebensraum zerstört wurde, dass niemand mehr wirklich die genauen Komponenten eines idealen Lebensraums für Nene kennt.« Vielleicht waren die Nene vor all diesen von Menschen verursachten Störungen ihres idealen Lebensraums besser in der Lage, längere Dürreperioden oder Zeiten heftiger Regenfälle zu widerstehen, die heute so vernichtend für sie sind, besonders während der Paarungszeit.

Die Nene sind heute jedoch auch vielen anderen Bedrohungen ausgesetzt. Zusätzlich zu dem anhaltenden Problem eingeschleppter Raubtiere wird eine immer größere Zahl von Nene von Autos überfahren. Unglücklicherweise verläuft gerade mitten durch den Park eine größere staatliche Autobahn und trennt ein wichtiges Brut- und Ruhegebiet der Nene von ihren Futtergebieten. Normalerweise fliegen die Erwachsenen darüber hinweg, aber wenn sie Junge haben, müssen sie gehen und sich und ihre Jungen der Gefahr aussetzen. Es ist dasselbe, wenn sie von den grasreichen Seitenstreifen der Straßen angezogen werden, nachdem diese gemäht wurden. Und die, die sich bis auf die Golfplätze trauen, können sogar von Golfbällen getötet werden.

Kathleen erzählte mir, dass sie der Meinung ist, die Nene würden möglicherweise nie 100 % autark werden – die Bedrohungen sind einfach zu groß. »Jedoch«, so sagte sie, »ist die Population aufs Ganze gesehen am Wachsen und mit dem richtigen Management können wir bei der Aufrechterhaltung der wildlebenden Populationen helfen.«

*Schutz vor Raubtieren: »Wir können sie nicht einfach
ihrem Schicksal überlassen«*
In den 1970er Jahren wurde im Hawaii Volcanoes National Park ein Wiederansiedelungsprogramm begonnen. Die für die Aussiedlung ausgewählten Gebiete waren niedrig gelegene Stellen, von denen man annahm, dass es sich um historischen Lebensraum der Nene handelte. Das Programm war

einfach: Man hielt einige Brutpaare in Gefangenschaft und sobald ihre Jungen flügge waren, erlaubte man ihnen, sich frei zu bewegen. Dann siedelte man in den 1980er Jahren zusätzliche Jungvögel aus dem staatlichen Brutprogramm in den Park aus. Während der zwanzigjährigen Periode liefen die Dinge jedoch nicht besonders gut für die Jungvögel, als man sie in die große weite Welt entließ. Das war kaum überraschend, da der Park sich nur in den die Auswilderungsgehege direkt umgebenden Bereichen um eine Raubtierkontrolle bemühte.

Daher hatte man bei den Vögeln, die ausgewildert wurden, eine hohe Sterberate und nur geringen Bruterfolg zu verzeichnen. Es machte ganz klar keinen Sinn, mehr und mehr Jungvögel zu züchten und sie ihrem Schicksal zu überlassen. Man entwickelte eine neue Strategie, die es verlangte, in einem wesentlich größeren Bereich um die ausgewählten Brutgebiete eine verstärkte Raubtierkontrolle vorzunehmen. Im nächsten Schritt zäunte man einen großen Nistbereich ein, um wilde Schweine abzuhalten, von denen man vermutete, dass sie die Jungvögel töteten und viele Eier fraßen, da die Gänschen selbst dann verschwanden, wenn man ihnen ausreichend Nahrung bereitstellte. Als 400 Morgen Land komplett von einem schweinesicheren Zaun umgeben war, verbesserte sich die Lage und in den folgenden Brutsaisons wurden die meisten Junggänse flügge.

Seit den frühen 1990er Jahren ist die Population auf etwa 2000 wildlebende Exemplare angewachsen und ihre Zahl steigt in jeder Brutsaison. Sie leben auf vier Inseln – Kauau, Maui, Molokai und Hawaii. Am besten geht es den Nene auf Kauai, wo es keine etablierte Mungo-Population und mehr verfügbaren, grasreichen Tieflandlebensraum gibt. Obwohl auch auf Maui und Molokai noch in kleinem Rahmen Auswilderung in Gefangenschaft aufgezogener Wildgänse durchgeführt werden, konzentriert sich die momentane Strategie darauf, die Bedrohungen für die wildlebende Population zu minimieren.

Man experimentiert mittlerweile, wie Kathleen mir sagte, unter Verwendung neuer Einzäunungsmethoden damit, Katzen und Mungos fernzuhalten. Das Design stammt aus Australien, wo man bereits viel Arbeit zur Kontrolle von Raubtieren jeder Art geleistet hat. Der knapp zwei Meter hohe Zaun ist so konstruiert, dass sich das Gitter, klettert eine Katze oder ein Mungo daran hoch, nach außen und unten biegt und so dafür sorgt, dass der Räuber sich buchstäblich kopfunter an den wabbelnden Drahtzaun klammert.

Kathleen gab mir ein Beispiel für die potentielle Gefahr, die Katzen darstellen. Das Ganze ereignete sich am Tag nach Weihnachten 2001. Sie bemerkte, dass eine Gans über ein offenes Lavafeld auf etwas Vegetation zuflog, wo sie vermutete, dass sie das Nest der Gans finden würde. Da diese oft weitab liegen und nicht leicht zu finden sind, machte sie sich aufgeregt an die Wanderung über die nackte Lava. Und sogleich traf sie auf den Ganter, der seinen Nistplatz bewachte. Sie ging weiter – und fand das schon teilweise gefressene Weibchen neben ihren Eiern, die bereits kalt waren. Die Katze war noch da, lag neben dem Kadaver, vollgefressen von Gänsefleisch. Das war nicht der einzige Beweis, die sie für den Jagderfolg von Katzen fand.

Nichtsdestoweniger wollen die Wissenschaftler und Freiwilligen keineswegs aufgeben. Ein paar Tage nach meinem Gespräch mit Kathleen unterhielt ich mich mit Darcy Hu, die seit mehr als 15 Jahren mit den Nene in und um den Hawaii Volcanoes National Park arbeitet. Ich wollte eine Geschichte mit Happy End – und sie lieferte mir eine. Sie begann an dem Tag, als sie und ihre Freiwilligen-Crew einen Bericht über einen Hundeangriff bei Devastation, eine Gegend um den Gipfel von Kilauea, bekamen. Sie wussten, dass dort mehrere Nene waren, darunter ein beringtes Pärchen mit drei halb ausgewachsenen Junggänsen. Der Bericht enthielt lediglich den Hinweis, es sei ein ausgewachsener und ein Jungvogel involviert gewesen.

Schnell fuhr man an den Ort des Geschehens, fand aber zunächst keinerlei Anzeichen für Vögel oder Hunde. Dann wurden zwei Junggänse, die noch zu jung zum Fliegen waren, gesichtet und eingefangen. Gleichzeitig erklang tief drinnen im Wald der Ruf eines Erwachsenen. Da man die beiden Jungen nicht gern verlassen wollte – selbst wenn die Rufe von einem der Elternteile stammten, gab es keine Garantie, dass sich die Familie finden würde und die Kleinen hätten es auf sich allein gestellt sicher nicht geschafft – wartete man ein wenig. Bald hörten die Rufe auf. Obwohl man eine Weile suchte, fand man keine Nene und hörte keine weiteren Rufe.

Immer noch in der Hoffnung, die Eltern könnten auftauchen, errichtete Darcy ein Maschendrahtgehege in der Nähe des Ortes, wo man die Jungen gefunden hatte und ließ sie dort für einige Tage allein, wobei sie für den Fall der Rückkehr der Eltern in einiger Entfernung auf Beobachtungsposten blieb. Doch es gab keinerlei Anzeichen für irgendein ausgewachsenes Tier und man verlegte die Jungen, die dringend Nahrung brauchten, in eine Einrichtung in Gefangenschaft. Dort ließ sich glücklicherweise ein älteres Nene-Pärchen dazu bringen, sie zu adoptieren. »Nene brauchen keine

Hilfe dabei, sich selbst zu ernähren«, schrieb Darcy, »aber sie haben ein fast physisches Bedürfnis, mit anderen Nene zusammen zu sein – selbst Tiere, die nicht Teil eines Pärchens sind, sieht man selten allein und Pärchen und Familien reisen fast immer als Einheit.«

Einige Monate später, nachdem die Junggänse eingefangen worden waren, sahen Darcy und ihr Team in der Nähe von Devastation ein Pärchen ausgewachsener Nene und ein Junges. Schnell fingen sie das Junge ein und beringten es und konnten, da die Eltern in der Nähe geblieben waren, auch deren Bänder lesen. »Es waren die vermissten Eltern und das dritte Geschwisterchen der beiden Waisen!«, schrieb Darcy hocherfreut. Das wildlebende Junge war kleiner und nicht so entwickelt – in Gefangenschaft hatte es sicher mehr nahrhaftes Futter gegeben. Doch die ganze Familie hatte den Hundeangriff überlebt. »Wir konnten uns glücklich schätzen«, schrieb Darcy, »diese besondere Geschichte mit einem Happy End zum Abschluss zu bringen.«

Thanes Feldaufzeichnungen

Der Lisztaffe *(Saguinus oedipus)*

Die Lisztaffen werden, mit einem Pfund, das sie auf die Waage bringen, zu den kleinsten Affen der Welt gerechnet. Ich sah meinen ersten an der University of Wisconsin-Madison, als ich Dr. Charles Snowdons Labor besuchte. Dort begegnete ich auch einer jungen Studentin namens Anne Savage, die schließlich zur weltweit führenden Autorität für diese kleinen Affen werden sollte.

Heute spricht Anne von den Lisztaffen oft als Affen »mit Punk-Rock-Frisur«. Als sie mit gefangenen Exemplaren an der University of Wisconsin arbeitete, lernte sie die Spezies mit ihren individuellen Vertretern bis ins kleinste Detail kennen. Schließlich ging sie nach Nordwestkolumbien, um für ihre Doktorarbeit das Verhalten der Lisztaffen in der Wildnis zu studieren.

Aber ein Affe von der Größe eines Eichhörnchens, ist natürlich recht schwer aus der Entfernung zu studieren. Und genau wie die Eichhörnchen in Ihrem Hinterhof sind sie nur schwer auseinanderzuhalten. Also brachte es die Frühphase von Annes Forschungen mit sich, das weiße Haar an den Scheiteln der Lisztaffen zu färben, so dass sie sie auseinanderhalten konnte. Das tat den Äffchen nicht weh; sie benutzte dieselben Haarfärbeprodukte, die auch Menschen benutzen, nur in wesentlich geringerer Menge. Und durch diese Beobachtungen sowie durch die Verwendung innovativer, winzig kleiner Rucksack-Radiosender gelang es Anne und ihrem Team, die Verhaltensbiologie dieser bedrohten Art zu entschlüsseln.

Als ich sie nach einigen ihrer Lieblingserinnerungen aus den zwei Jahrzehnten, die sie die Lisztaffen nun beobachtete, fragte, kicherte sie und sagte: »Es gibt nichts Süßeres, als die Bäume hochzuschauen, nachdem die Babys geboren sind. Die Lisztaffen werfen fast immer Zwillinge, die etwa so groß sind wie dein kleiner Finger mit langem Schwanz, wenn sie auf die Welt kommen.«

Und Anne fügte hinzu, dass es Spaß macht, zuzusehen, wie sie sich entwickeln. Lisztaffen machen viele derselben Wachstumsstadien durch wie andere Primaten, darunter auch Menschen. In der Tat, so sagte sie, »machen die Jungen ein Plapperstadium durch, bei dem sie den ganzen Tag das Vokalisieren üben, bis sie schließlich mehr wie ihre Eltern klingen. Sie lernen es, in den angemessenen Situationen bestimmte Tschirplaute und Rufe auszustoßen.«

Nun versuchten Anne und ihr Team, die Population der Lisztaffen in Kolumbien einzuschätzen. Da diese jedoch immer noch für den Haustierhandel gejagt werden, laufen die Äffchen vor Menschen weg, was bedeutet, dass die Forscher nicht einfach durch den Wald gehen und die Affen zählen können. Also benutzten sie einen Trick, den sie sich von Vogelbeobachtern abgeschaut haben, und spielten Vokalisierungen von anderen Lisztaffen ab, um sie anzulocken. Unglücklicherweise musste das Team feststellen, dass es weniger gibt, als man zuvor vermutet hatte. Anne sagte mir, dass es so aussieht, dass nach Abschluss der Forschungen in den Wäldern weniger als 10 000 in der Wildnis lebende Exemplare verbleiben werden.

Einer der Gründe, aus dem der Schutz der Lisztaffen in der Wildnis für Anne und ihr Team so wichtig ist, ist die Tatsache, dass sie keine Freunde von Nachzuchtprogrammen in Gefangenschaft sind. Aus irgendeinem Grund bekommen die Lisztaffen in Gefangenschaft oft Darmkrebs. Wissenschaftler untersuchen das Phänomen, sind sich jedoch nicht sicher, was zu seinem Auftreten führt. Es könnte der Stress der Gefangenschaft sein oder etwas, was in ihrer Ernährung fehlt, das sie im Wald bekommen würden.

Die gute Nachricht ist, dass die Lisztaffen, wenn man ihnen ausreichend geeigneten Lebensraum zur Verfügung stellt, sich gut von selbst vermehren und eine gesunde Population aufrechterhalten können. »Als Art leiden sie üblicherweise nicht an hoher Kindersterblichkeit«, sagte mir Anne. »Das

Geheimnis besteht also darin, den Leuten vor Ort Gründe zu liefern, sie zu beschützen.«

Aus diesem Grund hat Anne Proyecto Titi gegründet, eine bemerkenswerte Gruppe in Nordwestkolumbien, die mit den örtlichen Gemeinden zum Schutz der bedrohten Lisztaffen zusammenarbeitet. Der Name stammt von dem kolumbianischen Wort für »Affe«, Titi, und heute arbeiten für das Programm bereits Dutzende kolumbianische Biologen, Studenten und sonstige Leute, die Aufklärungsarbeit und in Gemeinden der ganzen Region in der Sache Entwicklungsarbeit leisten.

Schwierigkeiten mit Plastiktüten
Bereits früh während ihrer Feldstudien bemerkte Anne, dass die kolumbianischen Wälder aus mehreren Gründen schrumpften, darunter vor allem durch das Vordringen der Menschen. Wenn die Gemeinden näher an die Wälder heranrücken, müssen mehr und mehr Bäume gefällt werden, und das nur für den Bau von Häusern und das Kochen von Nahrung. Also hat Proyecto Titi billige und effektive Methoden zum Schutz der Wälder entwickelt, die auch den Leuten vor Ort zugutekommen.

Zunächst untersuchten Anne und ihr Team, wie und worauf die Menschen kochten. In den meisten ländlichen Gemeinden in Kolumbien wird, wie fast überall auf der Welt, über einem offenen Feuer gekocht. Eine fünfköpfige Familie braucht etwa 15 Scheite am Tag, um ihre Mahlzeiten zu kochen. Das Team des Proyecto Titi erfand einen überaus einfachen Kochherd aus Ton, der als »binde« bezeichnet wird. Bei diesem Ofen braucht man zum Kochen derselben Nahrungsmenge nicht 15 Scheite am Tag, sondern nur noch fünf.

Ein zweites großes Problem für die örtlichen Gemeinden ist, dass sie keine Möglichkeit haben, ihre Abfälle loszuwerden – besonders der Plastikmüll überschwemmt zunehmend das Gebiet. Am auffälligsten sind die Plastiktüten – solche, wie man sie in einem Supermarkt bekommt –, die überall herumliegen: Am Straßenrand, in Feldern, selbst in den Wäldern der Lisztaffen. Aber diese Tüten beleidigen nicht nur das Auge, nein, sie sind auch ein Risiko für Wildtiere, wenn diese mit Plastik in Kontakt kommen; weil Nahrung darauf herumliegt, können Krankheiten übertragen werden. Und manchmal fressen die Tiere sogar das Plastik – ein echter Alptraum.

Also tat sich Proyecto Titi mit 15 Frauen vor Ort zusammen, die Haushalten vorstehen, aber kein ständiges Einkommen von außen haben. Diese

Frauen häkeln nun Tragetaschen, wobei sie allerdings keine Wollfäden, sondern das Plastik der Tüten, die den Boden verschmutzen, verwenden. Und wenn das auch nach nicht viel klingen mag, haben diese Frauen doch durch die Herstellung der »Öko-Mochilas«, wie man sie dort nennt, bereits mehr als eine Million zu Müll gewordener Tüten recycelt.

Dieses lösungsorientierte Programm ist eine klassische Win-Win-Situation, weil die weggeworfenen Tüten so eine wertvolle Handelsware geworden sind. Anne wies darauf hin, dass »mit dem Beliebterwerden der Öko-Mochilas, die Leute aus der ganzen Region ein Bewusstsein dafür entwickelten, die Lisztaffen und die Wälder zu schützen.«

Heute arbeitet ein Konsortium nationaler und internationaler Naturschutzorganisationen dafür, die letzten trockenen Tropenwälder Kolumbiens vor weiterer Zerstörung zu bewahren. Auch wenn die Presse sich meistens auf die Gefahren, die Drogen und die Kriminalität dieses südamerikanischen Landes stürzt, wies Anne darauf hin, dass es durchaus Hoffnung für die Zukunft gibt: »Das Wichtigste dabei ist, dass es in den nächsten Jahren ein geschütztes Reservat für die Lisztaffen geben wird.«

Als ich Anne fragte, wie denn die Zukunft der Lisztaffen in Kolumbien in 50 Jahren aussehen könnte, war sie optimistisch. Nicht nur, dass Proyecto Titi und andere regionale Naturschutzgruppen geholfen haben, den Stolz und das Bewusstsein der Öffentlichkeit zu heben, nein, Anne sagte auch, dass die jungen Leute ein wachsendes Interesse daran haben, sowohl die Wildtiere als auch ihren Lebensraum zu schützen. Tatsächlich studieren schon viele kolumbianische Studenten Wildtierbiologie in den Vereinigten Staaten und Europa und kommen nach Hause, um ihr Wissen zur Anwendung zu bringen. »Was mir Hoffnung macht«, sagte sie, »ist, dass ich sehen kann, dass die nächste Generation gerade aufblüht und Langzeitpläne zur Rettung der Arten in Kolumbien entwirft.«

Der Panama-Stummelfußfrosch *(Atelopus zeteki)*

Wenn Sie noch nie einen gewöhnlichen Leopardfrosch in der Hand gehalten haben, mit seiner berückend schönen gestreiften, glänzenden Haut, dann haben Sie sich eine der größten Freuden im Leben entgehen lassen. Unglücklicherweise müssten Sie heute schon ziemliches Glück haben, einen Leopardfrosch rufen zu *hören*, vom Fangen eines solchen gar nicht erst zu reden.

Die Gründe dafür sind zahlreich, wobei die Menschen die meisten davon nicht verstehen. Überall auf der Welt steigt der Druck auf Amphibien – ein bisschen wie die Kanarienvögel in Kohleminen, die uns auf Gefahren hinweisen, auf die wir besser achten, bevor es zu spät ist. Manche geben dem Klimawandel die Schuld, manche der UV-Strahlung. Aber eines steht fest: Viele Amphibien werden vom Chytridpilz getötet, wobei »Chytrid« das Kürzel für *Batrachochytrium dendrobatidis* ist, das das Keratin im Hautgewebe von Amphibien angreift und sie so erstickt, da sie durch die Haut atmen. Wissenschaftler sind der Meinung, dass der Pilz aus Afrika stammt und in den 1930er Jahren unabsichtlich auf der ganzen Welt verbreitet wurde, bevor man überhaupt wusste, dass es ihn gab. Er reiste auf dem Rücken afrikanischer Frösche, die man für medizinische Studien und den Haustierhandel exportiert hatte.

Infizierte Frösche können behandelt werden, wenn man sie einfängt und ihnen ein bestimmtes Antipilzbad verabreicht. Unglücklicherweise kann man die behandelten Frösche jedoch nicht wieder in die Wildnis entlassen, wo der Pilz in manchen Gebieten buchstäblich überall wächst.

Die womöglich dramatischste Anstrengung zur Rettung von Amphibien ist eine, die mittlerweile im westlich-zentralen Panama berühmt ist, wo die allerletzten Panama-Stummelfußfrösche ums Überleben kämpfen. Die Frösche haben strahlend orange-goldene Haut und waren lange Zeit ein Symbol des Stolzes von Panama. Die alten Ureinwohner sahen in ihnen Totemtiere für Wohlstand und Manneskraft. Neben der Wertschätzung, die man ihnen für ihre Schönheit und ihrer Bedeutung für das Volkstum entgegenbrachte, sind die Stummelfußfrösche auch noch ein wichtiger Bestandteil des Ökosystems der Region, da ihre Beute größtenteils Moskitos und Getreideschädlinge sind.

In dem Bestreben, diese wunderbaren Tiere vor dem Aussterben zu bewahren, haben ein paar unermüdliche Naturschützer im Schweiße ihres Angesichts ein »Frosch-Hilton« errichtet, und zwar buchstäblich in einem Hotel. Die Idee sah so aus, die bedrohten Frösche im nahe gelegenen Regenwald einzufangen, sie mit dem Antipilzbad zu reinigen und sie dann in dem Hotel unter Quarantäne zu halten, so dass sie nicht an dem tödlichen Pilz starben. Was als temporäre Rettungsbemühung begann, wuchs sich schließlich zu einer Dimension aus, die vier Hotelzimmer beanspruchte (sowie zusätzlichen Stauraum für Nahrung, die freiwilligen Helfer und Expeditionsvorbereitungen) und mehr als 200 der bedrohten Frösche Asyl gewährte.

Dieses faszinierende Hotel Campestre ist aufgrund seiner Nähe zu den Wäldern und Flüssen am Rand eines inaktiven Vulkankraters in der Region (etwa 50 Meilen im Süden von Panama-City) auch eines der Lieblingsziele von Rucksacktouristen. Die zwei wichtigsten Mitspieler bei diesem ungewöhnlichen Frosch-Spa sind Edgardo Griffith, ein Biologe aus Panama, der seit Jahren mit bedrohten Amphibien arbeitet, und Heidi Ross, gebürtig in Wisconsin, die zunächst als Freiwillige beim Friedenskorps nach Zentralamerika gekommen war. Wenn die beiden sich auf die Suche machen, finden sie oft mehr tote als lebendige Frösche, weigern sich jedoch aufzugeben. Nach einem Jahr im Campestre übertraf die Froschsammlung mehr als zwei Dutzend Arten, sämtlich bedroht von besagtem Pilz.

Und so wuchs die Legende, dass man, wenn man den heiseren Ruf männlicher Frösche hören wollte, dieses abgelegene Hotel die letzte und beste Gelegenheit sei – was es zu einem Phänomen für Wanderer und Touristen werden ließ. Ross und Griffith wurden zu Experten für die Haltung von Amphibien – reparierten Filter und Luftpumpen und züchteten Kaulquappen, Grillen unterschiedlichster Größe und andere Insekten, um ihre Brut zu füttern. Und die ganze Zeit saß ihnen die nagende Herausforderung einer langfristigen Lösung im Nacken. Wie sollten zwei Leute und ein geliehenes Hotel das auf Dauer hinbekommen? Immerhin konnte das Campestre die Frösche nicht auf ewig beherbergen – und trotzdem war es nicht sicher, sie auszuwildern, wo sie mit Sicherheit wieder infiziert würden.

Und hier betreten Bill Konstant und der Zoo von Houston die Bühne. Bill ist wissenschaftlicher Direktor des Zoos sowie Leiter von dessen Naturschutzabteilung und war in der Lage, Unterstützung für die Bestrebungen zur Rettung der Stummelfußfrösche zu gewinnen. Diese kam in Form von Freiwilligen und finanzieller Unterstützung von den unterschiedlichsten amerikanischen Zoos und botanischen Gärten, darunter der Zoo von Buffalo, der Cleveland Metroparks Zoo und der Roger Williams Zoo auf Rhode Island. Amphibienexperten schlossen sich der Rettungsmission nicht nur an, sondern halfen auch dabei, eine Spezialeinrichtung zu entwerfen, die die Frösche nach ihrem zeitweiligen Aufenthalt im Campestre aufnehmen sollte. Diese neue Einrichtung, genannt El Valle Amphibian Conservation Center (EVACC), wurde 2007 eröffnet und befindet sich auf dem Gebiet des El Nispero Zoos.

Bill ist auf dem Gebiet des Wildtierschutzes eine seltene Kombination. Wie viele Feldbiologen ist er hervorragend ausgebildet und verfügt über viel

Erfahrung, aber er ist auch ein Kämpfer und Macher. Er formulierte es so: »Nur weil die Umstände für den Stummelfußfrosch und andere Amphibien ungünstig sind, besteht noch lange kein Grund zum Aufgeben. Tatsächlich ist es vielmehr an der Zeit, das Trompetensignal zum Handeln zu geben, denn solange es die Frösche noch gibt, besteht Hoffnung.« Mit einem Lächeln fügte er hinzu: »Außerdem wissen die Frösche, wie sie Frösche sein sollen. Das ist ihre Aufgabe. Unsere ist es lediglich herauszufinden, wie wir dieses Durcheinander aufräumen können, so dass sie wieder in die Wälder, Flüsse und Feuchtgebiete zurückkönnen.«

Bis die Rückkehr in die Wildnis für die Stummelfußfrösche sicher ist, bleibt die auf dem neuesten Stand befindliche Einrichtung ihr einziger sicherer Hafen. In der Tat haben die Organisatoren die Vision gehabt, die Einrichtung könne bei anderen bedrohten Arten, die man zu ihrer Rettung zeitweise oder auf Dauer aus der Wildnis entfernen muss, als Modell dienen.

Jetzt bleibt die Frage – wann wird es für den Stummelfußfrosch sicher sein, in die Wildnis zurückzukehren? Wird es das jemals sein? Mit Hartnäckigkeit und dem aus den Forschungen gewonnenen Wissen wird es vielleicht gelingen, die hoffnungsvollen Rufe männlicher Frösche wieder an die Ströme von Panama zurückzubringen. Das kann nur die Zeit erweisen.

TEIL 4

Der heroische Kampf um die Rettung der Vögel unserer Inseln

Einleitung

Seit sich die Menschen das erste Mal in instabilen Kähnen an die Erforschung der sieben Meere machten, waren die Tierarten der Inseln gefährdet. Viele dieser Tiere, Insekten und Pflanzen, die sich über Jahrmillionen entwickelt und perfekt an die Umwelt, in der sie lebten, angepasst hatten, hatten das in einer Umwelt getan, in der sie nicht im Wettbewerb zu Raubtieren am Boden oder herumtrampelnden Grasfressern standen. Einige Vögel, wie die wohlbekannten Spezies der Galapagos-Inseln, mussten niemals ein Kampf- oder Flucht-Verhalten entwickeln und lernten es auch nie, sich zu fürchten.

Und so waren die Vögel der Inseln von Anfang an für die seefahrenden Menschen – ob diese nun blieben und eine Insel kolonialisierten oder einfach nur während langer Seereisen Wasser und Proviant aufnahmen – zur leichten Beute. Der flugunfähige Dodo wurde durch Bejagung ausgerottet; dem ebenfalls flugunfähigen Kakapo wäre es fast genauso ergangen.

Siedler brachten ihr Vieh mit, hauptsächlich Schweine und Ziegen. Auch Hasen kamen mit, weil sie sich schnell vermehrten und so eine gute Nahrungsquelle waren. Hermeline, die man Jagd auf Hasen machen ließ, wenn die Populationen zu groß wurden, fanden in der Fauna der Inseln leichte Beute. Katzen leisteten anfangs wichtige Dienste bei der Schädlingsbekämpfung, als die Ratten von haltmachenden Schiffen an Land gingen, entwickelten aber bald einen neuen Lebensstil in der Wildnis und jagten die arglosen Vögel. Auch viele fremde Pflanzenarten wurden eingeführt, von denen sich etliche rasch an die neuen Umweltbedingungen anpassten und sich verbreiteten. Die einheimischen Tiere und Pflanzen kamen mit solchen unerwarteten Invasionen einfach nicht zurecht. Das zerbrechliche Gleichgewicht der Natur wurde immer wieder mit katastrophalen Ergebnissen aus der Bahn geworfen. Zahllose Spezies der Inseln verschwanden zusammen mit dem Dodo; zahllose andere wurden an den Rand der Ausrottung gebracht.

Während ich für dieses Buch recherchierte, sprach und traf ich mich mit einigen außergewöhnlich engagierten Menschen, die dafür kämpfen, die Uhr auf diesen Inseln zurückzudrehen. Ich habe von den herkulischen Anstrengungen erfahren, die ihnen das Ringen um die Rettung einzigartiger und überaus wertvoller Lebensformen abverlangen, seien diese nun pflanzlich oder tierisch. Ohne harte Arbeit, absolute Hingabe und die Bereitschaft, Entbehrungen und manchmal auch Gefahren auf sich zu nehmen, ist ihre Arbeit unmöglich. Und einer der schwierigsten, anspruchsvollsten – und manchmal kontroversesten – Aspekte ihrer Arbeit ist natürlich die Aufgabe, die fremden Arten aus den Insellebensräumen zu entfernen.

Mit anderen Worten, diese Biologen waren über die Jahre auf der ganzen Welt gezwungen, Tausende und Abertausende unschuldiger Geschöpfe zu vergiften, in Fallen zu fangen oder zu erschießen. Und sie können es sich nicht erlauben, darin nachzulassen. Die Arbeit ist intensiv und zumeist sehr teuer. Es lassen sich nicht bei allen Fällen dieselben Techniken anwenden. Die größeren Tiere, wie Ziegen oder Schweine, kann man jagen. Katzen kann man anfangs noch schießen, aber wenn ihre Zahlen sinken, muss man sie einfangen. Ratten sind aufgrund ihrer schieren Zahl viele schwieriger zu bekämpfen – bislang war nur Vergiften erfolgreich. Und sowohl beim Fallenstellen als auch beim Vergiften besteht immer die Möglichkeit, dass es die falschen Tiere erwischt, besonders die einheimischen Nager. Auf einer Insel im Pazifik wurden die Köder von Landkrabben geschluckt – die taten ihnen nichts, aber Hunderte von Ratten entkamen. Auf der Insel Canna auf den Hebriden, evakuierten Biologen 150 Canna-Mäuse (eine eigene Unterart), bevor sie erfolgreich die geschätzten 10.000 Ratten eliminieren konnten, die über die kleine Insel hergefallen waren (die Mäuse wird man bald wieder aussiedeln).

»Schädlings«arten contra bedrohte Arten
Es ist kaum überraschend, dass die groß angelegte Ausrottung so vieler unglücklicher Geschöpfe bei vielen Leuten, die um die Rechte von Tieren besorgt sind, auf Widerstand gestoßen ist. Sie argumentieren zu Recht, dass dem Wohlergehen der »Schädlings«arten nicht hinreichend Beachtung geschenkt wird. Man wirft den Biologen Grausamkeit und Gleichgültigkeit gegenüber dem Leiden unschuldiger Wesen vor, die ebenfalls ein Existenzrecht besitzen. Immerhin hat keine dieser Arten sich dafür *entschieden*, eine

Invasion der Inseln vorzunehmen, wo sie, als man sie frei laufen ließ, begannen, sich im Land ihre Nahrung zu suchen. Unglücklicherweise war das ausnehmend destruktiv. Besonders Ziegen sind in dieser Hinsicht ziemlich erfinderisch. Sie sind intelligent und anpassungsfähig. Sie brauchen wenig Wasser und fressen nahezu alles. Wenn sie alles Laubwerk in Bodennähe abgefressen haben, dann klettern sie sogar an Bäumen hoch. Hasen sind ihnen, wenn auch wesentlich kleiner, doch um ein Vielfaches in ihrer Fähigkeit, sich zu vermehren, überlegen. Und machen Sie sich einmal klar, welch ernsten Schaden selbst eine wohlgenährte Hauskatze den Nagetieren und Vögeln vor Ort zufügen kann. Auf einer Insel können die Auswirkungen von wildlebenden Katzen verheerend sein.

Mein Freund Don Merton, der seit Jahren in die Renaturierung von Inseln involviert ist, erzählte mir, wie im späten 19. Jh. die Katze des Leuchtturmwärters aus Stephens Island in Neuseeland alle 18 der letzten, der Wissenschaft bekannten, Stephenschlüpfer tötete und sie ihrem Besitzer vor die Haustür legte. Dieser Vogel war nur eine der zahllosen endemischen Arten, die von Tieren getötet wurden, die nichtsahnende Menschen mit auf die Inseln gebracht hatten.

Aber keine der eingeschleppten Arten, lassen Sie mich das wiederholen, kam freiwillig auf die Inseln. Sie hatten ebenso wenig eine Wahl, wie die frühen Ladungen von Gefangenen, die man in Botany Bay absetzte. Wir haben sie da hingeschickt, gerade so, wie wir Mungos auf die Jungferninseln gebracht haben, um dort Schlangen zu töten. Wir haben Polarfüchse auf die Aleuten gebracht, wo sie sich, ohne ihre Fressfeinde fürchten zu müssen, vermehren konnten, um Häute für den Pelzhandel zu liefern – während sie gleichzeitig die Fauna der Insel dezimierten und das gesamte Ökosystem störten. Wir haben europäische Rotfüchse nach Australien gebracht, so dass man sie mit Pferden und Hunden jagen konnte – und die Füchse wiederum jagten die kleineren einheimischen Beuteltiere und Vögel. Das einzige Verbrechen dieser so genannten Schädlingsarten besteht darin, dass sie – wie der *homo sapiens* – zu erfolgreich waren.

Das Ganze läuft auf einen Konflikt zwischen der Sorge für das Individuum und der für die Zukunft einer Spezies hinaus. Selbst die Bedürfnisse einzelner Tiere der Art, die man zu retten versucht, werden manchmal dem Wohl der Art untergeordnet. In Gefangenschaft gezüchtete Tiere werden teilweise in der Gewissheit, dass nur etwa 30 % durchkommen werden, ausgewildert. Ich war stets ein Verteidiger der Individuen. Aber nachdem ich erfuhr, wie einige der Bemühungen, die letzten Vertreter erstaunlicher, einzigartiger Arten – wie etwa der Kakapo oder der Madeira-Sturmvogel – zu retten, wegen der Beutezüge von Katzen beinahe fehlgeschlagen wären und mir die ungeheuren von Ziegen und Kaninchen verursachten Zerstörungen ansah, musste ich meine Position überdenken.

Wenn es nur menschliche Wege gäbe, die fremden Arten zu entfernen! Aber Sterilisation, wie man sie manchmal bei streunenden Hunden und Katzen praktiziert, würde einfach nicht funktionieren, und selbst wenn man alle Räuber lebend fangen könnte – wo würde man sie hinverfrachten? Was würde man mit den Schiffsladungen voller Schweine und Ziegen anstellen, nachdem man sie eingesperrt hat? Wären doch nur die unglücklichen Eindringlinge nie eingeschleppt worden, wenn es nur eine ethische Lösung für ihre Entfernung gäbe. Doch es ist geschehen und solche Möglichkeiten gibt es nicht – und sie müssen weg. Immerhin müssen fremde Raubtierarten, wie Don mir sagte, jedes Jahr Hunderte, wenn nicht Tausende einheimische Vögel und andere Wildtiere töten, um zu überleben – und erzeugen so Leiden, das niemand mitbekommt und das sich ständig fortsetzt.

Und selbst wenn mir das Töten der Eindringlinge zu Herzen geht, erfüllt mich die Beharrlichkeit derer, die so hart für ihre Entfernung von den Inseln arbeiten, mit Bewunderung. Don Merton, dem es in den frühen 1960er Jahren als Erstem gelang, Inseln vollständig rattenfrei zu bekommen, war bei den Techniken zur Entfernung fremder Arten ein echter Pionier. Er entwickelte Methoden zur Entfernung eingeschleppter Spezies, die auf der ganzen Welt bei solchen Projekten in modifizierter Form zur Anwendung kamen. Niemand verschreibt sich gern dem Töten – doch wie wir gesehen haben, muss es zum Schutz der Vögel und ihrer wehrlosen Jungen geschehen.

Alle diese Inselvögel existieren nur noch aufgrund der Entschlossenheit und des Erfindungsreichtums derer, die sich weigerten, sie einfach sterben zu lassen. Ich habe versucht, den außergewöhnlichen Männern und Frauen Gerechtigkeit widerfahren zu lassen, die die Inselvögel davor bewahrt haben, ein ähnliches Schicksal wie das der Dodos zu erleiden und in die Leere abzugleiten, aus der es keine Rückkehr gibt. Sie mussten viele Rückschläge erleiden. Sie brauchen Geduld, Hartnäckigkeit, Spannkraft sowie Widerstandskraft und Mut – und womöglich ein bisschen Verrücktheit. Und wie Sie sehen werden, haben sie die auch.

Der Chatham-Schnäpper *(Petroica traversi)*

Meine Geschichte des Chatham-Schnäppers beginnt mit meiner Begegnung mit Don Merton in den frühen 1990er Jahren. Er ist ein ruhiger Mann mit leiser Stimme und wie so viele Menschen, die Außergewöhnliches geleistet haben, ist er bescheiden. Don war zu einem Empfang eingeladen, auf dem ich in Neuseeland willkommen geheißen werden sollte und wir konnten uns nicht lange unterhalten. Doch er verschaffte mir einen kleinen Einblick in seine faszinierende Arbeit und seine Leidenschaft für die Rettung bedrohter Vögel. Den Rest fand ich dann in einigen folgenden Plaudereien am Telefon und durch E-Mail-Korrespondenz heraus. Und natürlich, indem ich über seine Arbeit las.

Seine Liebesbeziehung zu den Wildtieren begann in den 1940er Jahren, als er noch ein kleiner Junge war, der an der Ostküste der Nordinsel von Neuseeland aufwuchs. »Seitdem ich vier Jahre alt war«, erzählte mir Don, »war ich verrückt nach Wildtieren und verbrachte viel Zeit damit, Vögel, Echsen und Insekten zu beobachten – besonders aber mit der Suche nach Vogelnestern«, sagte Don. Als er fünf Jahre alt war, zog seine Großmutter bei ihnen ein und brachte einen Kanarienvogel mit. »Dieser kleine gelbe Vogel sang die ganzen 1940er Jahre hindurch für uns und ... entflammte meine Leidenschaft für Vögel«, so Don. Eines Tages schenkten er und seine Brüder »dem Kanarienvogel meiner Großmutter ein Stieglitzküken zum Großziehen. Er nahm es an, als wäre es sein eigenes und zog es groß.« Seine Erinnerung an dieses Erlebnis rettete 35 Jahre später schließlich den Chatham-Schnäpper vor dem drohenden Aussterben (mehr dazu später).

Don war zwölf Jahre alt, als er die Entscheidung traf, sein Leben dem Versuch der Rettung vom Aussterben bedrohter Vögel zu widmen. Diesen Traum verfolgte er, wobei seine Karriere 1960 begann (im selben Jahr, als ich im Nationalpark von Gombe in Tansania ankam) und spielte eine Schlüsselrolle bei der Rettung und Erhaltung einiger der gefährdetsten Vögel seines Landes – und der Welt. Alles begann 1961, als er einen Monat auf Big South Cape Island verbrachte, das mittlerweile unter seinem ursprünglichen Namen Taukihepa (vor der Südwestküste des neuseeländischen Stewart Island) bekannt ist, damals lebten dort noch viele alteingesessene Wildtiere. Tatsächlich war es, zusammen mit zwei anderen, anliegenden winzigen Inseln, die letzte Zufluchtsstätte für einige Tiere, die früher auf dem Festland zahlreich und weit verbreitet waren, darunter auch der Sattelvogel.

Don Merton mit einem seiner geliebten Chatham-Schnäpper. Eine Kindheitserinnerung an den Kanarienvogel seiner Großmutter half Don, eine Möglichkeit zu finden, diesen bezaubernden Vogel vor dem drohenden Aussterben zu schützen. (Bild: Rob Chappel)

Ratten und andere eingeschleppte Arten
Dieser Monat, in Verbindung mit einigen folgenden Besuchen in entlegenen Gebieten, brachte Don auf die Frage, warum auf dem neuseeländischen Festland trotz Hunderter, Tausender Morgen scheinbar intakter Wälder und anderer Lebensräume die einheimischen Wildtiere in einer solchen Zwangslage steckten. Warum hatte es solch massenhaftes Aussterben und Bestandsrückgänge in den Verbreitungsgebieten so vieler Arten gegeben? Don und einige seiner Kollegen waren überzeugt, dass der Einfluss von Raubsäugetieren, die von europäischen Siedlern eingeschleppt worden waren, sei dies nun absichtlich (wie bei Katzen, Frettchen und Hermelinen) oder unabsichtlich (wie bei Ratten und Mäusen) geschehen, der Hauptgrund wäre. Aber einige führende Biologen (die in Europa und Nordamerika ausgebildet wurden) argumentierten stark dafür, dass Raubverhalten etwas Natürliches war und es der Lebensraumverlust wäre, der primär den Wildtieren auf Neuseeland das Leben schwer machte.

Für immer verschwunden
Dann geschah etwas, das, um es mit Dons Worten zu sagen, »nicht nur das Argument erledigte, sondern für immer unsere Art, unsere Inseln und ihre einheimischen Pflanzen und Tiere wahrzunehmen, zu schützen und zu verwalten, verändern sollte.« Im März 1964, drei Jahre nach Dons Besuch auf Taukihepa, hörte er davon, dass Schiffsratten die Insel erreicht und sich zur Plage ausgewachsen hatten, wobei die Wildtiere immensen Schaden erlitten. Don und seine Kollegen, die eine »biologisches Katastrophe« erwarte-

ten, wollten etwas unternehmen, aber einige der angesehensten Biologen weigerten sich zu glauben, dass Ratten eine ernste Bedrohung für Wildtiere darstellten und leisteten gegen jeden Interventionsvorschlag heftigen Widerstand. Sie argumentierten, ein Eingriff würde »die Ökologie auf unvorhersagbare Art beeinflussen: Wir sollten erst eingreifen, wenn Forschungen ergeben haben, dass es tatsächlich ein Problem gibt.«

Schließlich bekamen Don und seine Kollegen nach fünfmonatigen Streitereien und dank der Unterstützung einiger führender Mitarbeiter des Wildlife-Service die Erlaubnis, sich auf eine Rettungsmission zu machen. »Wir schafften es, die Sattelvögel zu retten, indem wir einige der verbleibenden Exemplare auf die zwei kleinen, benachbarten schädlingsfreien Inseln verlagerten«, berichtete mir Don. Aber sie kamen zu spät, um den Neuseelandschlüpfer, die Buschbekassine von Stewart Island und die große Neuseelandfledermaus zu retten, von einer unbekannten Anzahl wirbelloser Arten gar nicht zu reden. Die waren weg. Für immer. Die Sattelvögel haben jedoch wieder eine Populationsstärke im unteren Tausenderbereich erreicht und gedeihen auf mehr als einem Dutzend Inseln. Dabei handelt es sich um die erste Vogelart, die vom drohenden Aussterben gerettet wurde und durch direkten menschlichen Eingriff schließlich ihre Lebensfähigkeit in der Wildnis zurückerlangt hat.

»Die Tragödie von Taukihepa war eine wertvolle und rechtzeitige Lektion in dieser Sache auch für andere aufstrebende Naturschützer«, schrieb mir Don, »und diente dazu, selbst die größten Skeptiker davon zu überzeugen, dass Ratten ohne fremde Hilfe in der Lage sind, einen ökologischen Kollaps und das Aussterben einheimischer Inselarten herbeizuführen.« Tatsächlich führte diese Katastrophe zur Entwicklung von Insel-Quarantäneprotokollen und Methoden zur Raubtierausrottung und -kontrolle, die es ermöglicht haben, biologisch wichtige Inseln schädlingsfrei zu halten.

Mit den Jahren hat Don bei der Rettung zahlreicher Vogelarten geholfen. Ein Drama, in dem Don für mehrere Jahre eine größere Rolle spielte, läuft immer noch, nämlich der Kampf um die Rettung des Kakapo, des einzigen flugunfähigen Papageis der Welt – ein absolut faszinierendes Geschöpf, das auf unserer Website (www.janegoodallhopeforanimals.com) beschrieben wird. Auch hat Don eine Schlüsselrolle dabei gespielt, den australischen Braunbauch-Dickichtvogel zu retten und zu erhalten, ebenso wie beim Seychellendajal und anderen, auf den Seychellen im indischen Ozean heimischen Vögeln.

Eine unglaubliche Geschichte
Von allen Leistungen Dons ist die Rettung des Chatham-Schnäppers die, die mir am besten gefällt. »Chatham-Schnäpper«, so Don, »sind wunderbare, freundliche, kleine Vögel, die eine Affinität zu Menschen haben – oft kommen sie bis auf einen Meter heran und setzen sich einem sogar auf den Fuß oder den Kopf! Schnell erobern sie auch das Herz des gleichgültigsten Vogelbeobachters. Ich habe mich schlicht in sie verliebt und in mir wuchs, zusammen mit dem Gefühl, überaus privilegiert zu sein, eine große Verantwortung gegenüber jetzigen und zukünftigen Generationen dieser Welt, diese fantastische kleine Lebensform vom Rand des Aussterbens zurückzuholen.«

Und das sollte sich als immens schwierige Aufgabe erweisen. Seit den 1880er Jahren waren die Chatham-Schnäpper auf Little Mangere Island beschränkt, einen kleinen Felshaufen mitten im Ozean vor den Chatham Inseln, etwa 500 Meilen östlich von Neuseeland. Hier, in ihrem letzten Refugium, lebten sie auf gerade mal zwölf Morgen bewaldeten Vegetationsgebiets. Man meinte, zumindest kurzfristig, sie seien dort sicher, bis 1972 ein Team von Biologen sämtliche Exemplare einfing und farbig markierte – und so feststellen musste, dass es nur noch 18 davon gab. Die Zahlen sanken in den folgenden Jahren weiter in den Keller und Don machte sich für eine sofortige Intervention stark. »Aber ich wurde überstimmt«, erzählte er mir. Manche glaubten, dieser Abwärtstrend sei Bestandteil eines Zyklus und die Zahlen würden sich auch bald ohne Hilfe wieder erholen. Erst 1976, »als es nur noch neun Chatham-Schnäpper gab, herrschte dann allgemeine Übereinstimmung, dass etwas getan werden sollte.«

Don erzählte mir, dass er und die meisten seiner Kollegen »emotional stark in das involviert waren, was getan werden sollte, und oft waren wir frustriert, weil wir nicht die Erlaubnis bekamen, es durchzusetzen.« Als sie endlich grünes Licht dafür hatten, die verbleibenden Schnäpper einzufangen und umzusiedeln, machten sie sich 1976 zu der Insel auf, um dort nur noch sieben Vögel vorzufinden – und davon nur zwei Weibchen, von denen sich zu allem Überfluss auch nur eines als fortpflanzungsfähig erwies. Dieses Weibchen wurde mit einem blauen Fußband markiert und unter dem Namen Old Blue berühmt. Die kleine Gruppe der Überlebenden zog von Little Mangere Island, auf dem ihr Buschwald-Lebensraum einging und nicht länger in der Lage war, sie zu ernähren, auf das nahe gelegene Mangere Island um. Das war jedoch nur der erste Schritt bei dem dramatischen und letztendlich erfolgreichen Versuch, die Spezies zu retten.

Old Blue – Die Matriarchin und Retterin ihrer Art

Chatham-Schnäpper binden sich normalerweise lebenslang aneinander. Old Blue und ihr Partner nisteten in der nächsten Brutsaison, doch ihre Eier waren unfruchtbar. Erstaunlicherweise verließ Old Blue daraufhin ihren langjährigen Partner und suchte sich an seiner statt ein jüngeres Männchen, das bald als Old Yellow bekannt wurde (er hatte ein gelbes Fußband). Wieder legte Old Blue Eier – und jetzt wurde die kleine Familie Teil von Dons neuartigem Fremdpflegeprogramm.

Es war die Kindheitserinnerung an den Kanarienvogel, der den Stieglitz aufgezogen hatte, die Don die Idee dafür lieferte, wie er der üblicherweise niedrigen Reproduktionsrate der Spezies einen Schub verleihen könnte. Unter normalen Umständen zieht ein Pärchen Chatham-Schnäpper nicht mehr als zwei Küken pro Jahr groß, so dass es der Art an der Fähigkeit gebricht, sich schnell von widrigen Umständen zu erholen. Aber wenn ein Nest zerstört oder die Eier gestohlen wurden, bauten die Schnäpper ein neues Nest und legten ein neues Gelege. Also zerstörte Don das Nest, entführte beide Eier von Old Blue und legte sie in Meisennester, wo sie erfolgreich von ihren Adoptiveltern ausgebrütet wurden.

Old Blue und Old Yellow bauten also ein zweites Nest und sie legte erneut Eier. Und wieder nahm man ihr die Eier weg und gab ihr die in der Zwischenzeit von den Meisen ausgebrüteten Küken zurück, so dass sie von ihr das der Art angemessene Verhalten erlernen konnten. Bald schlüpften dann auch die Küken des zweiten Geleges. Don erzählte mir, dass, als er sie zurückbrachte, damit sie sich ihren Vorgängern anschließen konnten, Old Blue mit resigniertem Blick zu ihm aufschaute, als wollte sie sagen »Gütiger Himmel, was kommt als Nächstes?« Daraufhin versicherte er ihr: »Wir helfen dir, sie zu füttern, mach dir keine Sorgen.«

Mir hat die Vorstellung immer sehr gefallen, wie Don und sein Team eifrig die Gegend nach passender Nahrung für die künstlich vergrößerte Familie der Schnäpper-Küken absuchten, bei deren Schaffung sie geholfen hatten.

Dieselbe Prozedur wurde während der nächsten paar Brutsaisons angewandt und so gab man der einzigen Familiengruppe von Chatham-Schnäppern eine Starthilfe. »Die Fremdpflege erwies sich als hoch effektiv«, sagte Don, »aber am Anfang war diese Strategie noch nicht bewährt und daher ein hohes Risiko …, wenn wir scheiterten, würde man uns die Schuld für das Aussterben der Spezies geben!«

Verzweifelt arbeiteten Don und sein Team für die Rettung der Vögel. »Old Blue, Old Yellow und ihre vielen Küken wurden eine weitläufige Familie«, so Don. »Ich dachte ständig über sie nach. Während wir vor Ort waren – oft Monate am Stück – sprachen wir von wenig anderem.« Jeden Frühling konnte es Don, wenn er Mangere Island besuchte, kaum erwarten, herauszufinden, welche Vögel den Winter überlebt hatten. »Jedes neue Nest, jedes neu gelegte Ei oder geschlüpfte Küken war ein Grund zum Feiern und jeder Todesfall war fast gleichbedeutend mit einem in der eigenen Familie!« Schwer fiel es ihm jedes Mal, wenn er, um ihr Überleben zu gewährleisten, die Nester zerstören und die Eier stehlen musste.

Schließlich starb Old Blue 1984. Sie war 13 Jahre alt geworden, doppelt so alt wie die meisten Schnäpper – und das trotz der unnormal hohen Anzahl von Eiern, die zu legen man sie manipuliert hatte. Da ihre Geschichte so vielen Neuseeländern zu Herzen gegangen war, wurde zu ihrem Gedenken am Flughafen von Chatham Island eine Plakette angebracht und der Right Honourable Peter Tapsell, der Innenminister, gab den Tod von »Old Blue – der Matriarchin und Retterin der Chatham-Schnäpper-Spezies« bekannt. Nationale und internationale Medien übertrugen die Geschichte des seltensten und gefährdetsten Vogels der Welt, der »in seinem Greisenalter« seine Spezies von der Schwelle des Aussterbens zurückgeholt hatte.

Eine strahlende Zukunft
In den späten 1980er Jahren waren die Zahlen der Chatham-Schnäpper wieder über die 100er-Marke hinaus. Man siedelte zusätzlich einige Schnäpper-Gruppen auf einer weiteren Insel an. Danach bestand keine Notwendigkeit mehr für ein intensives, direktes Management dieser Vögel. Don erzählte mir, dass es mittlerweile 200 Schnäpper, verteilt auf zwei Inseln, gibt. Sämtlich sind sie Nachkommen eines einzigen Pärchens – von Old Blue und ihrem Partner Old Yellow – und so sind ihre genetischen Profile so ähnlich wie die eineiiger Zwillinge.

»Gott sei Dank«, so Don, »gibt es keine offensichtlichen genetischen Probleme.« Jedoch ist der Lebensraum auf den beiden Inseln begrenzt, was bedeutet, dass die Spezies nicht mehr zahlenmäßig wachsen oder sich weiter ausbreiten kann. Auch sind während und nach der Brutsaison größere Verluste zu verzeichnen – Jungvögel sterben, weil sie keinen Ort zum Leben finden. Don hat sich dafür stark gemacht, erneut eine Population auf Little Mangere Island zu anzusiedeln – eben jenem Ort, von dem er die letzten Vertreter der Art zu Beginn der Rettungsaktion entfernte. Seit damals hat sich die Waldvegetation von Little Mangere erholt und da sie mittlerweile auch frei von Raubsäugetieren ist, ist sie – zumindest kurzfristig – die einzige Option, die den Schnäpper auf den Chatham Islands momentan offensteht. Don unterstützt diesen Vorschlag nach Kräften. »Und es bedarf keiner Erwähnung«, fügte er hinzu, »dass ich liebend gern mit von der Partie wäre!«

Der Graufußtölpel *(Papasula abbotti)*

Der Graufußtölpel ist eine uralte Rasse, ein echter ozeanischer Vogel, der auf dem Meer lebt und nur zum Brüten an Land kommt. Er nistet lediglich auf der Weihnachtsinsel (australisches Territorium), einem 50 Millionen Jahre alten, verloschenen Vulkan, der sich aus dem Indischen Ozean erhebt, zehn Grad südlich des Äquators. Graufußtölpel sehen mit ihren weißen Köpfen, Hälsen und den langen Schnäbeln mit schwarzer Spitze sowie schmaler schwarzer Schwingen beeindruckend aus. Sie werden bis zu 75 Zentimeter groß und sind somit von allen Tölpeln die größten – manche bezeichnen sie als den »Jumbo Jet« unter den Tölpeln.

Diese Tölpel bringen es auf eine Lebensspanne von bis zu 40 Jahren und die Jungvögel fangen erst an zu brüten, wenn sie etwa acht Jahre alt sind. Sie haben einen der längsten Brutzyklen von allen Vögeln (etwa 15 Monate), so dass die Paarung nur alle zwei Jahre stattfindet. Sie nisten in Baumkronen und legen nur ein Ei.

Mit ihren Zahlen fing es an, bergab zu gehen, als in den 1960er Jahren der Phosphatabbau (Guano) auf der Weihnachtsinsel mit voller Kraft begann. Um das Mineral abzubauen, musste man große Flächen des ursprünglichen Waldes abholzen – was mit dem Brutverhalten der Tölpel über Kreuz ging, die ja in Baumkronen nisten. Die hohen Bäume wuchsen oft über den reichsten Phosphatvorkommen, so dass die Graufußtölpel sich in direktem Konflikt mit den Abbauinteressen befanden. So verloren die Tölpel einen Großteil ihres historischen Brutgebiets. Ihre Population wird momentan auf 2500 Brutpaare geschätzt.

Obwohl die örtliche Regierung und das Abbauunternehmen versuchten, die Lebensräume und Nester zu überwachen, setzte sich der Niedergang der Graufußtölpel fort. Schließlich wurde 1977 Don Merton, damals bereits Experte für die Erhaltung von Insel-Vögeln, zur Weihnachtsinsel ge-

Die Manager des Christmas Island Park, Max Orchard und seine Frau Beverly, haben die letzten 16 Jahre ihres Lebens der Pflege verletzter oder verwaister Graufußtölpel gewidmet (und dafür sogar ihren Hof und ihren Parkplatz zur Verfügung gestellt). Auf dem Bild verfüttert Max einen Fisch an einen rekonvaleszenten Jungvogel. (Bild: Corey Piper)

schickt, um die australische Regierung und die britische Phosphat-Komission in Sachen Wildtier-Schutz zu beraten. Er lebte, zusammen mit seiner jungen Familie, zwei Jahre auf der Weihnachtsinsel und half dabei, die Regierung schließlich zu überzeugen, das erste biologische Reservat der Insel einzurichten, einen 4000 Morgen großen Nationalpark, der 1980 angelegt wurde. Eines der größten und am wenigsten modifizierten tropischen Inselregenwald-Ökosysteme, die überhaupt irgendwo unter Naturschutz stehen. Eine weitere Naturschutzinitiative auf der Weihnachtsinsel war der Plan, ein umfassendes Programm zur Überwachung und zum Schutz der Graufußtölpel-Brut einzurichten.

Zerstörung des Lebensraums und Gefahr für die Küken
Mitte der 1980er Jahre schätzte man, dass 33 % des Lebensraum, den die Tölpel früher für sich beansprucht hatten, bereits zerstört war und die Abbauaktivitäten mindestens 70 Lichtungen im Wald geschaffen hatten. Das hatte die Tölpel nicht nur ihrer Nistplätze beraubt, nein, man fand auch heraus, dass die Vögel, die in der Nähe der Lichtungen nisten, an den dortigen Windturbulenzen litten. Das führte unglücklicherweise dazu, dass Tölpelküken, die noch nicht flügge waren, aus dem Nest geweht wurden. Manchmal sind die Winde stark genug, um heranwachsende, ja selbst ausgewachsene Vögel von einem Ast zu blasen, und wenn ein Vogel auf den

Waldboden fällt, dann stirbt er dort, wenn er es nicht schafft, durch die Vegetation wieder nach oben zu klettern. Diese Vögel können zwar vom Boden abheben, aber nur unter großen Schwierigkeiten. Sie brauchen ausreichenden Wind aus der richtigen Richtung und eine klare »Startbahn«, um in die Luft zu kommen. Werden sie nicht gefunden und gerettet, ist ein Absturz normalerweise ein Todesurteil.

Zuletzt wurde entschieden, dass die beste Art, die Tölpel zu schützen, darin bestand, die Wälder der Insel zu schützen und zu vergrößern, indem man die wertvolle Humusschicht zurückbrachte und Gebiete, die für den Minenbau kahlgeschlagen worden waren, renaturierte. Man hoffte, das würde die Windturbulenzen reduzieren, die für die nistenden Tölpel so abträglich sind. Man zog Tausende von Setzlingen und pflanzte sie, wobei man Gelder der Abbaufirmen verwendete, die zu zahlen Bestandteil deren Verträge gewesen war.

Angriffe auf das Erhaltungsprogramm
Drei Jahre später musste man jedoch feststellen, dass der Bereich, der von Biologen als oberste Priorität bezeichnet worden war, von der Regierung für ein Aufnahme- und Bearbeitungszentrum der Immigrationsbehörde zur Verfügung gestellt wurde. Als ob das noch nicht genug wäre, wurde der Bereich der Abbaustellen, der wieder aufgeforstet wurde, erneut abgeholzt. In der Naturschutz-Community sorgte das für viel böses Blut, besonders unter jenen, die so hart für das Erhaltungsprogramm gearbeitet hatten.

Das National Parks Australia Council bezeichnete den Plan als »illegal« und forderte, alle Arbeiten dort müssten sofort eingestellt werden, da sie nicht über die entsprechenden Genehmigungen verfügten. »Es gibt geeignetere Orte auf der Insel, wo die Auswirkungen auf die Umwelt nicht so gravierend sind und wo schon Infrastruktur zur Verfügung steht«, so Andrew Cox, der Präsident des Council.

Ein Kommentar des Biologen Peter Green von der Monash University, der von Anfang an Teil des Überwachungsprogramms für die Graufußtölpel gewesen und mit der Insel seit Langem bestens vertraut war, lautete: »Die Graufußtölpel standen im Zentrum eines vom Commonwealth finanzierten Renaturierungsprogramms, das im Bereich eines neuen Gefange-

Beverly Orchard ist das »Herz« der Operation, so ihr Mann Max. »Sie kommt selbst mit den wildesten Vögeln zurecht.« (Bild: Max Orchard)

nenlagers durchgeführt worden war. Und jetzt«, schloss er, »fahren sie einfach mit einer Dampfwalze drüber.«

Nicht nur das: Die Regierung handelte tatsächlich neue Geschäfte mit der Abbaufirma aus. 1988 hatte die Bundesregierung beschlossen, dass es keine weiteren Abholzungen von Regenwald auf der Weihnachtsinsel geben würde; das Unternehmen legte Berufung gegen den Beschluss ein und hat nun um Erlaubnis nachgesucht, seine Pacht auf neue Bereiche mit altem Waldbestand auszudehnen. »Es ist verrückt«, sagte Andrew Cox, »Die Weihnachtsinsel ist ein Juwel in der Krone der Umwelt von Australien und hat die einzige Graufußtölpelpopulation der Welt und noch weitere einheimische Geschöpfe, die es sonst nirgendwo gibt ... das sollten wir beschützen.« Es ist eines der wenigen erhöhten tropischen Insel-Ökosysteme, die noch verbleiben.

Für den Moment scheinen die Zahlen der Graufußtölpel stabil zu sein. Aber dieser neue Schlag gegen die Umwelt könnte sich als sehr schädlich erweisen.

Die Pflegestation und das Waisenhaus der Orchards
In der Zwischenzeit haben, ungeachtet all dieser Turbulenzen, Max und Beverly Orchard während der letzten 16 Jahre die verletzten und verwaisten Vögel bedrohter Arten auf der Insel gerettet. Max ist seit mehr als 13 Jahren Wildhüter und hatte anfangs in Tasmanien gearbeitet. Er und Beverly haben den Großteil ihres Lebens damit verbracht, verwaiste oder verletzte Tiere zu retten und sich um sie zu kümmern, wobei ihr besonderes Interesse bedrohten Arten gilt. Als sie noch in Tasmanien lebten, kümmerten sie sich vor allem um Wombats, Wallabys und Beutelteufel.

Ich habe mich am Telefon mit ihnen unterhalten und die Wärme und Leidenschaft ihrer fürsorglichen Persönlichkeiten ist von der Weihnachtsinsel bis zu mir gedrungen. Beverly erklärte mir, dass jedes Mal, wenn ein gro-

ßer Sturm während der Nistsaison auf die Insel trifft, die Jungen aus den Nestern fallen. Besonders während des Monsuns gibt es viele Verluste – das heißt von März bis August. Aber der Strom verletzter und verwaister Tiere versiegt erst um Weihnachten. Besucher des Parks und die einheimischen Wanderer finden die Vögel und man schickt sie mit ihnen zu Max und Beverly. Die Nestlinge wachsen ungeheuer langsam und bleiben etwa ein Jahr im Nest, so dass sie sehr lange verwundbar sind.

Wenn sie eintreffen, »sind sie oft dehydriert, verhungert und völlig erschöpft – aber sie können ganz schön zäh sein«, sagte Beverly. Die Orchards nehmen die kleinen und verletzten Vögel mit nach Hause und bringen sie in kleinen Nistkisten unter. Dann kümmert sich Beverly um sie, gibt ihnen Wasser und kleine Fische aus dem riesigen Vorrat in der Gefriertruhe. Sie lässt die Fische extra lang im Wasser einweichen, damit sie für die jungen Vögel leichter zu schlucken sind. Wenn sie verletzt sind, versucht Max, sie zu heilen – also bspw. ein gebrochenes Bein in Ordnung zu bringen. Einmal gelang es ihm, in einer kleinen Operation einen Angelhaken aus dem Bauch eines Graufußtölpels zu entfernen.

Natürlich ist es nicht zu vermeiden, dass einige der Patienten sterben. Aber Beverly ist von der Widerstandskraft der Tölpel erstaunt. »Uns wurden schon einige gebracht, von denen ich glaubte, sie hätten keine Chance, durchzukommen«, sagte sie. »Manche konnten noch nicht einmal mehr den Kopf heben.« Als sie sie nachts allein ließ, war sie »sicher, dass sie jetzt ihre letzten Atemzüge tun würden.« Aber nachdem sie sie versorgt und die Vögel eine Nacht geschlafen hatten und sie morgens wieder vorbeischaute, »da schauten sie mich an, unterhielten sich aufgeregt und – wollten ihr Frühstück.«

Nistplatz Plastikstuhl
Jeder Patient hat sein eigenes Nest – ein »alter Plastikbürostuhl«, der draußen unter dem Autostellplatz von Max und Beverly steht. Sie begriffen, dass dies der bequemste Platz war, weil es besonders zur Fütterungszeit ein ziemliches Durcheinander geben kann. Es sind ständig Dutzende von Plastikstuhlnestern dort draußen aufgereiht. Nachdem ein verletzter oder verwaister Tölpel wieder gesund gepflegt wurde oder in seiner Kiste im Haus ein bestimmtes Reifestadium erreicht hat, verlegen ihn Max und Beverly sobald wie möglich auf einen Plastikstuhl.

In der Wildnis nisten die Tölpel auf extrem hohen Bäumen. »Wir versuchen, die Umstände in der Wildnis so naturgetreu wie möglich abzubilden«, sagte Max. »Aber wir haben einfach keine Möglichkeit, so ein Nest nachzubauen. Wir haben herausgefunden, dass es am besten war, jedem von ihnen einen Plastikstuhl zu geben und sie mit Fischen und Kalmaren zu füttern – dieselbe Art Nahrung, von der wir glauben, dass die Kleinen sie auch in freier Wildbahn von ihren Eltern bekommen.« Jeden Tag fliegen sie für ein paar Stunden von ihrem Stuhlnest davon und kommen stets zur Fütterungszeit zurück.

»Üblicherweise handelt es sich bei ihnen um recht freundliche und kooperative Vögel«, so Max, »aber wehe dem Tölpel, der auf dem falschen Stuhlnest sitzt!«

Es gibt Tölpel und Tölpel
»Sie bekommen alle den gleichen Namen – Eric«, erzählte Max. Diese Praxis fußt auf dem Monty Python-Sketch »Fish License«, in der John Cleese einen Mann spielt, der alle seine Haustiere Eric nennt. Aber die Tölpel unterscheiden sich definitiv voneinander.

»Jeder hat seine eigene Persönlichkeit«, sagte Beverly. »Einige von ihnen lassen sich gern im Arm halten und sind recht verschmust. Es sind redselige Vögel, die sich gern mit ihren Eltern unterhalten, so dass ich zur Fütterungszeit immer mit ihnen rede. ›Wie geht's dir? Wie war dein Tag?‹ und dergleichen. Dann fangen sie alle an, zurückzukrächzen – sie alle reißen sich regelrecht darum, mit mir zu reden.« Sie produzieren ein krächzend-brüllendes Geräusch, von dem Max spaßeshalber bemerkte, es klinge, als erbreche sich jemand – »ein irgendwie würgendes Geräusch«.

»Wir versuchen, sie nicht zu viel anzufassen«, sagte Beverly. »Sobald die Tölpel ihre Federn bekommen, setzen wir sie auf einen Stuhl und fassen sie nicht mehr an. So geraten sie, wenn sie uns verlassen, nicht in Versuchung, auf Booten zu landen und andere Menschen zu besuchen.«

Max nennt Beverly das »Herz« des Unternehmens. »Sie kommt sogar mit den Wildesten von ihnen klar – mit denen, die kreischen und Drohgebärden machen«, sagte Max. »Es dauert nicht lange und sie hat sie beruhigt und sie fangen praktisch schon zu gurren an, wenn sie sie sehen.«

Mit den Jahren hat dieses erstaunliche Paar an die 500 Graufußtölpel gerettet. Sie wachsen nur langsam heran – es dauert etwa ein Jahr, bis sie ausgewachsen sind – und die, mit denen es die Orchards zu tun haben, sind zumeist im Prozess der Rekonvaleszenz und so entwickeln sie sich noch langsamer. Manche bleiben für bis zu zwei Jahre in ihrem Niststuhl bei Max und Beverly. Und dann ist es endlich so weit, dass sie bereit sind für das Leben in freier Wildbahn.

»Es kommt der Tag, wenn sie endlich herangewachsen sind und sich auf den Weg machen; das ist das letzte Mal, dass man sie zu Gesicht bekommt«, sagte Beverly. Glücklicherweise haben die Tölpel ein Verabschiedungsritual, das sie durchführen, wenn sie bereit sind, sich auf den Weg zu machen, und so haben Max und Beverly die Möglichkeit, sich auf ihre Abreise vorzubereiten: »Eines Tages kommen sie zu ihrem Stuhl zurück, aber nicht, um zu fressen«, sagte Beverly. »Plötzlich werden sie gesprächig – als ob sie viel zu sagen hätten. Dann wissen wir, dass sie eine Futterquelle gefunden haben – dass sie endlich autark geworden sind. Vielleicht sagen sie uns, was sie gefunden haben oder danken uns oder sagen einfach Lebewohl. Wir wissen es nicht«, fügte sie hinzu. »Dann schlafen sie noch eine Nacht friedlich in dem Nest, sagen am Morgen ein letztes Lebewohl und machen sich für immer davon.«

»Sie werden Teil unserer Familie«, sagte Max. »Sie sind völlig von dir abhängig und ziehen dann für immer davon. Die Gefühle sind gemischt. Du freust dich, dass wieder einer in die Wildnis zurückkehrt – deshalb machen wir ja diese ganze Arbeit. Und du hoffst natürlich, dass alles gut für sie läuft, aber es ist hart, dass man sie nie wieder sieht, nachdem sie so lange Teil der Familie waren.«

Max sagte mir, dass, abgesehen von den Problemen mit dem Lebensraum, die neueste Bedrohung für die Tölpel von der großen Anzahl Fischfangunternehmen ausgeht, die ihre Futterquellen erschöpfen und ihnen gleichzeitig durch Netze und Fischhaken an langen Leinen gefährlich werden. »Für den Moment mag der Graufußtölpel vor dem Aussterben bewahrt sein«, sagte Max, »aber wir müssen wachsam bleiben.«

Der Bermuda-Sturmvogel oder Cahow *(Pterodroma cahow)*

Mich haben die Sturmvögel stets fasziniert, seitdem ich als Kind *Tom, the Water Baby* von C. Kingley gelesen habe. In diesem alten Klassiker war es die Sturmschwalbe namens »Mother Carey's Chicken«, die in der Geschichte vorkam. Mother Carey ist auch der Name, den die frühen Seefahrer den Sturmvögeln gaben, wenn sie ihnen weit von der Küste entfernt in ihrer Heimat mitten auf dem Meer begegneten. Man glaubt, dass dieser Name sich von *Mater Cara* ableitet, der Bezeichnung der frühen spanischen

Dieser ausgewachsene Cahow kletterte auf den Kopf von Jeremy Madeiros, bevor er davonflog. Jeremys Kopf war der beste Sitzplatz, den dieser Cahow im baumlosen Lebensraum der Insel Castle Harbor, Bermuda, finden konnte. (Bild: Andrew Dobson)

und portugiesischen Seefahrer, die sich in südliche Gewässer aufmachten, für die Jungfrau Maria. [Und das *petrel* im englischen Namen »Bermuda Petrel« stammt vom heiligen Petrus, weil die Vögel, wenn sie fressen, so aussehen, als würden sie auf Wasser gehen.]

Der subtropische Sturmvogel, dessen Geschichte ich hier erzähle, der Bermuda-Sturmvogel also, ist einer der so genannten »Quälgeister-Sturmvögel«, die zur Gattung der *Pterodroma* gehören – was sich aus den griechischen Worten *pteron* – Flügel und *dromos* – Lauf, ableitet: Daher bedeutet sein Name also »geflügelter Läufer«. In der Tat sind alle Sturmvögel Meister der Lüfte, fähig, die wildesten Stürme zu überleben und auf heulenden Winden dahinzugleiten, wenn unter ihnen die Gischt brechender Wellen aufspritzt. Nur wenn sie an Land kommen, leiden sie so schrecklich unter den Schäden, die wir ihrer Inselheimat zugefügt haben.

Der lokale Name für den Bermuda-Sturmvogel ist Cahow, eine Wort, von dem man glaubt, dass es sich den unheimlichen nächtlichen Rufen der Art verdankt. Diese bewahrten anfangs Bermuda und seine Inseln vor einer Besiedlung, weil die spanischen Seefahrer glaubten, die Inseln würden von bösen Geistern heimgesucht. Tatsächlich bezeichnete man Bermuda einst als die »Insel der Teufel«. Damals, im frühen 16. Jh., als Bermuda von den Spaniern entdeckt wurde, kehrten zu jeder Brutsaison geschätzte 500.000 Cahows in die Küstenwälder der Insel und der umliegenden Eilande zurück und nisteten im sandigen Erdreich.

Unglücklicherweise konnten die »bösen Geister« die Seefahrer nicht davon abhalten, auf der Suche nach frischer Nahrung und Wasser dort anzulegen. Sie brachten Schweine an Land, damit diese sich dort vermehren und in Zukunft eine Frischfleischquelle lieferten. So begann die Zerstörung der Nistbereiche der Cahows. Und dann wurde es noch schlimmer. Die Briten, die schnell einsahen, dass es keine Teufel, sondern Vögel waren, die die seltsamen Geräusche hervorbrachten, begannen, die wunderbare tropische Insel zu kolonisieren und die frühen Siedler brachten die üblichen Arten mit. Und Jahr für Jahr eroberten die Briten, in der Zeit, wenn die Sturmvögel auf See waren, mehr von ihren Nistbereichen als Farmland. Als sie zum Brüten zurückkamen, wurden sie in großer Zahl getötet und landeten im Kochtopf – trotz der Tatsache, dass den Vögeln in einer Proklamation des Gouverneurs »gegen die Verwüstung und das Chaos, das unter den Cahows angerichtet wird« offizieller Schutz gewährt wurde. Dabei dürfte es sich um eine der frühesten Naturschutzbemühungen überhaupt handeln!

1620 glaubte man, der Cahow sei ausgerottet. Nur dass hin und wieder Berichte eingingen, die das Gegenteil behaupteten: 1906 bspw. wurde tatsächlich ein Cahow gefangen, auch wenn er damals nicht als solcher identifiziert wurde. Und 1935 flog ein im Flüggewerden befindlicher Cahow gegen einen Leuchtturm – seine Leiche war der definitive Beweis, dass noch irgendwo eine Population bestand. Der Zweite Weltkrieg ließ die Spekulationen über ihre Existenz einstweilen zu Ende kommen. Doch der Tod dieses Jungvogels hatte die Fantasie eines Schuljungen vor Ort, David Wingate mit Namen, angeregt.

Der Cahow lebt noch
»Das Jahr, als der Jungvogel gegen den Leuchtturm flog«, erinnerte sich David, »war das Jahr meiner Geburt.« Er sagte mir das während eines Telefonats 2008. Er erinnerte sich noch lebhaft, wie er in seinem Kajak saß, auf die Inseln jenseits des Leuchtturms blickte und dachte: »Der junge Cahow ist erst vor 15 Jahren gestorben. Vielleicht, vielleicht sind die ja noch irgendwo da draußen. Irgendwo.« Er sagte mir, dass sich bei diesem Gedanken seine Nackenhaare aufrichteten.

Er war nicht allein. Dr. Robert Cushman Murphy vom American Museum of Natural History, schaffte es, Geld für eine Untersuchung aufzutreiben, die die Cahow-Frage klären sollte. Als er sich 1951 zusammen mit dem Direktor des Bermuda Aquariums auf den Weg machte, lud man David ein, sich anzuschließen. Es war ein aufregender Tag für einen sechzehnjährigen Schuljungen, dabei zu sein, als sie auf sieben nistende Pärchen Bermuda-Sturmvögel stießen, auf einem winzigen Inselchen vor der Küste. (In der Folge fanden sie noch elf Paare mehr, verteilt auf drei weitere Inseln). »Ich konnte kaum glauben, dass ich so viel Glück hatte«, sagte David. »Ein Traum wurde wahr. Und von da an wusste ich, welchen Weg mein Leben nehmen würde.«

Irgendwie hatte der Cahow es geschafft, entgegen aller Wahrscheinlichkeit zu überleben – aber es gab nur noch sehr wenige von ihnen. Konnte die neu entdeckte Kolonie irgendwie noch länger überleben? Ohne die Entschlossenheit und Energie von David Wingate, der sich den Großteil seines restlichen Lebens ihrer Sache verschrieb, hätten sie es wahrscheinlich nicht geschafft, denn ihre damalige Situation war verzweifelt.

Die vier kleinen Felseninseln (vor Castle Harbor, östlich von Bermuda), wo das winzige Überbleibsel der einstmals riesigen Cahow-Population zu nisten gezwungen war, brachten es insgesamt nur auf eine Fläche von zwei Morgen. Darüber hinaus gab es auf diesen Inseln eigentlich keinerlei Vegetation und die kleinen, seichten Nischen mit Erdreich waren für die Nistbauten eher ungeeignet. Die Cahows legten ihre einzelnen Eier mehr oder minder auf Meereshöhe und zogen dort auch ihr Küken auf. Obendrein waren die Inseln, die am Rand des schützenden Riffs lagen, auch noch heftigen Attacken vonseiten des stürmischen Meers ausgesetzt. Dazu kam auch noch, dass während der 1960er Jahre ein hoher Grad von DDT sowohl in den Küken wie auch den Eiern gemessen wurde, und das hatte mit an Sicherheit grenzender Wahrscheinlichkeit einen nachteiligen Effekt auf ihren Aufzuchterfolg. Tatsächlich halbierte sich dieser David zufolge. (David hatte sich an dem Kampf um das Verbot von DDT, wie im zweiten Teil im Kapitel über den Wanderfalken beschrieben, beteiligt.)

Und schließlich litten die Sturmvögel, als ob das alles noch nicht genug wäre, an dem Wettbewerb mit den größeren, aggressiveren und immer noch weit verbreiteten Weißschwanz-Tropikvögeln. Der Cahow legt seine Eier im Januar; die Küken schlüpfen im März. Der Konkurrent, der Tropikvogel, nistet später und wirft, wenn er einen Nistplatz besetzt findet, ein Cahowküken einfach hinaus, um das Nest zu übernehmen. In manchen Jahren lag die Sterblichkeitsrate bei Cahow-Küken bei 60 %, ein direktes Ergebnis dieses Konkurrenzkampfs und der Unwirtlichkeit der Inseln.

Immobiliengeschäfte beim Nisten
Einer der ersten Schritte, um den verbleibenden Cahows zu helfen, war, jeden der bestehenden Nistplätze mit einer hölzernen Abdeckung zu schützen, die das Eindringen der größeren Tropikvögel verhinderte. Als Nächstes wur-

den einige künstliche Nistplätze angelegt, die aus einem langen Tunnel bestanden, der in einer Betonkammer endete. Die beiden Maßnahmen führten zu erhöhtem Bruterfolg. Von da an sorgten die Biologen, die für die Rettung des Cahow arbeiteten, dafür, dass es in jeder Brutsaison mindestens zehn Extra-Nester gab. Außerdem war es nötig, die Nester zu reparieren, die von den Stürmen, die sich aufgrund der steigenden Meeresspiegel noch verschlimmert hatten, beschädigt worden waren. »Vor 1989«, sagte mir David, »hatten wir nie Probleme mit Überschwemmungen.« Bereits 1995 wurden etwa 40 % der Nester von einem Hurrikan beschädigt; 2003, als der Hurrikan Fabian die Region verwüstete, wurden 60 % der Nistplätze zerstört und große Abbrüche von den Inseln festgestellt. Zum Glück waren die Cahows draußen auf dem Meer, als die Hurrikans wüteten.

Aufgrund der schlechter werdenden Situation konstruierte man auf dem höchstgelegenen Teil der größten Nistinsel eine neue Garnitur Nestbauten – mehr als zwei Meter höher als die, die vom Hurrikan Fabian zerstört worden waren. Brutpaare, die in den Trümmern der alten Nistplätze herumwühlten, wurden zu den neuen Bauten gelockt, indem man ihnen Aufzeichnungen von Cahow-Werberufen aus der Richtung vorspielte; ein Pärchen fing man einfach ein und siedelte sie um! Drei Paare nisteten in den neuen Bauten.

Im Vorfrühling 2008 hatte ich Gelegenheit, mit einem weiteren engagierten Verfechter der Cahows zu sprechen, nämlich Jeremy Madeiros. Jeremy war Ende 20, als er 1984 unter David Wingate als Auszubildender in der damaligen Abteilung für Landwirtschaft und Fischfang angenommen wurde. Als Junge hatte Jeremy lieber nach Insekten und Pflanzen gebuddelt, statt mit seinen Freunden Bälle durch die Gegend zu kicken. Die Erfahrung, die er in der Arbeit mit David sammelte – und zwar nicht nur für die Erhaltung des Cahow, sondern auch bei den Bestrebungen, Nonsuch Island als Nistbereich für die Spezies zu renaturieren – war genau das, was er brauchte. Er ging aufs College und erwarb dort die Qualifikationen, die ihm später einen Job als Park-Superintendent verschafften. Er hielt die Verbindung zu David aufrecht und trat in seine Fußstapfen.

Wie man lernt, mit der Gefahr zu leben
Vor allem musste Jeremy lernen, unter oftmals gefährlichen Bedingungen damit zurechtzukommen, »zu arbeiten, ohne mich umzubringen oder mich zu verletzen«, wie er es mir gegenüber während eines langen Telefonats formulierte. Ich wusste, dass David ungeheure Risiken auf sich genommen

hatte und fragte Jeremy, wie es gewesen sei, mit ihm zu arbeiten. Er lachte und erzählte mir eine Geschichte, die sich in den frühen 1990er Jahren ereignet hatte, als die beiden den Fortschritt der Cahow-Küken überwachten. Das muss nachts erfolgen, wenn die Küken aus den Nestbauten kommen, um erste Erkundungsgänge zu machen und ihre Flügel zu strecken. David entschied, die Überwachung auf einer Insel zu beginnen, von der man wusste, dass es dort zwei Nester gab. Sie hatten lediglich das Licht einer Taschenlampe (die Küken kommen im Mondlicht nicht heraus, was es für die Menschen viel praktischer machen würde) und mit diesem mussten sie das kleine Boot nahe der felsigen Küste in einer hohen Dünung manövrieren.

»Wir mussten auf einen Felsen springen und schnell raufklettern, bevor die nächste Welle ihn überspülte«, erzählte Jeremy. Dann mussten sie auf die entgegengesetzte Seite der Insel gelangen, was bedeutete, dass sie eine steile Klippe erklimmen mussten, da man mit dem Boot nicht hinkam. Sie kamen wohlbehalten an und hatten, wie immer, die schönste Zeit, als sie die Küken beobachteten. Es war auf dem Rückweg, als es fast zur Katastrophe kam.

»David hatte Schwierigkeiten mit seinem Rücken«, erzählte mir Jeremy, und hatte daher ein Schaumstoffkissen mitgenommen, um auf den harten Felsen sitzen zu können. An einer Stelle mussten sie drei Meter runter auf einen tiefer gelegenen Felsen springen – einen freistehenden Fels, auf jeder Seite ging es knapp zehn Meter tief in den Abgrund, unten kamen dann zackige Felsen und brechende Wellen.

»Er bat mich vorzugehen«, sagte mir Jeremy, »und warf dann das Kissen hinunter. Dann sagte er, ich solle es auf die Felsen legen. Er dachte, so könne er verhindern, dass seine Wirbelsäule zu stark durchgeschüttelt würde.« Stellen Sie sich also Jeremys Entsetzen vor, als David sicher landete, und sofort über den Rand fiel, so dass Jeremy ihn nicht mehr sah. »Ich wagte es kaum, mit der Taschenlampe hinunterzuleuchten«, erzählte Jeremy, »weil ich völlig sicher war, ganz unten einen zerschmetterten Körper zu sehen.« Wie sollte jemand so einen Sturz überstehen? Und wenn er überlebt hätte, wie würde er, Jeremy, mit dem Boot dorthin kommen, um David zu retten?

»Nervös leuchtete ich hinunter«, sagte Jeremy, »und ein Augenpaar blickte mir entgegen.« Irgendwie hatte David es geschafft, sich an einer zerklüfteten Felsnase festzuhalten. Er war geschunden und blutig, aber am Leben, und schaffte es mit Jeremys Hilfe, wieder nach oben zu kommen. Und bestand dann darauf, dass sie die anderen Küken auf ihrer Liste besuchten!

Nonsuch Island
Vor der Küste Bermudas gelegen, hat Nonsuch Island eine seltsame und faszinierende Geschichte. 1860 wollte die britische Kolonialregierung dort eine Quarantänestation für Gelbfieber einrichten. Also kaufte man das winzige Nonsuch Island (keine 15 Morgen groß und an höchster Stelle 21 Meter über dem Meeresspiegel) von einem Privatbesitzer, der dort Rinder hatte weiden lassen.

Die Quarantänestation und das Krankenhaus, das dort gebaut wurde, erfüllten 50 Jahre lang ihren Zweck, bevor man sich aus logistischen Gründen entschied, das Ganze nach Corney Island zu verlegen. Bald danach, 1928, wurde die Insel an die Zoologische Gesellschaft von New York verpachtet, um als meeresbiologische Forschungsstation zu dienen. Dann wurde Nonsuch 1934 ausgerechnet zu einer Trainingsschule für straffällige Jungen. 1948 wurde die Schule anderswohin verlegt, weil die Insel so isoliert war und wegen ihrer felsigen Küste, die den Zugang schwierig machte.

Die nächsten drei Jahre überließ man die Insel sich selbst. Damals war sie ein recht trauriger und öder Ort geworden, da eine Epidemie des *Juniperus bermudiana*-Insekts fast 95 % der Wälder zerstörte, die einst die Bermudas bedeckten – und Nonsuch war regelrecht kahlgefressen. 1951 geschah dann etwas, das die Zukunft von Nonsuch nachhaltig verändern sollte. Man entdeckte eine kleine Kolonie Cahow, die auf ein paar Felsen vor der Küste nisteten. Und es war klar, dass diese Vögel bald aussterben würden, wenn sie keinen geeigneteren Lebensraum zum Brüten bekämen. Nonsuch Island war, so glaubte man, ideal, da die Cahow dort schon früher gebrütet hatten. Doch zuerst müsste man die beschädigte Umwelt renaturieren.

1962 zog dann David Wingate, der Jahre zuvor als sechzehnjähriger Schuljunge Teil der Cahow-Entdeckergruppe gewesen war, als Hüter nach Nonsuch Island. Das markierte den Beginn eines außergewöhnlichen Renaturierungsprojekts, das für die nächsten 40 Jahre der Brennpunkt von Davids Karriere wurde.

Man pflanzte mehr als 8000 Setzlinge einheimischer Baumarten, manche von ihnen aus Bermuda, und zusätzlich zwei schnell wachsende, nicht einheimische Arten: Den australischen Strandkängurubaum *(Casuarina pauper)* und die europäische Tamariske. Diese dienten in den ersten Jahren als Windschutz, den man mit dem Bermuda Wacholder, der während der Insektenepidemie vernichtet worden war, verloren hatte. In den nächsten

20 Jahren etablierte sich der Hochwald wieder, und als der Hurrikan Emily 1987 die Insel erwischte, verursachte er unter den einheimischen Bäumen nur geringen Schaden. Als der Wald gut gedieh, wurden die nicht-einheimischen Bäume nach und nach geringelt – an der Basis des Stamms eines jeden Baumes wurde ein dünner Streifen der Borke entfernt, so dass sie langsam abstarben und so nur einen minimalen Zerriss erzeugten.

In der Zwischenzeit begann Mitte der 1970er Jahre ein weiteres Großprojekt, als man zwei künstliche Teiche anlegte, um Salz- und Süßwassersumpfhabitate wiederherzustellen. Nicholas Carlile, der Nonsuch mehrmals besuchte, erzählte mir, dass es wirklich umwerfend war – auf einer winzigen Insel, die lediglich 15 Morgen groß war, »haben die das gesamte Ökosystem wiederhergestellt«, und das sogar an der Felsküste, den Küstenhängen, den Sümpfen, dem Hochwald und den Sanddünen.

Viele der Pflanzen, die jetzt auf Nonsuch Island gedeihen, sind auf der Hauptinsel Bermudas gefährdet, wo etwa 95 % der gesamten Biomasse exotisch ist. Das Nonsuch-Projekt war eines der allerersten, das die Renaturierung einer Insel in Angriff nahm, auf der nahezu die gesamte Flora und Fauna durch menschliche Misswirtschaft oder eingeführte Schädlinge ausgelöscht worden war. Der außergewöhnliche Erfolg resultierte aus einer ganzheitlichen Herangehensweise: der Eliminierung der Schädlinge in Verbindung mit der Renaturierung des gesamten Ökosystems, das man so nahe wie nur möglich an den Urzustand heranzuführen versuchte. Es war der Erfolg auf Nonsuch Island, der andere Renaturierungsprojekte möglich machte, und das bis an so weit entfernten Orten wie Neuseeland.

Nachdem die Lebensräume erst renaturiert waren, konnte man Nonsuch als Wiederansiedlungsort für ein ganzes Spektrum von Arten verwenden, darunter auch den Wellenreiher, die westindische Spitzschnecke und die Suppenschildkröte, die alle auf Bermuda seit 100 oder mehr Jahren lokal ausgestorben waren. Den Träumen und der Entschlossenheit von Menschen war das Konzept des »lebenden Museums« entsprungen, das die Transformation von Nonsuch Island inspirierte. Heute stellt diese Insel eine beinahe originalgetreue Nachbildung der prähistorischen, ursprünglichen Umwelt von Bermuda und seinen Inseln vor der weitläufigen Zerstörung durch den Menschen dar. Von Anfang an war es Davids höchstes Ziel, »auf Nonsuch den optimalen Lebensraum für Vorzeigearten von Bermuda und seinen Nationalvogel zu erschaffen.« Wie wir gesehen haben, wurde dieses höchste Ziel erreicht.

Eine neue Heimat für den Cahow
Nachdem der Hurrikan Fabian so viele Nistplätze der Cahows zerstört hatte, war klar, dass das langfristige Überleben der Vögel davon abhängen würde, einige ihrer ursprünglichen Nisthabitate wiederherzustellen. Und hier verschränkt sich die Zukunft des Cahow mit Davids außergewöhnlicher Renaturierungsarbeit auf Nonsuch Island. Als die Zeit reif war, eine neue Cahow-Kolonie auf der renaturierten Insel anzusiedeln, existierte bereits eine Vorlage für die Umsiedlung von Sturmvogelküken: Nicholas Carlile und David Priddel hatten erfolgreich eine Kolonie bedrohter Weißflügel-Sturmvögel auf einer neuen Insel etabliert – diese gesamte faszinierende Geschichte finden Sie auf unserer Website (www.janegoodallhopeforanimals.com).

»Wir hätten die Umsiedlung bei den Cahow nicht riskieren können, wenn wir nicht gewusst hätten, dass Nicholas Arbeit mit den Weißflügel-Sturmvögeln erfolgreich gewesen war«, sagte mir David. »Die Lage der Cahow war immer noch prekär.«

2003 schloss sich Nicholas dem Cahow-Wiedererhaltungsprojekt an. Er assistierte bei der Erstellung eines Erhaltungsplans mit dem ambitionierten Ziel, 100 Jungvögel innerhalb eines Zeitraums von fünf Jahren nach Nonsuch Island auszusiedeln. Die ersten Aussiedlungen wurden noch im selben Jahr durchgeführt – zehn Küken wurden drei Wochen vor dem Flüggewerden aus ihren Nestern in künstlich für sie angelegte Bauten auf dem mittlerweile rattenfreien Nonsuch Island verlegt. Man fütterte sie jede Nacht und zeichnete ihren Wuchs und ihr Verhalten auf.

Nicholas hatte herausgefunden, dass es überaus wichtig war, die Küken nicht zu spät umzusiedeln. Wenn sie nämlich das erste Mal ihre Nester verlassen, um sich umzusehen (etwa elf Tage vor dem Flüggewerden), prägt sich die Lage der Nester in ihrem Gehirn ein, so dass es dieser Ort – und nicht der Schlüpfort – sein wird, zu dem sie drei bis fünf Jahre später zurückkehren werden, um selbst zu nisten.

Als diese ersten Küken umgesiedelt wurden, machte sich Jeremy ein wenig Sorgen. Man brachte sie vom blanken Fels zu bewaldeten Hängen – würden sie damit zurechtkommen?

»Nicholas war dabei, als wir die ersten Jungtiere umsiedelten«, erzählte mir Jeremy. »Wir waren erstaunt, als wir sahen, wie das Küken aus dem Nestbau herauskam, seine Flügel streckte und sich auf einen Erkundungsgang machte. Plötzlich stieß es auf einen Baum. Es hielt inne, sah hinauf – und schoss sofort wie ein Eichhörnchen den Stamm hinauf, wobei es seinen scharfen kleinen Schnabel und seine Klauen benutzte sowie den Stamm irgendwie mit seinen Flügeln umarmte. Es schaffte es bis ganz nach oben!« Natürlich ergab das Sinn, als man darüber nachdachte. Das Klettern an Bäumen ist offensichtlich tief im Erbgedächtnis dieser Vögel verankert, weil sie wahrscheinlich früher nach dem Auftauchen aus ihren Bauten auf Bäume geklettert sind, um aus den Wipfeln hinaus aufs Meer abzuheben. Seitdem sind die Armen dazu verurteilt gewesen, am blanken Fels herumzuklettern.

»Danach«, so Jeremy, »begriff ich, warum die Kleinen auf den Inseln David und mir so oft auf den Kopf kletterten und von dort aus losflogen. Wir kamen in dieser unnatürlichen Felswelt einfach näher als alles andere, an einen Baum heran!« Jeremy hielt inne und lachte. »Oft ließen sie uns etwas auf den Kopf fallen, bevor sie abhoben«, sagte er. »Aber das war in Ordnung – angeblich bringt es Glück.«

Die ersten zehn umgesiedelten Vögel wurden erfolgreich flügge und flogen davon, um die nächsten paar Jahre auf dem Meer zu verbringen. Im darauffolgenden Jahr wurden 21 umgesiedelt und wiederum wurden alle flügge. Kurz vor der Brutsaison 2008 waren insgesamt 81 der geplanten 100 Vögel erfolgreich umgesiedelt, 79 von ihnen waren flügge geworden und hatten sich auf den Weg gemacht.

Druckfrische Neuigkeiten
Kürzlich erhielt ich eine Nachricht von Jeremy. »Ich sagte ja, ich würde es dich wissen lassen, wenn etwas Aufregendes geschähe«, schrieb er. »Ich freue mich, dir (mit dickem Grinsen im Gesicht) berichten zu können, dass jetzt so etwas eingetreten ist!«

Doch zuerst berichtete er von der Situation auf den vier winzigen Brutinselchen, wo die Population auch weiterhin wächst. Ursprünglich gab es nur 18 Brutpaare – mittlerweile ist ihre Zahl auf 86 gestiegen. »Anscheinend bilden sich mehr Paare, weil die Kolonie größer wird – das lieben sie nämlich«, sagte Jeremy. »Es ist, als hätten sie einen höheren Gang eingelegt. Und sobald erst die kritische Masse erreicht ist, wird es jedes Jahr mehr und mehr Paare geben. Dann sind sie autark.«

Als er schrieb, war Jeremy gerade damit beschäftigt, das Gewicht, das Flügelwachstum und die Gefiederentwicklung der 40 Küken zu überprüfen, die 2008 auf den Inseln geschlüpft waren und von denen 21 nach Nonsuch umgesiedelt werden. Wenn alle 21 erfolgreich flügge werden, bedeutet das, dass das ursprüngliche Ziel erreicht ist: Man hat dann 100 Cahow-Küken nach Nonsuch umgesiedelt und sie dort flügge werden gesehen, und zwar innerhalb der ersten fünf Jahre des Projekts.

Als Nächstes teilte mir Jeremy dann die wirklich aufregenden Neuigkeiten mit. Mitte Februar 2008 war er auf Nonsuch und führte einige Reparaturen an dem solarbetriebenen Sound-System durch, das an dem neuen Nistplatz installiert worden war. Dieses Sound-System spielt die Werberufe der Cahows ab und dient dazu, alle in Hörweite befindlichen Cahows anzulocken und dem nachzugehen. Jeremy entschied sich, über Nacht auf der Insel zu bleiben, um zu sehen, wie es funktionierte.

»Etwa 45 Minuten nach Einbruch der Dunkelheit«, erzählte er mir, »flog der erste Cahow vom offenen Meer heran und kreiste über dem Umsiedlungsbereich; langsam kamen immer mehr und sie fingen an, akrobatische Hochgeschwindigkeits-Werbungsflüge zu veranstalten, bis nach einer weiteren Stunde der Höhepunkt erreicht war und ich gleichzeitig sechs bis acht Vögel über mir hatte. Manchmal kreisten sie hoch über mir, manchmal machten sie in geringer Höhe ihre akrobatischen Werbungsflüge direkt über den künstlichen Nestbauten und stießen ihre unheimlichen Klagelaute aus.«

Schließlich landeten einige der Vögel bei den Bauten, »was darin gipfelte, dass einer von ihnen direkt neben mir landete! Ich brauchte nur nach ihm zu greifen und er ließ sich ohne viel Federlesens aufheben.« Jeremy konnte anhand der Ringnummer bestätigen, dass es sich tatsächlich um einen der Vögel handelte, die 2005 als Küken nach Nonsuch umgesiedelt wurden. »Mein Herz machte einfach einen Sprung, als ich feststellte, dass dieser Vogel nicht nur mindestens drei Jahre auf See überlebt hatte, nachdem er teilweise von uns aufgezogen worden war, sondern tatsächlich, wie wir gehofft hatten, zum Ausgangspunkt seines Weges zurückgekehrt war!«

Innerhalb des nächsten Monats wurden noch mehr Cahows eingefangen und bei allen handelte es sich um Vögel, die umgesiedelt worden waren. Mitte März fand man das erste Mal einen, der einen ganzen Tag in einem der Bauten auf Nonsuch blieb und vor dem Eingang des Nestes eine hübsche Kuhle im Erdreich aushob, in der nächsten Kammer eine Nistkuhle ausschabte und Nistmaterial herbeischleppte. »Ein sicheres Zeichen, dass der Vogel jetzt den Bau ›in Besitz genommen‹ hatte«, so Jeremy. Ich konnte seine Aufregung hören, als er mir sagte, dass er sein Band überprüfte und feststellte, dass es genau derselbe Bau war, in den man ihn 2005 verlegt hatte! »Und während einer Nachtwache im Juni 2005 sah ich«, fügte er hinzu, »wie er aufs Meer hinausflog. Wie erstaunlich es doch ist, wenn man sich überlegt, dass er eine perfekte Rückkehr zum Ausgangspunkt hingelegt hat, nachdem er Gott weiß wo auf dem Meer gelebt hat!«

Alles in allem wurden in der Nähe der Nestbauten vier Cahows gefangen, die man 2005 nach Nonsuch umgesiedelt hatte. Man beobachtete in einigen Nächten zwischen sechs und acht Vögeln, die über dem Bereich kreisten und mindestens sechs Nestbauten wurden Inspektionsbesuche abgestattet, manche davon mehr als ein halbes Dutzend Mal. Mehrmals blieben auch Cahows für einen Tag in den Bauten. Jeremy ist der Meinung, dass es sich bei diesen Vögeln wahrscheinlich um Männchen handelte, die ein oder zwei Jahre früher als die Weibchen zurückzukehren scheinen und er hofft, dass sie in der nächsten Saison wiederkommen und anfangen, Weibchen in die Bauten zu ziehen. »Und zu diesem Zeitpunkt sollte es auch so weit sein, dass sich ihnen die 2006 umgesiedelte Kohorte anschließt. Ich kann es kaum erwarten!«

Wenn die Cahow, die auf Nonsuch flügge geworden sind, dorthin zurückkehren, um selbst dort zu brüten, wird das einen Meilenstein in der Erhaltung dieser zähen, auf See lebenden Vögel und einen Tribut für die Entschlossenheit von Jeremy Madeiros, Nicholas Carlile und vor allem David Wingate darstellen, der sich vor 59 Jahren als Schuljunge in diese Vögel verliebt hat.

Die Vögel von Mauritius

Wenn ich an diese Vögel denke, denke ich an Carl Jones. Wäre er nicht nach Mauritius (eine Inselnation vor der afrikanischen Küste) gegangen, wäre es durchaus möglich, dass alle drei Arten ausgestorben wären. Er jedoch war der Vorkämpfer im Bemühen um ihre Rettung – und das in Zeiten, als es sich als abschreckende, ja unmögliche Aufgabe ausnehmen musste.

Es brauchte einige Zeit, bis ich Carl in seinem Haus in Wales aufspüren konnte, wo er seine Zeit verbringt, wenn er nicht im Freiland oder in den Büros des Durrell Wildlife Conservation Trust in Jersey ist. Wir führten ein langes Telefonat, und auch wenn ich ihm lieber persönlich begegnet wäre, sind Carls Wärme und seine Liebe zu seiner Arbeit so authentisch und sein Enthusiasmus so ansteckend, dass ich das Gefühl gewann, ich würde ihn schon ewig kennen. Ich fand heraus, dass er ein großes Interesse an Vogelpsychologie hat und mit seiner Familie auf einem kleinen Grundstück lebt, das sie mit einigen Papageien, einem Adler – und einem zahmen Kondor teilen, der auf

Der Name Carl Jones ist ein Synonym für die Erhaltung bedrohter Arten auf Mauritius. Hier sehen Sie ihn mit dem umwerfenden, smaragdgrünen Mauritiussittich, der letzten von möglicherweise sieben Sitticharten, die sich früher auf den Inseln im westindischen Ozean fanden. (Bild: Gregory Guida)

Menschen geeicht ist und Carl als seinen Partner behandelt! Carl erzählte mir, er sei der Meinung, ein Wissenschaftler muss Empathie für die Tiere, die er studiert, empfinden, das sei wirklich notwendig für ein echtes Verstehen.

Die drei Geschichten, die ich hier erzählen will, zeigen einen heroischen Kampf, der zuletzt erfolgreich war, zur Rettung dreier sehr unterschiedlicher Arten vor dem Aussterben – eine Falken-, eine Tauben- und eine Sittichart. In den späten 1970er Jahren, als Carl die Bühne betrat, waren alle drei seit vielen Jahren gefährdet und standen an der Schwelle zum Aussterben: Es gab nur noch vier Mauritiusfalken auf der Welt, Rosentauben nur noch zehn oder elf und dann noch etwa zwölf Mauritiussittiche.

Der Mauritiusfalke *(Falco punctatus)*

Zu Carls liebsten Erinnerungen gehören die vielen Jahreszeiten, die er mit den Mauritiusfalken an ihrer letzten Zufluchtsstätte, den Black River Gorges, gearbeitet hat. Damals drehte sich ein Großteil seines Lebens um diesen kleinen charismatischen Falken, wie er mir erzählte. Er wird keine 30 Zentimeter groß, wobei das Männchen lediglich an die 130 g wiegt, es ist damit leichter als das knapp 180 g schwere Weibchen. Ihre Unterkörper sind rein weiß mit runden oder herzförmigen Flecken. »Für mich«, so Carl, »sind es die allerschönsten Vögel und ich wurde ganz aufgeregt, wenn ich auch nur einen kurzen Blick auf einen erhaschen konnte.« Sie haben charakteristische, abgerundete Flügel und verfügen so über eine hervorragende Manövrierfähigkeit. Sie verweben sich regelrecht mit dem Laubdach des Waldes und tauchen dann wieder daraus auf, wenn sie die hellroten und grünen Taggeckos jagen, die ihre Hauptnahrungsquelle sind.

»Früher segelten sie auf den Aufwinden, die von den Klippen heraufwehten und stiegen mehrere Hundert Fuß hoch, um dann einfach nur die Flügel einzuklappen und bei hoher Geschwindigkeit im vertikalen Sturzflug der Erde entgegenzurasen«, fuhr Carl fort. »Manchmal wanden sie sich aus dem Sturzflug heraus, um einfach nur sanft auf einem Baum oder einer Klippe zu landen; aber üblicherweise nutzten sie ihren Schwung, um wieder in die Höhe zu schießen.«

Sobald die Brutsaison herankam, so erzählte mir Carl, verbrachten sie desto mehr Zeit in der Luft. »Sie jagten einander und bewegten sich in den herrlichsten ›Lufttänzen‹, stiegen und fielen in sanften Wellenbewegungen oder in abgehacktem Zickzack. Oft stiegen sie auf den Thermalwinden in den Himmel, flogen gemeinsam herum und riefen, bis diese Werbedarbietungen manchmal in der Paarung in einer Nisthöhle gipfelten.« Obwohl Carl von seinen Erfahrungen vor 30 Jahren sprach, sagte er mir doch: »Ich kann nicht an diese frühen Beobachtungen der Falken zurückdenken, ohne einen Aufregungsschub und eine Beschleunigung meines Pulses zu spüren.«

Taumeln auf der Schwelle
Der Mauritiusfalke war aufgrund von großflächigen Abholzungen während des 18. Jhs. an die Schwelle des Aussterbens geraten, dazu kamen verheerende Zyklone, das Jagdverhalten von eingeschleppten Arten (besonders von Makaken, die es auf Krabben abgesehen hatten, Mungos, Katzen und Ratten) und dann beschleunigt in den 1950er und 1960er Jahren durch die Verwendung von DDT, das man zur Eindämmung von Malaria und dem Schutz von Getreide einsetzte.

1973 hatte die Regierung von Mauritius zugestimmt, eines der letzten Pärchen dieser Falken einzufangen, um so eine Nachzucht in Gefangenschaft auf den Weg zu bringen, die jedoch scheiterte. Ein Küken kam zur Welt, starb aber, als der Brutkasten eine Fehlfunktion hatte, und in der Folge starb auch noch das Weibchen. Im folgenden Jahr waren nur noch vier Mauritiusfalken in der Wildnis übrig und so galt er als seltenster Vogel der Welt.

1979 begann dann Carl mit seiner Arbeit auf Mauritius, und zwar unter den Vorzeichen des Durrell Wildlife Conservation Trust. Er war der sechste Ornithologe in ebensovielen Jahren, der mit den Falken arbeitete. Obwohl er erst 24 Jahre alt war, hatte er viele Jahre damit verbracht, verletzte Vögel zu halten und gesundzupflegen. Frisch von der Universität, brachte er einen Abschluss in Biologie und ein profundes Wissen über die neuesten Fortschritte bei der Zucht von Falken in Gefangenschaft mit und hatte, wie er mir sagte, »den Enthusiasmus und die Arroganz der Jugend«. Er hatte Zuchterfolge mit Turmfalken im Garten seiner Eltern erzielt und war sich sicher, dass er, wo andere versagte hatten, den seltensten Vogel überhaupt retten konnte.

Die Gefahren des Eierdiebstahls
Carl wusste, dass Turmfalken, wie so viele andere Vögel, erneut Eier legen, wenn man ihr erstes Gelege entfernt, und er war entschlossen, diese Technik auch bei den Mauritiusfalken auszuprobieren. Er musste steile Klippen erklimmen, um die »Nester« – flache Senken oder Aushöhlungen im Untergrund – der beiden Brutpaare zu erreichen und ihre Eier zu stehlen.

»Das erste Nest war auf einer relativ kleinen Klippe und ich konnte nur herankommen, indem ich eine Schiebeleiter benutzte«, sagte er. »Ich musste feststellen, dass die Falken ihre Eier an die Rückwand einer kleinen, etwa zwei Meter tiefen Höhle gelegt hatten. Ich kroch hinein, nahm die drei Eier und legte sie vorsichtig in eine isolierte Flasche mit breiter Öffnung, die auf die richtige Bruttemperatur vorgewärmt worden war.« Von dort ging es in einen Brutkasten im Zentrum für die Aufzucht in Gefangenschaft der Regierung, etwa fünf Meilen entfernt.

Das zweite Nest lag auf einer hohen Klippe und Carl musste an einem Seil hinuntergelassen werden. »Die Eier lagen in einer tiefen Kammer, nur zugänglich durch eine enge Höhlung, etwa einen Meter zwanzig tief im Felsen, und die einzige Möglichkeit heranzukommen, war mit einem Löffel an einem langen Stock. Die Eier waren in die Überreste eines toten Tropikvogels gelegt worden und lagen in einem Bett aus weichen, weißen Federn.« Und bald schlossen auch sie sich denen im Brutkasten an.

Weil die Spezies kurz vor dem Aussterben stand, war das eine Zeit voller Anspannung und Carl campte auf dem Boden des Raums mit dem Brutkasten, um in der Nähe zu sein, falls etwas schiefging. Vier der Küken schlüpften und er zog sie von Hand auf, indem er sie mit »feingehackten Mäusen und Wachteln« fütterte. Alle vier wurden flügge und da die Technik mit dem zweifachen Gelege so gut funktionierte, wiederholte man sie in den folgenden Jahren. So zog man eine Population in Gefangenschaft auf und die Vögel paarten sich hinfort erfolgreich. Nach und nach erhöhte sich die Gesamtzahl.

1984 nahm Carl ein Küken aus dem Zuchtzentrum und setzte es in das Nest eines der wildlebenden Falken, Suzie. Sie zog es erfolgreich groß und es wurde das erste in Gefangenschaft gezüchtete Küken, das zurück in die Freiheit kam. Später wurden in Gefangenschaft gezüchtete und aufgezogene Vögel in Gebieten ohne Falken freigelassen. 1991 hatte man erfolgreich 200 Mauritiusfalken gezüchtet, und zwar dank der Technik mit den zwei Gelegen in der Wildnis und bei der gefangenen Population, sowie durch künstliche Befruchtung und der erfolgreichen Aufzucht der Küken, die im Brutkasten geschlüpft waren. Am Ende der Brutsaison 1993–1994 konnten 333 Falken in die Wildnis ausgesiedelt werden.

In der Zwischenzeit setzten Carl und der DWCT in Zusammenarbeit mit der Regierung von Mauritius das Projekt mit der wildlebenden Population fort. Man stellte den Vögeln ergänzende Nahrung zur Verfügung und bot ihnen Nistkästen an, die sie auch benutzten. Eine strikte Raubtierkontrolle half, die Zahlen der eingeschleppten Raubtiere zu reduzieren und man begann mit den Arbeiten zur Renaturierung des Lebensraums der Vögel. Das bedeutete, dass die in Gefangenschaft gezüchteten Vögel, die ausgewildert wurden, gute Überlebenschancen hatten. Tatsächlich wurde die Falkenpopulation bereits Anfang der 1990er Jahre für autark eingeschätzt und, wie Carl erzählte, »wurde das Nachzuchtzuchtprogramm geschlossen, der Job war zu Ende und der Falke gerettet.« In der Tat haben neueste Studien ergeben, dass es wahrscheinlich mehr als 100 Brutpaare und ingesamt an die 500 bis 600 Vögel gibt. Falkenliebhaber – einen Toast auf den Erfolg dieser Anstrengungen!

Die Rosentaube oder Mauritius-Rosataube
(Columba [vormals Nesoenas] mayeri)

Die meisten Menschen sehen in Tauben Schädlinge. Wir alle kennen die überfütterten Vögel, die sorglos die Gehsteige geschäftiger Städte entlangstolzieren, sich um Leute, die ein Picknick im Park veranstalten, scharen und die Wände der Gebäude, auf denen sie nisten, verunstalten. Vergessen Sie das alles! Die Rosentaube ist eine wunderschöne, mittelgroße Taube, mit einer zartrosa Brust, blassem Kopf und einem fuchsroten Schwanz.

»Dieser umwerfend schöne Vogel«, so Carl, »war für wahrscheinlich zwei Jahrhunderte eine Seltenheit und für eine Weile hielt man ihn sogar für ausgestorben.« Dann fand man in den 1970er Jahren eine winzige Population von etwa 25 bis 30 Vögel in einem kleinen Wäldchen auf einem hoch gelegenen Berghang, der einen der höchsten Niederschlagswerte auf ganz Mauritius zu verzeichnen hatte – etwa vier Meter fünfzig pro Jahr. Sie lebten dort, wie Carl mir sagte, nicht weil es ihnen gefiel, sondern weil es in diesem nassen und oftmals kalten Lebensraum nicht viele Raubtiere gab. Doch selbst dort sanken ihre Zahlen, weil ihr Lebensraum verfiel und zerstört wurde und ihre Nester zusätzlich von eingeschleppten Affen und Ratten geplündert wurden, die die Eier und die Jungen fraßen. Wilde Katzen töteten sogar die erwachsenen Vögel.

1990 gab es noch zehn oder elf bekannte Mauritius-Rosatauben in freier Wildbahn und es schien, dass die kleine Population nun ihrem endgültigen Niedergang entgegensah. Glücklicherweise hatte Mitte der 1970er Jahre ein Team des Durrell Wildlife Conservation Trust sich eine Gruppe Tauben für ein Zuchtprogramm in Gefangenschaft geschnappt, das von Carl geleitet wurde. Er hatte diese Gruppe für seine Doktorarbeit studiert.

»Es ist eine echte Herausforderung, sie zu züchten«, sagte er mir. »Sie waren ziemlich schwierig, was ihre Partner anging und kompatible Paare zu finden, konnte einem Kopfschmerzen bereiten.« Bei kleinen Populationen ist es natürlich wichtig, die genetische Vielfalt richtig zu managen und die Paarung von Exemplaren, die zu eng verwandt sind, zu verhindern. Aber, wie Carl erzählte, »kam es oft vor, dass sie die Partner abwiesen, von denen du das Gefühl hattest, sie wären am passendsten für sie, um dann zu versuchen, sich mit ihrem Cousin ersten Grades oder einem ihrer Geschwister zusammenzutun! Manchmal fühlte ich mich wie ein Eheberater für Rosentauben ... Es konnte passieren, dass sich ein kompatibles Pärchen paarte und es eines Tages ein Riesenzerwürfnis gab, eines das andere verprügelte und man sie trennen musste.«

Trotz dieser Probleme begannen die Tauben, sich fortzupflanzen. Aber sie erwiesen sich als so schlechte Eltern, dass man die Eier und die Jungen zahmen Tauben zur Aufzucht übergeben musste. Mit der Zeit aber gelang es Carl, ihre elterlichen Fähigkeiten zu verbessern, indem er ihnen gestattete, das Aufziehen an jungen Tauben zu üben. Und so entwickelten Carl und sein Team, als die Mauritius-Rosatauben schließlich ihre Jungen bei Black River ausbrüteten und großzogen, ein Programm, sie in ihre ursprüngliche Waldheimat auszuwildern.

Eine junge Engländerin namens Kirsty Swinnerton schlug unter Carls Oberaufsicht ihr Zelt im Wald auf und beobachtete fünf Jahre lang den Fortschritt des Programms. Aber bald wurde klar, dass man sich einer ganzen Reihe von Problemen gegenübersah. Zuerst gab es zu einigen Zeiten im Jahr ausnehmend wenig geeignete Nahrung und viel davon ging an Ratten, Affen und andere Vögel verloren. Das bedeutete, dass man ergänzende Nahrung zur Verfügung stellen musste. Zweitens wurden einige der ausgewilderten Tauben von wildlebenden Katzen getötet, als sie gerade begannen, sich zu paaren, was eine erhöhte Raubtierkontrolle notwendig machte. Aber nachdem man diese Probleme gelöst hatte, begann die Population nach und nach zu wachsen, so dass es schließlich möglich war, noch einige weitere zu etablieren. Und 2008 gab es, wie Carl mir sagte, annähernd 400 freilebende Mauritius-Rosatauben, verteilt auf sechs unterschiedliche Populationen. »Die Art ist jetzt sicher«, wie er sagte.

Der Mauritiussittich *(Psittacula eques echo)*

Nachdem er mit dem Mauritiusfalken und der Mauritius-Rosataube so beträchtliche Erfolge erzielt hatte, wandte Carl seine Aufmerksamkeit dem weltseltensten Papageien zu – dem wunderschönen, smaragdgrünen Mauritiussittich. Es handelt sich bei ihm um die letzte der vier Papageienarten, die einst auf Mauritius lebten und vielleicht die letzte der sieben Sitticharten, die sich einst auf den Inseln des westlichen Indischen Ozeans fanden.

Im 18. und 19. Jh. war der Mauritiussittich in den Buschgebieten – dem sogenannten Zwergenwald – und den eigentlichen Wäldern in hohen und mittleren Lagen auf Mauritius und Reunion recht verbreitet, ernährte sich von Früchten und Blumen in den oberen Ästen und nistete in Löchern in den Bäumen. Die Population auf Reunion verschwand zuerst und zwischen den 1870er Jahren und 1900 ging es auch mit der Population auf Mauritius mehr und mehr bergab. Das lag hauptsächlich am Verlust ihres Lebensraums und dem Wettbewerb mit eingeschleppten Arten. Glücklicherweise erhielt der verbleibende Wald 1974, als Resultat eines wachsenden Bewusstseins, kompletten Schutz und man schuf ein beträchtliches Naturreservat, indem man kleinere geschützte Wälder verband. Doch für eine Weile hatte es den Anschein, dass dieser Schachzug zu spät erfolgt war – die kleine Population von Mauritiussittichen hatte nur einen beschränkten Bruterfolg.

1979, als Carl viel Zeit in und um die Black River-Schluchten mit seinen Falken verbrachte, sah er gelegentlich kleine Scharen der Papageien an den Kämmen der Schluchten. Sie waren, wie er sagte, zahm und vertrauensvoll, und weil sie manchmal nur in ein paar Metern Entfernung von ihm fraßen, lernte er sie auch als Einzelne kennen. Doch sie wurden schnell weniger: Bereits in den 1980er Jahren waren nur noch acht bis zwölf bekannte Exemplare übrig, von denen nur drei Weibchen waren – obwohl Carl einräumt, dass es möglich ist, dass einige Vögel übersehen wurden.

Da es sich bei diesen Sittichen um Inselbewohner handelte, lud man Don Merton ein, sich an den Bemühungen, sie vor dem Aussterben zu retten, zu beteiligen. Dieser machte sich seine immense Erfahrung zunutze und entwickelte in Zusammenarbeit mit Carl eine Erhaltungsstrategie, die sie gemeinsam durchsetzten. Zuerst machten sie eine Studie, um den Grund der Nistprobleme der Sittiche herauszufinden. Es zeigte sich, dass die Sittichküken nach der Brutsaison von Nestfliegen angegriffen wurden, die in manchem Jahr die meisten, wenn nicht alle, töteten. Also musste man die Nester mit Insektenvernichtungsmitteln behandeln. Ein weiteres Problem waren die Tropikvögel, die Nistplätze übernahmen, so dass man in geeigneten Nisthöhlen Zugänge konstruieren musste, die vor ihnen sicher waren. Auch Ratten stellten eine große Bedrohung dar und fraßen manchmal die Eier wie die Jungen. Nachdem man zwei kostbare Nester an Ratten verloren hatte, tackerte das Team Ringe aus glattem PVC-Plastik an die Stämme sämtlicher Nistbäume und stellte einen Topf mit Gift in die Nähe. Ein Nest wurde von einem Affen angegriffen, der sich ein Küken schnappte und die Mutter verletzte. Das Team isolierte die Nistbäume durch umsichtiges Zuschneiden des Laubdachs, so dass die Affen nicht länger von den benachbarten Bäumen aus hinüberspringen konnten. Dann gab es jahreszeitlich bedingte Nahrungsmittelknappheit – und so führte man Futtermagazine ein (obwohl die Vögel erst viele Jahre später lernen sollten, sie zu benutzen). Schließlich und endlich machte man auch die Nisthöhlen sicherer und wasserdicht.

Die Biologen fanden heraus, dass die Weibchen zumeist drei oder vier Eier legten, von denen im Normalfall ein Küken flügge wurde. Mit anderen Worten, in beinahe sämtlichen Nestern starben zwei oder drei Küken. Carl und sein Team entschieden, dass sie, wenn es in einem Nest mehr als zwei Küken gab, den »Überschuss« mitnehmen und die Eltern so mit einer Brut zurücklassen würden, die sie bequem bewältigen konnten. Wenn bei einem Pärchen gar keine Küken schlüpften, bekamen sie eines der »überschüssigen« aus einem anderen Nest.

»Bei so intelligenten Vögeln wie den Mauritiussittichen«, erzählte mir Carl, »ist es für ihr psychologisches Wohlergehen wichtig, dass man es ihnen erlaubt, Junge großzuziehen. Und für die Jungen ist es wichtig, in Familiengruppen aufgezogen zu werden.« Dieses Programm der Nestmanipulation führte dazu, dass viele der überschüssigen Küken in das Brutzentrum überführt wurden, wo man sie erfolgreich großzog.

Die ersten drei in Gefangenschaft gezüchteten Vögel wurden 1997 ausgewildert; bald folgten ihnen weitere. Doch es gab Probleme mit diesen von Menschen aufgezogenen Vögeln. »Manche waren einfach zu zahm«, so Carl. »Wenn sie dich im Wald zu sehen bekamen, dann flogen sie runter und landeten auf deiner Schulter.« Und sie waren äußerst naiv. Manchmal landeten sie in der Nähe einer Katze oder eines Mungo und überlebten es nicht, um davon erzählen zu können. Carl verbrachte viel Zeit mit diesen jungen Vögeln und dachte über ihre Probleme nach. Er hatte sie ausgewildert, als sie 17 Wochen alt waren und dann entschied er sich, die nächsten Jungvögel auszuwildern, wenn sie erst neun oder zehn Wochen alt waren – das Alter, zu dem sie für gewöhnlich flügge wurden. Die Ergebnisse waren dramatisch. »Diese Jungvögel integrierten sich bei der wildlebenden Population und lernten ihre Überlebens- und sozialen Fähigkeiten.«

Gabriella war einer der ersten drei Vögel, die ausgewildert wurden. Sie paarte sich mit einem wilden Männchen, Zip, und war das erste in Gefangenschaft gezüchtete Weibchen, das ein Küken – Pippin – bis zum Flüggewerden brachte. Gabriella hatte in Gefangenschaft gelernt, ein Futtermagazin zu benutzen und Zip wurde ihr Schüler und so der erste wildlebende Vogel, der das konnte.

In den folgenden Jahren erhöhte sich die Anzahl der Vögel, die die Ergänzungsnahrung aus den Magazinen annahmen und Nistkästen benutzte, nach und nach und ebenso die Anzahl der Brutpaare. 2006 entschied man, die intensive Betreuung der wildlebenden Vögel einzustellen und nur noch die Ergänzungsfütterungen und das zur Verfügungstellen von Nistkästen weiterlaufen zu lassen. Im März 2008 erfuhr ich, dass es jetzt etwas 360 freilebende Mauritiussittiche gab – und die Population wächst weiter.

Eine Zuflucht für die Zukunft
Und so repräsentiert der Mauritiussittich eine weitere gerettete Spezies, obwohl es, wie Carl sagt, notwendig sein wird, mit dem Anbieten zusätzlicher Nahrung und der Raubtierkontrolle weiterzumachen. Skeptiker beharren darauf, dass eine Spezies nicht als sicher anzusehen ist, bis sie auf sich gestellt überleben kann, und zwar ohne menschliche Hilfe. »Aber in einer im-

mer stärker modifizierten Welt«, sagte Carl mit Nachdruck, »werden wir die Wildtiere im Auge behalten und uns um sie kümmern müssen, wenn wir sie behalten wollen.« Und leider hat er recht. In einer Welt, die durch den Fußabdruck von uns Menschen so beschädigt wird, ist es wahrscheinlich, dass wir bei den bedrohten Arten dauerhaft wachsam und bereit sein müssen, sie zu schützen. Sie brauchen alle Hilfe, die wir ihnen geben können. Das ist das Mindeste, was wir tun können.

Eines der wichtigsten Projekte auf Mauritius, in Verbindung mit der fortgesetzten Raubtierkontrolle, ist ein Programm, bei dem der National Parks and Conservation Service der Regierung mittlerweile eine große Rolle spielt. Als Ergebnis der Erfolge mit dem Mauritiusfalken, der Mauritius-Rosataube und dem Mauritiussittich erklärte der Premierminister von Mauritius die Schluchten des Black River und die diese umgebenden Gebiete zum ersten Nationalpark von Mauritius – eine Zuflucht »für die Vögel, deren Überleben sichergestellt wurde«.

Der Kurzschwanzalbatros oder Steller's Albatros
(Phoebastria albatrus)

Die Geschichte des Kurzschwanzalbatros ist untrennbar mit dem Mann Hiroshi Hasegawa und seiner lebenslangen Hingabe an ein einziges Ziel verbunden – diesen wunderschönen und extrem gefährdeten Vogel vor der Ausrottung zu bewahren. Dieser Vogel lebte in einer abgelegenen und beinahe unzugänglichen Ecke der Erde – der aktiven Vulkaninsel Torishima in einer kleinen Population. Diese Insel erhebt sich in steilen, größtenteils nicht zu erkletternden Klippen aus dem Meer, etwa 1100 Meilen südöstlich von Tokio.

Ich sprach während meines jährlichen Besuchs in Japan im November 2007 mit Hiroshi und war aufgeregt, diesem außergewöhnlichen Mann begegnen zu dürfen. Seine Augen glänzen von der Liebe für seine Arbeit und für die Vögel, denen er sein Leben gewidmet hat, und er erscheint erfüllt von einer unterdrückten Energie. Ich wäre gern mit ihm gekommen, um den Kurzschwanzalbatros zu sehen – aber ich musste mich mit den Informationen begnügen, die er mir so großzügig lieferte.

Hiroshi ist in der hügeligen Bergregion in der Nähe von Fuji aufgewachsen und entwickelte dort seine Leidenschaft für die Vogelkunde, die schließlich in seiner Liebe zum Kurzschwanzalbatros gipfelte, dem größten

Seevogel im Nordpazifik. Ihre langen schmalen Flügel, die eine Spannweite von über zwei Metern erreichen, befähigen sie, mühelos tief über dem Ozean dahinzugleiten, so dass sie nur in der Brutsaison zwischen November und März an Land gehen müssen. Sie sind unglaublich schön; ein ausgewachsener Vogel hat einen weißen Rücken, ein goldgelbes Gefieder am Kopf und schwarzweiße Flügel. Am charakteristischsten ist der Schnabel, lang und kaugummirosa mit blauer Spitze. Einst war der Kurzschwanzalbatros weit verbreitet, von Japan bis an die Westküste der Vereinigten Staaten und in der Beringstraße, wo er an grasbewachsenen Hängen unter den felsigen Klippen oder auf kleinen Inseln, größtenteils vor der japanischen Küste, nistete. Es war sein herrliches Gefieder, das fast zu seiner Ausrottung geführt hätte: Zwischen 1897 und 1932, so wird geschätzt, prügelten Federjäger mindestens fünf Millionen von ihnen auf ihrem Hauptbrutgebiet an den gezackten Klippen von Torishima zu Tode. 1900 hatten dort etwa 300 Federjäger zur Hauptbrutsaison ihr Lager aufgeschlagen und so ging es mit der Populationszahl weiter bergab. Als die Jäger hörten, dass die japanische Regierung in Reaktion auf Lobbyarbeit von Naturschützern und Biologen die Insel zum Sperrgebiet erklären wollte, organisierten sie ein letztes Massaker. Am Ende der Schlächterei waren keine 50 Exemplare mehr übrig. Und dann radierte 1939 ein Vulkanausbruch die meisten verbleibenden Nistplätze aus.

Zumindest waren die wenigen Überlebenden nun per Gesetz geschützt: Die japanische Regierung führte den Kurzschwanzalbatros als besonderes nationales Wahrzeichen und verlieh der Insel Torishima denselben Status. Aber es waren nur noch wenige übrig, die man schützen konnte – 1956 fand eine Expedition nach Torishima lediglich zwölf Nester vor. Siebzehn Jahre später ging der britische Ornithologe Dr. Lance Tickell nach Torishima, um einen Blick auf die winzige Kolonie zu werfen und die Küken zu beringen. Auf dem Rückweg machte er einen Zwischenstopp in Kyoto, um dort an der Univer-

*Ein Küken auf der Insel Torishima bettelt bei einem seiner Eltern um Nahrung. Als Hiroshi Hasegawa die Insel 1977 das erste Mal betrat, fand er dort nur 15 ums Überleben kämpfende Küken unter den 71 verbleibenden Albatrossen vor – und wusste damit, dass diese herrlichen Vögel kurz vor dem Aussterben standen.
(Bild: Hiroshi Hasegawa)*

sität einige Vorträge zu halten. Dieser Besuch hinterließ einen tiefen Eindruck bei Hiroshi Hasegawa, damals Magistrand in Tierökologie. Tatsächlich sollte er den Kurs seines Lebens bestimmen. Wenn ein britischer Ornithologe auf das abgelegene Torishima gelangen konnte, das in japanischen Hoheitsgewässern lag, dann konnte er, Hiroshi, sicher auch irgendwie dorthin gelangen.

Er hätte sich kaum ein schwierigeres Ziel setzen können. Erstens hatte er niemanden, der ihn finanzierte. Und als er schließlich einen Platz auf einem Forschungsschiff für Fischbestände bekam, das Torishima ansteuerte, war das Wetter zu schlecht, um dort zu landen und er konnte lediglich einen kurzen Blick auf die nistenden Albatrosse von Bord aus erhaschen.

1977 setzte Hiroshi das erste Mal einen Fuß auf Torishima. Er zählte lediglich 71 ausgewachsene und unausgewachsene Vögel. Da der Kurzschwanzalbatros wahrscheinlich 50 bis 60 Jahre alt wird, waren einige der erwachsenen Vögel mit Sicherheit Überlebende des Massakers von 1932. Unter den 71 Vögeln waren lediglich 19 Küken, von denen vier bereits tot waren, während die anderen 15 noch vor dem Flüggewerden starben. Hiroshi wusste, dass diese wunderschönen Vögel sehr, sehr nahe vor dem Aussterben standen. »Ich sah ein«, sagte er mir, »dass es meine Verantwortung als Japaner war, diese Spezies vor ihrem Schicksal zu bewahren.«

Für eine Weile wurde Hiroshi von einer Experimentalstation für Fischerei unterstützt, aber das Boot hatte einen jährlichen Terminplan und war nicht für die Brutsaison der Albatrosse ausgestattet. Er schaffte es, für ein paar Jahre das Geld vom Ministerium für Erziehung, Wissenschaft und Kultur zusammenzubekommen, aber die Regierung wollte sich nicht auf das Langzeitprojekt einlassen, von dem Hiroshi wusste, dass es nötig sein würde. Und so gab er, wie er mir erzählte, den Versuch auf, das Geld aus offizieller Quelle zu bekommen und begann stattdessen damit, eine Reihe populärwissenschaftlicher Artikel und Kinderbücher zu schreiben. Das brachte ausreichend Geld ein, um die Boote dann chartern zu können, wenn er sie für seine Arbeit mit den Albatrossen brauchte. Damals lernte er es auch, »nie die Ideen anderer zu kopieren«, und entwickelte stattdessen seinen eigenen Naturschutzplan.

Seltener Vogel, seltener Mann

Die Reise in das Brutgebiet ist anstrengend. Zuerst eine lange Schiffsreise über das offene Meer – und zwar eine, auf der es schreckliche Stürme geben kann. An Land muss dann die gesamte Ausrüstung über blanke schwarze Lava nach oben geschafft werden, auf eine Höhe, die etwa dem 14. Stock eines

Hauses entspricht, und dann wieder eine 120 Meter hohe Klippe hinunter, bevor man schließlich am Brutplatz ankommt. Hiroshi macht diese Reise zwei bis dreimal im Jahr, seit 27 Jahren. Das wird noch umso bemerkenswerter, wenn man bedenkt, dass er, wie er mir anvertraute, jedes Mal seekrank wird! Während der Brutsaison vom frühen November bis in den späten Dezember, zählt Hiroshi die Vögel und Nester auf der Insel und beobachtet ihr Verhalten. Ende März kommt er zurück und legt den Küken an den Füßen Ringe zur Identifikation an. Manchmal kommt er noch mal im Juni zurück, um an der Verbesserung der Nistplätze zu arbeiten, pflanzt Gras, um den Boden zu stabilisieren und so ein wenig Deckung zu liefern. Nach und nach erhöhte sich die Überlebensrate der Küken. Leider gab es 1987 auf Torishima, vermutlich infolge eines heftigen Taifuns und ausnehmend starken Regens, einen gewaltigen Erdrutsch, gefolgt von einigen Schlammlawinen, die zahlreiche Nistplätze zerstörten. Das wiederum führte zu einem erhöhten Wettkampf mit den Schwarzfußalbatrossen um den Lebensraum.

Hiroshi fand es unbedingt notwendig, eine neue Nistkolonie in einem anderen Teil der Insel zu etablieren. Er schnitzte lebensechte Attrappen (bis heute hat er etwa 100 davon gemacht), die er an dem Ort, den er gewählt hatte, aufstellte. Dann, als die ausgewachsenen Vögel zur Brutsaison zurückkehrten, spielte er die Werbungsrufe des Kurzschwanzalbatros ab (eine Methode, bei der Dr. Steve Kress Pionierarbeit mit Papageientauchern geleistet hat). In den ersten beiden Jahren zeigten die Vögel keine Reaktion. Dann, in der Brutsaison 1995–1996, nistete dort ein Paar und zog erfolgreich ein Küken groß. Im nächsten Jahr kamen keine Vögel und auch nicht im darauf folgenden, aber Hiroshi gab nicht auf. Er stellte weiterhin Attrappen auf und spielte die Werbunsgrufe ab, Jahr für Jahr, bis schließlich zehn Jahre nachdem das erste Pärchen dort ein Küken großgezogen hatte, drei weitere Paare eintrafen. In der Brutsaison 2006–2007 zählte die neue Kolonie 24 Nistpärchen und 16 Küken wurden flügge.

In der Zwischenzeit verbesserte sich nach und nach der Bruterfolg im ursprünglichen Bereich. In der Saison 1997–1998 wurden 129 Küken flügge (67 % derer, die geschlüpft waren); im folgenden Jahr waren es 142. Und so ging es weiter, Jahr für Jahr, bis in der Brutsaison 2006–2007 sage und schreibe 231 Küken flügge wurden und die Population der Kolonie fast 2000 Vögel erreichte. Bei einem davon handelt es sich um einen Kurzschwanzalbatros, den noch Tickell beringt hatte und den Hiroshi seit Beginn seiner Studien beobachtete; im Alter von 33 Jahren zog dieser erfolgreich ein Küken groß.

Bedrohungen auf See
Natürlich sehen sich die Kurzschwanzalbatrosse – wie alle Albatrosarten – während ihrer Monate auf See größeren Gefahren ausgesetzt. Viele bleiben in Schleppnetzen kommerzieller Fischkutter hängen und ertrinken in ihnen; andere verheddern sich in weggeworfenen Fischfanggeräten oder schlucken Plastikteile, die auf dem Meer treiben. Von Zeit zu Zeit bekommen sie eine Ölpest ab. Hiroshi und andere Biologen versuchen, der Öffentlichkeit diese Probleme ins Bewusstsein zu bringen. Zwischen 1988 und 1993 wurde eine Reihe von Fernsehsendungen über die Misere des Kurzschwanzalbatros in ganz Japan ausgestrahlt. 1993 wurde der Kurzschwanzalbatros im Japanese Endangered Species Act als bedroht aufgeführt. Und schließlich gelang es Hiroshi, 20 Jahre nach Beginn seines Kampfes für die Rettung dieser Vögel, die Finanzierung sowohl für die fortgesetzte Lebensraumverbesserung am ursprünglichen Brutplatz als auch für die Etablierung des neuen Brutplatzes auf Torishima zusammenzubekommen.

Der einzige andere Ort, von dem bekannt ist, dass es dort eine Brutkolonie von Kurzschwanzalbatrossen gibt, ist eine Insel, die im Südwesten von Torishima liegt. Hiroshi schaffte es 2001, diese Insel zu besuchen, aber da die Gebietsansprüche bezüglich dieser Inselgruppe zwischen China, Japan und Taiwan strittig sind, war es extrem schwer, dort Zutritt zu erhalten.

Ein äußerst geduldiger Vogel
Es gibt auch einen Ort im US-Hoheitsgebiet, das Midway-Atoll, auf dem die Kurzschwanzalbatrosse zu brüten versucht haben – allerdings ohne Erfolg. Man hat nie gleichzeitig mehr als zwei Exemplare auf einer der Inseln des Atolls gesehen, es wurde dort nur ein Ei gelegt und es gibt keine Aufzeichnungen über das Schlüpfen eines Kükens. Vielleicht werden diese verirrten Kurzschwanzalbatrosse vom Anblick oder den Geräuschen der etwa zwei Millionen Schwarzfuß- und Laysanalbatrossen angezogen, die auf diesen Inseln brüten.

Judy Jacobs, die Zuständige für den Plan des US Fish and Wildlife Service zur Erholung des Kurzschwanzalbatros, erzählte mir, dass einer dieser verirrten Vögel, ein Männchen, wie man annimmt, »in fast jeder Brutsaison seit 1999 auf der Ostinsel von Midway aufgetaucht ist.« 2000 platzierte man einige Attrappen und zusätzlich ein Sound-System, das auf Torishima aufgenommene Rufe abspielte, auf dieser Insel, um einen Partner für den Vogel anzulocken. Doch trotz dieser Attraktionen tauchte kein weiterer

Kurzschwanzalbatros auf und er wartete Jahr für Jahr vergebens. Doch dann nahm sein Schicksal eine andere Wendung. »Dieses Jahr, es ist gerade zwei Wochen her«, schrieb Judy im Januar 2008, »schloss sich ihm das erste Mal ein Artgenosse an – ein Jungvogel.« Der geduldige Albatros und sein jugendlicher Gefährte übten gegenseitige Gefiederpflege aus und legten Paarbildungsverhalten an den Tag. »Vielleicht wird also die neunjährige Geduld des erwachsenen Vogels endlich belohnt!«, so Judy. Ich kann es kaum erwarten, davon zu hören!

Eine neue Inselheimat
Der wichtigste Teil des Erhaltungsplans, der 2005 vom US Fish and Wildlife Service in Zusammenarbeit mit japanischen und australischen Wissenschaftlern erstellt wurde, war es, an einem sicheren Ort eine neue Brutkolonie zu etablieren. 2002 war wiederum der Vulkan von Torishima ausgebrochen (es ist einer der aktivsten in der Region) und obwohl er bei dieser Gelegenheit nur Asche und Staub ausspuckte – und das zu einer Zeit, als die Albatrosse auf dem Meer waren – war es ein dringlicher Aufruf der Gefahr, in der die labile Albatrospopulation immer noch schwebt. Es war wichtig, den Versuch zu unternehmen, eine neue Kolonie auf einer anderen Insel zu etablieren, auf der es keinerlei vulkanische Aktivität gab und die gleichzeitig zugänglich genug für eine ständige Überwachung war. Nach langen Diskussionen und einem Erkundungstrip mit japanischen Wissenschaftlern, wählte man die Insel Mukojima, eine der Ogasawara-Inseln, etwa 200 Meilen südlich von Torishima, als Ort für die neue Kolonie aus. Es gibt Aufzeichnungen bis in die 1920er Jahre darüber, dass Kurzschwanzalbatrosse dort gebrütet haben.

Bevor man versuchte, den kostbaren Kurzschwanzalbatros dorthin zu verlegen, entschied sich ein japanisches Biologenteam vom Yamashinainstitut dafür, mit nicht bedrohten Schwarzfußalbatrossen Techniken zur Aufzucht der Küken zu testen. Dieser Versuch fiel nicht besonders erfolgreich aus, aber man gewann so eine wertvolle Lektion, die zur Entwicklung besserer Aufzuchttechniken führte. Und so wurden im folgenden Jahr zehn der nicht bedrohten Schwarzfußalbatrosküken an einen speziell für sie vorbereiteten Ort auf Mukojima ausgesetzt und bis auf eines wurden sie alle flügge.

Dieser Erfolg gab allen Beteiligten den Mut, die ersten kostbaren Exemplare der Kurzschwanzalbatrosse nach Mukojima umzusiedeln. Im Vorfeld

Hiroshi Hasegawa hat die letzten 35 Jahre seines Lebens der Erhaltung dieser herrlichen Seevogelart gewidmet, dabei Leib und Leben riskiert und übelste Seekrankheit auf sich genommen. Hier steht er an der Tsubame-zaki-Klippe auf Torishima, wo er soeben die Zählung der Kurzschwanzalbatrosse (der Haufen winziger weißer Punkte rechts im Bild, in der Nähe des Wassers) an den Nisthängen weiter unten abgeschlossen hat. (Bild: Hiroshi Hasegawa)

dieses Ereignisses gab es auch starkes öffentliches Interesse. Glücklicherweise hätten die Dinge, wie Judy Jacobs mir schrieb, kaum besser laufen können. Man brachte im Februar 2008 zehn Küken von Torishima aus mit dem Hubschrauber in ihr neues Heim. Zur großen Erleichterung aller wurden auch alle zehn flügge – und das sogar ein wenig früher als ihre Altersgenossen auf Torishima.

Heute befähigt eine neue Technologie die Wissenschaftler, genau herauszufinden, wo die jungen Kurzschwanzalbatrosse nach dem Flüggewerden ihre vier oder fünf Jahre auf dem Meer verbringen, denn 20 der jungen Albatrosse wurden mit Sendern ausgestattet. Einige von ihnen flogen von Torishima aus direkt in die Beringstraße und legten in einem Monat etwa 4000 Meilen zurück. Das ist eine außergewöhnliche Reise, die ohne elterliche Führung unternommen wird, da die Erwachsenen das Brutgebiet einige Wochen vor den Jungen verlassen. Natürlich war es besonders wichtig, die Vögel, die sich von Mukojima aus auf den Weg machten, im Auge zu behalten. Fünf von ihnen wurden mit Satellitentransmittern ausgestattet, ebenso fünf von Torishima. Im September 2008 bekam ich Neuigkeiten von Judy: »Alle zehn«, sagte sie, »gehen gerade vor den Aleuten bei Alaska auf Futtersuche und tun, was junge Albatrosse eben sonst so tun.« Fünf von Torishima und fünf von Mukojima!

Der Erhaltungsplan für den Kurzschwanzalbatros verlangt, wie Judy mir erzählte, dass die Umsiedlungen nach Mukojima noch vier Jahre weitergehen, in der Hoffnung, dass im fünften Jahr einige der Jungvögel von 2008 zum Brüten nach Mukojima zurückkehren. Und man hofft darauf, dass die Attrappen und das Sound-System noch weitere Artgenossen auf die Insel zieht, damit diese dort nisten. »Es ist noch viel Arbeit«, sagte mir Judy, »aber es ist sehr befriedigend, Anteil an der Erhaltung dieser wunderbaren Seevogelart zu haben.«

Der »Schutzheilige« der Kurzschwanzalbatrosse
Ich fragte Hiroshi, wie er sich jetzt, da auch andere Wissenschaftler am Schutz der Kurzschwanzalbatrosse beteiligt seien, fühle. »Es macht mich sehr glücklich«, antwortete er, »dass die Schutzbemühungen, die ich initiiert habe, sich nun zu dem umfassenden internationalen Projekt der Gründung einer neuen Kolonie ausgewachsen haben.« Er wird weiterhin die Situation auf Torishima im Auge behalten und dafür sorgen, dass es Küken gibt, die nach Mukojima umgesiedelt werden können. Zusätzlich hat er den Short-Tailed Albatross Fund gegründet, um so Geld in der Öffentlichkeit zu sammeln. (Mehr über diese Stiftung können Sie im Anhang unter »Was Sie tun können« am Ende des Buches nachlesen).

Nachdem er eine so lange Zeit mit diesen wunderbaren Vögeln gearbeitet hat, fragte ich mich, ob er wohl eine Beziehung zu einem besonderen Albatros habe. Nicht wirklich, wie es den Anschein hat, aber es gibt dieses besondere Pärchen, das zuerst an der neuen Stelle nistete, die er 1995 auf Torishima ausgewählt hatte. Die beiden Vögel haben ihr Band seit zwölf Jahren nicht gelöst und kehren jedes Jahr an dieselbe Stelle zurück, um ihr Küken großzuziehen. »Und ich werde weiter über sie wachen«, sagte mir Hiroshi. Seine Augen leuchteten einen Moment auf und sein Blick schien in weite Ferne zu schweifen, als er sich im Geist an die wilden Orte zu den Vögeln zurückversetzte, die es ohne ihn vielleicht gar nicht mehr geben würde.

Thanes Feldaufzeichnungen

Der Gelbbrustara *(Ara ararauna)*

Als ich das erste Mal mit meiner Kollegin Bernadette Plair nach Trinidad kam, wurde ich mit einer besonderen Reise belohnt, die manches Mal Hitze, Käfer, Schlaflosigkeit, Fledermausplagen und mancherlei spartanische Umstände und mehr aufzuwarten hatte. Reisen definieren sich oft darüber, was man *nicht* hat und so nehmen sich die Leckerbissen, die man ansonsten in seiner Alltagsroutine nicht hat, als etwas Besonderes aus. Auf dieser Reise bekam ich die Gelegenheit, in nur zwei Wochen mehr als 100 Vogelarten zu sehen, von denen die bemerkenswerteste der wiederangesiedelte Gelbbrustara war, ein Vogel mit lauter Stimme und leuchtendem Gefieder, der Bernadette sehr am Herzen lag.

Bernadette ist auf Trinidad geboren und wuchs in der Sangre Grande-Region der Insel auf. Sie ist eine Frau mit sanfter Stimme und die diplomatische Art sowie die leidenschaftliche Zähigkeit der Insel sind ihr in die Wiege gelegt, was es ihr ermöglichte, eine entscheidende Rolle beim Schutz der einheimischen Wildtiere zu spielen. Wie viele »Trinis«, hat Bernadette afrikanische, französische und indische Wurzeln und erinnert sich noch daran, wie sie als junge Frau in den 1950er und 1960er Jahren die Gelbbrustaras gesehen und gehört hatte, für die die Insel einst berühmt gewesen war. »Als ich ein kleines Mädchen war«, sagte sie mir, »sah ich, wie diese wunderschönen Vögel mit dem strahlenden Gefieder über dem Laubdach der Palmen dahinflogen und ich konnte mir natürlich gar nicht vorstellen, dass sie jemals verschwinden würden.«

Diese lärmenden Vögel übersieht man nur schwer. Bei den Aras handelt es sich um die größte und lauteste aller Papageienarten – und die Gelbbrustaras sind mit ihren strahlend königsblauen Flügeln und Schwanz, die ihre fast elektrisch goldleuchtende Brust einrahmen, besonders beeindruckend. Unglücklicherweise ist dieser Vogel besonders beliebt als Haustier und in den 1960er Jahren war er auf der Insel ausgestorben.

Sein Verschwinden von Trinidad hatte allerdings mehrere Gründe. Illegaler Reisanbau in der Nariva-Sumpfregion in Ost-Trinidad veränderte den Lebensraum des Vogels. Gelbbrustaras brauchen Palmen an den Rändern der Sümpfe, um darin ihre Nisthöhlen zu bauen, und als die Bäume eingingen, passierte dasselbe mit den Vögeln. Wilderer schnitten die hohlen

Palmbäume auf, um die Jungen aus den Nestern zu holen und sie im Haustierhandel zu exportieren. Obwohl illegal und oft von denselben Leuten kontrolliert wie der Drogenhandel, geht der Handel mit tropischen Papageien bis heute weiter.

Bernadette lebt heute in Cincinnati, Ohio, und ist Forscherin im Center for Conservation and Research of Endangered Wildlife im Cincinnati Zoo and Botanical Garden. Während ihrer 20 Jahre im CREW hat sie mit vielen bedrohten Arten gearbeitet, vom Datensammeln zur Wachstumsrate des ersten Sumatranashorn-Kalbs in 112 Jahren bis hin zur Klonung bedrohter tropischer Pflanzenarten. In der ganzen Zeit hat sie jedes Jahr ihrer Heimat einen Besuch abgestattet, um ihre Familie zu sehen und hat dabei oft bemerken müssen, dass noch immer dieselben Probleme für die Wildtiere der Insel bestehen.

Wilderei war weit verbreitet, unter anderem, weil es nicht genug Wildhüter gab, und Lebensraumverlust aufgrund von illegaler Landwirtschaft und Schwarzbauten war auf dem Vormarsch. »Diese Probleme schienen jedes Mal, wenn ich heimkam, schlimmer zu werden«, sagte sie, »und ich machte mir ziemliche Sorgen, weil ich objektiv feststellen konnte, was alles verloren ging.«

Statt darauf zu warten, dass andere etwas taten, entschied Bernadette sich, CRESTT, das Center for the Rescue of Endangered Species of Trinidad and Tobago, zu gründen. Anfangs hatte sie die Idee, mit einem Projekt zu starten, das damals einfach schien – nämlich den Gelbbrustara zurück nach Trinidad zu bringen. Immerhin war dessen historischer Lebensraum, der Nariva-Sumpf, 1993 zu einem 15 440 Morgen großen, ausgezeichneten und geschützten Feuchtgebiet erhoben worden. Bernadette hoffte, dass es relativ leicht und schnell gehen würde, mit diesem neuen geschützten Status Vögel in das Gebiet zurückzubringen. »In den frühen Tagen damals hatten wir wirklich hohe Erwartungen«, sagte sie mir.

Doch die anfänglichen Versuche, das Programm mit konfiszierten Vögeln auf den Weg zu bringen, schlugen fehl. Die ausgewachsenen Vögel, die aus dem Haustierhandel gerettet worden waren, wollten sich nicht in Gefangenschaft auf der Insel vermehren. Außerdem litten sie an den typischen Handicaps gefangener Tiere, die wieder ausgewildert werden. Die geretteten Aras waren Raubtieren gegenüber naiv und anfällig für neue Krankheiten und so ging es mit ihnen nicht recht voran. Dennoch gab Bernadette die Hoffnung nicht auf, vielmehr nahm CRESTT immer mehr an Fahrt auf. Bernadette sorgte für größere Unterstützung von der Abteilung für Wildtiere und dem Forstamt auf Trinidad sowie von internationalen Nichtregierungsorganisationen, darunter dem Endangered Parrot Trust, den Florida Avian Advisors und der Association of Zoos and Aquariums.

1999 brachte man schließlich ein erfolgreiches Pilotprojekt auf den Weg. Ein lizensierter Händler sammelte in Guyana 18 junge Papageien ein, in der Hoffnung, so neun Brutpaare zusammenzubekommen. Man transportierte die Vögel aus den Wäldern Guyanas in spezielle Auswilderungsgehege in Nariva, wo sie sich an die sie umgebenden Bäume und Sümpfe akklimatisieren konnten.

Dieses neue System, Vögel umzusiedeln, funktionierte besser, als in Gefangenschaft gezüchtete Aras zu verwenden. Die Aras von Guyana brachten ihre natürliche Erfahrung und Geschicklichkeit im Überleben in der Wildnis mit. Schnell füllten sie die Nische, die 40 Jahre zuvor im Nariva-Sumpf frei geworden war und hatten sich bald festgesetzt.

Mit diesen Auswilderungen stellte sich schließlich der Erfolg ein, aber gleichzeitig auch mehr Arbeit für Bernadette und ihr CRESTT-Team. Wie überall sonst auch, brauchte es auf Trinidad ebenfalls einen komplexen Ansatz, damit der Naturschutz funktioniert. Wie Bernadette wohl weiß, ist »Naturschutz nichts, was jemals abgeschlossen wäre. Die Arbeit geht weiter und weiter.« Man musste Regierungsbeamte mit Informationen versorgen und einbinden, damit die Wildhüter in der geschützten Buschwildtier-Refugiums-Region des Sumpfes blieben. Man brauchte Teams von Freiwilligen, die die Vögel fütterten und mit Wasser versorgten, während sie in den großen Auswilderungsgehegen im Sumpf gehalten wurden. Und nachts mussten kleine Gruppen in der Nähe der Vögel campen, um dafür zu sorgen, dass sie vor Raubtieren oder auch Menschen, die ihnen nachstellten, sicher waren – eine Erfahrung, die viele Käfer, aber auch große innere Zufriedenheit mit sich brachte.

Die Aufklärung der Öffentlichkeit war ein Schlüssel zum langfristigen Erfolg des Projekts, da nur so das Interesse, die Aras wiederum aus der Natur zu entführen, nachlassen konnte. Man unternahm alles – von Zeitungsartikeln über Fernsehsendungen sowie eine Reklamekampagne, die die wunderschönen Papageien mit »WELCOME HOME!« begrüßte –, um dafür zu sorgen, dass nicht ein einziger »Trini« oder Inseleingeborener nichts von der Rückkehr dieses einstmals verschwundenen Geschöpfs mitbekommen konnte. Das Ergebnis war, dass der Gelbbrustara die Gallionsfigur des

Naturschutzes auf Trinidad geworden ist. Er ist eine Quelle des Stolzes und symbolisiert sowohl die Schönheit der Insel, wie auch die Hartnäckigkeit der Inselbewohner in ihrem Bestreben, die Vögel von der Schwelle zum Aussterben zurückzubringen.

Der vielleicht erfreulichste Teil der fortgesetzten Bemühungen ist die Reaktion vieler Schulen auf den Nariva-Sumpf und besonders die Aras. Schulkinder veranstalten regelmäßig farbenfrohe Feste, Paraden und Musicals, um das natürliche Erbe von Trinidad zu feiern und darauf hinzuweisen, wie man mit genug Sorgfalt Raum für die Natur und den Menschen gleichzeitig schaffen kann.

Heute, anderthalb Jahrzehnte nach den Rückschlägen, die Bernadette anfänglich erleiden musste, lösen die Vögel ihre Probleme selbst. Es haben neun der ursprünglichen Papageien überlebt und einige von ihnen leben in Brutpaaren. 2003 wurden 17 weitere Vögel aus Guana ausgewildert, um so einen größeren genetischen Stamm zu bilden. Bis heute haben 26 der 31 freigelassenen Vögel überlebt und seit den ersten Freilassungen 1999 wurden 33 Küken gezogen. Alle Vogelfreunde, die diesen Namen verdienen, wollen die Aras über den Nariva-Sumpf fliegen sehen, und wenn sie dafür einen ganzen Tag in dem Gebiet verbringen müssen. Aber ebenso wie die herrlichen Aras sind es die Kinder, die Bernadette Hoffnung geben. »Ich liebe es wirklich«, sagte sie mir mit einem Lächeln, »zu sehen, wie diese jungen Trinis – wie ich vor 50 Jahren – auf dem Heimweg anhalten und über einen so wunderbaren Anblick wie einen Schwarm Aras staunen.«

TEIL 5

Der Reiz des Entdeckens

Einleitung

Als Kind sehnte ich mich danach, eine furchtlose Naturforscherin zu sein, die sich ins Unbekannte aufmacht, um Neuland und besonders neue Tierarten zu entdecken. Ich meine, alle Kinder werden mit dieser Sehnsucht, die Dinge selbst zu entdecken, geboren. Sie sind neugierig, verfügen über einen großen Forscherdrang und wollen etwas über die (für sie) neue Welt lernen. Und im Verlauf dieser Entdeckungsreise machen sie wundersame persönliche Entdeckungen.

Ich war so heiter, wie ein Forscher in alter Zeit es nur hätte sein können, als ich mit einem Freund einen verbotenen nächtlichen Trip auf ein kleines, wildes, unerschlossenes Grundstück unternahm und im Mondlicht feststellen durfte, dass ein Pärchen Schleiereulen dort sein Nest hatte. Es war ein echtes Abenteuer, da sie im Sturzflug nach unten segelten und uns drohten, als wir zu nahe kamen – ich muss stets an dieses Erlebnis denken, wenn ich über all die Menschen lese, die es riskieren, den Zorn der ausgewachsenen Tiere auf sich zu ziehen, gefährliche Klippen hochkraxeln, um die Horste von Raubvögeln zu inspizieren. Das Grundstück ist längst zugebaut und die Eulen sind weg, vertrieben von der gnadenlosen Erschließung wilder Plätze.

Ich habe in meinem Leben großes Glück gehabt, ich wurde rechtzeitig geboren, um noch einige dieser wilden Orte zu sehen, bevor man sie zerstörte. Und meine Erinnerungen daran, wie die Dinge waren, sind mir kostbar. Doch es gibt immer noch viel zu entdecken. Gerade gestern (es ist August 2008), kam ein Bericht, dass man in Zentralafrika Tieflandgorillas in großer Zahl entdeckt hat – was die geschätzte Populationszahl dieser bedrohten Art verdoppelt. Als ich von diesen Gorillas hörte, schweifte meine Erinnerung zurück zu den paar Tagen, die ich 2002 mit Mike Fay und Michael »Nick« Nichols im uralten, niemals abgeholzten Wald des Goualougo-Dreiecks im Herzen von Kongo-Brazzaville verbringen durfte. Als die beiden zuerst dorthin kamen, fanden sie Tiere vor, die es nie gelernt hatten,

Menschen zu fürchten – denn selbst die Pygmäenjäger hatten die Sümpfe, die diese Region so lange geschützt hatten, nicht überquert. Tatsächlich hätten diese Sümpfe jeden außer Mike abgeschreckt – doch er fand einen Geheimweg hindurch und lud mich zu einem Besuch ein. Die Reise begann in einem Truck auf einem aufgegebenen Holzfällerpfad. Dann kam eine magische Zeit, als wir uns still auf einem sanften Fluss dahinbewegten, wobei uns Pygmäen, die unsere Führer waren, in unseren Piraques mit Stangen voranbrachten. Zuletzt kam ein sehr, sehr langer Marsch.

Als wir dann unser Lager im Wald erreichten, war es nach 22 Uhr abends und ich war zu müde, um noch ein Auge für die Umgebung zu haben – außer für das Lagerfeuer und dem köstlichen, einfachen Essen, das die Pygmäen zubereitet hatten. Aber am nächsten Tag, als ich unter den hohen, uralten Bäumen dahinschritt, war ich erfüllt von der Magie eines Ortes, der noch nicht von Menschen erforscht worden war – zumindest nicht für Hunderte von Jahren. Ich legte meine Hände auf den Stamm eines dieser Urwaldriesen, spürte den in ihm aufsteigenden Saft und freute mich sehr, da der gesamte Wald, dank Mike, ein geschütztes Gebiet war. Geschützt – für die Gorillas, Schimpansen und Elefanten. Und für die Bäume. Aufgrund der Arbeit von Mike und einigen anderen, denen sie am Herzen liegen, sind viele Wälder in Gabon mittlerweile unter Naturschutz.

2006 wurde eine Expedition in das wilde »Herz von Burma« veranstaltet, wo man zahlreiche neue oder für ausgestorben gehaltene Spezies fand. In sogar noch jüngerer Zeit entdeckte eine Expedition in den abgelegenen Yariguies-Bergen Kolumbiens eine faszinierende Bandbreite an Spezies, die der Wissenschaft bisher unbekannt waren, genau wie bei einer weiteren, die man in die abgelegene Wildnis der Foja-Berge von Papua unternahm. Ein Segen dieser Expeditionen ist es, dass es normalerweise möglich wird, lokale und internationale Unterstützung und Einfluss dafür zu gewinnen, die letzten unentdeckten Wildgebiete für zukünftige Generationen zu bewahren, indem man sie erforscht und über sie schreibt.

In den drei Kapiteln dieses Abschnitts erzählen wir solche Entdeckergeschichten. Einige dieser Entdeckungen sind exotisch – eine neue Affenart, ein Höhlensystem, das mindestens für die letzten fünf Millionen Jahre von der Außenwelt abgeschnitten war und ein Fisch, den man nur aus Fossilienfunden aus der Devonperiode *vor 60 Millionen Jahren* kannte. Solche Geschichten sind es, die die Fantasie der Öffentlichkeit anregen und für Schlagzeilen in internationalen Zeitungen sorgen. Andere Entdeckungen nehmen sich

*Die Höhle mit diesem See gibt es seit fünf Millionen Jahren. Israel Naaman war einer der ersten Menschen, die sie betraten und ihre Geheimnisse entdeckten. Er machte dieses Foto von seinem Freund Eitan Orel, der ihm bei der Kartierung der Höhle half.
(Bild: Israel Naaman)*

weniger aufregend aus und werden lediglich durch kurze Mitteilungen in der Lokalzeitung oder einer Fachzeitschrift bekannt gemacht. Doch für die Biologen, die sie machen, sind sie oft ungeheuer aufregend, ich habe mit einigen gesprochen und ihr Enthusiasmus ist ansteckend, strahlt aus ihren Augen oder klingt in ihrer Stimme mit, wenn wir uns am Telefon unterhalten.

Es ist nicht nur die Freude am Entdecken – es ist das Wissen, dass die betreffende Lebensform im Rahmen der Dinge eine wichtige Rolle spielt. Es ist ganz von der jeweiligen Perspektive abhängig. Immerhin mag es für einen Elefanten keine große Rolle spielen, wenn eine kleine Pflanze verschwindet; aber für einen Schmetterling, dessen Larven sich ausschließlich von den Blättern dieser Pflanze ernähren, kann sie den entscheidenden Unterschied zwischen Überleben und Aussterben bedeuten. Und der Biologe weiß, dass im Netz des Lebens alle Dinge untereinander verbunden sind, dass es unvorhersehbare Konsequenzen haben kann, wenn auch nur der kleinste Strohhalm verloren geht.

Es stimmt, dass wir das »sechste große Massenaussterben der Erde« erleben, bei dem jedes Jahr Tausende von Arten (größtenteils endemische wirbellose Tiere und Pflanzen) für immer verloren gehen. Und während wir in Verzweiflung oder Wut versinken, wenn wir sehen, wie unsere eigene produktive und selbstzentrierte Art nicht mit ihrem Zerstörungswerk aufhören will, gibt es doch dieses Gefühl der Hoffnung. Ganz bestimmt gibt es Pflanzen und Tiere, die an entlegenen Orten leben und dies jenseits unseres momentanen Wissens. Es gibt immer noch Entdeckungen, die auf uns warten. Und die Geschichten, die wir hier erzählen, Berichte faszinierender neuer Arten, die entdeckt oder wiederentdeckt werden, geben mir die Kraft, mich den Herausforderungen zu stellen, die unseren nach wie vor geheimnisvollen, nach wie vor magischen Planeten bedrohen.

Neue Entdeckungen: Neue Arten, jetzt erst entdeckt

In wie vielen der Bücher, die ich als Kind las, ging es nicht um furchtlose Forscher, die sich ins Unbekannte aufmachten? Sie nahmen es mit Gefahren und härtesten Bedingungen auf – und kehrten mit Geschichten über seltsame und oftmals furchterregende Geschöpfe zurück, die damals dem Westen noch ziemlich unbekannt waren. Da gab es Beschreibungen von furchteinflößenden Eingeborenenstämmen, die die weißen Fremden wild mit Speeren angriffen, von Kannibalen mit spitzen Zähnen, von seltsamen, haarigen Kreaturen, halb Mensch, halb Tier, die tief im Wald lebten. Es gab furchtbare Seeungeheuer, die Schiffe versenken und Meerjungfrauen, die die Seefahrer in ein nasses Grab locken konnten. Nach und nach wichen die Mythen den Fakten. Die haarigen Männer stellten sich als große Affen heraus, die Seeungeheuer waren wahrscheinlich Riesenkalmare und die Meerjungfrauen vermutlich Seekühe – Gabelschwanzseekühe oder Manatis. Carl Linné arbeitete seine Klassifikationen der Familien, Gattungen, Arten und Unterarten aus und brachte die Reiche der Tiere und Pflanzen in eine übersichtliche Ordnung. Charles Darwin war es, der dann herausfand, wie sie ihre aktuelle Gestalt gewonnen hatten.

Nach und nach nahmen etwa während der letzten 50 Jahre die Entdeckungen neuer Arten unter den größeren Säugetieren und Vögel immer mehr ab. Aber sie hörten nicht ganz auf. Und für jene Wissenschaftler, die die Horden der wirbellosen Tiere studieren, ist es üblicherweise keine große Sache, eine neue Art zu entdecken – obwohl es, wie wir sehen werden, auch auf diesem Gebiet einige äußerst aufregende Funde gibt. Mit ziemlicher Regelmäßigkeit werden neue Fisch- und Amphibienarten entdeckt und wie wir in diesem Kapitel sehen, gibt es auch hin und wieder aufregende Beschreibungen von größeren Geschöpfen, die entdeckt werden.

Ich finde es ungeheuer anregend, dass selbst heute, am Ende des ersten Jahrzehnts eines neuen Jahrhunderts, da unser Planet unter der Explosion unserer menschlichen Bevölkerung aufstöhnt und die Natur jeden Tag vor dem Vorstoß von Erschließungsprojekten zurückweicht, noch Orte existieren, wo zahllose kleine Geschöpfe unbemerkt von den forschenden Augen der Wissenschaft ihr Dasein fristen. Und das sogar in den entwickelten Ländern, wenn sich auch die Mehrzahl in abgelegenen, schwer zu erreichenden Seen und Flüssen, in Bergwäldern, versteckten Höhlen oder Canyons tief im Meer finden. Und dann werden sie während einer Expedition gesehen und ihre Geheimnisse enthüllt. Manchmal ist das Gebiet so abgelegen, so ungestört, dass sich sogar noch größere Vögel und Säugetiere finden.

Wie aufregend, etwas zu entdecken, das nie beschrieben worden ist – wahrscheinlich der Traum eines jeden Biologen, der sich in neues Terrain aufmacht. Als ich 1960 in Gombe ankam, war das ein sehr abgelegener Ort. Außer ein paar Wildhütern waren dort nur wenige Weiße vor mir gewesen. Oft sah ich einen herrlichen Käfer, eine Fliege oder einen winzigen Fisch in der Nähe der Wasserfälle der kleinen, rasch dahinfließenden Bäche und fragte mich, ob ich da vielleicht eine Art sah, die der Wissenschaft unbekannt war. Und fast mit Sicherheit war es manchmal so. Denn Wissenschaftler, die mit Pflanzen, wirbellosen Tieren und Fischen arbeiten, identifizieren ständig neue Arten, besonders jetzt, da die DNS-Forschung uns in die Lage versetzt, rigoroser zwischen ähnlichen Organismen zu entscheiden.

In diesem Kapitel habe ich ein paar der Entdeckungen ausgewählt, die seit der Jahrtausendwende gemacht wurden, darunter bislang nicht beschriebene Vögel und Affen. Den Leuten, die in den entsprechenden Regionen leben, sind sie üblicherweise nicht neu, denn sie haben Namen für sie. Aber der Wissenschaft sind sie es und für jene, die solche Funde machen, ist es eine aufregende Angelegenheit, da jeder zu unserem Wissen über das Leben auf der Erde beiträgt. Es gibt nur ein Problem: Wird eine neue Art oder Unterart entdeckt, dann, so lautete lange Zeit die herrschende Meinung, lässt sie sich im Falle von Pflanzenarten nur beschreiben, wenn man Typusexemplare zur Verfügung hat. Und das bedeutet, einige der neuen Geschöpfe zu töten und ihre Häute oder den gesamten Körper zu konservieren.

Als ich für Louis Leakey im National Museum (damals noch das Coryndon Museum) in Nairobi arbeitete, machte es mich regelrecht krank, Schublade um Schublade voller toter Tiere zu sehen – die Typexemplare nicht nur wirbelloser Tiere, sondern auch von Fischen, Amphibien, Reptilien, Vögel und kleiner und mittelgroßer Säugetiere – und oft gab es mehrere von einer Art. Zusätzlich waren da all die Tiere, die enthäutet, ausgestopft und ausgestellt worden waren – darunter auch Löwen, Schimpansen und so weiter. Solche Sammlungen in Museen auf der ganzen Welt stellen Tötungen massiven Ausmaßes dar. Tatsächlich vertritt Dr. Thomas Donegan die These, dass die Tötung von Tieren für Typexemplare und Ausstellungsstücke zum Aussterben von Vogelarten beigetragen haben könnte. Beispielsweise sammelte Beck 1900 neun der lediglich elf von ihm beobachteten Exemplare eines großen und äußerst seltenen Vogels, des *Polyborus lutosus*, der auf einer kleinen Insel vor der mexikanischen Küste endemisch war. Seit damals ist dieser Vogel nie mehr in der Wildnis gesehen worden.

Töten oder nicht töten …
Heute, da wir es auf unserem Planeten mit einem Massenaussterben zu tun haben, sind mehr und mehr Wissenschaftler der Meinung, dass es ethisch falsch ist, neu entdeckte Geschöpfe zu töten, die selten und höchstwahrscheinlich bedroht sind, und dass dank neuer Technologie es nicht mehr *notwendig* ist, tote Exemplare zu bekommen. Dies führte zu einer erhitzten und manchmal erbitterten Debatte. Beispielsweise beschreiben Alain Dubois und André Nemésio jene, die gegen Tötungen im Dienst der Wissenschaft sind, als »ethisch korrekte Tyrannen«, die »Scheinheiligkeit und Lüge« feilbieten und »sich im Namen des Naturschutzes für die Ignoranz entscheiden«. Donegan hält dagegen, dass der internationale Code der zoologischen Nomenklatura »Exemplar« als »Beispiel für ein Tier, ein Fossil oder das Werk eines Tieres oder *ein Teil derselben*« (Kursivsetzung von mir) definiert. Daher, so Donegan, ist es möglich, sein Ziel auch unter Verwendung nicht letaler Methoden zu erreichen und eine neue Art durch akribische Beschreibungen und Fotos in Verbindung mit Haar- oder Federproben und Blut für DNS-Analysen darzustellen.

Dubois und Nemésio sind dagegen der Meinung, dass, wenn eine neu entdeckte Art durch nur ein Exemplar bekannt ist, sie höchstwahrscheinlich so gut wie ausgestorben ist, so dass es besser ist, dieses eine Tier zu töten, um so ein Typusexemplar zu bekommen, statt zu riskieren, dass es verschwindet, ohne von der Wissenschaft beschrieben worden zu sein. Aber stellen Sie sich nun vor, so Donegan, wenn in der Folge ein weiteres Tier gefunden wird? In Teil 4 beschreiben wir, wie die Population der Chatham-Schnäpper sich aus einem Tief durch die Arbeit mit nur einem verbleibenden Weibchen und vier Männchen wieder erholte.

Während die wissenschaftliche Debatte weitergeht, ist es tröstlich zu wissen, dass eine wachsende Zahl zuvor nicht beschriebener Arten dokumentiert wurde, ohne tote Exemplare zu verwenden – und dass die Beschreibungen allgemein akzeptiert und in wissenschaftlichen Peer Review-Zeitschriften publiziert wurden.

Donegan weist noch auf einen weiteren Punkt hin: Forscher, die arme, ländliche Gemeinden davon zu überzeugen versuchen, dass das wissenschaftliche Sammeln gerechtfertigt ist, während Jagd und Tierhandel kontrolliert oder verboten werden sollten, werden dort höchstwahrscheinlich als mit sich selbst im Widerspruch stehend und als schreckliches Beispiel angesehen. Jene, die die Arten beschreiben, ohne sie zu töten, haben die moralische Autorität, auch unter den Einheimischen Naturschutzinitiativen anzuregen – in deren Händen liegt die Zukunft. Als das JGI in Burundi arbeitete, entschied ich mich, eine Zusammenarbeit mit einer anderen Organisation zu beenden, als ich herausfand, dass diese die großangelegte Sammlung von Vögeln und kleinen Säugetieren für wissenschaftliche Zwecke in dem Gebiet plante, das wir studierten. Ich wies daraufhin, dass wir viel Zeit darauf verwendet hatten, die Bevölkerung vor Ort davon zu überzeugen, dass man Wildtiere respektieren und schützen sollte und all unsere Fortschritte verloren sein würden, wenn man ihnen nun Geld dafür bot, die Tiere zu fangen und zu töten.

Neue Primaten – unsere engsten Verwandten
Seit Beginn des neuen Jahrtausends wurden drei neue Affenarten – eine im Himalaya, eine in Tansania und eine in Brasilien – entdeckt. 2003 organisierte die Nature Conservation Foundation eine Expedition in den gebirgigen indischen Staat Arunachal Pradesh an der Grenze zu Tibet und Myanmar. Dort fand man einen Affen, der der Wissenschaft unbekannt war – die erste Makakenart, die seit 1908 entdeckt worden war. Natürlich kannte die lokale Bevölkerung die Tiere gut und nannte sie *mun zala* – der Affe des tiefen Waldes –, was auch zu seiner wissenschaftlichen Bezeichnung *Macaca munzala* führte, für gewöhnlich bekannt unter der Bezeichnung Arunachal-Matak oder stämmiger Affe. In ungestörten Waldgebieten konnte man 14 Gruppen, jede etwa zehn Affen stark, ausmachen – die Affen waren scheu und Menschen gegenüber sehr vorsichtig. Sie sind, wie ihr Name besagt, stämmig, haben braunes Fell, das am Kopf dunkler wird, und kurze Schwänze.

Unser zweiter Affe, *Rungwecebus kipunji* oder Kipunji, fand sich 2003 in den südlichen Hochlanden von Tansania. Durch einen fast unglaublich scheinenden Zufall entdeckte man ihn an zwei unterschiedlichen Orten, die 250 Meilen auseinanderlagen, und zwar fast gleichzeitig auf zwei völlig unterschiedlichen Expeditionen! Dr. Tim Davenport von der Wildlife Conservation Society (WCS) und sein Team fanden den Kipunji zuerst im Rungwe-Livingstone Wald im Dezember 2003.

Weniger als ein Jahr später, im Juli 2004, leitete Dr. Trevor Jones eine Expedition in das Ndunduhi-Waldreservat in den Udzungwa-Bergen, die von der University of Georgia finanziert wurde, und entdeckte vier Gruppen (jede der Gruppen zählte etwa 30 bis 36 Exemplare) von Kipunji, die dort ebenfalls lebten. Tim Davenport erzählte mir leider, dass man diese Population jedoch nicht länger für lebensfähig hält, und das trotz der Tatsache, dass das Reservat aufs höchste beschützt wird.

In der Zwischenzeit wurde der Wald am Mount Rungwe-Livingstone stark abgeholzt und es gibt viele Wilderer. Doch selbst so hat das Team von Tim Davenport seitdem 34 Kipunji-Gruppen, die dort leben, entdeckt – was die Gesamtzahl der Exemplare, die man im März 2009 gezählt hatte, auf 1117 erhöhte. Glücklicherweise soll besagter Wald nun ein Naturschutzgebiet werden (ein schwerer Kampf für Tim und sein Team), was helfen sollte, die Kipunji besser zu schützen.

Das wirklich Aufregende an dieser Entdeckung ist, dass es sich bei dem Affen nicht nur um eine neue Art handelt, sondern sogar um eine vollständig neue Gattung, die biologische Charakteristika aufweist, die sie sowohl von den Mangaben wie auch den Pavianen unterscheidet. (Für alle, die sich nicht mehr an ihren Schulunterricht in Biologie erinnern: Es handelt sich bei Gattung um einen umfassenderen Begriff als Art). Zuerst dachte man, man hätte es mit einer Art Mangabey zu tun und nannte ihn Hochland-Mangabey. Aber dann tauchte ein totes Exemplar auf, das einem örtlichen Bauern in die Falle gegangen war, und eine DNS-Analyse ergab, dass er mehr einem Pavian ähnelte. Er ist etwa 90 Zentimeter groß, hat langes, bräunliches Fell, eine Mähne am Kopf und einen betonten Backenbart. Statt dem für die Mangaben typischen *whoop gobble*, gibt der Kipunji ein *honk bark* von sich. Wenn ich nur über diese Geräusche lese, erzeugt das schon den Wunsch in mir, sie selbst zu hören. Auf jeden Fall ist es eine Anregung für eine klangliche Vorstellung – ein *whoop gobble* und ein *honk bark*.

Dr. Jones sagte in einem Interview: »Ich werde nie den Tag vergessen, als wir die Biodiversität in dem Wald untersuchten und eines unserer Teammitglieder mich plötzlich am Arm packte und auf einen Affen in einem Baum in ein paar Hundert Metern Entfernung zeigte. Ich schnappte mir mein Fernglas und fiel fast um. Es war ein ziemlich surrealer Augenblick, ich stand einfach nur da und konnte es nicht glauben.« Bald nach dieser fantastischen Erfahrung – die sicher den Traum eines jeden Biologen darstellt – hörte er von dem neuen Affen, den Davenport gerade gefunden hatte. Als sie in der Folge feststellten, dass beide neuen Affen zu ein und derselben Art gehörten, entschieden sie sich, ihre Funde gemeinsam zu publizieren. Es war schon lange bekannt, dass die Berge des südlichen Tansania ein Refugium für eine Reihe von Arten darstellten, die andernorts schon lange ausgestorben sind – was harrt dort wohl sonst noch seiner Entdeckung, frage ich mich?

Der Affe in Brasilien, der Goldkapuziner *(Cebus queirozi)* wurde 2006 von Antonio Rossano Mendes Pontes in der Nähe von Rio de Janeiro in Brasilien entdeckt. Der Affe hat goldenes Haar mit einer weißen »Tiara« auf dem Kopf. Man sah 32 Exemplare in einem Wald und einem Sumpflandfragment, das gerade einmal 500 Morgen umfasste. Man fing eines der Tiere, untersuchte und fotografierte es und brachte es schließlich in den Wald zurück. Es gibt Vermutungen, dass es sich beim Goldkapuziner nicht so sehr um eine neue Art, sondern möglicherweise um die Wiederentdeckung eines als *Simia flavia* bezeichneten Affen handelt, der bisher nur aus einer Zeichnung des deutschen Systematikers Johann Christian Daniel von Schreber aus den 1770er Jahren bekannt war.

Primaten aus Brasilien und Madagaskar

In den weitläufigen Wäldern des Amazonasbeckens verbergen sich noch viele Geheimnisse der Natur. Mein langjähriger Freund, Dr. Russ Mittermeier, der mittlerweile Inhaber der prestigeträchtigen Stellung des wissenschaftlichen Direktors von Conservation International innehat, hat viele Jahre die Amazonaswälder Brasiliens erforscht. Zwischen 1992 und 2008 entdeckten, beschrieben und tauften er und sein Team insgesamt sechs neue Seidenaffenarten und zwei Springaffenarten. Einer von ihnen war für mich wirklich etwas Besonderes, weil ich das kleine Geschöpf bei einem kurzen Besuch bei Russ zu Gesicht bekam. Russ hatte es erst vor Kurzem aus einem abgelegenen Dorf gerettet. Zierlich gebaut und absolut bezaubernd, saß dieser Däumling von Primat auf Russ Schulter, während er mir die Geschichte seiner Reisen erzählte.

Plötzlich wechselte es auf meine Schulter und ich hatte ein unwirkliches Gefühl – ich stand in Kontakt mit einem winzigen Wesen, das erst eine Handvoll westliche Menschen gesehen hatten. Wie viele ihrer Artgenossen, so fragte ich mich, lebten da draußen und lebten ihr Leben gänzlich unbemerkt von uns? In der Folge wurde festgestellt, dass es sich bei ihr um die Vertreterin einer ganz neuen Gattung handelte. Mittlerweile ist diese als

Callitrix humilis, das Schwarzkronen-Seidenäffchen, bekannt und hat somit einen Namen, der länger ist als sie selbst! Tatsächlich wurden während der ersten acht Jahre des neuen Jahrtausends insgesamt acht neue Halbaffenarten (zu den Halbaffen zählen sämtliche Primaten, die keine Affen oder Menschaffen sind) in Brasilien beschrieben: Drei Seidenaffenarten, drei Springaffenarten und zwei Uakaris.

In der gleichen Zeit wurden auf Madagaskar nicht weniger als 22 neue Lemurenarten entdeckt – sieben Arten des winzigen Mausmaki, zwei Riesenmausmakis, fünf Fettschwanzmakis, zwei Wollmakis und vier neue Wieselmakis. Russ hat auch Zeit auf Madagaskar verbracht und 2006 wurden sowohl ein Mausmaki als auch eine Wieselmaki nach ihm benannt.

Neue Vögel

Immer, wenn eine neue Vogelart entdeckt wird, geht eine Welle der Aufregung durch die stets wachsenden Kreise der Vogelliebhaber in der Öffentlichkeit. 2007 leitete Dr. Blanca Huertas vom Museum für Naturgeschichte in London eine Expedition in die abgelegenen Yariguies-Berge in Kolumbien und unter den vielen faszinierenden Entdeckungen, die sie und ihr Kollege Thomas Donegan machten, war auch die Yariguies-Buschammer *(Atlapetes latinuchus yariguierum)*, ein kleiner Vogel mit beeindruckendem schwarzen, gelben und roten Gefieder. Ich sprach kurz telefonisch mit Blanca und fragte sie, wie sie sich fühlte, als sie diesen Vogel entdeckten.

»Es dauerte eine Weile, bis es bei mir ankam«, sagte sie. Sie dachte einen Augenblick nach und fügte dann hinzu: »Ich finde es wunderbar, dass wir einen kleinen Fingerabdruck in der Wissenschaft hinterlassen konnten.« (Ihr Team hinterließ noch einen weiteren Abdruck, als es auch noch eine neue Schmetterlingsart entdeckte.) Blanca sagte mir, dass die Buschammer die erste Vogelart der Welt sei, bei der man nicht absichtlich einzelne Exemplare tötete, um neue Typusexemplare zu gewinnen. Stattdessen plante das Team, den Vogel durch detaillierte Beschreibungen, Fotografien und Blutproben zu identifizieren. In der Tat starb einer der beiden Vögel, die zu diesen Zwecken gefangen wurden, durch einen Unfall, so dass man schließlich doch ein totes Typusexemplar bekam.

Die letzten paar Jahre haben Naturschützer darauf gedrungen, dass das Gebiet geschützt werden solle; die Entdeckung neuer Arten war in dieser Hinsicht eine große Hilfe. Blanca sagte mir, dass die Region bald zum Nationalpark erhoben werden wird.

Eine Ameise vom Mars
Mitte 2008 erschienen in vielen internationalen Zeitungen Artikel über eine neu entdeckte Ameise aus dem brasilianischen Regenwald – die Ameise vom Mars. Bald nachdem ich den Artikel gelesen hatte, gelang es mir, Christian Rabeling aufzuspüren, den Biologen, der sie in der Nähe von Manaus entdeckt hatte, und wir führten ein faszinierendes Gespräch. Das Aufregende dabei ist, dass es sich bei dieser Ameise nicht nur um eine neue Art, sondern auch um eine neue Gattung handelt. Bei ihren nächsten Verwandten scheint es sich um Ameisen zu handeln, die vor 90 Millionen Jahren lebten. Ich fragte Christian, was er hinsichtlich dieser Entdeckung fühlte: »Ich glaube, da muss mich jemand wirklich lieben!«, antwortete er.

Dass er die blasse, augenlose Ameise fand, war ein purer Zufall. Eines Abends, als es schon fast dunkel war, saß er im Wald und wollte gerade nach Hause gehen. Da sah er, wie eine seltsam aussehende kleine Ameise über die Bodenstreu aus Laub marschierte, er sperrte sie, weil er sie nicht kannte, in einen kleinen Schutzbehälter und steckte diesen in die Tasche. Als er nach Hause kam, war er ziemlich müde und vergaß sie. Drei Tage später fand er das Exemplar in seiner Hosentasche. Und da erst begriff er, dass er etwas Außergewöhnliches entdeckt hatte. Daraufhin schickte er Fotos dieses Exemplars an Stefan Cover, den Leiter der Ameisensammlung im Museum of Comparative Zoology, der größten Sammlung auf der ganzen Welt.

Stefan erzählte uns von seiner Reaktion: »Der erste Blick, den ich erhaschen konnte, war auf ein körniges Bild geschickt von Christians Computer. Aber es war sofort deutlich, dass ich es mit einem äußerst ungewöhnlichen Tier zu tun hatte. Ich sagte: ›Gütiger Himmel. Ich habe verdammt noch mal keine Ahnung, was das ist.‹« Später sagte er uns: »Normalerweise erkenne ich eine Ameise, wenn ich eine sehe. Ich kann die Unterfamilie und die Gattung, manchmal sogar die Art erraten. Aber als ich diese Ameise sah, verkantete sich mein Gehirn irgendwie. Es war definitiv eine Ameise – aber anders als alle, die ich je gesehen hatte.«

Stefan, der wusste, dass Ed (E. O.) Wilson, der unter anderem das Standardwerk über Ameisen geschrieben hatte (und zu Christians großen Helden gehörte), die seltsame Ameise unbedingt sehen wollen würde, holte ihn vom anderen Ende des Ganges. Und Ed machte, als er das Bild auf dem Computer sah, die berühmt gewordene Bemerkung:

»Mein Gott! Das sieht aus wie eine Ameise vom Mars.«

»Das war für uns alle sehr aufregend«, so Stefan. »Viele Wissenschaftler leben für so einen Moment.«

Und diese Geschichte hat noch eine letzte Eigenheit. Fünf Jahre bevor Christian seinen Fund gemacht hatte, hatte Manfred Verhaagh zwei seltsam aussehende Ameisen in einer von mehreren Bodenproben aus dem Gebiet, in dem Christian arbeitete, gefunden. Manfred hob sie in einer Phiole auf – aber als er mit ihnen auf Reisen ging, leckte das Behältnis und die beiden Exemplare wurden unrettbar zerstört. Sie versuchten alles, um sie wieder mit Flüssigkeit zu sättigen, aber nichts funktionierte. Als Christian fünf Jahre später die »Ameise vom Mars« fand, schickte er Manfred ein Foto – der sofort erkannte, dass es sich um die gleiche Ameise wie die beiden handelte, die zerstört worden waren!

Science Fiction in den Tiefen der Erde und des Meeres
Wie bereits erwähnt, werden ständig neue Arten von Wirbellosen entdeckt. Doch manchmal nimmt sich so eine Entdeckung doch ungewöhnlich aus, besonders, wenn wir einen Überlebenden aus einer Welt von vor Millionen von Jahren vor uns haben, als die Lebensformen darum kämpften, in der unwirtlichen Umgebung des kühler werdenden Planeten zu überleben.

Das gilt auch für die kürzliche Entdeckung von Würmern aus der Klasse der Vielborstenwürmer in den Tiefen des Golfs von Mexiko durch Meeresbiologen von der Penn State University. Die Würmer in dieser unwirklichen, unheimlichen Welt leben von Chemikalien aus den vulkanischen Schloten am Boden des Ozeans. Sie haben keine natürlichen Fressfeinde und können bis zu drei Meter lang werden. Die Biologen, die die Wachstumsrate einzelner Würmer über eine Zeitspanne von vier Jahren hinweg maßen, schätzten, dass die Würmer etwa 250 Jahre – ein Vierteljahrtausend – alt werden müssten, um die maximale Länge zu erreichen. Wenn das stimmt, d. h. wenn es keine Veränderungen in den Meereschemikalien gibt, die von vulkanischer Aktivität ausgelöst werden und dann Wachsstumsschübe hervorrufen – wären sie die langlebigsten Wirbellosen auf Erden. Oder zumindest die langlebigsten bekannten Wirbellosen – wer weiß, was für andere Wunder sich da draußen noch verbergen!

Die nächste Geschichte ist sogar noch außergewöhnlicher – die Entdeckung der Ayalon-Höhle (wie man sie mittlerweile nennt) in der Nähe von Ramla in Zentralisrael. Der Eingang zu dieser außergewöhnlichen Welt wurde entdeckt, als Arbeiter in einer tiefen Kalkgrube durch eine Wand brachen. Als Wissenschaftler der Hebräischen Universität in Jerusalem dorthin kamen, fanden sie ein vollständiges, einzigartiges Ökosystem 100 Meter unter der Erde vor.

Ich schaffte es, an Professor Amos Frumkin von der Hebräischen Universität heranzukommen und er schlug vor, ich solle seinen Studenten Israel Naaman kontaktieren, der einer der Ersten gewesen war, die die Höhle betreten hatten. Israel beschrieb sie als ausnehmend große »Irrgartenhöhle«. Die Umstände dort seien »nicht günstig für uns – enge Durchgänge, Hitze und eine hohe Luftfeuchtigkeit«. Aber, so fuhr er fort, »das Gefühl, einen unbekannten Platz zu betreten, an dem noch niemand zuvor gewesen ist, ist unglaublich.«

Es ist das Beste, wenn ich hier Israels Worte zitiere, weil sie einem wirklich das Gefühl der Aufregung vermitteln, die er und die anderen Mitglieder seiner Gruppe damals erlebten. »Wir fanden uns in einer großen, runden Halle mit etwa 40 Meter Durchmesser und 27 Meter Deckenhöhe wieder. Ich konnte die andere Seite der Halle nicht sehen, die Dunkelheit verschluckte den Strahl der Kopflampe. Ich nahm eine stärkere Taschenlampe heraus und mir bot sich der erstaunlichste Anblick – ein wunderschöner, blauer unterirdischer Teich. Das Wasser war still, einer beugte sich vor, über das Wasser, und fing an zu schreien: ›Da sind Tiere im Wasser!‹ Auf der Wasseroberfläche war ein dünner Bakterienmantel und im Wasser schwammen blasse Krebstiere, bis zu fünf Zentimeter lang und von hummerartiger Form.«

»Später fanden wir, geführt und ausgerüstet von Biologen, in diesem See und seiner Umgebung ein äußerst reiches und vitales Ökosystem, dazu gehörten sechs neue Arten von Arthropoden, davon vier aquatische und zwei terrestrische. Zusätzlich fanden wir die Überreste zweier weiterer Ar-

Bald nachdem das Team die Höhle betreten hatte, entdeckte es augenlose weiße Geschöpfe, die in der unterirdischen Wasserschicht lebten. Im weiteren Verlauf entdeckte das Team sechs neue Arten von Arthropoden (Gliederfüßer). Dieses hier bekam den Namen Typhlocaris ayyaloni. (Bild: Dr. David Darom)

ten, die wahrscheinlich aufgrund von starkem Abpumpen des Wasser ausgestorben waren.«

In der Folge durchgeführte DNS-Tests ergaben, dass alle acht Arten, die Israel und sein Team gefunden hatten – weiße, shrimpsartige Krebstiere und skorpionartige Wirbellose, die keinerlei Augen aufwiesen und sich von den Bakterien an der Wasseroberfläche ernährten – der Wissenschaft neu waren. Sie waren, wie es Professor Frumkin formulierte, »auf dieser Welt absolut einzigartig«.

Weitere Erkundungsgänge brachten einen wahren Irrgarten von Gängen zutage, der sich über mehr als eine Meile erstreckte und vom Wasser und den Nährstoffen der Oberfläche durch eine Kalkschicht abgeschottet war, das Wasser kam tief aus dem Erdboden. Dieses ganze, einzigartige Ökosystem reicht fünf Millionen Jahre zurück, bis in die Zeit, als Israel noch unter dem Mittelmeer lag und seit dieser Zeit ist es auch abgeschottet. Unglücklicherweise ist der unterirdische See, wie Israel bemerkte, Teil einer Wasserschicht, die eine der wichtigsten Süßwasserquellen des Staates Israel darstellt. Das bedeutet, dass die Höhle und ihr ganzes Ökosystem davon betroffen und damit extrem gefährdet sind.

Seien wir dankbar, dass wir zumindest von ihrer Existenz erfahren haben und so über die Vielfalt der Lebensformen auf unserem erstaunlichen Planeten staunen können. Wie leicht hätten diese verschwinden können, ohne dass man ihnen den gebührenden Respekt erwiesen hatte, um sich anderen ausgerotteten Lebensformen aus seiner mysteriösen, prähistorische Ära anzuschließen.

Unerforschte Wälder in den Foja-Bergen Indonesiens
Manche Leute finden es schwer zu glauben, dass es nach wie vor weite Flächen abgelegener Wälder geben soll, die der Außenwelt unbekannt geblieben sind. Kürzlich erzählte ich meinem Zahnarzt in Washington D.C. bei einem Termin – in einem der seltenen Momente, wo nicht lauter Finger und Instrumente in meinem Mund waren – von diesem Buch. Er erzählte mir, dass sein Nachbar, Bruce Beehler, kürzlich von einer aufregenden Expedition ins indonesische Neuguinea zurückgekehrt sei. »Er hat irgendeine neue Vogelart entdeckt«, sagte mir John und gab mir die Telefonnummer von Bruce.

Bruce ist Ornithologe, eine Autorität auf dem Gebiet der Vögel Neu Guineas und Tropenökologe und arbeitet momentan als leitender Wissenschaftler bei der Conservation International in D.C. Als wir uns unterhielten erzählte er mir etwas über die Expedition, die er geführt hatte und gab mir den Link zu seiner Website. Dort fand ich heraus, dass die isolierten Foja-Berge von Papua, der östlichsten und am wenigsten erforschten Provinz Indonesiens, auf der Westseite der großen Tropeninseln Neu Guinea liegen und das wahrscheinlich makelloseste natürliche Ökosystem im gesamten asiatisch-pazifischen Raum darstellen. Sie umfassen eine Fläche von etwa 300 000 Hektar (etwa 740 000 Morgen) humiden, tropischen Altbaumbestandes. Die traditionellen Landbesitzer der Foja-Berge, die Kwerba und Papasena-Völker, zählen insgesamt lediglich ein paar Hundert Menschen. Sie jagen und sammeln Kräuter und Arzneien am Rand des Waldes, gehen aber selten weiter als ein paar Meilen hinein. Da die menschliche Population so klein ist, sind Tiere auch noch in einer Meile Entfernung zu den Dörfern zahlreich vorhanden und die Jäger brauchen keine weiten Strecken zurückzulegen.

Die Geschichte, die zu der Expedition führte und schließlich in dieser gipfelte, liest sich fast wie ein Märchen. »Seit Jahrzehnten«, erzählte mir Bruce, »waren die Foja-Berge für Biologen auf der Suche nach dem Unbekannten das gelobte Land.« 1981 war es Professor Jared Diamond gelungen, den Bergen zwei kurze Besuche abzustatten und er hatte etwas gefunden, woran etwa zwei Dutzend Expeditionen vor ihm gescheitert waren – die Heimat der beinahe mythischen Gelbscheitelgärtner. Sie waren 1895 von einem deutschen Zoologen anhand von »Handelsbälgen« beschrieben worden, die man in irgendeiner unbekannten Ecke von West-Neuguinea gesammelt hatte und trotz mindestens eines Dutzends Expeditionen, die man auf der Suche nach dessen Heimat veranstaltet hatte, bekam kein westlicher Wissenschaftler die Vögel jemals lebend zu Gesicht – bis zu Diamonds Besuch 86 Jahre später.

Diese aufregenden Neuigkeiten steigerten erneut die Ambitionen, die Foja-Berge zu erforschen. Gemeinsam schmiedeten Conservation International und das biologische Forschungszentrum des indonesischen Instituts der Wissenschaften Pläne, das Gebiet aufzusuchen und mehr über seine Wildtiere herauszufinden. Es war nicht leicht – es brauchte zehn Jahre, um die benötigten Genehmigungen von vier Regierungsbehörden und einigen Provinz- und Lokalautoritäten zusammenzubekommen. Erst im November 2007 konnte sich Bruce schließlich mit seinem vierzehnköpfigen Team aus indonesischen, amerikanischen und australischen Wissenschaftlern auf den Weg machen. Sie wurden von einem Helikopter abgesetzt und schlugen in einer abgelegenen, nebelverhangenen Welt hoch oben in den Bergen ihr Lager auf.

Selbst bei den hohen Erwartungen, die im Team herrschten, hätten sich die Expeditionsmitglieder niemals träumen lassen, dass sie Minuten nach ihrer Ankunft einem bizarren, rotgesichtigen Honigfresservogel mit einem fleischig-weißen, flechtwerkartigen Gefieder begegnen würden, der keinem der Vögel in ihrem Feldhandbuch glich. Bruce erzählte mir, dass er aufgeregt feststellte, dass er es mit einer völlig neuen Art zu tun hatte – dem ersten neu entdeckten Vogel auf der Insel Neuguinea seit 1951. Man bezeichnete ihn vorübergehend als Carolahonigfresser. (Die Fotos von diesem Vogel sind auf unserer Website www.janegoodallhopeforanimals.com zu finden).

Und dann durfte das Team nur einen Tag später darüber staunen, dass zwei Berlepsche Strahlenparadiesvögel *(Parotia berlepschi)*, ein Männchen und ein Weibchen, direkt in ihr Lager kamen und das Männchen, mit seinem spektakulären Gefieder, sich für mehr als fünf Minuten auf dem Boden für das Weibchen in Pose warf – und das völlig sichtbar. »Wir standen ehrfurchtsvoll dabei, als das Männchen in den Setzlingen herumtollte, seine Flügel zucken ließ und dem Weibchen sein süßes zweinotiges Lied vorsang«, erzählte Bruce. »Ich war zu verzaubert, als dass ich beim ersten Mal daran gedacht hätte, meine Kamera herauszuholen.

Sie waren die ersten westlichen Wissenschaftler, die lebende Exemplare dieser Vögel zu Gesicht bekamen und sie begriffen sofort, dass es sich bei diesen um eine ganz eigene Art handelte, die ganz anders als die anderen Vertreter dieser Gattung von Paradiesvögeln aussah. Das Team hatte bereits zwei Tage nach ihrer Ankunft die unbekannte Heimat dieser bemerkenswerten Vögel entdeckt und seine spektakulären Darbietungen gesehen! Ich kann mir die Aufregung, die in der Luft gelegen haben muss, als sie sich an diesem Tag zusammen zum Abendessen hinsetzten, gut vorstellen. Und es dauerte nicht lange bis sie eine der knapp einen Meter hohen, sorgfältig aus Zweigen errichteten Konstruktionen fanden, die die »Maibaum«-Tanzböden der Gelbscheitelgärtner markierten und erste Fotos von den Darbietungen dieser Vögel bei ihren Lauben machten. Es stellte sich heraus, dass der Vogel in dem Gebiet weit verbreitet war.

Die Entdeckungen gingen Tag für Tag weiter. Insgesamt wurden 40 Säugetierarten aufgezeichnet, darunter viele, die in anderen Teilen Neuguineas selten sind, in den Foja-Bergen jedoch verbreitet und arglos. Der Langschnabeligel, ein Verwandter des Schnabeltiers, das ein wenig wie ein zu groß geratener Igel aussieht, aber einen langen Schnabel aufweist, ist das größte dieser großen und primitiven, Eier legenden Säugetiere, die auch unter dem Namen Kloakentiere bekannt sind. Ein paar dieser überaus seltenen Wesen sah man drei Nächte in Folge. Zweimal ließen sie es zu, dass man sie aufhob und zu Studienzwecken mit ins Camp nahm.

Diese seltsamen Wesen haben sich nie in Gefangenschaft fortgepflanzt und über ihr natürliches Verhalten ist nichts bekannt. Ein weiterer Höhepunkt war die Entdeckung einer Population von Goldmantel-Baumkängurus *(Dendrolagus pulcherrimus)* – die erste Aufzeichnung dieser Art in Indonesien. Es handelt sich um ein außergewöhnlich schönes, im Dschungel lebendes Känguru, das buchstäblich auf Bäume klettert und bereits die kritische Gefährdungsstufe erreicht hat. Dies ist erst der zweite Ort weltweit, wo man von ihrer Existenz weiß.

Die Foja-Berge scheinen eine der froschreichsten Regionen im asiatisch-pazifischen Raum zu sein – das Team fand mehr als 60 Arten, von denen mindestens 20 der Wissenschaft neu sind. Und die Botaniker fanden viele bemerkenswerte und zuvor nicht beschriebene Pflanzenarten, darunter einen Rhododendron, der hoch oben in den Baumwipfeln wuchs und weiße Blüten mit eindrucksvollem Duft hervorbrachte, sowie fünf neue Palmenarten.

Ich kann mir nichts Fantastischeres vorstellen, als Teil solch einer aufregenden Expedition zu sein. Es war genau die Art Abenteuer, die ich mir als Kind erträumt hatte. Ich fragte Bruce, wie er sich gefühlt hat, als er dort ankam. Wie war es, aufzuwachen und im Paradies zu sein?

»Ich erinnere mich, wie ich in der Morgendämmerung in einem herrlichen kleinen Tümpel auf einem flachen Höhenrücken im Herzen der Foja-Berge stand«, erzählte er mir. »Im Süden ließ ein mächtiger Breitschwanz-Paradieshopf seine Rufe erklingen. Und über mir war die Luft noch von einem Dutzend weiterer Vogelgesänge erfüllt. Der Himmel war tiefblau. Es war irgendwie wie der Garten Eden, einer ohne den Fußabdruck des Menschen, einer, der den Vögeln und Beuteltieren überlassen war … es war ein erhabener Augenblick.«

Als ich mit Bruce sprach, erzählte er mir, dass er sich in zwei Tagen zu einer weiteren Expedition in sein Eden aufmachen würde – und in mir blieb die unrealistische Sehnsucht zurück, mich ihm anzuschließen.

Eine Monsterpalme aus Madagaskar

In meiner letzten Geschichte der neuen Entdeckungen geht es um eine Riesenpalme, die vor Kurzem auf Madagaskar entdeckt wurde. Ich erfuhr von der Geschichte dieser Palme während eines Besuchs in den Kew Botanical

Gardens im Jahr 2008. John Sitch, der dort mit Palmen arbeitet, brannte darauf, mir von dieser außergewöhnlichen Entdeckung zu berichten. Er hob einen der Töpfe auf, in denen junge Setzlinge der Pflanze gezogen wurden, hielt ihn fast mit Ehrfurcht. Er ist kein marktschreierischer Mann, aber man konnte deutlich die Aufregung aus seiner Stimme heraushören, als er erklärte, dass es sich da um eine gänzlich neue Art von Fächerpalme handelt, die größte, die je auf Madagaskar entdeckt wurde – die ausgewachsenen Blätter haben einen Durchmesser von über fünf Meter. Offenbar ist die Palme, wenn sie die maximale Höhe erreicht hat, so groß, dass man sie tatsächlich mit Google Earth sehen kann!

Ich kann mir das Erstaunen von Xavier Metz, dem französischen Manager einer Cashew-Plantage, lebhaft vorstellen, als er und seine Familie auf diese riesige Palme stießen, als sie ein abgelegenes Gebiet im Nordwesten des Landes erforschten. Er hatte nie etwas Derartiges gesehen und war sich gleich sicher, dass es sich um eine neue Art handelte, also machte er Fotos.

Es war sogar noch aufregender, als irgendwer gedacht hätte – nicht nur eine nicht beschriebene Art, sondern tatsächlich die einzige Art einer neuen Gattung. Und diese Gattung stammte aus einer evolutionären Linie, deren Existenz auf Madagaskar unbekannt war. Man taufte sie *Tahina spectabilis* – *tahina* ist das madagassische Worte für »geschützt oder gesegnet sein« (so lautete auch der Vorname von Anne-Tahina, der Tochter des Entdeckers) und *spectabilis* ist schlicht das lateinische Wort für »spektakulär«. Eine intensive Untersuchung ergab, dass es nur eine Population von 92 Exemplaren gab, die sich am Fuß einer Kalkstein-Felsnase versteckten.

Diese Palme hat einen ungewöhnlichen Lebenszyklus. Wenn sie etwa 50 Jahre alt ist und eine Höhe von ungefähr 20 Metern erreicht hat, »beginnt die Spitze des Stammes zu sprießen und verwandelt sich in einen riesigen Blütenstand, der Äste mit Hunderten winziger Blüten hervortreibt«, erzählte mir John. Diese Blüten schwitzen einen Nektar aus und sind bald von Vögeln und Insekten umgeben. Es ist eine spektakuläre Blüte »und jede Blüte wird, wenn sie erst bestäubt ist, zur Frucht«. Dann ist die Palme, wenn die Früchte herangereift sind, völlig erschöpft. Das Erblühen und Früchtetragen sind ihr Schwanengesang und so fällt sie in sich zusammen und stirbt.

Man sammelte mit Sorgfalt etwa 1000 Samen von dieser Palme ein und sandte sie in die Millenium Seed Bank von Kew in Sussex. Darüber hinaus verteilte man Samen an elf botanische Gärten auf der ganzen Welt, so dass die Palme auch in lebenden Sammlungen bewahrt werden kann. Da die *Tahina* auf nur ein Gebiet der Insel beschränkt ist, und weil die Blüte und das Früchtetragen sich so selten ereignen, wird ihre Bewahrung dort nicht leicht werden. Doch die Dorfbewohner der Umgebung sind bereits involviert. Es wurde ein Dorfkomitee gebildet, um das Gebiet zu patrouillieren und zu beschützen. Zu guter Letzt wurden einige Samen an einen spezialisierten Palmsamenhändler in Deutschland geschickt, so dass dieser die Palmen ziehen, verkaufen und so Geld für die Entwicklung der Dörfer und den Schutz der Palmen auftreiben kann.

Ich sagte John, dass ich mich darauf freue, die *Tahina* im Palmenhaus in Kew zu sehen, einer spektakulären öffentlichen Ausstellung von Arten von überall auf der Welt. Doch ich werde leider nicht mehr am Leben sein, wenn die erste Pflanze in Kew 50 Jahre alt ist und in die erste Blüte ausbricht!

Das Lazarus-Syndrom: Für ausgestorben gehaltene Arten, kürzlich wiederentdeckt

Nicht nur die Entdeckungen neuer Spezies sind es, die für die Wissenschaft interessant sind. Ein lebendes Exemplar einer Art zu finden, die man für ausgestorben und für immer verloren hielt, ist in vielerlei Hinsicht fast der noch größere Lohn. Es gibt uns ein wenig Hoffnung zu wissen, dass einige Exemplare einer Art, die man nach langem Suchen in der Wildnis für »ausgestorben« erklärt hat, vielleicht, vielleicht immer noch irgendwo existieren könnten. Denn dann können wir ihr noch eine Chance geben.

Bald nachdem Miss Waldrons roter Stummelaffe für ausgestorben erklärt worden war, war ich in Ghana und traf dort einen Biologen, der glaubte, dass eine Gruppe dieser Affen noch immer in einem abgelegenen, sumpfigen Teil des Landes existierte. Ich wollte sofort losziehen und mich auf die Suche nach ihnen machen. Natürlich ging das nicht und es hatte ohnehin den Anschein, dass diese Gerüchte auch tatsächlich nur Gerüchte waren. Aber ich konnte mir den Kitzel vorstellen, den es bedeuten musste, der Welt zu verkünden, dass diese Affen zu guter Letzt doch nicht ausgerottet worden waren. Ich kann es so gut verstehen, warum Leute stur die Suche nach einem Tier oder einer Pflanze fortsetzen, von der sie sicher sind, dass sie irgendwo da draußen ist – wenn sie sie nur finden könnten.

Kürzlich traf ich mich in Australien mit Leuten, die sich sicher waren, dass es den »ausgestorbenen« tasmanischen Wolf immer noch gibt. Man gab mir ein Buch, in dem all die »Sichtungen« dieses Tieres aufgelistet waren. Und die Leute, die Tasmanien kennen, beschreiben abgelegene, nur schwer zu durchdringende Wälder, wo das Tier, wie sie sagen, immer noch existieren könnte. Man gab mir einen Abguss eines Pfotenabdrucks von einem der letzten bekannten Vertreter und während ich auf ihn blicke, denke ich … vielleicht, vielleicht verstecken sich ja seine Urenkel irgendwo da draußen.

Die Wiederentdeckung ausgestorben geglaubter Arten ist auch unter dem Namen Lazarus-Syndrom bekannt. Anders als ihr Namensvetter in der Bibel, sind sie natürlich nicht von den Toten auferweckt worden – sie waren die ganze Zeit unter uns. Manche von ihnen, wie etwa der Baumhummer, eine Gespenstschrecke, sind sehr exotisch, regen die Fantasie der Öffentlichkeit an und sorgen für Schlagzeilen in den internationalen Zeitungen.

Andere Entdeckungen nehmen sich weniger aufregend aus und werden lediglich durch Kurzmitteilungen in einer Lokalzeitung oder einem Fachjournal bekannt gemacht. Doch diese scheinbar weniger bedeutenden Funde sind im großen Rahmen der Dinge bestimmt ebenso bedeutungsvoll, da alle Lebewesen untereinander verbunden sind und wie gesagt, bereits die Entfernung des kleinsten Strohhalms ungeahnte Konsequenzen haben könnte.

Dieses Kapitel enthält Geschichten über einige Wirbellose, Vögel und Säugetiere, die man wiederentdeckt hat, manchmal aus purem Zufall, manchmal dank langen, entschlossenen Suchens über längere Zeiträume hinweg. Und wenn es auch stimmt, dass wir uns dem »sechsten großen Massenaussterben« gegenübersehen und Tausende kleine, endemische Wirbellose und Pflanzen mit unglaublicher Geschwindigkeit verloren gehen, ist es doch ermutigend zu wissen, dass einige Arten, die man für ausgestorben hielt, irgendwo dort draußen sein könnten und ihrer Entdeckung harren – darauf, dass sie noch eine Chance bekommen.

Es handelt sich um die Geschichten von Lebensformen, die man abgeschrieben und den Legionen der Ausgestorbenen zugerechnet hatte und die sich dennoch weigerten, unterzugehen, Geschichten, die Hoffnung machen.

Lord Howe's Island Phasmiden oder Gespenstschrecke
(Dryococelus australis)

2008 begegnete ich während meiner Vortragstour in Australien einem überaus großen, überaus schwarzen und überaus freundlichen Gespenstschreckenweibchen von Lord Howe's Island. Sie kroch mehrmals von einer meiner Hände auf die andere und als ich ihr die Gelegenheit gab, krabbelte sie noch auf meinen Kopf und mein Gesicht. Diese Begegnung jagte mir Schauer über den Rücken – da ich die fast unglaubliche Geschichte, wie sie dorthin gekommen war, kannte. Lassen Sie mich diese Geschichte erzählen.

Lord Howe's Island ist klein und teilweise von üppigem Wald bedeckt; sie liegt etwa 300 Meilen vor der Küste von New South Wales, Australien. Es war die einzig bekannte Heimat der Lord Howe's Island Phasmiden, auch als Gespenstschrecke oder Stabheuschrecke bekannt, ein riesiges Geschöpf von der Größe einer Zigarre, zehn bis zwölf Zentimeter groß und einen guten Zentimeter breit. Früher waren sie in sämtlichen Wäldern der Insel verbreitet und wurden von den Ortsansässigen als Baumhummer bezeichnet.

Doch 1918 kamen mit einem Schiffbruch Hausratten auf die Insel. Und wie immer passten sich diese gnadenlosen Kolonisten schnell an ihre neue Umgebung an. Anders als die anderen Gespenstschrecken in Australien fehlten jedoch dieser Riesenphasmide die Flügel. Und so war sie leichte – und vermutlich sehr wohlschmeckende – Beute. Irgendwann in den 1920er Jahren nahm man dann an, die Lord Howe's Island Phasmide sei ausgestorben.

Dann fanden 1964 Felskletterer die ausgetrockneten Überreste einer Riesengespenstschrecke auf Ball's Pyramid, einem 600 Meter hohen Fels aus Vulkangestein, vierzehn Meilen vor Lord Howe's Island. Fünf Jahre später fanden andere Felskletterer zwei weitere vertrocknete Körper, die in ein Vogelnest eingearbeitet waren. Diese abgelegene Felszinne, Schlupfwinkel zahlloser Seevögel, weist fast keine Vegetation auf. Es schien unmöglich, dass ein ausnehmend großes Insekt, das Wälder bevorzugte und sich vege-

Nicholas Carlile mit Eve, einer Gespenstschrecke von Lord Howe's Island. Nicholas war einer der ersten beiden Menschen, die diese riesigen Stabinsekten 2001 zu Gesicht bekamen, nachdem sie seit den 1920er Jahren für ausgestorben galten. (Bild: Patrick Honan)

tarisch ernährte, in so einer öden Umgebung überleben konnte. Und so ignorierten Biologen diese Berichte, bis sich im Februar 2001 eine kleine Gruppe von Leuten – Dr. David Priddel, der leitende Forscher der Abteilung für Umwelt und Klimawandel (New South Wales), sein Kollege Nicholas Carlile und zwei weitere furchtlose Seelen – entschied, die Frage ein für allemal zu klären und sich an dieses scheinbar fruchtlose Unterfangen machten.

Eine gefahrvolle Reise
Im Februar 2007 führte ich von Zuhause in Bournemouth aus ein wunderbares Telefonat mit Nicholas Carlile (den ich im folgenden Jahr auch persönlich kennenlernte). Er sagte mir, dass es sich um ein potentiell gefährliches Unternehmen gehandelt hatte. Die Ball's Pyramid umgebende See kann rau sein und das aus drei Männern und einer Frau bestehende Team musste aus seinem kleinen Boot direkt auf die Felsen springen. (»Es wäre viel leichter gewesen, zu schwimmen«, sagte mir Nicholas, »aber es gibt zu viele Haie.«) Seine Beschreibung der Landung – der verzweifelte Satz auf die Felsen, wobei das Boot hoch und runter schaukelte – war haarsträubend. Doch alle schafften es, man schlug ein kleines Lager auf und machte sich daran, bis zu Gannet Green zu klettern, das in etwa 170 Meter Höhe der Felsnadel liegt; dort klammern sich die größten Flecken der Vegetation ans Überleben.

Sie suchten den Ort gründlich ab, fanden aber nichts außer einigen großen Grillen und schließlich trieben Hitze und Wassermangel sie wieder nach unten. Dann stießen sie jedoch 75 Meter über dem Meeresspiegel in einer Felsspalte auf einen weiteren winzigen Fleck relativ üppiger Vegetation, der von einer einzelnen Melaleukaheide dominiert war. Sickerwasser erlaubte es dieser kleinen Pflanzenoase, ihren unsicheren Halt zu behaupten. Hier fanden die vier frische Ausscheidungen eines großen Insekts, nahmen aber an, dass es sich um eine Grille handelte.

Zurück im Camp diskutierten sie die Situation beim Abendessen. David Priddel wusste, dass die Gespenstschrecken nachtaktiv sind und dass die Gruppe eine bessere Chance, sie zu Gesicht zu bekommen, haben würde, wenn sie nachts zu dem Busch zurückkehrten. Aber er wusste auch, dass er die Kletterpartie in der Dunkelheit nicht schaffen würde und scheute sich daher, sie vorzuschlagen. Nicholas hatte dieselbe Idee und so meldeten er und Dean Hiscox – ein ortsansässiger Wildhüter und Experte im Felsenklettern – sich freiwillig, diese fast selbstmörderische Kletterpartie in der

Dunkelheit auf sich zu nehmen. »Meine Knie werden immer noch weich, wenn ich nur daran denke«, sagte mir Nicholas am Telefon.

Schließlich gelangten sie zu dem Bereich mit der Vegetation. »Und dort war dieser enorme, glänzende, schwarze Körper auf dem Busch ausgebreitet«, sagte Nicholas. »Ich schrie irgendein Schimpfwort und wir beiden fingen an zu feiern und wie die Kinder herumzuspringen« – doch sie sprangen, wie er mir versicherte, sehr vorsichtig, weil die Felskante nur vier Meter breit war und ein Gefälle von 60 % aufwies, so dass sie leicht über die Kante hätten rutschen können!

Fast sofort sahen sie ein zweites Rieseninsekt auf der Vegetation ausgebreitet. Nicholas Aufregung war auch noch sechs Jahre später, als er mit mir sprach, fühlbar. »Es fühlte sich an, als würde man einen Zeitsprung zurück ins Jura machen, als die Insekten die Welt beherrschten«, sagte er. »Es war einer dieser kultigen Momente, die mein Leben für immer verändert haben. Wir sagten uns immer wieder, dass kein anderes lebendes Wesen je eines dieser Rieseninsekten zu Gesicht bekommen hatte.« Sie fanden außerdem ein Jungtier, eine Nymphe. Nicholas machte drei Fotos und dann mussten sie versuchen, sich zu beruhigen, bevor sie sich an den sehr gefährlichen nächtlichen Abstieg machten.

Als sie zurück ins Lager kamen, schliefen die anderen schon. »Ich kroch zu Dave«, erzählte Nicholas, »näherte mich seinem Ohr und flüsterte: ›Wir haben eine Phasmide gefunden!‹ Bald waren alle wach!«

Das ganze Team kletterte früh am nächsten Morgen wieder hoch und führte eine gründliche Suche durch. Sie fanden noch mehr Exkremente und etwa 30 Eier im Boden. Dann mussten sie sich auf den Weg machen, weil das Boot um 10.00 Uhr Vormittag ablegte. Die Ozeanbrandung hatte beträchtlich zugenommen, als sie abfuhren: Das Boot hob und senkte sich alle paar Sekunden um drei Meter. Das bedeutete für den Sprung aufs Deck ein Timing, bei dem es um Sekundenbruchteile ging – es macht mir weiche Knie, wenn ich nur daran denke!

Sie waren alle überzeugt, dass die einzige Population von Lord Howe's Island Phasmiden auf der ganzen Welt in diesem Gebüsch lebte.

Wie ist die kleine Kolonie auf diesen Felszacken gekommen? Vielleicht hatte ein trächtiges Weibchen den Weg der 14 Meilen von Lord Howe's Island geschafft, indem es sich an die Füße eines Seevogels klammerte oder auch an treibende Vegetation, die ein Sturm mitgerissen hatte. Und wie hatte sie, dort angekommen, den einzig geeigneten Lebensraum auf der ganzen

Ziel des Entdeckerteams war diese heimtückische Felsnadel 14 Meilen vor der Küste von Lord Howe's Island – eine winzige Population von Phasmiden hatte auf mysteriöse Weise den Weg dorthin gefunden und 80 Jahre lang unbemerkt gelebt. (Bild: Nicholas Carlile)

Das Team hilft sich gegenseitig beim Queren einer Küstentraverse – auf der Suche nach den seltenen Lord Howe's Island Phasmiden. Die Witterungsbedingungen auf See hatten sich über Nacht verschlechtert und der steigende Wellengang bedeutete, dass das Team auf der Insel nur ein begrenztes Zeitfenster hatte. (Bild: Nicholas Carlile)

Felsnadel gefunden? Vielleicht, schlug Nicholas vor, war ein vor Kurzem gestorbenes Weibchen, das noch Eier enthielt, als »Stock« von der Hauptinsel mitgenommen und in das Nest eines Seevogels in der Nähe des Buschs transportiert worden. Aber wie auch immer sie dorthin gekommen sein mögen, wie in aller Welt hatten ihre Nachfahren 80 Jahre in einer so gottverlassenen Umgebung überleben können? Wir werden es nie herausfinden.

Sobald sie zurück waren, begannen die Biologen einen Erhaltungsplan für die Phasmide zu skizzieren. Sie hatten diverse Kämpfe mit der Bürokratie zu bewältigen und es vergingen zwei Jahre, bis sie die Erlaubnis bekamen zurückzukehren – man erlaubte ihnen, lediglich vier Exemplare einzufangen. Sie mussten feststellen, dass es auf der Felsnadel einen großen Felsrutsch gegeben hatte. Wie leicht hätte die gesamte Population während dieser zwei frustrierenden Jahre ausgelöscht werden können! Jedoch fanden sie am Valentinstag 2003 die Kolonie noch immer vor, wie sie in ihrem Gebüsch gedieh. Man hatte zum Transport dieser ungeheuer seltenen Fracht – der vier Insekten, die man einfing – einen speziellen Behälter konstruiert und dieser stellte sich als Problem dar, als sie damit in Australien ankamen. Das war nicht lange nach dem 11. September und die Sicherheitsbestimmungen waren sehr streng und doch mussten sie die Beamten überzeugen, die kostbare Kiste nicht zu öffnen!

Einer der Wissenschaftler auf dieser zweiten Expedition war Patrick Honan, unter anderem Mitglied der Zuchtgruppe zum Schutz von Wirbellosen, der in der Folge eine Schlüsselrolle für die Zukunft der Phasmiden spielte. Ein Pärchen ging an einen privaten Züchter in Sydney und die anderen beiden (Adam und Eve) kamen mit Patrick in den Zoo von Melbourne. Zur großen Freude und Erleichterung aller Beteiligten, begann Eva bald erbsengroße Eier zu legen.

Aber innerhalb von zwei Wochen in Gefangenschaft starb das Pärchen in Sydney und Eve wurde sehr, sehr krank. Patrick arbeitete einen Monat lang jede Nacht verzweifelt daran, sie zu heilen. Er suchte im Internet nach Hilfe, aber niemand wusste etwas über die Veterinärpflege von Riesengespenstschrecken! Schließlich braute Patrick, indem er einfach seinem Instinkt folgte, eine Mixtur, die Calcium und Nektar enthielt und fütterte seine Patientin damit, Tropfen für Tropfen, als sie zusammengerollt in seiner Hand lag. Zu seiner Freude schien es ihr danach besser zu gehen und sie legte in 18 weiteren Monaten Eier. Doch die einzigen, aus denen Junge schlüpften, waren die, die sie gelegt hatte, bevor sie krank geworden war. Wie passend war es da, dass das erste Junge am Internationalen Tag für bedrohte Tierarten schlüpfte! Ich kann mir die Aufregung und die schiere Freude aller Beteiligten gut vorstellen, als eine strahlend grüne Nymphe aus dem Ei kroch – sie war fast zweieinhalb Zentimeter lang.

Ich besuchte den Zoo von Melbourne 2008 und traf dort Patrick, der mich der freundlichen weiblichen Stabheuschrecke vorstellte, die ich zu Beginn dieser Geschichte beschrieben habe. Sie gehörte, wie er mir sagte, zur fünften Generation der Phasmiden in Gefangenschaft. Patrick zeigte mir die Reihen der Eier, die ausgebrütet wurden – bei der letzten Zählung seien es 11 376 gewesen, wie er mir sagte. Und die Population in Gefangenschaft zähle momentan 700 ausgewachsene Tiere. Es sind wirklich besondere Insektenwesen. Patrick zeigte mir ein Foto, wie sie nachts schlafen, in Pärchen, wobei das Männchen drei seiner Beine schützend über das Weibchen neben ihm legt.

Dann nahmen wir an einer Eröffnungszeremonie teil. Umgeben vom gesamten Team schnitt ich das Band durch und erklärte die brandneue Ausstellung von Lord Howe's Island Phasmiden des Zoos offiziell für eröffnet. Später erzählte mir Patrick, er habe seine akademische Laufbahn aufgegeben, weil er glaube, dass die wichtigste Naturschutzarbeit die Grundlagenarbeit ist – die Leute werden nur dann versuchen, die Tiere zu retten, wenn sie sie aus erster Hand kennengelernt haben. Er hat soeben die Planung für ein Projekt abgeschlossen, bei dem die Gespenstschrecken von 100 Grund- und Mittelschulen aufgezogen werden sollen – eine fantastische Gelegenheit für die Schüler, sich im eigenen Klassenzimmer an einem Langzeit-Naturschutzprogramm zu beteiligen.

Als weitere Versicherung für das Überleben der Spezies werden jetzt Eier an andere Zoos und private Züchter in Australien und Übersee geschickt. Aus den 200 Eiern, die an den San Antonio Zoo in Texas gegangen sind, schlüpfen schon die ersten Insekten, so dass Patrick mir sagen konnte: »Die Art hat ihren internationalen Durchbruch geschafft.«

Da nun so viele der Rieseninsekten gedeihen, besteht ein zunehmend dringender werdender Bedarf, die Art in die Wildnis auf Lord Howe's Island wiederanzusiedeln. Das verschafft dem Programm zur Ausrottung von Nagetieren, das für den Winter 2010 geplant ist, einen bedeutenden Schub. Wenn die Nager erst weg sind, wird man die ersten Riesenphasmiden an den Ort ihrer Ahnen zurückbringen.

Es ist eine unglaubliche Geschichte. Nicholas erzählte mir, dass damals, als er sich David auf der ersten Expedition nach Ball's Pyramid anschloss, sie beide glaubten, das Unternehmen sei zum Scheitern verurteilt. Wie konnte ein Geschöpf, das man zuletzt 80 Jahre zuvor gesehen hatte, noch am Leben sein und noch dazu auf einem Stück kahlen Felsen draußen auf dem Meer?

»Also«, sagte Nicholas, »zogen wir mit der Absicht los, zu beweisen, dass die Phasmiden *nicht* dort draußen sind, um ein für alle Mal auf solider wissenschaftlicher Basis die Gerüchte über ihre Existenz zu widerlegen. Was einmal mehr zeigt, wie sehr man sich irren kann!«

Die Mallorca-Geburtshelferkröte *(Alytes muletensis)*

Meine Kindheitsbibel in Sachen Naturgeschichte, *The Miracle of Life*, beschrieb die faszinierende Lebensgeschichte der Geburtshelferkröten. Das Weibchen legt die Eier, aber das Männchen ist es, das sie trägt und beschützt, bis die Jungen schlüpfen. Das war nur eine weitere dieser Geschichten, die dazu führten, dass mich »das Wunder des Lebens« mehr und mehr faszinierte.

Es gibt fünf Arten von Geburtshelferkröten, die in ganz Europa und Nordwestafrika verbreitet sind, doch die Existenz dieser Kröte auf Mallorca, einer Insel vor der spanischen Ostküste, war bis 1977, als man fossile Überreste entdeckte, unbekannt. Damals dachte man, sie sei auf der Insel seit etwa 2000 Jahren ausgestorben. Und dann, gerade mal drei Jahre später, fand man 1980 ein einzelnes Exemplar in einem tiefen Canyon in einer abgelegenen Gebirgsregion im Norden. Das führte zur Entdeckung einer kleinen Population, die dort lebte.

Farblich oszillieren sie zwischen Goldbraun und Olivgrün, mit Mustern von dunklerem Braun oder Schwarz; sie haben große Augen und verstecken sich, wie die meisten nachtaktiven Kröten während des Tages unter Felsen. Die Weibchen produzieren Eierstränge, die das Männchen extern besamt, um sie dann um seine Knöchel zu wickeln. Daraufhin trägt er diese unhandliche Ladung von sieben bis zwölf Eiern und sorgt dafür, dass sie feucht bleiben, bis die Jungen bereit zum Schlüpfen sind. Ist dieser Zeitpunkt gekommen, watet er in seichtes Wasser, bis alle außergewöhnlich großen Kaulquappen aufgetaucht und weggeschwommen sind.

Ich habe von dem Programm, die verbleibenden Mallorca-Geburtshelferkröten zu retten, aus erster Hand von Quentin Bloxam erfahren, einem Wissenschaftler, der beim Jersey Wildlife Conservation Trust arbeitet und der zum Zeitpunkt ihrer Entdeckung 1980 zufällig auf Mallorca war. »Es gab einen Studenten, der damals dort Schildkröten studierte«, sagte mir Quentin am Telefon, »und er kam vorbei, um sein Projekt mit mir zu besprechen und mich um Rat zu fragen.« Am Ende dieses Treffens fragte ihn der Student: »Übrigens, haben Sie von dieser Kröte gehört, die man hier gerade entdeckt hat?« Das war Quentin in der Tat neu, doch es interessierte ihn und er machte sich gemeinsam mit dem Studenten in eine kleine Straße auf, wo sie sich mit Dr. J. A. Alcover trafen, dem Biologen, der die fantastische Entdeckung gemacht hatte. »Wir gingen in sein Büro«, erzählte Quentin, »und er zog eine Schuhschachtel unter einem Schreibtisch hervor und hatte da drin ein paar der Kröten! Es erstaunte mich, mich einer Art gegenüberzusehen, die man für ausgestorben gehalten hatte.« Quentin erzählte mir, dass Dr. Alcover gleichermaßen erstaunt war. Die beiden Biologen standen verzaubert da und schauten sich die seltenen Kröten an, die zusammengekauert in der Schuhschachtel lagen.

Dann traf sich Quentin mit Dr. Joan Mayol und anderen mallorcinischen Wissenschaftlern, die ihn an den Ort mitnahmen, der für ein Nachzuchtprogramm vorgesehen war. »Der Ort schien nicht die angemessenen Voraussetzungen zu erfüllen«, sagte mir Quentin, »und ich schlug vor, sie

Mauritiussittich (Psittacula eques). Einst für den seltensten Sittich der Welt gehalten, ist der herrliche Mauritiussittich mittlerweile gerettet und auf der Insel Mauritius erhalten, und zwar dank des Biologen Carl Jones und des Durrell Wildlife Conservation Trust (Bild: Gregory Guida)

Oben: Mauritius-Rosataube (Nesoenas mayeri). 1990 war es kein Dutzend wildlebender Vögel mehr, um das man noch gewusst hätte und es schien, als wären die Mauritiustauben zum Untergang verurteilt. Erstaunlicherweise ist die Art mittlerweile wieder sicher, nachdem man zahlreiche Hindernisse bei der Nachzucht überwunden hat (was sogar Tauben-Eheberatung erforderlich machte) und zählt an die 400 Exemplare, die in der Wildnis gedeihen. (Bild: Gregory Guida).

Tafel XX-XXI: Mauritiusfalke (Falco punctatus). Dieser kleine Falke galt in den 1970er Jahren als seltenster Vogel der Welt, nachdem die Population durch Abholzungen, Zyklone, eingeschleppte Raubtiere und DDT schwer gelitten hatte. Der Biologe Carl Jones, der Bruterfolge bei gewöhnlichen Falken im Garten seiner Eltern beobachtet hatte, entdeckte eine faszinierende Möglichkeit, diese Art zu retten, wo andere gescheitert waren. Mittlerweile sind sie sicher und autark, denn 500–600 Vögel leben frei auf Mauritius. (Bild: Gregory Guida)

Oben: Kurzschwanzalbatrosse oder Steller's Albatrosse (Phoebestra albatrus). Erwachsene Kurzschwanzalbatrosse bei der Balz – sie berühren sich in einer Art »Fechten« leicht mit dem Schnabel – in ihrem Nistbereich auf der Insel Torishima, Japan. Von diesen erstaunlichen Vögeln gab es zu einem bestimmten Zeitpunkt weniger als 100 Überlebende. (Bild: Hiroshi Hasegawa).

*Links: Gelbbrustaras (Ara ararauna). Wilderei für den illegalen Haustierhandel führte zum Verschwinden dieses wunderschönen Papageis aus seinem natürlichen Lebensraum auf der Insel Trinidad. Als die Auswilderung in Gefangenschaft gezüchteter Vögel nicht funktionierte, entdeckten die Trinis eine neue Möglichkeit, ihren geliebten Gelbbrustara zu retten und in seine Heimat im Nariva-Sumpf zurückzubringen.
(Bild: Bernadette Plair).*

*Tafel XXIII: Waldrapp (Geronticus eremire). Speedy ist einer der ersten Waldrappe aus Österreich, der erfolgreich eine neue Zugroute lernte, indem er einem Ultraleichtflugzeug folgte. Die Fähigkeit dieser Vögel, im Winter in das wärmere Klima Italiens zu ziehen, ist der Schlüssel für ihr Überleben in Europa.
(Bild: Markus Unsöld)*

Schwarzkronen-Seidenäffchen (Callithrix humilis). Dieser winzige Primat ist eine von sechs neuen Seidenaffenarten, die kürzlich in der Tiefe der brasilianischen Amazonaswälder entdeckt worden sind. Ich begegnete einem dieser liebenswürdigen Primaten, der aus einem der lokalen Dörfer gerettet worden war. Als sie auf meiner Schulter saß, fragte ich mich, wie viele von ihrer Art es dort draußen noch gibt, die unentdeckt dort leben und unseren Schutz brauchen. (Bild: Russell A. Mittermeier).

Yariguies-Buschammer (Atlapetes latinuchus yariguierum). Es ist tröstlich zu wissen, dass es immer noch verborgene, abgelegene Orte gibt, wo Tierarten ungesehen von Menschen und »unentdeckt« von der Wissenschaft leben. Diese Buschammer, entdeckt in Kolumbien 2007, ist die erste Vogelart aus der neuen Welt, die bewusst nicht getötet wurde, um neue Typusexemplare zu liefern. (Bild: Blanca Huertas).

Oben: Kipunji (Rungwecebus kipunji). Dieser Affe wurde 2003 in den südlichen Hochlanden von Tansania entdeckt – eine der aufregenden neuen Arten, die man noch immer in abgelegenen Regionen findet. Beim Kipunji handelt es sich nicht nur um eine neue Art, sondern um eine vollständig neue Gattung – eine Art Schwester der Paviane. (Bild: © Tim Davenport/WCS)

Tafel: XXVI: Tahinapalme (Tahina spectabilis). Selbst jetzt, da wir uns dem »sechsten Massenaussterben« gegenübersehen, machen wir doch auf dieser Erde noch immer neue Entdeckungen. Stellen Sie sich das Erstaunen von Xavier Metz, dem Manager einer Cashew-Plantage vor, als er diese Riesenpalme entdeckte – bei ihr handelt es sich nicht nur um eine neue Art, sondern um eine neue Gattung aus einem evolutionären Strang, von dem man nicht wusste, dass er auf Madagaskar vertreten war. (Bild: John Dransfield)

Oben: Coelacanth (Latimeria chalumnae). Dieser enorme, extrem scheue Fisch wurde für seit 65 Millionen Jahren ausgestorben gehalten, bis er 1938 wiederentdeckt wurde. Dieses Foto ist einer äußerst raren Videoaufzeichnung entnommen, die 2000 vom Coelacanth-Tauchteam gemacht wurde, das das Geschöpf in 108 Metern Tiefe im Jesser Canyon, Sodwana Bay, Südafrika fand. (Bild: Pieter Venter und das Coelacanth-Tauchteam)

Oben: Caladenia Concolor. Es gibt nur 80 bekannte Exemplare dieser Pflanze, die noch in ihrem ursprünglichen Lebensraum der australischen Box Gum Woodlands übrig sind. Dank der Wachsamkeit und des Schutzes der Bürger vor Ort, darunter die Gemeinde der Wiradjuri, stehen die Orchideen und ihr Lebensraum mittlerweile unter Naturschutz und verbreiten sich langsam wieder. (Bild: Robert G. Fleming, Wagga Wagga)

Tafel XXVIII unten: »*Die Ameise vom Mars*« (*Martialis heureka*). Diese blinde, unterirdische Raubameise wurde 2008 in den Amazonaswäldern entdeckt. Wahrscheinlich handelt es sich bei ihr um einen direkten Nachkommen einer der allerersten Ameisen, die sich vor 120 Millionen Jahren auf der Erde entwickelten. (Bild: © 2008 National Academy of Sciences, U.S.A., ursprünglich erschienen in PNAS Band 15, Nr. 39: 14913–14917)

Oben: Argyroxiphium kauense. Diese beeindruckenden Pflanzen auf Hawaii wären beinahe verloren gewesen, wäre da nicht das Engagement von Freilandbotanikern wie Robert Robichaux gewesen. Er erzählte mir eine erschütternde Geschichte, wie er an einem Seil über einem 17 Meter tiefen Abgrund baumelte, so dass er einige der verbleibenden Exemplare, die auf einer Klippe wachsen, von Hand bestäuben konnte. (Wie viel leichter ist das doch für eine Biene mit Flügeln!) (Bild: Silversword Foundation)

Tafel XXXI: Sudbury, Ontario, davor und danach: Diese Gegend war einst durch Abholzen und Kupferabbau geplündert worden. Diese Fotos, aufgenommen am selben Ort zu unterschiedlichen Zeiten, zeigt, dass sich Lebensräume mit Entschlossenheit und Beharrlichkeit heilen lassen. (Achten Sie auf den weißen Turm rechts in beiden Bildern.) (Bild: City of Greater Sudbury)

Oben: Das wiederhergestellte Paradies: Nachdem sämtliche eingeschleppten Tierarten von der mexikanischen Insel Guadeloupe entfernt worden waren, konnten die einheimischen Arten wie dieser Guadulupe sencios endlich wieder gedeihen. (Bild: Claudio Contreras Koob).

Unten: Als dieser Käfer als bedroht aufgeführt wurde und Bundesgelder frei wurden, um seinen einzigartigen Salzbach-Lebensraum in Nebraska zu schützen, gab es einen Aufschrei lokaler Proteste. Doch im Netz des Lebens sind alle Arten und Lebensräume entscheidend. (Bild: Jessa Huebing-Reitinger).

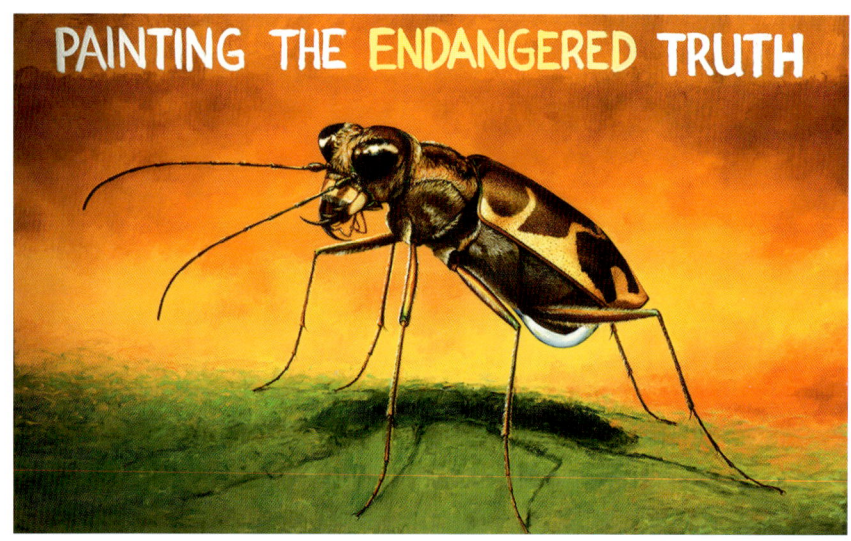

könnten ein paar Exemplare an den Jersey Wildlife Conservation Trust [heute Durrell Wildlife Conservation Trust] schicken, der beim Züchten bedrohter Arten einen guten Ruf genoss.« Dr. Mayol stimmte bereitwillig zu – doch es dauerte fünf Jahre, bevor auch nur die Dokumentation so weit war, da man das Projekt über die entsprechenden spanischen und mallorcinischen Autoritäten laufen lassen musste. In dieser Zeit wurden drei andere kleine Populationen der Kröten in dem Gebiet entdeckt.

Schließlich war der Conservation Trust in der Lage, Simon Tong von der Abteilung für Herpetologie hinzuschicken, um die Kaulquappen für die Zucht in Jersey abzuholen. Sie bekamen Beine, verloren ihre Schwänze und alles schien gut zu gehen – bis sie zu quaken begannen. »Es waren allesamt Männchen!«, sagte Quentin lachend. Das Männchen stößt einen klingenden Ruf aus, um die Weibchen anzuziehen – angeblich klingt es ein wenig wie ein Hammer, der auf einen Amboss trifft. Aus diesem Grund wird diese Kröte auch manchmal als *ferreret* bezeichnet, ein spanisches Wort, das »kleiner Schmied« bedeutet. Und so quakten diese armen kleinen Schmiede in Jersey in dem vergeblichen Versuch vor sich hin, Weibchen anzulocken, die es gar nicht gab! Glücklicherweise traf bald die nächste Ladung aus Mallorca ein, dieses Mal zusammen mit einigen ausgewachsenen Tieren – darunter auch Weibchen! Danach ging alles gut und die Kröten gediehen in ihrem neuen Umfeld in Gefangenschaft.

Seit 1988 hat man erfolgreich mehrere Tausend nach Mallorca zurückschicken können, wie mir Quentin erzählte, sowohl Erwachsene als auch Kaulquappen, und zwar in Gebiete, die im historischen Verbreitungsgebiet der Spezies liegen, soweit bekannt. Etwa 20 % der momentanen Population in der Wildnis stammt von dem in Gefangenschaft gezüchteten Bestand ab, den man über 17 Stellen hinweg verteilt hat.

Natürlich ist das Ganze kein Spaziergang. Nach wie vor gibt es Bedrohungen durch Lebensraumverlust und eingeschleppte Arten, für die sowohl die Kröten wie auch die Kaulquappen eine willkommene Beute sind (so z. B. für die Vipernatter) oder die mit den Kröten um Nahrung konkurrieren (z. B. den Teichfrosch – der jedoch auch die Kröten selbst frisst). Noch ernster vielleicht ist der Rückgang des Wassers wegen der vielen Touristen, die die Insel besuchen. Um dieser Herausforderung zu begegnen, gibt es Pläne, einige der Flüsse, an denen die Kröten leben, durch Dämme abzuriegeln, um passende Lebensräume herzustellen. Tatsächlich fanden Mitarbeiter des Projekts heraus, dass die Kröten Granit-Wassertröge lieben, die

die Schafhirten früher bauten und die tief im Schatten liegen, so dass sie nicht austrocknen.

2005 kamen erstmals Meldungen über das Auftreten des gefürchteten Chytridpilzes, der weltweit Millionen von Amphibien getötet hat, in Mallorca. Bislang ist er erst in zwei Populationen von Geburtshelferkröten aufgetreten. Glücklicherweise blieb der Pilz eingedämmt, weil die Kröten stets an Flüssen leben, die sie hinauf- und hinunterziehen, statt sich von Fluss zu Fluss zu bewegen.

2002 wurde entschieden, dass keine weiteren in Gefangenschaft gezüchteten Kröten oder Kaulquappen nach Mallorca geschickt werden sollten, weil kaum noch Bedarf herrscht und die potentiellen Kosten – das Risiko, Krankheiten einzuschleppen – riesig sind. Es gibt ein Aufklärungsprogramm auf der Insel, das hilft, Bewusstsein für und Stolz auf diese einzigartige, endemische Kröte zu schaffen. Quentin erzählte mir, dass »diese Kröte bereits Gegenstand vieler Diplom- und einiger Doktorarbeiten ist«.

Das Erhaltungsprogramm, das von der Regierung Mallorcas in Zusammenarbeit mit Marineland Mallorca und Govern de les Illes Balears unterstützt wird, ist ein schönes Beispiel für die Erhaltung einer Amphibienart. Es handelt sich um die erste Amphibienart, bei der das ursprüngliche »kritisch gefährdet« auf »gefährdet« herabgestuft werden konnte. Und als ich Mallorca im Rahmen einer Vortragsreihe für das JGI-Spanien einen Besuch abstattete, konnte ich den Regierungsbeamten zu ihrem Erfolg gratulieren. Es gibt eine neue Welle der Sorge um die Umwelt und das Wohlergehen der Tiere in ganz Spanien und das ist ein gutes Vorzeichen für die Zukunft nicht nur dieser endemischen Kröte, sondern auch für die anderer gefährdeter Wildtiere.

Der Madeira-Sturmvogel *(Pterodroma madeira)*

Hier haben wir es mit der faszinierenden Geschichte einer neuen Sturmvogelart zu tun, die man für ausgestorben hielt, ehe jemand auch nur Zeit gehabt hatte, sie zu beschreiben und die von Dr. Paul Alexander »Alec« Zino, einem leidenschaftlichen Amateur-Ornithologen wiederentdeckt wurde. Aber wenn sich Alec und sein Sohn Frank nicht so sehr für ihn engagiert hätten, wären die Madeirasturmvögel wohl wirklich gänzlich verschwunden.

Diese Sturmvögel sind schlank und bringen es bei der Körperlänge gerade mal auf 30 Zentimeter, in der Flügelspannweite auf 90 Zentimeter.

Die Wiederentdeckung und der fortgesetzte Schutz des seltenen Madeirasturmvogels wird für immer mit Zino und seiner Familie in Verbindung gebracht werden. Links ein historisches Foto des Vaters, Alec (links), und seines Sohnes, Frank (rechts), wie sie 1980 versuchen, die Sturmvögel auf den Selvagen-Inseln zu finden und zu schützen. (Bild: Elizabeth Zino und René Pop). Schließlich nahm die dritte Generation der Zinos die Arbeit des Überwachens und Schützens der Sturmvögel auf. Rechts der Enkel, Alexander Zino, mit einem Küken. (Bild: f. Zino vom Freira Conservation Project)

Wie alle Sturmvögel sind sie monateweise auf dem Meer und picken mit ihren kurzen, robusten Schnäbeln Nahrung von der Wasseroberfläche auf. Sie brüten auf Madeira, einer portugiesischen Insel vor der Nordküste Afrikas, kommen in dunkler Nacht dort an und fliegen die engen Täler der hohen Berge bis zu ihren Nistplätzen auf den steilen Felszinnen hinauf. Wenn sie keinen Nestbau finden, graben sich die jungen Vögel neue, in die sie dann ihre Eier ablegen. Etwa zweieinhalb Monate, nachdem sie geschlüpft sind, stürzen sich die gerade flügge gewordenen Jungvögel in die Dunkelheit, um fünf Jahre nicht mehr nach Madeira zurückzukehren.

Unsere Geschichte beginnt 1903, als ein paar tote Vögel gefunden und zu Pater Ernesto Schitz gebracht wurden, einem Priester mit lebhaftem Interesse für die Natur. Er identifizierte sie – fälschlich, wie sich herausstellte – als Kapverdensturmvögel. Dreißig Jahre später wurden diese »Kapverden«-Häute von dem Sturmvogelexperten Gregory Matthews abermals identifiziert, der die aufregende Feststellung traf, dass er es mit den Überresten einer völlig anderen Art, die der Wissenschaft unbekannt war, zu tun hatte. Er nannte sie *Pterodroma madeira*. Da es seit 1903 keine Berichte über lebende Exemplare gegeben hatte, ging er davon aus, die Art sei ausgestorben.

Dann fand man 1940 einen einzelnen toten Sturmvogel und brachte ihn zur Identifikation zu Alec Zino. Der erkannte sofort, dass es sich bei diesem Vogel um ein Exemplar der neuen Art handelte, die Matthews beschrieben hatte: Und so war schließlich klar, dass sie nicht ausgestorben waren! Danach unternahmen er und sein Sohn Frank wiederholt Erkundungsgänge in die hohen Berge Madeiras, da es am wahrscheinlichsten war, dass diese Vögel dort brüten würden, und lauschten nach den Rufen der Sturmvögel. Aber sie hörten nichts und fanden keinerlei Spuren.

Dann hatte Alec eine Idee. Weil diese neue Art ihrem Erscheinungsbild nach so sehr den Kapverdensturmvögeln glich, ähnelten sich vielleicht auch ihre Rufe. Also spielte er den Schafhirten in den Hochbergen Aufnahmen der Rufe von Kapverdensturmvögeln vor und einer von ihnen, Lucus, erkannte die Rufe sofort. Er sagte, es seien »die Seelen von Schafhirten, die in den Bergen gestorben sind«. Lucus erzählte Alec und Frank, dass man diesen Ruf in der Nähe des Pico Cidrao im Zentralmassiv hören könne.

Und so fuhren Alec, Frank und Gunther »Jerry« Maul, ein Freund der beiden, der ihre Faszination für Sturmvögel überhaupt erst in ihnen wachgerufen hatte, zum Pico Arcero hoch oben in den Bergen und kletterten von dort hinunter auf einen »Steintisch«, wo sie sich zusammenkauerten und warteten. Frank schreibt in seinen Erinnerungen an diese Nacht: »Es war bitterkalt und sehr dunkel; ideal, um auf Horchposten zu gehen.

»Plötzlich«, erzählte Frank, »stieß mein Vater mich an und sagte: ›Hast du das gehört?‹ Wir horchten beide noch angestrengter und da war so ein Geräusch, das über den Wind zu hören war. ›Ja!‹ riefen wir beide erfreut aus und weckten Jerry auf, dessen Schnarchen es war, das wir gehört hatten!!!« Die »Rufe« hörten auf!! Bald hörten sie jedoch (Jerry war vor lauter Lachen mittlerweile hellwach) die echten Rufe und lauschten verzaubert den Geräuschen, die (von dem Biologen Malcolm Smith) als »geisterhafte nächtliche Klagelaute« beschrieben worden sind.

Später im selben Jahr fand man eine winzige Kolonie lebender Vögel, die an einer Felskante nisteten. Von den Schafhirten vor Ort einmal abgesehen, waren Alec, Frank und Jerry vermutlich die ersten Menschen, die diese Sturmvögel lebend zu sehen bekamen. Über die nächsten Jahre kehrten Vater und Sohn während der Brutsaison zurück, um die Vögel zu beobachten.

»Es war keineswegs ermutigend«, sagte mir Frank. »Der Bruterfolg bei den bekannten Brutbauten war schrecklich niedrig.«

Während der Saison 1986 begannen sie mit einer systematischen Untersuchung der Kolonie; bei der einen bekannten Nistkante gab es nur sechs Nester, die Eier enthielten. Und nicht einer der Jungvögel überlebte den Sommer – der Grund waren mit an Sicherheit grenzender Wahrscheinlichkeit Ratten, die es auf Eier und Jungvögel abgesehen hatten. Diese Feststellung war schockierend und führte zur Gründung der ersten ernstzunehmenden Naturschutzorganisation, genannt Freira Conservation Project (FCP), das für eine Raubtierkontrolle und die systematische Überwachung der Kolonie der Zinos eintrat.

»Am 12. September 1987«, erzählte mir Frank, »zogen wir einen Daunenball aus einem der Nester – das erste Küken, das wir je in der Hand hatten!« Sie beringten es, brachten es ins Nest zurück und schließlich wurde es flügge. Es war das einzige, das dieses Jahr überlebte. Als sie jedoch in ihrem Bemühen, die Ratten unter Kontrolle zu halten, hartnäckig blieben, begann sich das Bild zu ändern. Dann verloren sie 1992, gerade als sie meinten, sie würden den Kampf gegen die Ratten gewinnen, zehn Vögel an Katzen. »Fast 25 % der bekannten Brutpopulation«, so Frank.

Also begann die neue Naturschutzgruppe damit, zusätzlich zum Ködern und Töten der Ratten, Katzen einzufangen (seit damals sind pro Jahr etwa zehn Katzen im Brutgebiet gefangen worden). Als Ergebnis verbesserte sich der Bruterfolg der Sturmvögel während der folgenden Saison. Nichtsdestoweniger sollte es Jahre dauern, bis die Brutkolonie wuchs, da jedes Weibchen nur ein Ei legt und jedes Küken nach dem Flüggewerden die nächsten fünf Jahre auf See verbringt.

Ein Nationalpark und Hoffnung für die Zukunft
Es war ein aufregender Tag, als ein Team FCP-Kletterer eine weitere kleine Brutkolonie entdeckte. »Die Anzahl der Brutpaare hatte sich damit über Nacht verdoppelt!«, erzählte mir Frank. FCP trieb daraufhin das Geld dafür auf, das Brutgebiet von den Privatbesitzern zu kaufen. Und die Regierung stellte einen großen Bereich in den Zentralbergen und Lorbeerwäldern für einen Nationalpark zur Verfügung. Was aber für die Sturmvögel das Wichtigste ist: Schafe und Ziegen dürfen nicht länger in den Hochbergen grasen. Man errichtete Zäune und entschädigte die Schafhirten, deren Herden ausgesperrt wurden. Das führte zu einer massiven Renaturierung der

Vegetation, ein Großteil davon endemisch. Man ist der Meinung, dass die Zinosturmvögel früher auch in vielen anderen Gebieten nisteten und hofft, dass sie bald neue Nistplätze ausprobieren werden. Um diesen Prozess anzukurbeln, hat man auch einige künstliche Nistbauten angelegt.

»Die Dinge laufen jetzt glatt«, sagte Frank, dessen Kinder Alexander und Francesca mittlerweile erwachsen und selbst in das Familienprojekt des Schutzes der Zino-Sturmvögel involviert sind. In der Brutsaison 2008 gab es etwa 60 bis 80 Nistpaare. Der Parque Natural de Madeira hat die Naturschutzprogramme, die das FCP initiierte, übernommen und Frank schrieb, dass »es mittlerweile sogar Ökotouristen gibt, die kommen, um die Vögel nachts rufen zu hören.« (Wie gerne würde ich selbst auch diese Erfahrung machen!)

Frank schloss mit der Bemerkung, er erinnere sich noch gut »an die ungeheure Ehre, die es bedeutete, als der Name Zino-Sturmvogel, den W. R. P. (Bill) Bourne vorgeschlagen hatte, sich durchsetzte. Es macht mich demütig und umso entschlossener, dafür zu sorgen, dass auch in Zukunft alles für diese Vögel, die jetzt etwas häufiger geworden sind, gut läuft.« Eines ist sicher: Wenn Alec und Frank nicht gewesen wären, wäre der Zino-Sturmvogel ausgestorben und seine unheimlichen nächtlichen Rufe für immer verstummt.

Der Großschnabel-Rohrsänger *(Acrocephalus orinus)*

Dieser kleine Vogel hat sein Leben in aller Stille nicht in einem abgelegenen Dschungel, sondern in der Umgebung eines Wasserklärwerks vor Bangkok gefristet! Er wurde im März 2006 von dem Biologen Philip Round wiederentdeckt, der dort Untersuchungen anstellte. Zusätzlich zu einigen anderen bekannten Vögeln fing Philip dort einen kleinen Rohrsänger, den er nicht kannte. Er hatte einen langen Schnabel und kurze Flügel.

»Dann dämmerte es mir – ich hielt aller Wahrscheinlichkeit nach einen Großschnabel-Rohrsänger in der Hand. Ich war wie vom Donner gerührt«, sagte er in einem Interview. »Ich fühlte mich, als würde ich einen lebenden Dodo in der Hand halten. Diese Vogelart war 1867 im indischen Sutlej Tal identifiziert und beschrieben worden, seitdem hatte sie seit 130 Jahren niemand zu Gesicht bekommen. Kein Wunder also, dass es einige Debatten gab, ob dieses eine Exemplar korrekt identifiziert worden war. Jedoch bestätigten Fotografien und DNS-Proben in der Folge die Identifizierung. Der Großschnabel-Rohrsänger war wieder einmal eine der Arten, die dem Aussterben die Stirn geboten hatten.

Diese Wiederentdeckung war für Biologen natürlich sehr aufregend und in ihren Kreisen ein viel erörtertes Thema. Das ist wahrscheinlich der Grund, warum nur sechs Monate später, als die Biologen immer noch die Vögel bei dem Klärwerk untersuchten, ein weiteres Exemplar entdeckt wurde. Es war bereits tot, entdeckt im Vereinten Königreich in einer Schublade des Museums für Naturgeschichte in Tring. Auch hier wurde durch eine DNS-Untersuchung bestätigt, dass es sich um einen Großschnabel-Rohrsänger handelte. Die Biologen spekulieren jetzt darüber, ob sich womöglich noch andere Populationen dieses Vogels in Thailand oder vielleicht auch in Burma oder Bangladesch finden lassen.

Das kaspische Kleinpferd

In dieser Geschichte geht es um eine Rasse kleiner und überaus schöner Pferde und eine Amerikanerin, Louise, die sie »entdeckte« und aus der Versenkung holte, in der sie im Iran verschwunden waren. Louise heiratete einen jungen Mann aus der iranischen Königsfamilie, Narcy Firouz, und wurde Prinzessin. 1957 gründete das junge Paar das Norouzabad Zentrum für Reitsport, wo die wohlhabenderen iranischen Familien ihre Kinder hinschickten, um reiten zu lernen. Das Dumme dabei war, dass alle typisch iranischen Pferde – die arabischen und turkmenischen – für die kleineren Kinder zu groß waren, so auch für die drei Kinder des Paares. Und so entschied sich Louise, als sie 1965 Gerüchte von einem kleinen Pony in den Elburz-Bergen in der Nähe des kaspischen Meeres hörte, diesen nachzugehen. Sie machte sich zu Pferd, gemeinsam mit ein paar Freunden, auf den Weg – es war damals nicht üblich, dass eine Frau allein reiste und die Reise (die erste von mehreren, die sie unternehmen sollte) war potentiell gefährlich. Doch es ging alles gut und sie fand die »Ponys«. Man benutzte sie vor Ort als Arbeitstiere. Sie waren vor Karren gespannt und von Zecken übersät.

Louise begriff sofort, dass das gar keine Ponys waren, sie hatten den typischen Gang, das Temperament und die einzigartiges Gesichtsknochenstruktur von Pferden. Sehr kleine, schmal gebaute Pferde zwar, die nicht viel größer wurden als einen Meter zwanzig, aber nichtsdestoweniger Pferde.

Louise Firouz »entdeckte« und rettete das kaspische Kleinpferd aus der Versenkung im Iran. Hier mit Fereshteh, dem ersten Fohlen, das nach der islamischen Revolution geboren wurde. Tragischerweise gingen während der Revolution die meisten kaspischen Kleinpferde verloren – sie wurden als Arbeitstiere versteigert oder für den Kochtopf geschlachtet. (Bild: Brenda Dalton)

Als sie über das Wesen dieses kleinen Pferdes nachdachten, erinnerte sich Louise plötzlich, dass sie in einem alten Palast in Persepolis Darstellungen auf Felsreliefs gesehen hatte, die den Pferden, die sie soeben gefunden hatte, sehr ähnlich sahen. Das lydische Pferd, das in diesen Reliefs dargestellt war, hatte dieselbe, kleine, hervortretende Schädelbildung. Aufgeregt fragte sich Louise, ob unter den verfilzten Fellen der Arbeitstiere, die sie gefunden hatte, echte Repräsentanten einer uralten, verlorenen Rasse königlicher Pferde steckten. Je mehr sie darüber nachdachte, desto sicherer war sie sich.

Das lydische Pferd war für Wagenrennen und in der Schlacht eingesetzt worden, ein passendes Geschenk für Könige und Kaiser. Viele waren der Meinung, es sei ein Ahnherr der arabischen Pferde – und man hatte es seit Tausend Jahren für ausgestorben gehalten! Louise fand heraus, dass es in dem Ort noch fünf reinrassige Pferde gab und kaufte drei davon. Nach intensiven DNS-Untersuchungen stimmten die Archäozoologen und Genetikspezialisten mit Louise überein, dass diese kleinen Pferde tatsächlich die Vorfahren der arabischen Pferde waren. Welch ein unglaublicher Fund!

Louise machte noch weitere Exkursionen in die Region und versuchte herauszufinden, wie viele der kleinen Pferde noch übrig waren. Ich sprach mit Joan Talpin, einer engen Freundin von Louise, die sie auf einigen dieser Reisen begleitet hat. Sie erzählte mir, dass die Dorfbewohner stets freundlich gewesen waren, und dass die Besitzer der kleinen Herbergen, in denen sie unterkamen, extra frisches Stroh für ihre Schlafmatten schnitten, so dass die Besucher nicht von Wanzen und Flöhen heimgesucht würden! Schließlich war Louise zu dem Schluss gelangt, es müsse entlang des kaspischen Meeres etwa 50 dieser Pferde, die sie kaspische Pferde nannte, geben. Sie kaufte noch ein paar mehr, wie mir Joan erzählte – sechs Hengste und sieben Stuten – um eine Zuchtherde zu gründen. Louises Liebling blieb das allererste Pferd, das sie gefunden hatte und das sie nach Professor Ostad Farsi benannte. »Er war ein echter Gentleman«, so Joan, »und die Rasse verdankt ihm so viel.« Auch Louises Kinder liebten ihn und ritten ihn und die anderen geretteten kaspischen Kleinpferde stundenlang.

Zunächst finanzierten Louise und ihr Mann Narcy die Zucht selbst, doch dann wurde 1970 die Royal Horse Society (RHS) im Iran gegründet. Die Mission dieser Gesellschaft war es, die einheimischen Rassen des Iran zu schützen und so kaufte sie sämtliche kaspische Kleinpferde von Louise auf, 23 Stück damals. Dann formten Louise und Narcy eine zweite, private Herde nahe der turkmenischen Grenze. Als zwei Stuten und ein Fohlen von Wölfen getötet wurden, arrangierte Louise, die dafür sorgen wollte, dass einige dieser Pferde in Sicherheit kamen, 1977 den Export von sieben Exemplaren nach Großbritannien. Die RHS war verärgert – vermutlich, weil man sie außen vor gelassen hatte, verbot sofort jede weitere Ausführung kaspischer Kleinpferde und begann, sämtliche Kleinpferde einzusammeln, die noch im Iran zu finden waren, darunter auch die zweite Herde der Firouzes, bis auf ein Tier.

Überleben von Revolution und Krieg

Dann kam mit dem Jahr 1979 die islamische Revolution. Die Firouzes wurden aufgrund ihrer Verbindung zur königlichen Familie verhaftet und eingesperrt. Narcy saß sechs Monate im Gefängnis, Louise jedoch nur ein paar Wochen, da sie sich an einen Rat erinnerte, den ihr ein Freund einst gegeben hatte – wenn man sie einsperrte, sollte sie in den Hungerstreik treten. Es funktionierte, doch wie Joan mir sagte, war »Louise ohnehin schon dünn – als sie herauskam, muss sie eine Bohnenstange gewesen sein!« Tragischerweise gingen in dieser Zeit die meisten kaspischen Kleinpferde verloren – sie wurden als Lasttiere versteigert oder geschlachtet.

Louise jedoch war eine Überlebenskünstlerin – und brachte große Leidenschaft auf, wenn es darum ging, die Blutlinie ihrer geliebten kaspischen Kleinpferde zu retten und zu schützen. Sie schaffte es, einige der verbleibenden Pferde vor dem Hungertod und dem Metzgerbeil zu bewahren und gründete zum dritten und letzten Mal eine kleine Herde, um so zu versuchen, die Rasse vor dem Aussterben im Iran zu bewahren. Und wiederum gelang es ihr, einige Tiere in Sicherheit zu exportieren, bevor die neue Regierung es verbot. Anfang der 1990 Jahre schickte sie ein letztes Mal sieben Pferde auf eine quälende und gefährliche Reise nach Großbritannien. Sie mussten durch Weißrussland, wo Banditen den Konvoi überfielen und ausraubten. Die Pferde kamen sicher an, doch es war ein kostspieliges Unterfangen gewesen. Bald danach, 1994, starb ihr Mann und Louise konnte es sich nicht länger leisten, mit ihrem Zuchtprogramm im Iran weiterzumachen. Sie verkaufte ihre restlichen Pferde an das Dschihadministerium, doch man rief sie oft, um ihren Rat bezüglich der Pflege der Tiere einzuholen. Darüber hinaus half sie dem deutschen Geschäftsmann Johannes Schneider-Merck dabei, im Iran seine eigene Herde zu gründen.

Die Sicherung der Zukunft der kaspischen Kleinpferde
Mit den vielen politischen Umwälzungen im Iran – die Absetzung des Schahs während der islamischen Revolution, die Bombardements während des irakisch-iranischen Krieges, die überaus reale Gefahr von Hungersnöten – sowie angesichts der Tatsache, dass die kaspischen Kleinpferde noch von früher her mit der königlichen Familie in Verbindung gebracht werden, war ihre Zukunft stets auf Messers Schneide. Im einen Moment galten sie noch als Schatz der Nation, einen Augenblick später beschlagnahmte man sie, um Kriegsrationen aus ihnen zu machen. Doch dank Louise, die insgesamt neun Hengste und 17 Stuten hat exportieren lassen, ist die Zukunft dieser alten Blutlinie sichergestellt. Heute findet man diese Pferde in England, Frankreich, Australien, Skandinavien, Neuseeland und mittlerweile auch in der Vereinigten Staaten.

Ein Überblick über den Großteil der Geschichte dieses kleinen Pferdes findet sich in dem Buch *The Caspian Horse*, geschrieben von einer der engsten Freundinnen von Louise, Brenda Dalton. Sie schreibt, kaspische Kleinpferde seien »eine der ältesten und sanftesten Rassen der Welt. Sie entwickeln dem Besitzer gegenüber eine große Anhänglichkeit und sind ›hündischer‹, abhängiger von uns als andere Pferderassen. Sie sind sehr charismatisch und sehr, sehr schön und einnehmend.« Doch wenn Louise nicht gewesen wäre, wären sie ziemlich sicher spurlos verschwunden. Die Tatsache, dass sie sie »entdeckte«, bevor es zu spät war, muss ihr große Freude bereitet haben. Später sagte sie, dass sie nach dem Fund dieser uralten Pferde zusehen durfte, »wie diese gelassen in die Geschichte zurücktrabten«.

Louise »die Pferdelady des Iran« starb im Mai 2007 und als ich mit Brenda telefonierte, war sie soeben von einer Gedenkfeier aus England zurückgekehrt. Was für eine faszinierende, erstaunliche Person, was für ein außergewöhnliches Leben! Mehr als alles andere verstand und liebte sie die Pferde und muss sehr gelitten haben, als ihre geliebten kaspischen Kleinpferde zurück in den Frondienst und an die Metzger verkauft wurden. Doch trotz dieser Rückschläge und als Ergebnis ihres Mutes und ihrer Entschlossenheit, gelang es ihr, eine seltene, charismatische Rasse zu retten und in eine Welt zurückzubringen, die Pferde liebt. Sie selbst ist so untrennbar mit der Geschichte dieser Tiere verbunden.

Lebende Fossilien: Alte Arten entdeckt in neuerer Zeit

Stellen Sie sich vor, Sie entdecken eine Spezies lebend, die bisher nur von Fossilien bekannt war. Eine Spezies aus einer uralten, prähistorischen Welt, die Millionen von Jahren existiert hat, ohne dass wir von ihr wussten. Der Quastenflosser, ein gewaltiger Fisch, wurde kurz vor dem Zweiten Weltkrieg entdeckt. Da ich damals erst vier Jahre alt war, war diese Entdeckung für mich nicht besonders aufregend. Heute ist sie es. Eine Tierart, die unverändert seit 65 Millionen Jahren überlebt hat! Und niemand wusste von ihr, außer vielleicht, denke ich, Fischer, die hin und wieder ein Exemplar in ihren Netzen und keine Vorstellung davon hatten, dass das in diesem Fall eine unglückliche Fügung war. Die Wissenschaft kannte ihn durchaus, doch nur in Form von Fossilien, die in verschiedenen Museen ausgestellt und für kaum jemanden, bis auf jene Paläontologen, die sich zufällig mit Fischen beschäftigten, von großem Interesse waren. Für sie war diese Entdeckung etwa so, als hätte man einen lebenden Dinosaurier gefunden!

Als ich 1958 mit Louis und Mary Leakey in Olduvai arbeitete, stand ich manchmal da und hielt den versteinerten Knochen einer längst verschwundenen Art in der Hand und stellte mir vor, wie diese wohl aussähe, wenn sie noch am Leben wäre. Das führte in der Tat manchmal zu fast mystischen Erlebnissen, zum Beispiel, als ich den Hauer eines ausgestorbenen Riesenwildschweins fand und es plötzlich dazustehen schien, riesenhaft und wild. Ich sah sein grobes, braunes Haar, den schwarzen Haarkamm auf seinem

Rücken und seine hellen, wilden Augen. Ich schien das Tier zu riechen und es grunzen zu hören. Und dann war es plötzlich weg und ich blieb zurück, sah auf einen prähistorischen Elfenbeinknochen hinab und fand langsam in die Realität zurück.

Der Quastenflosser stammt jedoch aus einem wesentlich länger zurückliegenden Zeitalter als dieses Schwein. Es ist, als ob einer der Fische aus den prähistorischen Meeren, die ich als Kind besuchen wollte, in die Gegenwart geschwommen wäre. Und ich kann mir gut jenes überwältigende Gefühl der Aufregung vorstellen, das die Wissenschaftler empfunden haben mögen, die den ersten Quastenflosser studierten. Sie müssen wirklich manchmal gedacht haben, dass sie träumen.

Die Wollemie war ebenfalls nur aus fossilen Zeugnissen bekannt – von Abdrücken ihrer Blätter auf uralten Felsen. Und auch sie reicht 60 Millionen Jahre zurück. Als er die ersten Blätter von einem hohen Baum in einem abgelegenen, unerforschten Canyon in Australien pflückte, hatte der Botaniker, der ihn gefunden hatte, keine Ahnung, welch große Entdeckung er gemacht hatte, und dass ihm die außergewöhnliche Ehre zuteil werden würde, dass ein »lebendes Fossil« seinen Namen bekam. Tatsächlich dauerte es lange und brauchte viele Stunden des Diskutierens und Suchens in Herbariumsexemplaren, bis die wahre Identität des Baums schließlich ermittelt war. Das war wirklich *die* botanische Entdeckung des letzten Jahrhunderts, so wie der Quastenflosser einer der größten Entdeckungen im Tierreich gewesen ist. Die Zukunft des Baums ist gesichert – die des Fisches ist ungewiss, doch beide Geschichten sind gleichermaßen faszinierend.

Der »allerschönste Fisch« oder »Old Fourlegs«
(Latimeria chalumnae)

Ende 1938 bemerkte Marjory Courtenay-Latimer, eine dreiundzwanzigjährige Museumskuratorin in East London, Südafrika, einen seltsam aussehenden Fisch im Fang des Kutters *Nerine*. Sie sah sich oft die Meerestiere an, die die Fischer an Land brachten, doch sie hatte noch nie zuvor Derartiges gesehen. In einem Interview sagte sie, es war der »allerschönste Fisch, den ich je gesehen habe, anderthalb Meter lang und von blassem, malvenfarbigen Blau mit schillernden Silberpunkten.« Sie und die Museumsmitarbeiter erkannten, dass es ein einzigartiger Fund von großem wissenschaftlichem Wert war. Sie bewahrte so viel wie möglich von dem Fisch auf, zeichnete ihn und sandte ihre, mittlerweile berühmte, Skizze an den berühmten Ichthyologen J. L. B. Smith.

Ich wäre so gern dabei gewesen, als Professor Smith und die Überreste des Fisches schließlich in einem Raum waren. Es gab bereits Spekulationen über dieses Tiefseegeschöpf – und Anfang 1939 verkündete Smith einer verblüfften Welt, dass es sich um einen Quastenflosser handele, einen Fisch, der bislang nur aus Fossilienfunden bekannt gewesen war. Man hatte geglaubt, der Fisch sei seit etwa 65 Millionen Jahren ausgestorben.

Die nächsten 14 Jahre gab es keine Berichte mehr über Quastenflosser, doch dann wurde 1952 einer auf den Komoren gefunden. Professor Smith begab sich – wie ich mir vorstelle, mit einiger Aufregung – dorthin, um ihn abzuholen. Dieser Fund wurde als so bedeutsam angesehen, dass der damalige Premierminister, Dr. D. f. Malan, es ihm erlaubte, eine Dakota der South African Air Force zu benutzen, um den Fisch zurück nach East London zu transportieren! Mehrere Wissenschaftler begannen, sich für die Sache zu interessieren und man unternahm verstärkt Versuche, diese Fische in ihrem natürlichen Lebensraum zu Gesicht zu bekommen. Dann kam das erste, umwerfende Material über Quastenflosser, die im Meer schwammen. Es war von den bemannten Tauchbooten *Geo* und *Jago* aus von Professor Hans Fricke und seinem Team aufgenommen worden.

Quastenflosser sind große Fische, die bis zu einem Meter achtzig lang werden; der schwerste, der bislang aufgezeichnet wurde, wog 243 Pfund. Professor Smith schrieb ein Buch über sie, das den Titel *Vergangenheit steigt aus dem Meer. Die Geschichte vom Coelacanthus* trug – eine Referenz an die gelappten Flossen, von denen er und andere Wissenschaftler glaubten, sie könnten Vorläufer der Arme und Bein von Landwirbeltieren darstellen.

Letztens sprach ich mit Dr. Tony Ribbink in Grahamstown, Südafrika. Er ist der CEO des Sustainable Seas Trust, der gegründet wurde, um bedrohte Arten in Ozeancanyons von Kenia, Tansania, Mosambik, Madagaskar, der Komoren und Südafrikas zu schützen und zu studieren. Er kam 2000 zur Forschung und zum Schutz der Quastenflosser, als Taucher eine Kolonie im Saint Lucia Wetland Park vor Sodwana Bay, Südafrika, entdeckten. Sie waren in mehr als 100 Meter Tiefe, als sie die Quastenflosser in Canyons etwa zwei Meilen vor der Küste fanden und filmten.

»Die Entdeckung der Quastenflosser in einem Meerespark und Weltkulturerbe«, sagte er, »war ein Weckruf.« Er verglich es mit dem Fund von

Elefanten in einem Wildpark, viele Jahre nachdem dieser eingerichtet wurde. Ich fragte ihn, ob er die Quastenflosser in freier Wildbahn gesehen habe. »Ja, habe ich«, sagte er mir, »in Tiefen von 105 bis 200 Meter. Sie sind erstaunlich – sehr ruhig, sehr tolerant den anderen gegenüber, langsam in der Bewegung, mystisch.«

Das South African Institue for Aquatic Biodoversity veranstaltete ein Programm für den Lebensraum der Quastenflosser (Coelacanth Ecosystem Programme), das auf den Komoren, in Kenia, Madagaskar, Mosambik, Südafrika und Tansania arbeitet. Sie haben Hunderte von Forschern, Studenten und Beamte aus neun Ländern, die nach und nach Einsichten in die Ökologie, Verbreitung und das Verhalten dieser erstaunlichen Überlebenden aus uralter Zeit gewannen. Aber viele der fundamentalen Fragen, die schon Marjory Courtenay-Latimer und Professor Smith in den 1930er Jahren gestellt haben, hinsichtlich der Lebensgeschichte, dem Paarungsverhalten, der Trächtigkeitsdauer, dem Geburtsort der Jungen und der Frage, ob die Eltern sich um diese kümmern oder ob sie sich verstecken, bis sie groß genug sind, sich den Gruppen der ausgewachsenen Tiere anzuschließen, bleiben unbeantwortet. Niemand hat jemals junge Quastenflosser in freier Wildbahn gesehen.

»Als wir 2002 mit unseren Forschungen begannen«, sagte Tony, »war nur ein Quastenflosser aus Mosambik, einer aus Kenia, vier aus Madagaskar und ein paar von den Komoren bekannt und wir wussten, dass sich die südafrikanische Population mindestens auf 26 Tiere beläuft.«

1979 wurde vor Sulawesi ein Quastenflosser von einem indonesischen Fischer gefunden. Es stellte sich heraus, dass es sich dabei um eine andere Art, die *Latimeria menadoensis* handelte. Ein weiteres Exemplar dieser Art wurde 2007 lebend gefangen und überlebte tatsächlich 17 Stunden in einem Quarantänepool. Tragischerweise sind diese lebenden Fossilien – die über Jahrtausende unzählbare Belastungen überlebten und doch wesenmäßig unverändert blieben – jetzt potentielle Kandidaten zum Aussterben. Sie gehen, auch wenn sie ziemlich ungenießbar sind und die Fischer es nicht auf sie abgesehen haben, manchmal als Beifang in die Netze. Steigende Nachfrage nach Fisch und eine Erschöpfung der Ressourcen im Inland haben dazu geführt, dass immer tiefere Gewässer mit Stellnetzen befischt werden, und so die Quastenflosser in ihren Lebensräumen um Afrika und Madagaskar gestört werden. Der erste Quastenflosser-Beifang in Tansania wurde im September 2003 notiert; seitdem wurden an die 50 gefangen. Alle sind gestorben, was die größte bislang bekannte Zerstörungsrate von Quastenflossern darstellt.

Glücklicherweise planen die Verantwortlichen in Tansania, in Verbindung mit dem Sustainable Seas Trust, vor der Küste von Tanga einige Meeresschutzgebiete anzulegen. Diese Refugien sind nicht ausschließlich für Quastenflosser gedacht, sondern Teil eines Plans zum Schutz spezieller ablandiger Ökosysteme, wobei nachhaltige Wege gefunden werden sollen, diese Gebiete zu befischen, damit das Ganze den Küstengemeinden sowie den Fischen zugute kommt. Aber der Quastenflosser ist von so großer Bedeutung, dass eine massive Aufklärungskampagne gestartet wurde, damit die Menschen von dem außergewöhnlichen prähistorischen Fisch in ihren Gewässern erfahren.

»Quastenflosser sind selten, wunderschön und faszinierend«, sagte Tony. »Sie haben Menschen aus den unterschiedlichsten Ländern und Kulturen zusammengebracht und eine harmonischere Beziehung zwischen uns und dem Rest der lebenden Welt bewirkt. Für die Länder des westlichen Indischen Ozeans sind sie eine Ikone des Naturschutzes – der Panda der Meere. Und ein Symbol der Hoffnung.«

Eine noble Entdeckung: Die Wollemie *(Wollemia nobilis)*

Am Samstag, den 10. 09. 1994 führte David Noble, ein Beamter mit dem Zuständigkeitsbereich Nationalparks und Wildtiere in New South Wales, auf der Suche nach neuen Canyons eine kleine Gruppe in die Blue Mountains von Australien, etwa 100 Meilen nordwestlich von Sydney. David hatte die letzten 20 Jahre damit verbracht, diese wilden, wunderschönen Berge zu erkunden.

An diesem Septembersamstag stieß David mit seiner Gruppe auf einen wilden, düsteren Canyon, den er noch nie gesehen hatte. Er war Hunderte

Ein versteinerter Zweig neben einem, der kürzlich von der wiederentdeckten Wollemie abgeschnitten wurde, die zu der 200 Millionen Jahre alten Familie der Araucariaceae gehört.)
(Bild: © J. Plaza RBG Sydney)

Meter tief, der Rand gesäumt von steilen Klippen. Die Gruppe seilte in den Canyon ab, vorbei an zahlreichen kleinen, glitzernden Wasserfällen. Sie durchschwammen das eisige Wasser und wanderten dann durch einen weglosen Wald. Während dieses Abenteuers bemerkte David einen hohen Baum mit ungewöhnlich aussehenden Blättern und Rinde. Er nahm einige Blätter in seinem Rucksack mit, die er zu Hause etwas zerknüllt wieder hervorzog. Zuerst versuchte er, sie selbst zu identifizieren, fand aber nichts, was ihnen entsprochen hätte. Er hatte überhaupt keine Ahnung, dass er gerade eine Entdeckung gemacht hatte, die Botaniker auf der ganzen Welt in Erstaunen setzen und die Öffentlichkeit bezaubern sollte.

Die Aufklärung des Geheimnisses
Als er die ramponierten Blätter dem Botaniker Wyn Jones zeigte, fragte dieser, ob er sie von einem Farn oder Busch gepflückt hatte. »Weder noch«, antwortete David. »Die sind von einem riesigen, ziemlich hohen Baum.« Der Botaniker war verwirrt. David half bei der Suche, die folgte, und durchstöberte das Internet sowie zahlreiche Bücher. Nach und nach wuchs die Aufregung. Die Wochen gingen ins Land gingen, keiner der Experten konnte die Blätter identifizieren, und so verstärkte sich der Enthusiasmus sogar noch.

Schließlich wurde, nachdem viele Botaniker über Davids Blättern gebrütet hatten, klar, dass der Baum ein Überlebender aus einer Zeit vor Millionen von Jahren war – die Blätter passten zu spektakulären Felsabdrücken prähistorischer Blätter, die zur 200 Millionen Jahre alten Familie der *Araucariaceae* gehörten.

Natürlich wollte man mehr über diesen außergewöhnlichen Baum herausfinden und David führte ein kleines Expertenteam zurück an den Ort, an dem er seine folgenschwere Entdeckung gemacht hatte. Als Ergebnis dieser Expedition und umfassender Nachforschungen in Literatur und Museumsexemplaren wurde der Baum, der eine neue Gattung darstellt, zu Ehren seines Entdeckers *Wollemia nobilis*, die Wollemie, genannt. Als ich mich mit David unterhielt, ging mir auf, was für ein Glück es für den majestätischen Baum war, dass David einen angemessen majestätischen Namen hatte.

Es ist ein wirklich »nobler« Baum, ein majestätischer Nadelbaum, der in der Wildnis knapp über 40 Meter hoch wird, mit einem Stammdurchmesser von knapp einem Meter. Er hat ungewöhnliche, hängende Blätter, deren neue Spitzen im Frühling und Frühsommer apfelgrün sind und so in lebhaftem Kontrast zu dem älteren, dunkelgrünen Laub stehen.

Weitere Recherchen ergaben, dass die Pollen dieses Baums zu denen passten, die sich in Ablagerungen aus der Kreidezeit von vor 65 und 150 Millionen Jahren auf der ganzen Welt fanden, als Australien noch mit dem südlichen Superkontinent Gondwana verbunden war. Ein Botanikprofessor, Carrick Chamber, der Direktor der botanischen Gärten von Trust-Sydney, rief erstaunt aus: »Das ist so, als würde man einen kleinen lebenden Dinosaurier finden.«

Die geheime Heimat
Es ist mittlerweile bekannt, dass es einige kleine Bestände dieser Regenwaldgiganten in dem Canyon gibt, allesamt Teil derselben Population von weniger als 100 Exemplaren. Nur sehr wenige Menschen – lediglich eine Handvoll Wissenschaftler – haben diesen Baum tatsächlich in der Wildnis wachsen sehen. Der genaue Ort wird streng geheim gehalten, um diese uralten Bäume vor neuen Krankheiten zu schützen. Das ist sehr wichtig, da unter den vorhandenen Exemplaren der Wollemie ein nie dagewesener Mangel an genetischer Vielfalt herrscht. Bei einem der letzten Besuche der Botaniker stellte man fest, dass ein Bodenpilz, der die Wurzeln der Bäume angreift und den möglicherweise der Wind oder Vögel dort hingetragen haben, mit einer Invasion des Canyon begonnen hatte. Man ergriff sofort Maßnahmen, um den Boden in der Umgebung der kostbaren Wollemien zu behandeln, um die Gefahr zu verringern.

David Noble, hier mit einer Wollemie in den Mount Annan Botanical Gardens in Sydney, Australien. Bis heute hält David den genauen Ort seiner ursprünglichen Entdeckung geheim – lediglich einigen Wissenschaftlern und Gartenbauern hat er ihn anvertraut. (Bild: © Botanic Gardens Trust, Simone Cottrell)

Untersuchungen der Ringe der Stämme zeigen, dass die Wollemie bereits vielen potentiell tödlichen Umweltbedingungen widerstanden hat, darunter Waldbränden und Stürmen; auch hat sie extreme Temperaturen überlebt, von über 40 Grad Celsius auf der einen bis hin zu zehn Grad auf der anderen Seite. Bei frostigem Wetter versiegelt der Baum seine wachsenden Spitzen mit Harzkappen, was vermutlich erklärt, wie die Wollemie nicht weniger als *17* Eiszeiten überleben konnte! Die Stämme haben eine ungewöhnlich blasenartige Rinde – »ein bisschen wie Coco Pops«, sagte David.

»Jedes Blatt ist kostbar – ein Setzling von unschätzbarem Wert«
Es war von größter Wichtigkeit, zu versuchen, die Wollemie zu verbreiten, um ihr Überleben für die Zukunft sicherzustellen, sollte den Exemplaren in der Wildnis etwas zustoßen. In einer Ausgabe des *Australian Geographic* von 2005 wird John Benson, der leitende Ökologe beim Botanic Gardens Trust-Sydney mit folgenden Worten zitiert: »Wir haben diese Art zum Zeitpunkt ihres evolutionären Todes erwischt. Aber sie wird nicht aussterben. Wir haben uns eingemischt und Gott gespielt.«

Es werden riesige Anstrengungen unternommen, diese Bäume zu verbreiten und zu kommerzialisieren, nicht nur als Schutz für die Art, sondern auch, um so Geld für ihren Schutz und den anderer bedrohter Pflanzen zu gewinnen. Die Arbeit begann 2000 und geht bis heute weiter – hinter verschlossenen Türen in der Wollemien-Baumschule in Gympie. Lyn Bradley arbeitet dort seit dem Beginn des Programms.

»Anfangs«, so sagte sie, »war jedes Blatt wertvoll und ein Setzling von unschätzbarem Wert. Mittlerweile gibt es Hunderte.« Sie hat sich dieser Arbeit mit ganzem Herzen verschrieben – ihre Leidenschaft gehört den Wollemien –, manchen von ihnen hat sie sogar Kosenamen gegeben. Sie und ihr Chef, Malcolm Baxter, sind die einzigen Menschen, die um die Geheimnisse der kommerziellen Verbreitung der Wollemien wissen und beide fühlen sich privilegiert, es mit dieser außergewöhnlichen Art zu tun zu haben. Unter anderem hoffen sie, dass durch die Verbreitung der Wollemien und ihren Verkauf an Botaniker, Gärtner und Sammler im ganzen Land, bei diesen der Wunsch schwinden wird, den Canyon zu besuchen und den Baum in der Wildnis zu sehen – doch ich bezweifle das. Bei meinem letzten Besuch in den Kew Botanical Gardens sah ich ein Exemplar, das gespendet worden war. Gepflanzt hatte es Sir David Attenborough und es gedieh in seinem schützenden Eisenkäfig aufs Beste. Und in Australien wurde mir das Privileg zuteil, einen der kleinen Setzlinge in den Boden des Adelaide Zoo zu pflanzen.

Es freut mich natürlich, dass ich das lebende Gewebe, das von diesen uralten Riesen stammt, gesehen und sogar in der Hand gehalten habe. Doch das ändert nichts daran, dass ich mich danach sehne, den dunklen, mysteriösen Canyon zu sehen, der seit Millionen von Jahren seine Geheimnisse verborgen gehalten hat, und selbst unter den ursprünglichen Bäumen zu stehen. Tatsächlich haben einige der wenigen Privilegierten, die den Canyon in den frühen Tagen besuchen durften, gesagt, es komme fast einer spirituellen Erfahrung gleich. Mögen die Wollemien lange dort stehen, ungestört vom Trubel einer modernen Welt, die so anders ist als alles, was sie seit Millionen von Jahren gekannt und ertragen haben.

TEIL 6

Vom Wesen der Hoffnung

Die Narben der Erde heilen: Es ist nie zu spät

Wir haben in diesem Buch die Geschichten von Spezies erzählt, die, obwohl sie vor dem Aussterben bewahrt werden konnten, noch immer aufgrund mangelndem Lebensraum in der Wildnis bedroht sind. Tropische Wälder, solche mit altem Baumbestand, Wald- und Feuchtgebiete, Prärien und Graslande, Moore und Wüsten – Landschaften aller Art – verschwinden mit alarmierender Geschwindigkeit.

Wie können wir also, fragen die Leute, Hoffnung für die Zukunft haben? In der Tat wirft man mir oft vor, ich sei unrealistisch optimistisch. Wozu soll es gut sein, bedrohte Arten zu retten, fragen die Leute, wenn sie nur noch in Zoos überleben können? Lassen Sie mich erzählen, warum ich, aller Voraussagen zum Trotz, Hoffnung für die Tiere und ihre Lebensräume habe. Warum ich glaube, dass menschliches Knowhow und die Wider-

Es war ein schöner Augenblick, diese Forelle, die vor Leben vibrierte, in das gereinigte Wasser eines vormals verschmutzten Flusses zu entlassen. Sudbury, Ontario, Kanada. (Bild: David Wiewel)

standskraft der Natur in Verbindung mit der Energie und der Hingabe engagierter Menschen auch eine geschädigte Umwelt renaturieren können, so dass diese wieder zur Heimat für unsere bedrohten Arten werden kann.

Meine vier Gründe für die Hoffnung, über die ich ausführlich geschrieben und gesprochen habe, sind einfach – vielleicht naiv, aber für mich funktionieren sie: Unsere außergewöhnliche Intelligenz, die Widerstandskraft der Natur, die Energie und Hingabe wohlinformierter junger Menschen, die sich zum Handeln ermächtigt fühlen, und der unbezähmbare Geist des Menschen. Kommt alles zusammen, können auch entweihte Landschaften noch eine Chance bekommen – so, wie Tier- und Pflanzenarten vor dem Aussterben gerettet werden können.

Wir haben die Renaturierung von Inselökosystemen bereits angesprochen. Lassen Sie mich hier einige erfolgreiche Projekte vorstellen, bei denen anderen Ökosystemen dieser Segen zuteil wurde, darunter auch Strömen, Flüssen und Seen. Einige dieser Bestrebungen wurden mit dem ausdrücklichen Ziel unternommen, bedrohte Wildtiere zu retten. In manchen Fällen wurden Säuberungsmaßnahmen von der Regierung initiiert, in anderen von Bürgern, die entschlossen waren, für sich selbst und ihre Kinder eine bessere Umwelt zu schaffen. Ein Geschäftsmann, dessen Unternehmen schrecklichen ökologischen Schaden angerichtet hatte, spürte plötzlich, er müsse etwas tun, um die Dinge wieder ins Lot zu bringen; ein Kind leistete einen Eid, einen Berg wiederherzustellen – und verwirklichte diesen Traum. Alle diese Bemühungen werden umfassender auf unserer Website (www.janegoodallhopeforanimals.com) dargestellt und illustriert.

Die Küste Kenias: Von der Wüstenei zum Paradies
Ein ziemlich außergewöhnliches Projekt war die Verwandlung einer 500 Morgen umfassenden Wüstenei, die durch den zwanzigjährigen Gesteinsabbau der Bamburi Portland Cement Company entstanden war, in ein üppiges Wald- und Grasgebiet. Dieses Projekt wurde 1971 initiiert, und zwar nicht von einer Gruppe besorgter Naturschützer, sondern von Dr. Felix Mandl, dem Mann, dessen Firma die Zerstörungen verursacht hatte. Die wundersame Verwandlung des Gebiets brachte der bemerkenswerte Gartenbaumeister der Firma, Rene Haller, zustande.

Als Rene mit seiner Arbeit begann, war das Gebiet »eine mondkraterartige Narbe in der Landschaft, öde, verlassen und der heißen Tropensonne ausgesetzt.« Die Aufgabe schien schier unmöglich. »Es war für mich beängstigend, dass Pflanzen nicht einmal in den ältesten Teilen des Abbaugebiets in der Lage waren, sich zu behaupten«, schrieb Rene. »Ich verbrachte zahllose, quälende Stunden in dem heißen, öden Land, fand ein paar Farne und vielleicht ein halbes Dutzend Büsche und Gräser, die darum kämpften, sich einzuwurzeln und sich hinter den verbleibenden Felsen zu verstecken. Es war nicht unbedingt eine ermutigende Umgebung, um Bäume zu pflanzen.«

Doch heute ist das Gebiet ein autarker Wildnislebensraum, der unter anderem 30 Tier- und Pflanzenspezies beherbergt, die auf der IUCN-Liste bedrohter Arten stehen. Zusätzlich zu den Erholungsmöglichkeiten bietet dieser Bereich den Ortsansässigen zahllose Möglichkeiten, ihr Leben zu verbessern. Das Gebiet ist zu einem der größten Zentren für ökologische Aufklärung in Kenia geworden und wird von Schulen im ganzen Land besucht.

Von Beginn des Projektes an, hegte Rene den festen Glauben, dass die Natur, wenn er nur gut genug hinsähe, die Lösungen für all sein Probleme bereitstellen würde. Die Erzählung, wie er sich an diese enorme Aufgabe machte, Schritt für Schritt, und jede neue Art mit Sorgfalt etablierte, ist ungeheuer interessant und anregend. Sie ist der lebende Beweis, dass die Renaturierung von Menschenhand erzeugter Wüsteneien nicht nur möglich ist, sondern auch mit fundierten, organischen Prinzipien umgesetzt werden kann.

Der Mann, der den Bergen den Wald zurückgab

Diese Geschichte – eine meiner liebsten auf unserer Website – handelt vom fantastischen Traum eines sechsjährigen Jungen, der schließlich wahr wurde. In ihr kommt keine gute Fee vor, die ihren Zauberstab schwingt – nur seine Entschlossenheit, seine kindliche Vision Wirklichkeit werden zu lassen.

Der Held der Geschichte heißt Paul Rokich. Sein Vater arbeitete für die große Kupfermine an den Ausläufern der Oquirrh Mountains in Utah. Paul erinnert sich noch, wie er 1938 mit sechs Jahren mit seinem Vater dort stand und zu den Bergen hinaufsah. Sie waren schwarz und die einstmals wunderschönen Wälder (die er auf einem Foto in einem Schulbuch gesehen hatte) verschwunden, zerstört von Holzfällern, grasenden Schafherden und schließlich von den toxischen Ausstößen der Verhüttungsoperationen.

Paul sagte seinem Vater, dass er eines Tages in diese Berge gehen und die Bäume zurückbringen würde. Eine ziemlich unmögliche Aufgabe. Doch 20 Jahre später machte er sich daran, zu seinem Wort zu stehen. Jeden Abend, jedes Wochenende, Jahr für Jahr, trug er eimerweise Grassamen in die Berge hinauf, fuhr so weit er konnte, marschierte dann los – und säte sie aus. Für 15 Jahre arbeitete Paul größtenteils allein, mit eigenem Geld. Manchmal halfen ihm seine Familie und Freunde. Und trotz zahlloser Rückschläge und Enttäuschungen hielt er durch und gab nicht auf.

Schließlich machte sich die Kennecott Company beschämt daran, ihre giftigen Ausstöße aus den Verhüttungsprozessen wegzuschaffen und gab dafür Millionen von Dollar aus. Schließlich stellten die Manager der Firma Paul ein, damit er ihnen bei ihrem verspäteten Renaturierungsprojekt hilft. Heute sind die Oquirrh Mountains wieder grün, bedeckt von einheimischen Gräsern und Pflanzen, die Paul ausgesät hat, sowie von Bäumen, die er als Setzlinge dort pflanzte. Auch die Tiere sind zurückgekehrt.

Ich bin über diese Berge geflogen, habe ihre Wälder gesehen – und gestaunt. Paul schickte mir ein laminiertes Blatt von einem der ersten Bäume, die er gepflanzt hat. Ich trage es auf meinen Reisen um die Welt mit mir, weil es sowohl den unbezähmbaren Geist des Menschen wie auch die Widerstandskraft der Natur symbolisiert, die sich aktiviert, wenn man ein wenig nachhilft.

Sudbury, Ontario

Als ich Sudbury das erste Mal Mitte der 1990er Jahre besuchte, hörte ich eine außergewöhnliche Geschichte, die deutlich macht, wie ein weitläufiges Gebiet, das von Jahren destruktiver menschlicher Aktivitäten völlig zerstört wurde, sich – mit Geld, Zeit und Entschlossenheit – erholen kann. Es handelt sich um das größte ökologische Renaturierungsprojekt industriell zerstörter Gebiete auf Gemeindeebene, das jemals unternommen wurde. Die ganze Geschichte finden Sie auf unserer Website, sie ist begeisternd und ich werde nicht müde, sie zu erzählen.

Sie berichtet davon, wie verantwortungsloses Abholzen und industrielle Verschmutzung nach und nach eine Landschaft schufen, die der Mondoberfläche glich, und wie sich die Bürger schließlich entschieden, etwas in der Sache zu unternehmen. Ich fand das so anregend, dass ich ein paar Jahre später zurückkehrte, um mehr darüber herauszufinden. Und ich durchschritt bei meinem zweiten Besuch eine herrliche Landschaft, in der junge Bäume in ihre ganze, frühlingshafte Herrlichkeit ausbrachen, überall Blumen blühten und die Luft voller Vogelstimmen war. Es war kaum zu glauben, dass vor so kurzer Zeit alles dort öde und leblos gewesen war. Einen Bereich ließ man unbehandelt und der schwärzliche Fels dort ist eine große Erinnerung an den Schaden, den der Mensch anrichten kann.

Die ursprünglichen Wälder sind nicht zurückgekehrt und das werden sie auch nicht. Aber das Gebiet ist wunderschön und viele der Wildtiere sind zurück. Als ich mich von den schwarzen Felsen der Vergangenheit abwandte, sah ich einen Wanderfalken in schnellem Flug vorbeiziehen – nach mehr als 50 Jahren war er wieder da. Es war fast so, als ob die Natur selbst mir eine Botschaft der Hoffnung sandte, die ich der Welt mitteilen sollte. Man gab mir eine Feder, die man in der Nähe eines der Falkennester gefunden hatte, als Symbol all dessen, was man zur Heilung der Narben, die wir dem Planeten Erde zugefügt haben, tun kann.

Bevor ich Sudbury verließ, durfte ich eine Bachforelle in das endlich saubere Wasser eines Gewässers entlassen, das bis vor Kurzem giftig und leblos gewesen war.

Wasser ist Leben

Die Verschmutzung unserer Ströme, Flüsse, Seen und Ozeane ist eines der schockierenden Ergebnisse der Benutzung von Chemikalien und anderer schädlicher Substanzen in der Landwirtschaft, der Industrie, in Haushalten, Golfplätzen und Gärten, da ein Großteil dieser Gifte ins Wasser gespült wird. Diese chemische Verschmutzung hat zur Zerstörung vieler Lebensräume bedrohter Arten geführt. Doch auch hier gibt es Zeichen der Hoffnung: Nach und nach werden unsere Wasserwege gereinigt.

Ich erinnere mich noch an die Zeit, als alle Hoffnung für die Londoner Themse verloren schien und sie leblos, verschmutzt und düster durch die Stadt floss. Vor 50 Jahren floss der Potomac durch Washington D.C. und stank wie ein Abwasserkanal. Und viele andere Wasserwege waren im selben Zustand wie heute immer noch in China. In den USA war der Eriesee einst für brandgefährdet erklärt worden und der Cuyahoga River ging tatsächlich einmal in Flammen auf und brannte mindestens zwei Tage! Natürlich verschwanden aus derartig kontaminierten Gewässern die meisten Arten von Flora und Fauna.

Heute sind viele dieser Flüsse und Seen wieder sauber – oft mit riesigen Kosten – und ein Großteil der Wildtiere und -pflanzen ist zurückgekehrt. Vor ein paar Jahren beispielsweise wurde im Potomac wieder nach Barschen gefischt, ein sicheres Zeichen für wesentlich saubereres Wasser. Auch in der Themse sind die Fische zurück und Wasservögel brüten dort erneut.

Ich will hier nur einige der Wasserreinigungsprojekte erwähnen, die mir zu Ohren gekommen sind, viele von ihnen wurden unternommen, um Fische zu schützen, die auf der Liste der bedrohten Arten stehen.

Wie ein Fisch zum Grund für die Reinigung des Hudson River wurde
Vor 30 Jahren waren der Hudson und die ihn umgebenden Wasserstraßen so verschmutzt, dass eine Population von Kurznasenstören die erste Art war, die (1972) als bedroht aufgeführt wurde. Dadurch alarmiert, gab es massive Anstrengungen, den Fluss zu reinigen. Über die letzten 15 Jahre hat sich die Population dieser Fische (in der Nähe einer der geschäftigsten Städte der Welt) um mehr als 400 % erhöht. Das Gebiet von Manhattan hat die meisten urbanen Meeresmündungen der Welt, d. h., dass die Reinigung dieser Gewässer eine der großen Erfolgsgeschichten des Naturschutzes darstellt. Und tatsächlich hat sich die Umwelt dort so sehr verbessert, dass es sogar Pläne gibt, Austernriffe und Uferfeuchtgebiete in Harlem anzulegen!

Die beeindruckende Rückkehr des Silberlachses
In den 1940er Jahren waren die Silberlachse in den Flüssen Kaliforniens so zahlreich, dass man den Bestand auf 200- bis 500 000 Exemplare im ganzen Staat schätzte. Und bis in die 1970er Jahre brachte der Silberlachs-Fischereibetrieb in Kalifornien noch jährlich mehr als 70 Millionen Dollar ein. Doch seit 1994 wurde das kommerzielle Fischen nach Silberlachsen vollständig verboten und der Fisch gilt sowohl staats- als auch bundesweit als gefährdet. Es war dieser dramatische Populationsschwund, der dazu führte, dass eine Koalition von Naturschutzpartnern – darunter auch Grundbesitzer und die Industrie – dafür zu arbeiten begann, die Gesundheit der Wasserscheide von Garcia, die aufgrund unverantwortlicher Abholzungsmethoden von Sedimenten verstopft war, zu überprüfen und wiederherzustellen.

Ich war zufällig vor Ort, als der *San Francisco Chronicle* einen Artikel mit guten Nachrichten veröffentlichte. Jennifer Carah, Wissenschaftlerin bei Nature Conservancy, und Jonathan Warmerdam vom North Coast Regional Water Quality Control Board hatten beim Schnorcheln im Garcia River junge Lachse gesehen.

Ich rief Jennifer an und sie sagte mir, dass seitdem in fünf der zwölf Unterwasserscheiden im Flussbecken Junglachse gesehen worden waren. In vielen dieser Flüsse hatte man sie seit dem Ende der 1990er Jahre nicht mehr zu Gesicht bekommen. Es war eine aufregende Zeit. Jennifer erzählte mir, dass sie, als sie die jungen Lachse identifizierte, »so laut gequiekt hatte, dass Jonathan das Geräusch hörte, obwohl wir beide unter Wasser waren!«

Es gibt noch mehr großartige Geschichten, wie etwa die Auflösung eines Seebads zur Rettung von Elritzen in Nevada und das Anlegen von Feuchtgebieten in Taiwan, die es mit sorgfältig ausgewählten Pflanzen erlaubten, das verschmutzte Wasser eines Flusses zu reinigen. Sie finden diese und weitere Geschichten ausführlich dargestellt auf unserer Website (www.janegoodallhopeforanimals.com).

Glücklicherweise ist der drohende globale Wassermangel bekannt und viele der Geschichten in diesem Buch beschreiben die Bemühungen derer, die gegen die rücksichtslose Verschwendung von Wasser für die Landwirtschaft, Industrie und den Haushaltsgebrauch, die Verschmutzung von Flüssen und Seen, das Trockenlegen von Feuchtgebieten und so weiter kämpfen.

Heute führen wir noch Kriege um Öl, aber wie Ismail Seregeldin (damals noch bei der Weltbank) es Ende des letzten Jahrhunderts formuliert hat: »Die Kriege des nächsten Jahrhunderts wird man ums Wasser führen.« Wir *könnten* ohne Öl überleben, wenn die meisten Leute ihren heutigen Lebensstil nachhaltig ändern würden. Doch wir *können niemals* ohne Wasser überleben.

Hoffnung für China
Fast immer, wenn ich meine Hoffnung zum Ausdruck bringe, dass wir Menschen einen Weg aus dem ökologischen Chaos finden können, welches wir angerichtet haben, weist jemand daraufhin, was zurzeit in China geschieht. Sie wollen wissen, ob mir das Ausmaß klar ist, in dem dieses riesige Land, das ein Fünftel der Weltbevölkerung stellt, die Umwelt zerstört. Und die Bedrohung, die das für den Rest der Welt darstellt. Natürlich ist mir das klar. Ich war seit 1988 einmal pro Jahr in China und habe die Geschwindigkeit der Entwicklung, die atemberaubende Anzahl neuer Straßen und Gebäude – und Städte – mit eigenen Augen gesehen, die fast über Nacht aus dem Boden wachsen. Ich weiß sehr wohl, dass diese rapide wirtschaftliche Entwicklung der Umwelt viel abverlangt. In vielen Fällen hat sie auch zu großem menschlichem Elend geführt.

Als China sich in den frühen 1980er Jahren öffnete, bot man den Leuten Jobs in den Städten an, um Güter für auswärtige Märkte zu fertigen – was die größte Wanderung der Geschichte in Gang setzte, als die Armen vom Land in die neuen Städte strömten. Dort fanden sie sich allzu oft zusammen mit ihren Kindern in ausbeuterischen Betrieben wieder, die es nicht nur China ermöglichten, die Preise von Gütern, die im Westen gefertigt wurden, zu unterbieten. Die Menschen tolerierten es, weil sie glaubten oder hofften, dass all das schließlich eine neue Wirtschaft schaffen würde, von der auch sie profitieren könnten.

In der Zwischenzeit hat der Grad der ökologischen Verschmutzung einen Höhenflug hingelegt. Zwei Drittel der wichtigsten Flüsse Chinas sind so dreckig, dass man ihr Wasser nicht trinken oder für die Landwirtschaft verwenden könnte. Die Ökosysteme im Wasser wurden zerstört, der Yangtsedelfin ist ausgestorben. Im ganzen Land fanden vernichtende Verwüstungen von Lebensräumen statt. Da China einen so großen Teil seiner eigenen Umwelt zerstört hat und deshalb verzweifelt versucht, an Rohstoffe wie Holz und Mineralien zu kommen, plündert es die natürlichen Ressourcen anderer Länder – besonders Afrikas, wo viele Politiker noch willens sind, die Zukunft ihrer Kinder zu verkaufen, um das schnelle Geld zu machen.

Es ist kein Wunder, dass so viele Menschen die chinesische Umwelt einfach aufgegeben haben – darunter auch viele Chinesen. Aber es ist wichtig, zu begreifen, dass China nur das tut, was auch andere Länder getan haben und immer noch tun. Die Auswirkungen sind schlimmer, weil in dem Land so unglaublich viele Menschen leben und sich die Regierung bis vor Kurzem weigerte, zuzugeben, es sei etwas nicht in Ordnung.

Die gute Nachricht ist, dass die Menschen in China mittlerweile anfangen, offen über die Notwendigkeit zu sprechen, der Umwelt zu helfen und Gebiete zum Schutz wilder Flora und Fauna zu reservieren. (Siehe die Kapitel dieses Buches über den Großen Panda, den Nipponibis und den Milu.) Eine Geschichte auf unserer Website beschreibt die Schritte, die zur Bewahrung von Feuchtgebieten unternommen wurden, um dem bedrohten China-Alligator zu helfen. Darüber hinaus ist das Jugendprogramm des JGI, Roots & Shoots, das junge Leute aller Altersgruppen in Aktivitäten zur Verbesserung der Umwelt für Wildtiere und ihrer eigenen Gemeinden einbindet, in vielen Bereichen des Landes aktiv und hat Büros in Peking, Shanghai, Chengdu und Nanchang. Insgesamt gibt es etwa 600 Gruppen.

Ein weiterer Grund zur Hoffnung ist die Geschichte der Lößebene. Dabei handelt es sich um ein Gebiet im Nordwesten Chinas, das ungefähr die Fläche von Frankreich aufweist. Dort leben etwa 90 Millionen Menschen, die für viele Jahre in einem Teufelskreis aus Armut und Umweltzerstörung gefangen waren, der, je mehr Zeit verstrich, nur schlimmer wurde. Über Jahre galt die Lößebene als der am stärksten erodierte Ort der Erde.

Die fast an ein Wunder grenzende Renaturierung dieser öden Region in ein Gebiet, das sich mit einer blühenden Umwelt für die Menschen und auch für einige Tierarten brüsten kann, wurde von meinem Freund John Liu in seinem anregenden Film *Earth's Hope* dokumentiert. Dieser illustriert, was geschehen kann, wenn sich eine mächtige Regierung mit dem Rückhalt der Weltbank zu handeln entscheidet.

Es ist klar, dass die Hunderte Millionen Dollar, die ausgegeben wurden, eine weise Investition darstellten, da die örtlichen Gemeinden schon jetzt am Blühen sind. Das Gefühl der Hoffnungslosigkeit, das einst von der gesamten Bevölkerung geteilt wurde, wich einem vorsichtigen Optimismus und die jungen Leute rechnen jetzt mit einer Ausbildung und einer besseren Zukunft.

Es besteht auch Hoffnung für die wilde Natur. Man hatte sich von Anfang an entschieden, dass es einen klaren Unterschied gibt zwischen Land, das für menschliche Zwecke bestimmt war und Land, das für den Schutz von Wasserwegen, Bodenstabilität, CO_2-Abscheidung und Biodiversität seinen größten Wert entfalten würde. Und dieses »ökologische Land« könnte ein Refugium für die bedrohten Arten vor Ort werden – und sie so vor dem Aussterben bewahren, dem sich jetzt viele gegenübersehen.

Lektionen aus Gombe

Der extreme ökologische Verfall des Lößplateaus kam durch die Armut und Hoffnungslosigkeit zustande, in der die Menschen dort immer tiefer versanken. Wieder und wieder habe ich gesehen, wenn ich um diese Welt, die stets weiter erschlossen wird, reise, wie die Armut in ländlichen Gebieten (die so oft mit Überbevölkerung Hand in Hand geht) fast unfehlbar großen Schaden an der Umwelt anrichtet. Doch in Tansania kam mir plötzlich die Einsicht, dass wir nur dann die Wälder von Gombe und ihre Schimpansen würden retten können, wenn wir langfristig die Unterstützung der Leute vor Ort hätten. Und wir würden nie auf solche Unterstützung hoffen können, solange sie selbst in verzweifelter Armut ums Überleben kämpften.

Als ich 1960 im Nationalpark von Gombe ankam, um mit meiner Schimpansenstudie zu beginnen, erstreckten sich an den östlichen Ufern des Tanganyikasees dichte Wälder, die sich, so weit das Auge reichte, ins Landesinnere fortsetzen. Doch über die Jahre wuchs die Population der Menschen immer mehr, zusätzlich verstärkt von Flüchtlingsströmen, und holzte die Wälder ab, um Brennmaterial und Bauholz zu kommen. In den frühen 1990er Jahren waren die Bäume außerhalb des Parks fast sämtlich verschwunden und ein Großteil des Bodens war erschöpft. Die Frauen mussten sich auf der Suche nach Feuerholz immer weiter von ihren Dörfern entfernen, was ihren ohnehin schon schwierigen Arbeitstag nur weitere Stunden der Plackerei hinzufügte.

Auf der Suche nach neuem Land, das sie für den Anbau roden können, wandten sich die Menschen immer steileren und ungeeigneteren Hängen zu. Mit dem Verschwinden der Bäume wurde während der Regenzeit immer mehr Erdreich fortgespült; die Bodenerosion verschlimmerte sich und die Erdrutsche häuften sich.

In den späten 1970er Jahren saßen die Schimpansen innerhalb des 30 Quadratmeilen großen Nationalparks mehr oder weniger in der Falle. Der Austausch von Weibchen zwischen Gruppen – der Inzucht verhindert – war unmöglich und mit lediglich 100 Tieren, die dort verblieben, sah es für die Langzeit-Lebensfähigkeit der Gombe-Population düster aus. Doch wie konnten wir auch nur den Versuch starten, sie zu schützen, wenn die Menschen außerhalb des Parks so verzweifelt waren, noch dazu von Neid auf die üppigen Wälder erfüllt, aus denen man sie ausschloss?

Guten Willen schaffen
Es war ganz klar, dass man den guten Willen und die Zusammenarbeit der Ortsansässigen gewinnen musste. 1994 initiierte das JGI TACARE (»take care«), ein Programm, das dazu gedacht war, das Leben der Menschen in diesen sehr armen Gemeinden zu verbessern. Der Projektmanager George Strunden stellte ein Team talentierter und engagierter Tansanier zusammen, die die zwölf Dörfer aufsuchten, die Gombe am nächsten lagen, um deren Probleme zu diskutieren. Zusammen erarbeitete man, wie TACARE am besten würde helfen können.

Es ist kaum überraschend, dass dem Umweltschutz nicht die höchste Priorität eingeräumt wurde. Die Hauptbedenken waren Gesundheit, Zugang zu sauberem Wasser, der Anbau von mehr Nahrung und die Ausbildung der Kinder. Und so führten wir in Zusammenarbeit mit den örtlichen Gesundheitsbehörden eine erste Gesundheitsversorgung in den Dörfern ein, zu der auch grundlegende Informationen über Hygiene und HIV/AIDS gehörten. Wir richteten drei Kindertagesstätten ein und entwickelten Methoden, dem erschöpften Boden seine Kraft zurückzugeben – Anbautechniken, die sich am besten für schlechteren Boden eignen. Roots & Shoots, unser Erziehungsprogramm für die Jugend, wurde schließlich ebenfalls in den Dörfern eingeführt. Und als TACARE immer erfolgreicher wurde, konnten wir sogar ein Mikro-Kreditprogramm auf den Weg bringen, das es Frauen erlaubte, sehr kleine Kredite aufzunehmen (die fast immer zurückgezahlt wurden), um ihre eigenen Projekte zu starten – die umweltfreundlich und nachhaltig sein müssen.

Die Bedeutsamkeit der Frau
Überall auf der Welt sinkt mit der Verbesserung der Bildung der Frauen die Größe einer Familie – immerhin war es der Bevölkerungsanstieg in dieser Gegend, der zuallererst zu den schlimmen Umständen führte, die TACARE nun zu bewältigen sucht. Es wäre verantwortungslos, Methoden zum Anbau von mehr Nahrung zu entwickeln und damit die Leben von mehr Babys zu retten, ohne gleichzeitig über die Notwendigkeit kleinerer Familien zu sprechen. Es gibt von TACARE ausgebildete Freiwillige in jedem Dorf, Männer und Frauen gleichermaßen, die Beratung hinsichtlich der Familienplanung anbieten – die gut aufgenommen wird.

Informationen über Familienplanung in Verbindung mit einem Zugang zu einer Gesundheitsversorgung für ihre Kinder befähigt eine Frau, ihre Familie auf realistische Weise zu planen. Wenn sie auch noch zur Schule gehen kann, stehen die Dinge sogar noch besser. Also richteten wir ein Stipendienprogramm für Mädchen ein – die Wahrscheinlichkeit, dass nur die Jungen in einer armen Familie eine Ausbildung bekommen, ist sehr viel höher, die Mädchen bleiben, wenn sie überhaupt zur Schule dürfen, zumeist nach den ersten Jahren erzwungener Grundschulbildung zu Hause, um im Haushalt zu helfen. Einige unserer Mädchen sind dagegen mittlerweile auf der Universität.

In TACARE-Dörfern können Frauen Micro-Kredite aufnehmen, um ihre eigenen ökologisch nachhaltigen Projekte anzufangen – wie z. B. die Gründung einer Baumschule. (Bild: JGI/George Strunden)

Wiederherstellen und schützen

Kürzlich begleitete ich einen der Förster, Aristedes Kashula, in eines der Dörfer. Eine Frau führte ihren neuen Kochherd vor, der wesentlich weniger Holz verbraucht als früher. Da alle Frauen ihr Feuerholz aus dem Holzanbau des Dorfes bekommen, der durch schnell wachsende Bäume gespeist wird, müssen sie nicht länger die Baumstümpfe abhacken, die an den kahlen Hügelhängen wurzeln. Und die regenerative Kraft der Natur ist so groß, dass aus dem scheinbar toten Stumpf neue Bäume wachsen – die in ein paar Jahren sechs bis neun Meter hoch sein werden. Kashula zeigte auf einen Hügelhang, der jetzt mit Bäumen bedeckt ist. »Das ist nur einer unserer TACARE-Wälder«, sagte er. »Vor neun Jahren war der Hang fast völlig kahl.«

Die Dorfbewohner versammelten sich unter den Bäumen, um uns zu begrüßen, unter ihnen auch zwei schüchterne Stipendiatinnen. Ein zehnjähriger Roots & Shoots-Leiter erzählte uns, voller Selbstvertrauen in seinem eng sitzenden, rot gestreiften Hemd, von den Bäumen, die sein Club pflanzte. Ich sagte ihnen, wie ich auf meinen Reisen um die Welt von den TACARE-Dörfern erzähle. »Und«, so sagte ich, »wir müssen daran denken, den Schimpansen zu danken. Wegen ihnen bin ich nach Tansania gekommen – und seht nur, wozu das geführt hat!« Ich beschloss meine Rede mit einem Schimpansenschrei, in den alle Dorfbewohner einstimmten.

TACARE hat das Leben der Menschen in 24 Dörfern rund um Gombe ziemlich verbessert und einen Grad an Zusammenarbeit hergestellt, an den zuvor nicht zu denken gewesen wäre. Heute strecken wir, unter der Leitung von Emmanuel Mtiti, unsere Fühler nach anderen Dörfern in der großen, größtenteils heruntergekommenen Region aus, die wir als das größere Gombe Ökosystem bezeichnen, mit dem Ziel, die Wälder zu renaturieren. Seit Neuestem führen wir mit Unterstützung der Regierung TACARE-Programme in einem großen und relativ dünn besiedelten Gebiet im Süden ein, in der Hoffnung, die Wälder zu schützen, bevor sie abgeholzt werden, und so viele der Schimpansen Tansanias zu retten.

Schimpansen, Korridore und Kaffee
Die Bauern in den hohen Hügeln rund um Gombe pflanzen mit den besten Kaffee in Tansania an, doch wegen der schlechten Straßen und mangelnder Transportmöglichkeiten werfen sie oft die besseren Bohnen mit den minderwertigeren zusammen, die in geringer Höhe gepflanzt werden. Green Mountain Coffee Roasters war die erste Firma, die uns in unserem Bemühen unterstützte, diesen Farmern faire Preise zu zahlen. Mittlerweile gibt es ein paar Spezialsorten auf dem amerikanischen und europäischen Markt und die Bauern – sowie die Liebhaber guten Kaffees – sind überglücklich.

Der gute Wille, den all dies erzeugt, hilft auch den Schimpansen. Jedes Dorf bekommt von der Regierung die Auflage, einen Land-Managementplan zu erstellen, der einen bestimmten Prozentsatz ihres Landes dem Schutz oder der Renaturierung der Walddecke zuweisen muss. Heute reser-

Emmanuel Mtiti zeigt mir zum ersten Mal die Wälder außerhalb des Gombe-Nationalparks, die sich langsam erholen – den belaubten Korridor, der es den Schimpansen erlauben wird, den Park zu verlassen und mit anderen Gruppen zu interagieren. (Bild: Richard Koburg)

vieren manche Dörfer bereits 20 % ihres Landes für den Schutz der Wälder. Darüber hinaus arbeiten sie mit dem unglaublich talentierten Lilian Pintea vom JGI zusammen, einem Experten für GPS-Technologie und Satellitenbilder, um sicherzustellen, dass diese geschützten Gebiete einen Korridor bilden, der es den Schimpansen erlaubt, ihre Gefangenschaft im Park zu beenden. Das wird die Verbindung zwischen ihnen und den anderen verbleibenden Populationen wiederherstellen, die in den weitläufigen Habitaten leben, die wir zu schützen helfen.

Im Frühjahr 2009 stand ich mit Emmanuel Mtiti auf einem hohen Grat, von dem aus man zu den steilen Hügeln hinter Gombe sehen konnte. Vor ein paar Jahren waren diese Hügel von den verzweifelten Versuchen, dort etwas anzubauen, kahl und erodiert. Und jetzt waren wieder Bäume zu sehen – Hunderte und Aberhunderte, viele bereits mehr als vier Meter hoch. Diese Renaturierung erstreckte sich so weit das Auge reichte, bis hin zur Grenze von Burundi im Norden und zur Stadt Kigoma im Süden. Es war der erste Teil des Waldkorridors, von dem ich seit den Anfängen von TACARE geträumt hatte. Zu guter Letzt gibt es eine Chance für das Langzeitüberleben der Schimpansen von Gombe.

Beschützer der Pflanzenwelt

Den meisten Leuten fallen bei der Erwähnung bedrohter Arten der Große Panda, der Tiger, die Berggorillas und weitere charismatische Vertreter des Tierreichs ein. Wir denken nur selten daran, dass auch Bäume und Pflanzen bedroht sind – Lebensformen, die wir in manchen Fällen an den Rand des Aussterbens getrieben haben und die verzweifelt auf unsere Hilfe angewiesen sind, wenn sie überleben sollen.

Die Diskussion der Heilung der Narben der Erde macht deutlich, dass durch eine Kombination von menschlicher Entschlossenheit, wissenschaftlichem Knowhow und der Widerstandskraft der Natur selbst höchst gefährdete Lebensräume wiederhergestellt werden können – und immer wieder können wir beobachten, dass es die Pflanzen sind, die diesen Prozess in Gang bringen. Irgendwie schaffen sie es, sich auf Felsen einzuwurzeln, die wir bloßgelegt haben, oder auf stark verschmutztem Land oder in verschmutztem Wasser. Langsam bauen sie den Boden wieder auf und reinigen das Wasser, was den Weg für andere Lebensformen ebnet.

Ohne Pflanzen können Tiere (darunter auch wir) nicht überleben. Pflanzenfresser fressen die Pflanzen direkt; Fleischfresser fressen solche Geschöpfe, die sich von Pflanzen ernährt haben – oder, wenn man es ganz genau nehmen will, fressen sie auch Tiere, die andere Tiere gefressen haben, die sich von Pflanzen ernähren.

Doch größtenteils bleibt die Arbeit von Botanikern und Gartenbauern, die darum kämpfen, einzigartige Pflanzenspezies vor dem Aussterben zu bewahren und ihre Lebensräume zu renaturieren, unbemerkt. Je mehr ich über diese Frage nachgedacht habe, desto mehr ging mir auf, dass es wirklich wichtig ist, die oftmals außergewöhnliche Arbeit zu würdigen, die geleistet wird, um die große Vielfalt und schiere Schönheit der Pflanzenwelt auf unserem Planeten zu bewahren. Ich wollte den Freilandbotanikern ein Denkmal setzen, die an entlegene Orte reisen, um Exemplare bedrohter Arten zu gewinnen, sowie den talentierten Gartenbauern, die darum kämpfen, widerspenstige Samen zum Keimen zu bringen, den Fertigkeiten und der Geduld jener, die in Herbarien, Samenbanken und den vielen Zentren für Pflanzenschutz arbeiten, die an so vielen Orten auf der ganzen Welt gegründet worden sind.

Viele dieser Wissenschaftler haben mir großzügig ihre Geschichten mitgeteilt, die mich wiederum auf die Arbeiten anderer brachten. Sie sind sehr engagiert, diese Wächter unserer botanischen Welt. Sie reisen zu abgelegen Plätzen, suchen seltene Arten, sammeln Samen, baumeln von Seilen, um von Hand die letzten Exemplare einer bedrohten Pflanze zu bestäuben, die in unzugänglichem und lebensfeindlichem Terrain Zuflucht gesucht hat. Sie haben Jahr um Jahr dafür gearbeitet, Möglichkeiten zu finden, irgendeine Pflanze die am Verschwinden (oder in der Wildnis bereits verschwunden) ist, künstlich zu vermehren. Ich bin einigen dieser Helden begegnet, wie Paul Scannell und Andrew Pritchard, die über Jahre unermüdlich dafür gearbeitet haben, einige der bedrohten australischen Orchideen zu erhalten, oder Robert Robichaux, der sein Leben der Rettung und Erhaltung der herrlichen Silberschwerter und anderer Pflanzen auf Hawaii gewidmet hat.

Als ich die Kew Botanical Gardens besuchte, hörte ich viele faszinierende Geschichten über ihre Sammlung von Pflanzen. Carlos Magdalena erzählte mir von der *Ramosmania rodriguesii* oder Café-Marron-Strauch, der von einem Schuljungen auf Rodrigues Island (vor Mauritius) wiederentdeckt wurde, und zwar 40 Jahre, nachdem man ihn zuletzt gesehen hatte. Das war aufregend und man suchte sorgfältig die Gegend ab, in der Hoffnung, noch mehr Exemplare zu finden. Anscheinend hatte jedoch nur diese eine Pflanze überlebt. Carlos beschrieb den Alptraum, der der Kampf um ihren Schutz geworden war.

»Es war das letzte Exemplar einer Spezies, die in ihrer Gattung einzigartig war. Sie produzierte keine Samen. Es gab keine Informationen über ihre Kultivierung und keine anderen, ähnlichen überlebenden Arten, die man zum Vergleich hätte heranziehen können. Gleich neben ihr wuchsen mehrere eingeschleppte Pflanzenarten. Sie stand ein paar Meter von einer öffentlichen Straße entfernt, auf Privatgrund, auf einer abgelegenen Insel ohne botanische Gärten. Und sie war regelmäßig Zyklonen ausgesetzt!«

Natürlich wollten die Botaniker aus Kew den einsamen Überlebenden retten, und das konnte nur geschehen, indem man drei gesunde Stecklinge der Pflanze zum Ziehen nach Kew schickte. Doch dafür müssten sie auf der langen Reise von Rodriquez Island nach London am Leben erhalten werden, und das schreckte alle ab. In der Zwischenzeit war sie durch ihre Entdeckung auch in Gefahr geraten, Opfer von »Wilderern« zu werden, da ihre Zweige Bestandteil eines lokalen Heilmittels waren. Es sollte zwei anstrengende Jahre dauern, bis man eine Möglichkeit fand, drei Stecklinge des kränklichen Überlebenden nach Kew zu schicken – und von denen trieb schließlich nur einer aus.

Fast zwei Jahrzehnte nach der Wiederentdeckung der Pflanze reiste Carlos auf die Insel, um der ursprünglichen Pflanze einen Besuch abzustatten, und musste feststellen, dass sie zwar noch am Leben, aber in einem Käfig steckte, von invasivem Unkraut überwuchert. »Ihr Zustand war schlecht und sie war von zwei Insektenplagen angegriffen worden«, sagte er mir. »Obwohl sie in einem Käfig steckte, schaffte es jemand irgendwie, hineinzuspringen und die Pflanze fast bis zum Boden abzuschneiden ...« Er schaffte es, des Unkrauts und der Insekten Herr zu werden und es gelang ihm sogar, die Setzlinge, die in Kew wuchsen und von einem Klon der überlebenden Pflanze stammten, wieder in ihrer Heimat einzubürgern.

Carlos siebzehnjähriger Kampf, den Café-Marron-Strauch dazu zu bringen, fruchtbare Samen zu tragen, ist eine meiner Lieblingsgeschichten über Pflanzen. Ich fragte ihn, wie es sich für ihn anfühlte, der Hauptbetreuer für ein so seltenes Exemplar zu sein.

»Es ist eine ziemliche Verantwortung«, sagte er, »wenn du vermutest oder weißt, dass, wenn die Pflanze in deinem Glashaus stirbt, die ganze Art weg ist. Das hat mir manchmal Todesangst gemacht. Ging ich während einer sommerlichen Hitzewelle freitags heim, fragte ich mich oft: Ist sie wohl Montag noch da? ... Wird der zuständige Betreuer daran denken, sie richtig zu gießen? Habe ich sie zu stark gegossen? Oder zu wenig? Ich versuchte, mich daran zu gewöhnen, aber es ist mir noch nicht gelungen!«

Der Held der letzten Geschichte ist der wirklich hingebungsvolle Freilandbotaniker Reid Moran. Er war seit Jahrzehnten eine Art lebender Mythos bei der botanischen Erforschung von Baja California und den pazifischen Inseln von Mexiko. 1996 schrieb Moran das Buch *The Flora of Guadalupe Island, Mexiko*, in dem der immense botanische Reichtum der Insel beschrieben wird, das jedoch auch eine verzweifelte Analyse der verheerenden Auswirkungen von Ziegen und anderen eingeschleppten Arten liefert. »Mit ihrer einzigartigen Flora ist die Insel ein mexikanischer Schatz, der dringend geschützt werden muss«, sagte er. »Es ist die schönste Insel, die ich kenne.«

Moran ging in den Ruhestand und Dr. Exequiel Ezcurra, Direktor des Biodiversity Research Center of the Californias in San Diego, ein Freund und Bewunderer von Morans Arbeit, fragte sich, ob man noch etwas von diesem kollabierenden Paradies mit seinem ungeheuren biologischen Reichtum retten könnte? Eine Expedition beschrieb die Situation im Allgemeinen als düster, denn viele der einzigartigen Arten der Insel waren offenbar bereits verschwunden, weitere schienen kurz vor dem Aussterben zu stehen. Wenn nicht sofort etwas geschah, würde die Insel zu einem »verlorenen Paradies« werden.

Exequiel erzählte mir die dramatische Geschichte über die internationale Zusammenarbeit und die heroischen Bestrebungen, derer es bedurfte, um die Finanzierung der ausnehmend schwierigen Renaturierungsarbeiten auf der verwüsteten Insel zu ermöglichen, die deren paradiesischen Urzustand wiederherstellen sollte.

Reid Moran auf Guadeloupe beim Sammeln eines seltenen Exemplars der endemischen Perityle incana, die auf einer steilen Klippe überlebt hat, außer Reichweite der zerstörerischen Ziegen. Auf der ganzen Welt haben Botaniker wie Reid ihr Leben riskiert, um die Vielfalt der Pflanzenarten dieser Erde zu bewahren. (Bild: San Diego Natural History Museum)

In diesem Buch haben wir die Geschichten von Inseln erzählt, die renaturiert wurden, um einen geeigneten Lebensraum für bedrohte Tiere zur Verfügung zu stellen. Guadeloupe wurde in erster Linie renaturiert, um die wunderbare, bedrohte Flora zu schützen – was allerdings ein Aufblühen vieler Vogel- und Insektenarten zur Folge hatte.

Diese Entwicklung macht auf beeindruckende Art deutlich, wie groß die Widerstandskraft der Natur sein kann: Viele der Pflanzen auf Guadeloupe hatten viele Jahre in einer äußerst feindlichen Umgebung überstanden und irgendwie überlebt. Es ist eine Erfolgsgeschichte im besten Sinn und ohne die Pionierarbeit des Botanikers Reid Moran wäre sie nie zustande gekommen.

Ohne all die anderen Männer und Frauen, die so hart für die Bewahrung und den Schutz unserer Pflanzen und ihrer Umwelt arbeiten, wäre unser Planet ärmer. Ihre Mühen werden normalerweise nicht bekannt, und doch ist ihr Beitrag so wichtig, so bedeutungsvoll.

Warum bedrohte Arten retten?

Warum sollten wir uns die Mühe machen, bedrohte Arten zu retten? Für ein paar Leute ist die Antwort einfach. Mein Freund Shawn Gressel, vom Stamm der Sioux in South Dakota, arbeitet dafür, den Kitfuchs und den Schwarzfußiltis zurück auf das Land seines Stamms zu bringen. Eines Tages erzählte mir Shawn, als wir zusammensaßen und seine Fotos anschauten: »Manchmal fragen mich Leute, warum das wichtig ist. Sie wollen wissen, warum ich das tue. Und ich sage ihnen, ich tue es, weil die Tiere auf das Land *gehören*. Sie haben ein Recht, dort zu sein.« Er fühlt sich den Tieren, mit denen er arbeitet, »verpflichtet«.

Shawn ist nicht allein. Viele, wenn nicht die meisten der Menschen, mit denen ich gesprochen habe, fühlen etwas Ähnliches – selbst wenn sie es bevorzugen (oder man ihnen den Rat gegeben hat) eine wissenschaftliche Erklärung für die Bedeutsamkeit ihrer Arbeit zu liefern. Und natürlich lässt sich die Bedeutsamkeit, ein Ökosystem zu schützen und so den Verlust von Biodiversität zu verhindern, nicht in Frage stellen. Dennoch gibt es Millionen von Menschen, die »es einfach nicht kapieren«. Besonders, wenn es sich bei der betreffenden Art um Insekten handelt – »bloß ein Käfer«. Als die *Cicindela nevadica lincolniana* (ein Sandlaufkäfer) als landesweit bedroht eingestuft wurde und Landesgelder frei wurden, um einen Teil des einzigartigen, gefährdeten Lebensraums zu retten, in dem sie verbreitet ist, gab es einen hitzigen Austausch von E-Mails, die in der Lokalzeitung von Lincoln, Nebraska, abgedruckt wurden. Während viele Leser die Entscheidung begrüßten, waren andere auch schockiert und entsetzt; manche waren richtiggehend verblüfft. Hier drei Beispiele – und man kann an vielen Orten ähnliche Meinungen hören.

Ein Mann, der sich Dick nannte, schrieb: »Hunderttausende von Arten sind gekommen und gegangen, ohne dass wir Menschen versucht hätten, sie zu retten. Selbst Tiere, die wir umgebracht haben, sind jetzt vermutlich glücklicher. Denken wir an den Dodo – welchen Einfluss auf die Umwelt hatte es denn, dass er ausgerottet wurde, außer dass die Matrosen nicht so leicht an ein Essen gekommen wären?«

Jill Jenkins stellte die Frage: »Kann mir jemand sagen, was für einen Unterschied es für unsere Welt als Ganzes machen würde, wenn dieser Käfer aussterben würde?? Ich bin wirklich dankbar, dass es die US-Regierung noch nicht gab, um Gelder zur Verfügung zu stellen, die das Aussterben der Dinosaurier verhindert hätten. Eine halbe Million Dollar, um einen Käfer zu retten, wenn Millionen von Menschen obdachlos sind und hungern. Wir sollten uns schämen!«

Jemand namens J. hatte Folgendes zu sagen: »Jetzt kann mich wirklich nichts mehr überraschen! Ich habe wirklich die Schnauze voll von unserer ›tollen‹ Regierung, die solche Entscheidungen trifft! Wir müssen Menschen retten, die lebensbedrohliche Krankheiten wie Krebs haben, bevor wir uns über dieses Käfervieh Gedanken machen! Wenn ich einen davon in meinem Haus sehen würde, würde ich ihn zerquetschen!«

Es gab natürlich auch viele Briefe von Menschen, die die Bedeutsamkeit des Umweltschutzes einsahen, selbst wenn ihnen die Gründe nicht en detail klar waren. Beispielsweise schrieb Theresa: »Ich bin verblüfft, wie verwöhnt und verkommen wir Amerikaner mit unseren bezinschluckenden SUVs und übergroßem … alles Möglichem sind! Wenn wir uns nicht um unseren Lebensraum kümmern, wird unsere ganze Welt zu einer einzigen großen Osterinsel!« (Die ganze Geschichte zum Kampf um die Rettung der *Cicindela nevadica lincolniana* finden Sie auf unserer Website unter www.janegoodallhopeforanimals.com)

Es ist schon wahr, dass es exorbitante Kosten verursachen kann, eine bedrohte Art zu retten, so dass es eine glückliche Fügung ist, dass es in vielen Ländern Gesetze gibt, die vom Aussterben bedrohte Lebensformen schützen. Sonst wäre der Schaden, der der Welt der Natur zugefügt wird, wohl sogar noch größer. Es mag Hunderttausende von Dollar kosten, eine Straße umzuleiten, um den Lebensraum eines kleinen und scheinbar bedeutungslosen Geschöpfes zu schützen. Eine Firma mag gezwungen sein, die geplante Erschließung eines Gebiets anderswo abzuwickeln, wenn das ursprünglich geplante der Lebensraum einer bedrohten Art ist – oder anderswo geeignetes Land kaufen und vielleicht sogar die Zeche bezahlen, die es kostet, die betreffende Art dorthin umzusiedeln. (Es gibt herzerwärmende Geschichten über solche Begebenheiten auf unserer Website). Es mag uns viel kosten, kaputte Lebensräume zu renaturieren, doch diese Bestrebungen sind mit die wichtigsten, denen wir uns auf unserem Weg in das neue Jahrtausend gegenübersehen.

Wir brauchen die Wildnis als Nahrung für die Seele
Wissenschaftler liefern beständig Fakten und Zahlen, die sich benutzen lassen, um die Bedeutsamkeit der Bewahrung von Ökosystemen für uns selbst und unsere Zukunft zu erklären. Doch die natürliche Welt hat einen weiteren Wert, der sich nicht in materialistischen Begriffen ausdrücken lässt. Ich verbringe zweimal im Jahr ein paar Tage in Gombe – mehr Zeit habe ich nicht. Natürlich hoffe ich, dass ich die Schimpansen zu Gesicht bekommen werde. Doch ich freue mich auch auf die Stunden, die ich allein im Wald verbringen kann, wo ich dann auf dem Gipfel sitze, auf dem ich mich schon als junge Frau niederließ, um über die bewaldeten Täler und die weite Fläche des Tanganyikasees zu schauen. Und ich liebe es, die spirituelle Kraft des Kakombe-Wasserfalls zu spüren, der sich fast 30 Meter in die Tiefe auf das felsige Flussbett weiter unten stürzt, und die Energie der Vegetation, die sich ständig im Wind des fallenden Wassers hin und her wiegt. Kein Wunder, dass die Schimpansen ihre spektakulären Wasserfalldarbietungen im seichten Wasser am Fuß des Wasserfalls abhalten, wo sie »tanzen«, indem sie sich rhythmisch von einem Fuß auf den anderen neigen, riesige Steine herumwerfen und sich dann hinsetzen, um das Mysterium des Wassers zu betrachten – wie es ständig kommt und geht, immer direkt vor ihrer Nase. Es ist also auch nicht weiter erstaunlich, dass dies in alter Zeit ein Ort war, an dem die Medizinmänner ihre heiligen Rituale abhielten. Es sind solche Erfahrungen, die mein Herz und meinen Geist mit Frieden erfüllen – zumindest kurzfristig ein Teil des Waldes zu sein, wiederum mit dem Urgeheimnis verbunden, das meine Seele nährt.

Jeremy Madeiros, der sein Leben dem Schutz der Bermuda-Sturmvögel oder Cahow verschrieben hat, erzählte mir, wie man ihn mit elf Jahren in die Redwoods von Kalifornien mitgenommen hatte. Für ihn war es eine spirituelle Erfahrung, unter diesen uralten Baumriesen zu stehen, ein Gefühl, das viele von uns teilen. »Es war der bestimmende Moment meines Lebens«, erzählte er mir. »Er legte meinen Weg für die Zukunft fest.«

Rod Sayler, der dafür arbeitet, die Zwergkaninchen im Staat Washington zu retten, ist der Meinung, dass menschliche Werte und menschliche Ethik die Rettung bedrohter Arten vorantreiben sollten. »Wir gehen zu rücksichtslos mit der Erde um und zerstören dadurch die Lebensräume für viele Arten, die auf unserem Planeten heimisch sind«, sagte er. »Wenn wir es aus Ignoranz oder Gier erlauben, dass Arten aussterben, wird unsere Welt mit dem Verlust jeder bedrohten Art und einzigartigen Population weniger vielfältig und erheblich weniger schön und geheimnisvoll. Unsere Ozeane, Graslande und Wälder werden von der Stille widerhallen und das menschliche Herz wird wissen, dass etwas fehlt – doch es wird zu spät sein.« Er argumentiert, der Kampf für die Rettung bedrohter Arten mag kostspielig sein, »doch kann es sich der menschliche Geist leisten, es nicht zu versuchen? Wenn wir es nicht tun, werden wir eines Tages mit der Weisheit einer späteren Zeit zurückblicken und unsere Entscheidung bereuen.«

Die Hüter des Planeten: Was ihnen die Kraft zum Weitermachen gibt
Zum Glück für die Zukunft unseres Planeten und all seine Lebensformen, darunter auch wir und unsere Kinder, gibt es, wie wir gesehen haben, tapfere Seelen dort draußen, die Tag für Tag darum kämpfen, zu retten, was noch übrig ist, und zu renaturieren, was zerstört wurde. Die Arbeit an diesem Buch war ein Privileg, da sie es mir ermöglicht hat, so viele dieser außergewöhnlichen, engagierten und leidenschaftlichen Menschen auf der ganzen Welt zu treffen. Viele von ihnen haben, wie bereits erwähnt, lange an abgelegenen Orten gearbeitet, beträchtliche persönliche Einschränkungen erduldet und sich manchmal durchaus greifbaren Gefahren gegenübergesehen. Sie mussten nicht nur mit den harscheren Aspekten der Natur ringen, sondern auch mit uninformierten, fantasielosen und kurzsichtigen Beamten, die sich weigerten, Genehmigungen zu erteilen, dringend nötige Regulierungsmaßnahmen vorzunehmen. Und dennoch haben sie nicht aufgegeben.

Don Merton hat sein Leben der Rettung bedrohter Vögel gewidmet. Hier sehen Sie ihn mit Adler, einem jungen Kakapo – einer der vielen Inselvogelarten, die Don auf heroische Weise von der Schwelle zum Aussterben zurückgeholt hat. »Wenn man die Tiere, die man zu retten versucht, nicht liebt und respektiert, könnte man niemals Jahrzehnte damit zubringen, durch tückisches Gelände zu kriechen und von Seilen herunterzubaumeln«, sagte er mir. (Die dramatische Geschichte der Rettung des Kakapo, des einzigen flugunfähigen Papageis auf dieser Welt, finden Sie ausführlich auf unserer Website.) (Bild: Margaret Shepard)

Was gibt ihnen die Kraft zum Weitermachen? Ich habe ein paar der Leute gefragt, die mit am längsten im Feld gearbeitet haben. Alle von ihnen bekannten, die Wildnis und den Aufenthalt in der Natur zu lieben. Außerdem wurden sie völlig von ihrer Arbeit in Bann geschlagen – für einige war es fast wie eine Mission. Sie konnten einfach nicht aufgeben. Sie entwickelten, wie die Frau von Dean Biggins (ein Mitglied des Teams um die Schwarzfußiltisse) formulierte, eine »Besessenheit«.

Don Merton, der so hart für den Schutz von Inselvögeln gearbeitet hat, erzählte mir, dass er vor allem »die ultimative Herausforderung« liebte, »dafür zu kämpfen, die letzten Exemplare einer Lebensform zu retten. Der Chatham-Schnäpper ist einer der lebenden Schätze Neuseelands ... ich hatte das Gefühl einer immensen Verantwortung den Generationen von heute und auch der Zukunft gegenüber, diesen fantastischen kleinen Vogel vor dem Aussterben zu bewahren.« Er erzählte mir, dass er es im Frühling immer kaum erwarten konnte, zurück ins Feld zu kommen, um zu sehen, wie es den einzelnen Vögeln ergangen war. Und er sagte: »Einige meiner Kollegen wurden ärgerlich mit mir, wenn ich früh aufstand, um beim ersten Licht mit der Suche zu beginnen und sie weckte!«

Chris Lucash, der seit 21 Jahren beim Rotwolf-Erhaltungsprogramm arbeitet, erzählte mir, dass er sich gerade in den frühen Jahren des Programms, als sie die Wölfe auswilderten, privilegiert fühlte, die Gelegenheit zu bekommen, Teil von etwas zu sein, das er für so wichtig hielt. »Es mangelte mir niemals an Energie«, sagte er. »Ich konnte kaum schlafen und wollte ständig im Feld bleiben, um die Spuren der Wölfe zu verfolgen, und zu versuchen, die Orte auszumachen, an die sie gingen, was sie taten, warum sie es taten, was sie fraßen. Ich nahm mir fast nie frei. Mein Leben waren die Rotwölfe und Leute – auch Freunde und Familie – die dem Programm gegenüber nicht eine ähnliche Haltung wie ich selbst einnahmen, verblüfften, verwirrten mich und ich war ihnen gegenüber fast etwas intolerant.« Und dennoch freut er sich auch nach mehr als 20 Jahren mit den Wölfen noch immer darauf, zur Arbeit zu gehen »jeden Tag – manchmal sogar sonntags!«

Das Geständnis wagen, dass wir lieben
Es gibt einen weiteren Aspekt ihrer Arbeit, der für einige sogar der wichtigste sein mag – die Beziehung, die sie zu den Tieren entwickeln, mit denen sie arbeiten. Ich habe meine eigenen Gefühle für so viele der Schimpansen von Gombe beschrieben. Der, den ich am meisten liebte, war David Greybeard, der erste, der die Furcht vor mir verlor, mir erlaubte, ihn zu streicheln und es tolerierte, wenn ich ihm in den Wald folgte. Und ich erinnere mich noch, als ob es gestern gewesen wäre, an den Tag, an dem ich ihm auf meiner ausgestreckten Hand eine Palmennuss anbot. Er wollte sie nicht und wandte sich ab, doch dann kam er zurück, schaute mir direkt in die Augen, nahm die Nuss, ließ sie fallen und drückte dann ganz sanft meine Hand mit den Fingern – eine Schimpansengeste der Beruhigung. Und so konnten wir beide mit Gesten, die wir untereinander austauschten, eine perfekte Kommunikation führen, die sicher deutlich älter ist als unsere menschliche, gesprochene Sprache.

Unglücklicherweise zählt in unserer materialistischen Welt lediglich der Saldo und so werden menschliche Werte wie Liebe und Mitgefühl oft unterdrückt. Zuzugeben, dass Tiere einem wichtig sind, dass man sie leidenschaftlich liebt, ist manchmal für die Leute, die in Wissenschaft und Naturschutz arbeiten, kontraproduktiv. Von vielen Wissenschaftlern wird es als unangemessen angesehen, sich emotional auf sein Studienobjekt einzulassen; wissenschaftliche Beobachtungen sollten objektiv sein. Jeder, der zugibt, dass ihm ein Tier wirklich wichtig ist und er Empathie mit ihm verspürt, geht das Risiko ein, als sentimental abgeschrieben zu werden, was seine Forschungen suspekt macht.

Glücklicherweise haben die meisten der außergewöhnlichen Menschen, deren Arbeit in diesem Buch beschrieben wird, keine Angst zuzugeben, wie wichtig ihnen diese ist. (Besonders natürlich jene, die schon im Ruhestand sind!) Während einer meiner Diskussionen mit Carl Jones, der

Doktorand Len Zeoli mit einem der hoch gefährdeten Zwergkaninchen aus dem Columbia Basin. »Wie kann man diese kleinen Geschöpfe sehen, sie kennen und nicht lieben?«, fragte er mich. »Das treibt uns an. Das lässt uns weitermachen.« (Bild: Dr. Rod Sayler)

auf Mauritius eine Berühmtheit ist, hörte ich von seinen Lippen mein eigenes Credo, dass Wissenschaftler, auch wenn sie natürlich die Fähigkeit brauchen, einen Schritt zurückzutreten und objektiv zu beobachten, auch »über Empathie verfügen sollten«. Menschen, so sagte er, »sind intuitive und empathische Wesen, noch bevor sie ihre wissenschaftliche Kälte entwickeln« – und er ist der Meinung, dass die meisten »Wissenschaftler sich jeden Tag dieser unterliegenden Fähigkeiten bedienen«. Als er für die Rettung der Mauritiusfalken arbeitete, lernte er jeden der Vögel als Individuum kennen und verstehen. Don Merton wurde fast lyrisch, als er sich über die Chatham-Schnäpper verbreitete, »diese herrlichen, zahmen, friedlichen kleinen Vögel«. Mit den Jahren, so Don, »wuchsen sie mir natürlich sehr ans Herz – man könnte sagen emotional involviert! Ich liebte sie einfach.« Und als ich Len Zeoli fragte, was seine Motivation war, weiter mit den Zwergkaninchen zu arbeiten, sagte er einfach nur: »Wie könnte man eines sehen, es kennen und die kleinen Geschöpfe nicht lieben? Das treibt uns an, das lässt uns weitermachen.«

Mike Pandey sah, als er in Indien die barbarische Methode filmte, mit der die sanften, harmlosen Walhaie getötet wurden, ein riesiges Exemplar, das im Sterben lag. »Es drehte sich langsam um und sah mich an, flehenden Blicks, und seine intelligenten Augen sagten eine Million Worte.« Er würde diesen Blick nie vergessen: »Plötzlich war da eine Kommunikation mit dem majestätischen Wesen und ein tief reichendes Band.« Das war der Wendepunkt in seinem Leben. Er entschied sich, zur »Stimme der Sprachlosen« zu werden und begann so mit seiner Serie eindrucksvoller Filme für den Naturschutz.

Brent Houston erzählte mir von der Zeit, als ein junger Schwarzfußiltis auf ihn zuging, während er kurz vor Tagesanbruch vor einem Bau saß. »Ohne Vorwarnung näherte er sich meinem Fuß und schnüffelte an meinem Wanderstiefel … ich dachte, das Klopfen meines Herzens würde ihn erschrecken, aber ich blieb ruhig und wartete verzweifelt auf irgendeine Art Verbindung. Da schaute er direkt zu mir hoch, in mein Gesicht, sah mir in die Augen. Und dann geschah etwas absolut Außergewöhnliches. Der junge Iltis legte, während er mit seinen großen, runden Augen zu mir hoch sah, seinen kleinen schwarzen Fuß auf meinen Wanderstiefel und ließ ihn dort. Auch ich sah ihn direkt an, er blickte zurück und sah mich lächeln. Es war einer der erfüllendsten Momente in meinem langen Berufsleben als Wildtierbeobachter. Da war einer der letzten Schwarzfußiltisse der Welt und streckte die Pfote nach mir aus, vertraute mir, bat mich vielleicht sogar um Hilfe.«

Diese Verbindung zwischen dem menschlichen Wesen und den anderen Tieren, mit denen wir uns den Planeten Erde teilen, diese Verbindung, die wir zu anderen Lebensformen aufnehmen können, ist es, die vielen das Weitermachen erlaubt. Weiterzumachen mit einer Arbeit, die so hart sein kann, trotz der Frustrationen und Rückschläge nicht aufzugeben und sich manchmal der regelrechten Feindseligkeit oder dem Belächeltwerden durch jene ausgesetzt zu sehen, die den Versuch, irgendeine Tierart vor dem Aussterben zu bewahren, für sentimental und eine Verschwendung von Zeit und Ressourcen halten.

Doch sie, die Hüter des Planeten, können es nicht allein schaffen. Zur Rettung des Planeten Erde ist es notwendig, dass jeder von uns, dem die Erde am Herzen liegt, beim Schutz und der Renaturierung der wilden Orte, der Tiere und Pflanzen, die an ihnen leben, tätig wird. Wir hoffen, dass dieses Buch, zusammen mit der Website, die von Geschichten leidenschaftlicher, engagierter und stets hoffnungsfroher Menschen überquillt, deren Anstrengungen Myriaden von Lebensformen vor dem Aussterben gerettet haben, jene ermutigen werden, die jetzt da draußen sind und unermüdlich dafür arbeiten, weitere, hoch gefährdete Tiere und Pflanzen zu retten, allesamt einzigartig und wertvoll. Natürlich auch jene, die sich bemühen zu verhindern, dass weitere Arten in die Kategorie »bedroht« abrutschen. Und wieder andere, die dafür kämpfen, die Umwelt wiederherzustellen. Manchmal sieht ihre Aufgabe fast unmöglich aus – und wenn sie keine Hoffnung auf Erfolg hätten, würden sie mit Sicherheit aufgeben.

Wenn wir keine Hoffnung mehr haben, werden wir in Apathie verfallen. Ohne Hoffnung wird sich nichts ändern. Darum meinen wir, dass es so unendlich wichtig ist, dass wir unsere eigene, unerschütterliche Hoffnung für die Tiere und ihre Welt zum Ausdruck bringen.

ANHANG

Was Sie tun können

Ich bin auf meinen Reisen um die Welt so vielen Menschen begegnet, die von dem, was auf unserem Planeten geschieht, zutiefst deprimiert sind. Die Medien liefern, von einer Menge anderer schockierender Nachrichten einmal abgesehen, Berichte von tödlichen Verseuchungen, schmelzendem Polkappen, verwüsteten Landschaften, Artenverlust, schrumpfender Wasserreserven und was nicht alles sonst noch. Angesichts solcher Verzweiflung stiftender Informationen – die unglücklicherweise größtenteils wahr sind – neigen die Leute dazu, hilflos und oft auch hoffnungslos zu sein. »Wie können Sie so optimistisch bleiben?«, werde ich, wie gesagt, am häufigsten gefragt.

Die beste Methode, die ich kenne, um der Verzweiflung entgegenzuwirken, ist, alles in meiner Macht Stehende zu tun, um etwas zu bewirken, und sei es etwas noch so Geringfügiges, und zwar jeden Tag. Tätig zu werden, um *etwas* gegen zumindest einige der schlimmen Prozesse, die am Laufen sind, zu tun. Darum habe ich Gombe und die Wälder, die ich liebe, verlassen – um zu versuchen, mein Scherflein beizutragen, damit ein Bewusstsein für die Bedrängnis der Schimpansen und ihrer Wälder entsteht und selbst zu tun, was ich nur konnte.

Ebenso wichtig ist es, einzusehen, dass die Wahrscheinlichkeit, dass schlechte Nachrichten an die Öffentlichkeit gelangen, größer ist, weil diese berichtenswerter erscheinen. In Wahrheit ereignen sich aber auch viele wunderbare Dinge, weil es Menschen gibt, die selbstlos dafür arbeiten, diese Welt zu einem besseren Ort zu machen. Einer der Gründe, warum wir dieses Buch schreiben wollten, war, dass wir diese guten Neuigkeiten mitteilen wollten.

In diesem Buch und auf unserer Website finden sich Geschichten von Menschen, die unermüdlich für die Rettung bedrohter Arten kämpfen. Doch es gibt noch zahllose andere, Leute aus der »allgemeinen Öffentlichkeit«, die ebenfalls eine vitale Rolle spielen. Oft werden sie nirgends erwähnt und ihre Namen sind außerhalb ihrer Heimat unbekannt. Und weil ihre Handlungen – das Demonstrieren gegen irgendeinen destruktiven Plan

Historisches Szene, aufgenommen auf meiner Veranda in Dar es Salaam am Gründungstag von Roots & Shoots im Februar 1991. (Bild: JGI)

der Industrie oder der Regierung oder das Schreiben von Briefen an die entscheidenden Behörden – nicht immer erfolgreich sind, wird die Bedeutsamkeit ihrer Rolle oft unterschätzt. Doch auf lange Sicht sind es diese Menschen, die wirklich eine Rolle spielen. Sie spenden Geld, stellen ihre Fähigkeit und ihre Zeit zur Verfügung, helfen, ein Bewusstsein zu schaffen und überzeugen andere davon, sich ihnen anzuschließen.

In allen Lebensbereichen tragen Menschen etwas zu dem wachsenden Bewusstsein für das, was sich ereignet, bei – Schriftsteller, Fotografen, Filmemacher und solche, die eine stets eifriger werdende Öffentlichkeit auf Tripps in die Natur führen. Nichtregierungsorganisationen ermutigen die Leute mit ihren Erziehungsprogrammen, Freiwilligenarbeit bei Feldprojekten zu leisten, mehr über die Welt der Natur zu lernen und zu ihrem Schutz tätig zu werden. Da gibt es Landbesitzer, die Vereinbarungen unterzeichnen, mit dem sie ihren Besitz zu Refugien für bedrohte Arten machen; andere schließen sich naturschützerischen Nutzungsvereinbarungen an, bei denen sie finanzielle Vergünstigungen erhalten, wenn sie Wildtieren helfen, indem sie ihr Land nicht erschließen.

Und dann ist da noch die Rolle der Jugend. Warum setze ich so viel Zeit für die Arbeit mit Kindern ein? Weil es nicht viel nützt, verzweifelt dafür zu arbeiten, die Tiere und ihre Welt zu retten, wenn wir nicht gleichzeitig unsere Jugend dazu erziehen, bessere Verwalter zu sein, als wir es waren.

Roots & Shoots – Zur Rolle der Jugend
Angesichts der gegenwärtigen Untergangsstimmung war ich kaum überrascht, auf meinen Reisen um die Welt feststellen zu müssen, dass viele junge Leute deprimiert, wütend oder apathisch zu sein schienen. Sie sagten mir, dass ihre Zukunft verspielt worden sei und sie nichts daran ändern könnten.

Und wir haben ihre Zukunft in der Tat verspielt. Es gibt ein Indianersprichwort, das besagt: »Wir haben den Planeten nicht von unseren Eltern geerbt, sondern ihn von unseren Kindern geliehen bekommen.« Aber das ist nicht wahr. Wenn Sie sich etwas *leihen*, dann haben Sie vor, es zurückzugeben. Wir dagegen haben die Zukunft unserer Kinder rücksichtslos *gestohlen*. Doch es stimmt nicht, dass man nichts dagegen unternehmen könnte.

Roots & Shoots-Jugendleiter Washo Shadowhawk aus Beaverton, Oregon, hat, seitdem er zwei Jahre alt ist, eine große Leidenschaft für die Rettung verletzter Tiere, besonders Schlangen. Hier zu sehen mit Sandy, der Bartagame, und Monty, der Python, die er aus dem Handel mit exotischen Haustieren gerettet hat. (Bild: Meadow Shadowhawk)

Mein Beitrag bestand in der Gründung unseres humanitären und umweltorientierten Programms Roots & Shoots. Das ermutigt seine Mitglieder, die Ärmel hochzukrempeln und Projekte zu veranstalten, die die Situation für Menschen, Tiere und Umwelt gleichermaßen verbessert – Projekte, die einen positiven Einfluss auf die Welt um uns herum haben. Seine wichtigste Botschaft ist, dass jedes Individuum bedeutsam ist und eine Rolle zu spielen hat, dass jeder von uns *jeden* Tag etwas bewirken kann. Und dass das kumulative Ergebnis Tausender von Millionen kleiner Bemühungen eine große Veränderung sein kann.

Der Name ist symbolisch. Die ersten kleinen Wurzeln und Triebe eines keimenden Samens sehen so winzig und zerbrechlich aus – schwer zu glauben, dass daraus einmal ein riesiger Baum erwachsen kann. Doch in diesem Samen steckt so viel Lebenskraft, dass die Wurzeln sich auch einen Weg durch Felsen bahnen können, um Wasser zu erreichen, und dass die Triebe sich auch durch die Spalten einer Ziegelmauer arbeiten können, um ins Sonnenlicht zu kommen. Schließlich werden die Felsen und die Mauer – all der Schaden an Umwelt und Gesellschaft, der aus unserer Gier, unserer Grausamkeit und unserem Mangel an Verständnis erwachsen ist – beiseite geschoben. Genau so, wie Hunderte und Tausende Wurzeln und Triebe – die Jugend unserer Erde –, können viele gemeinsam die Probleme lösen, die die älteren Generationen ihnen hinterlassen haben.

Die Geburtsstunde des Programms war 1991 in Dar es Salaam, als zwölf Schüler als Vertreter einiger höherer Schulen auf meiner Veranda zusammengekommen waren, um mehr über das Verhalten der Wildtiere Tansanias zu erfahren. Sie waren schockiert, als sie von Wilderei und anderen Problemen hörten, wollten mehr herausfinden und helfen. Und so gründeten sie in ihren Schulen Clubs und wir organisierten Zusammenkünfte, um solche Belange zu diskutieren.

Wie erstaunlich ist es da, dass das Programm aus einem so schlichten Anfang zu etwas Großem erwachsen ist, das, Anfang 2009, über Hunderte von Ländern verteilt ist und etwa 9000 aktive Gruppen zählt, von jungen Leuten aus Vorschulen bis hin zu Universitäten und darüber hinaus. Roots & Shoots ist in vielerlei Hinsicht einzigartig: Es verbindet junge Menschen aus vielen unterschiedlichen Kulturen, Ländern und Religionen; es kombiniert die Fürsorge für Tiere, Menschen und die Umwelt und involviert Leute aller Altersklassen – es gibt sogar Gruppen in Altersheimen und Gefängnissen! Durch seine verbindende Philosophie sät es den

Samen des Weltfriedens. Und es bildet die Anführer für die Welt von Morgen aus, die einsehen lernen, dass es im Leben um mehr geht, als nur Geld zu machen.

Ich möchte Sie anregen, sich die Website des Buches (janegoodallhopeforanimals.com) anzusehen, auf der ich Informationen über die Abertausende wunderbarer Projekte, die von Roots & Shoots zum Segen für die Tiere in freier Wildbahn veranstaltet werden, zusammengetragen habe. Darüber hinaus finden sich die Profile einiger recht außergewöhnlicher junger Leute, die Mitglieder unseres Roots & Shoots Global Youth Leadership Council sind. Ich hoffe, dass Sie sich, egal wie alt Sie sind, irgendwie an dem Programm oder einer seiner Tausenden von Jugendgruppen auf der ganzen Welt beteiligen werden. Sie können Teil dieser Bewegung sein, indem Sie einfach nur bewusst jeden Tag das Ihrige tun, um die Welt für alle Wesen, die auf ihr leben, zu einem besseren Ort zu machen. Das ist das beste Gegenmittel gegen Verzweiflung, das mir bekannt ist.

Dieser Abschnitt ist für jeden, egal ob jung oder alt, dem die Tiere, mit denen wir uns den Planeten teilen, am Herzen liegen und der nicht mehr tatenlos zusehen möchte. Er liefert Informationen über Möglichkeiten, wie Sie den Arten, die in diesem Buch behandelt werden, helfen, über Organisationen, die Sie kontaktieren können und Möglichkeiten für Freiwilligenarbeit.

Eine kritische Masse
Das Wichtigste ist jedoch, dass sie überhaupt *etwas* tun. Glauben Sie nicht, es sei besser, gar nichts zu tun, weil Sie nicht all das tun können, was Sie gern täten (wenn Sie doch nur mehr Zeit, mehr Geld, mehr Einfluss hätten). Wenn Sie in ihrer Lokalzeitung lesen, dass ein Waldgebiet, das Sie lieben, zur Erschließung freigegeben werden soll, dann seufzen Sie nicht einfach und zucken Sie die Schultern – unternehmen Sie etwas. Egal was. Finden Sie mehr darüber heraus, wer involviert ist und warum es geschieht. Schreiben Sie Briefe. Gehen Sie auf Treffen in Ihrem Rathaus. Machen Sie Ihre Ansichten publik. Vielleicht haben Sie keinen Erfolg – aber vielleicht eben doch. Wenn Sie es nicht versuchen, werden Sie es nie erfahren.

Wenn eine der Geschichten in diesem Buch Ihre Fantasie anregt, Sie bewegt und Sie helfen wollen – dann kontaktieren Sie die relevanten Organisationen und fragen Sie, was Sie tun können. Und wenn Sie nur eine kleine Spende schicken können, dann denken Sie daran, dass es Tausender winziger Beträge waren, die die Werbekampagne von Präsident Obama zu einem so riesigen Erfolg haben werden lassen!

Es wird eine kritische Masse von Menschen brauchen, die sich die Zukunft unseres Planeten und unserer Kinder wirklich angelegen sein lassen, um das Blatt zu wenden. Bitte vereinigen Sie Ihre Kräfte mit denen der bemerkenswerten, engagierten Männer und Frauen, deren Bemühungen auf diesen Seiten beschrieben werden. Bitte helfen Sie uns, unser Ziel zu erreichen, die Tiere und ihre Welt zu retten.

Global Handeln

Über viele der in diesem Buch genannten bedrohten Tier- und Pflanzenarten können Sie mehr Informationen über Naturschutzaktivitäten bekommen und herausfinden, wie Sie selbst etwas bewirken können. Nutzen Sie dazu die folgenden Möglichkeiten.

Unterstützen Sie das Jane Goodall Institute (JGI). Die Organisation erweitert die Einflusssphäre von Einzelnen, die Umwelt für alle lebenden Wesen zu verbessern. Während es einerseits die Bemühungen von Dr. Jane Goodall zum Studium und Schutz der Schimpansen fortführt, ist JGI mittlerweile auch führend in Ansätzen zum Naturschutz, die das Leben von Ortsansässigen verbessern. Zusätzlich inspiriert das weltweit agierende Jugendprogramm des Instituts junge Menschen aller Altersklassen, Anführer in Umwelt- und humanitären Belangen zu werden. Besuchen Sie die Website des JGI unter www.janegoodall.de.

Schließen Sie sich Roots & Shoots an. Das globale Netzwerk von Roots & Shoots verbindet Jugendliche aller Altersklassen, die den Wunsch haben, eine bessere Welt für Menschen, Tiere und Umwelt zu schaffen. Hunderttausende junger Leute auf der ganzen Welt entdecken die Probleme in ihren Gemeinden und unternehmen etwas durch soziale Dienste, Jugendkampagnen und eine interaktive Website. Wenn Sie mitmachen wollen, besuchen Sie bitte www.rootsandshoots.org.

Helfen Sie Gemeinden, die Schimpansen zu schützen. Das JGI befähigt Gemeinden, die in der Nähe von Schimpansenhabitaten liegen, Partner beim Schutz dieser erstaunlichen Geschöpfe zu werden, indem es den Dorfbewohnern bei ihren unmittelbarsten Bedürfnissen wie Wasser, Hygiene und Gesundheitswesen hilft, Erwerbstätigkeiten fördert, die nicht umweltschädlich sind. Besuchen Sie JaneGoodall.ode, um herauszufinden, wie Sie das JGI und diese entscheidenden Programme unterstützen können.

Werden Sie Schimpansenhüter. Im Tchimpounga Chimpanzee Rehabilitation Center in der Republik Kongo stellt das JGI einen sicheren und fürsorglichen Lebensraum für verwaiste Schimpansen zur Verfügung – Opfer des illegalen, kommerziellen Buschfleisch- und Haustierhandels. Nähere Informationen unter www.janegoodall.org/chimp_guardian.

Unterstützen Sie den Durrell Wildlife Conservation Trust. Diese Organisation ist direkt am Schutz vieler der Arten, die in diesem Buch beschrieben werden, beteiligt. Besuchen Sie www.durrellwildlife.org, wenn Sie mehr darüber lesen wollen, wie Sie Tiere adoptieren oder spenden können.

Leisten Sie Ihren Beitrag zum Naturschutz, indem Sie Nature Conservancy unter www.nature.org kontaktieren. Diese Organisation schützt eine Vielzahl vitaler Meeres- und Landlebensräume. Sie können sich beteiligen, indem Sie Mitglied werden, den E-Mail-Newsletter abonnieren, spenden oder sogar ihre eigene, personalisierte Naturhomepage aufmachen.

Lassen Sie sich von Conservation International auf www.conservation.org inspirieren. Diese nicht profitorientierte Organisation beschützt bedrohte Arten und Lebensräume durch einen innovativen Ansatz, der das Beste kombiniert, was Gemeinden und Wissenschaft zu bieten haben. Wenn Sie mehr tun wollen, als nur spenden, können Sie etwas unternehmen, indem Sie ihren »Abdruck« auf der Erde errechnen, sich Informationen über Ökotourismus zukommen lassen, einzelne Kampagnen unterstützen und mehr über Karrieremöglichkeiten im Naturschutz in Erfahrung bringen.

Schließen Sie sich dem World Wildlife Fund unter www.worldwildlife.org (www.wwf.de) an, um für eine stabile, nachhaltige Zukunft für Menschen, Tiere und Ökosysteme zu arbeiten. Sie können spenden, ein Tier adoptieren, Mitglied des Netzwerks für Naturschutzaktionen werden oder einzelne Kampagnen wie Take Action for Earth Hour unterstützen.

Schützen Sie Wildtiere und ihre Lebensräume auf der ganzen Welt, indem Sie die Wildlife Conservation Society unter www.wcs.org kontaktieren. Zusätzlich zu seinen Naturschutzprojekten auf der ganzen Welt, verwaltet diese Organisation auch einige Wildtierparks in New York, wie z. B. den Bronx Zoo und den Central Park Zoo. Sie können sich beteiligen, indem Sie einen der Parks besuchen, Mitglied werden, ihre Zeit oder Geld zur Verfügung stellen und Kampagnen wie den No Child Left Inside Act unterstützen.

Tragen Sie etwas zur Lösung der komplexesten Herausforderungen für die Umwelt auf der ganzen Welt bei, indem Sie die International Union for the Conservation of Nature unter www.iucn.org kontaktieren. Dort können Sie mehr über die weltweiten Programme erfahren, die Datenbank nach Naturschutzorganisationen in Ihrer Nähe durchsuchen und Spender werden.

Schauen Sie auf die Website www.fieldtripearth.org – eine Projekt der zoologischen Gesellschaft von North Carolina. Field Trip Earth ist die weltweite Quelle für Lehrer, Studenten und die Vertreter des Schutzes von Wildtieren.

Schreiben Sie sich bei einem der Kurse für Erdexpeditionen bei Earth Expeditions (unter www.earthexpedition.org) ein oder machen Sie den Master über das lokale Feldprogramm (www.projectdragonfly.org). Diese Programme setzen Lehrer, professionelle Umweltschützer und andere direkt im Naturschutz im Feld ein und zwar weltweit.

Bilden Sie sich selbst über die gefährdetsten Arten der Erde weiter, indem Sie die Website www.earthsendangered.com von Earth's Endangered Creatures besuchen. Die Website listet Fakten über die einzelnen Arten sowie die an ihrem Schutz beteiligten Organisationen auf, die Sie kontaktieren können.

Kontaktieren Sie Ihre Lieblings-Naturschutzorganisation wie z. B. die National Audubon Society unter www.audubon.org, Defenders of Wildlife unter www.defenders.org oder den Environmental Defense Fund unter www.edf.org, um sich anzuschließen oder zu spenden.

Hören Sie Heulen, Kreischen, Brüllen und noch viel mehr, wenn Sie einen Anruf bekommen. Das Center for Biological Diversity bietet kostenlos Klingeltöne und Wallpapers von bedrohten Arten an. Mehr auf www.rareearthtones.org/ringtones. Sie können das Zentrum direkt unter www.biologicaldiversity.org kontaktieren, wenn Sie mehr über ihre Kampagnen wissen und Ihre Unterstützung anbieten möchten.

Was man tun und was man nicht tun sollte

Unten eine Liste von Dingen, die man tun oder lassen sollte, um Tiere, Pflanzen und Lebensräume auf unserem zerbrechlichen Planeten Erde beschützen zu helfen.

→ Unterstützen Sie nur solche Zoos und Aquarien, die von der Association of Zoos and Aquariums anerkannt sind. (www.aza.org).
→ Fahren Sie vorsichtig, da die meisten Tiere Straßen überqueren müssen, um Nahrung zu finden.
→ Halten Sie die Straßen sauber. Müll zieht Wildtiere an, was dazu führt, dass sie überfahren werden.
→ Bleiben Sie aufmerksam, was auf öffentlichem Land (wie Nationalparks, Staatsforsten etc.) geschieht und wie dort mit Wildtieren umgegangen wird.
→ Kaufen Sie keine Produkte von Firmen mit schlechtem Ruf hinsichtlich Umweltschutz. Ihre finanzielle Unterstützung wird nur weiter schlechtes Verhalten ermutigen.
→ Achten Sie auf die Lebensräume von Pflanzen und Tieren, wenn Sie draußen in der Natur, auf Fahrradwegen etc. sind.
→ Unterstützen Sie Organisationen, die für eine nachhaltige Ozeanpolitik eintreten, besonders in internationalen Gewässern.
→ Beschränken Sie sich in Ihrem Konsum von Meerestieren und bilden Sie sich durch einen Besuch beim Monterey Bay Aquarium's Seafoof Watch Program unter www.montereybayaquarium.org weiter. Drucken Sie sich den hosentaschengroßen Zettel mit Empfehlungen aus oder downloaden Sie ihn auf ihr Smartphone.
→ Reduzieren Sie Ihren CO_2-Fußabdruck. Finden Sie Ideen und Inspiration beim Global Footprint Network unter www.footprintnetwork.org.

Tiere und Insekten

Amerikanischer Totengräber
Handeln Sie: Kontaktieren Sie den Roger Williams Park Zoo in Providence, Rhode Island, unter www.rwpzoo.org. Sie können dort mehr über das preisgekrönte Wiederansiedelungsprogramm für den amerikanischen Totengräber erfahren, sowie Spenden für die Käfer und andere bedrohte Arten entrichten.
Entfernen Sie elektronische Käferfallen aus Ihrem Haushalt. Diese ziehen die Totengräber und weitere nützliche Insektenarten an und töten sie.
Begegnen Sie den Tieren: Besuchen Sie einen Zoo, der über ein Aufzuchtprogramm in Gefangenschaft verfügt, so z. B. der Roger William Park Zoo und der Saint Louis Zoo in Missouri.
Sehen Sie sich ein Video frisch geschlüpfter Käferlarven auf der Website des Saint Louis Zoo unter www.stlzoo.org an.

Angonoka
Handeln Sie: Kontaktieren Sie den Turtle Conservation Fund unter www.turtleconservationfund.org, um mehr über die neuesten Projekte dieser Organisation herauszufinden, die das langfristige Überleben der Schnabelbrustschildkröte und anderer stark gefährdeter Schildkrötenarten sicherstellen sollen. Dort können Sie auch Spendenmöglichkeiten in Erfahrung bringen.
Unterstützen Sie die Bestrebungen zum Schutz der Angonoka, indem Sie unter www.durrellwildlife.org Kontakt zum Durrell Wildlife Conservation Trust aufnehmen. Zusätzlich zur Überwachung und dem Studium der Schildkröten in ihrem verbleibenden Wildlebensraum unterstützt Durrell die Gemeinden, die die Bucht von Baly umgeben, um so die Schnabelbrustschildkröten und ihren Lebensraum zu schützen. Wenn Sie die Website besuchen, können Sie Spenden entrichten, sich an einem Adoptionsprogramm beteiligen und eine Liste mit Möglichkeiten in Sachen Ökotourismus finden, darunter einen Trip nach Madagaskar.
Begegnen Sie den Tieren: Machen Sie eine Reise zum Honolulu Zoo auf Hawaii, um die Schnabelbrustschildkröten zu sehen.

Asiatische Geier
Handeln Sie: Kontaktieren Sie die königliche Gesellschaft für Vogel-

schutz (Royal Society for the Protection of Birds) unter www.rspb.org.uk und das internationale Raubvogelzentrum (International Centre for Birds of Prey) unter www.icbp.org. Hier können Sie mehr über die Schutzbemühungen und Spendenmöglichkeiten für die Brutprogramme dieser Organisationen erfahren.

Kontaktieren Sie den Peregrine Fund: World Center for Birds of Prey unter www.peregrinefund.org. Sie können dort mehr über das Asian Vulture Population Project in Erfahrung bringen und diese Bestrebungen unterstützen, indem Sie Informationen über jegliche Geierkolonien, die Ihnen in freier Wildbahn bekannt sind, liefern.

Klären Sie andere über die Gefahren von Diclofenac auf – ein entzündungshemmendes Medikament, das Vieh verabreicht wird. Geier sterben, wenn sie ein totes Tier fressen, das mit diesem Medikament behandelt wurde.

Attawari-Präriehuhn

Handeln Sie: Tragen Sie etwas zu dem Präriehuhn-Adoptionsprogramm bei. Ihre Spenden tragen direkt zur Aufzucht von Attawari-Präriehühnern in freier Wildbahn bei. Spenden Sie an:
Adopt-a-Prairie-Chicken-Program
Texas Parks and Wildlife Department
4200 Smith School Road
Austin, TX 78744

Begegnen Sie den Tieren: Machen Sie einen Ausflug zum Attawater's Prairie Chicken National Wildlife Refuge in Eagle Lake, Texas. Zusätzlich zu vielen Gelegenheiten zum Vogelbeobachten gibt es dort auch Möglichkeiten, Freiwilligenarbeit zu leisten. Mehr Informationen finden Sie unter www.fws.gov/southwest/refuges/texas/Attawari.

Bermuda-Sturmvogel (Cahow)

Handeln Sie: Kontaktieren Sie die Bermuda-Audubon-Society unter www.audubon.bermuda, um mehr über die Schutzbemühungen für diese Vögel in Erfahrung zu bringen, Informationen über Vogelbeobachtungstouren auf Bermuda zu bekommen und an die Wiederherstellungsprogramme zu spenden.

Besuchen Sie das Aquarium, den Zoo und das Museum von Bermuda unter www.bamz.org, um Spenden für die Erhaltung des Cahow und

andere einheimische Arten zu entrichten, mehr über das Bermuda Biodiversity Project in Erfahrung zu bringen und Ihre Zeit als Freiwilliger zur Verfügung zu stellen.
Begegnen Sie den Tieren: Kontaktieren Sie das Bermuda Institute of Ocean Sciences unter www.bios.edu, um mehr über Öko-Touren und Bildungsmöglichkeiten herauszufinden.

Chatham-Schnäpper
Handeln Sie: Besuchen Sie die Website der Royal Forest & Bird Protection Society of New Zealand unter www.forestandbird.org.nz, um zu spenden, Informationen über Möglichkeiten zur Freiwilligenarbeit zu bekommen und sich der Organisation anzuschließen.
Spenden Sie für Naturschutzbemühungen an:
New Zealand Threatened Species Trust
c/o Royal Forest & Bird Protection Society of New Zealand Inc.
PO Box 631
Wellington, New Zealand

Coelacanth (Quastenflosser)
Handeln Sie: Finden Sie mehr über die Art heraus, indem Sie die Website des South African Institute for Aquatic Biodiversity (SAIAB) unter www.saiab.ac.za besuchen, eine globale Quelle für Informationen zum *Coelacanth* und international anerkanntes Zentrum für Studien zu aquatischer Biodiversität.
Beschränken Sie Ihren Konsum von Meerestieren; wenn Sie Meerestiere essen, tun Sie es gewissenhaft. Besuchen Sie die Website der Initiative für nachhaltigen Umgang mit Meerestieren in Südafrika des World Wildlife Fund unter www.wwfsassi.co.za. Das Programm klärt Großhändler und Restaurants sowie die allgemeine Öffentlichkeit über den Ankauf nachhaltiger Meeresnahrung in Südafrika auf und liefert zusätzlich Informationen, wie man ausgebeutete oder bedrohte Meerestiere vermeiden kann.

Davidshirsch oder Milu
Handeln Sie: Kontaktieren Sie das Whispering Springs Rescue and Research Center unter www.whisperingsprings.org. Diese Organisation hat sich dem Schutz des Davidshirsches verschrieben und hofft, eine

Herde auswildern zu können. Sie finden dort Fotos der Hirsche, können mehr über die Schutzbemühungen der Organisation erfahren und Geld für Ihre Wunschliste spenden.

Begegnen Sie den Tieren: Besuchen Sie die Davidshirsche im Lake Superior Zoo in Duluth, Minnesota.

Machen Sie einen Ausflug nach Woburn Abbey in Bedfordshire, um die Davidshirsche und andere Tierarten in diesem 3000 Morgen umfassenden Park zu sehen. Informationen finden Sie unter www.woburnsafari.co.uk.

Besuchen Sie den Milu-Park in Nan Hai-Tsi (vormals kaiserlicher Jagdpark), um die Hirsche und viele anderen Arten zu sehen. Mehr Informationen finden Sie auf www.beijingjoy.com/attractions/nanhaizimilupark.htm.

Formosa-Binnenlachs

Handeln Sie: Um mehr Informationen über die Schutzbemühungen zu erhalten, kontaktieren Sie den Shei-Pa Nationalpark unter http://park.org/Taiwan/Government/Theme/Environmental_Ecological/env64.htm

Gelbbrustara

Handeln Sie: Besuchen Sie die Website des Carl H. Lindner Jr. Center for Conservation and Research of Endangered Wildlife (CREW) unter www.cincinnatizoo.org. Diese fortschrittliche Eindrichtung dient der Rettung bedrohter Tier- und Pflanzenarten wie dem Gelbbrustara. Kontaktieren Sie Bernadette Plair, die Direktorin des Center for the Rescue of Endangered Species of Trinidad and Tobago (CRESTT) unter bplair-crestt@gmail.com, wenn Sie daran interessiert sind, bei den Bemühungen zum Schutz dieser Tiere zu helfen. Sie können der Organisation auch unter folgender Adresse Spendenschecks zukommen lassen:
Center for the Rescue of Endangered Species of Trinidad & Tobago
Attn: Aöex de Verteuil
119 Roberts Street, PO Box 919
Port-of-Spain, Trinidad

Zerstören Sie nicht den Lebensraum der Vögel. Wildern Sie nicht in den Nestern nach Küken. Kaufen Sie keine wild gefangenen Aras als Haustiere, nur welche, die in Gefangenschaft gezüchtet wurden.

Goldenes Löwenäffchen
Handeln Sie: Mehr Informationen zu Schutzprogrammen finden Sie unter www.micoleao.org.br und www.savethegoldenliontamarin.org. Oder besuchen Sie die Website des National Zoo unter www.nationalzoo.si.edu.
Begegnen Sie den Tieren: Besuchen Sie den National Zoo oder machen Sie eine Öko-Tour mit Brazilian Ecotravel und besuchen Sie das biologische Reservat Poço das Antas und das dortige Informationszentrum. Für mehr Informationen besuchen Sie die Website unter www.brazil-ecotravel.com.

Graufußtölpel
Handeln Sie: Finden Sie unter www.biologie.uni-hamburg.de/zim/oeko/seabird_e.html mehr über das Christmas Island Seabird Project heraus. Dieses Projekt widmet sich, gesponsert von der Universität Hamburg, der Erforschung der Graufußtölpel und zweier anderer bedrohter Vogelarten – der des Weißbauch-Fregattvogels und der des Rotschwanz-Tropikvogels – um so die Bemühungen zu ihrem Schutz zu unterstützen. Studenten können sich in Form von Feld-Assistentenstellen und Forschungsprojekten beteiligen.
Begegnen Sie den Tieren: Besuchen Sie den Christmas Island National Park und machen Sie eine geführte Vogelbeobachtungstour. Wenn Sie mehr Informationen über den Park suchen, kontaktieren Sie die Christmas Island Tourism Association unter www.christmas.net.au.

Großer Panda
Handeln Sie: Kontaktieren Sie den Smithsonian National Zoological Park unter http://nationalzoo.si.edu. Dort können Sie mehr über die Spezies und Spendenmöglichkeiten für den Giant Panda Conservation Fund in Erfahrung bringen. Dieser hilft bei der Finanzierung einer Reihe von Forschungsprojekten in China und den Vereinigten Staaten. Kontaktieren Sie die Conservation and Research for Endangered Species Division des Zoos von San Diego unter www.cres-sandiegozoo.org. Deren Einheit zum Schutz des Großen Panda konzentriert sich auf die Biologie und den Schutz dieser Art. Sie können spenden, Freiwilligenarbeit leisten, sich um die Mitgliedschaft bewerben und sich am Projekt »Adopt the Giant Panda« beteiligen.

Senden Sie Spenden für Schutzbemühungen an:
The Nature Conservancy
China Program
B4-2 Qijayuan Diplomatic Compound
No. 9 Jianwai Dajie, Chaoyang District
Beijing 100600 China
Spenden Sie für Forschungsprogramme der US-Zoos, die der Biologie und dem Schutz des Großen Panda gewidmet sind:
San Diego (www.sandiego.org), Atlanta (www.zooatlanta.org), National Zoological Park (www.nationalzoo.si.edu) und Memphis (www.memphiszoo.org). Konsultieren Sie die Websites sämtlicher Zoos, um mehr darüber zu erfahren, wie Sie spenden oder sich beteiligen können.
Begegnen Sie den Tieren: Machen Sie eine Ökotour, die Sie zu den Großen Pandas und ihren natürlichen Lebensräumen führen wird. Die Website für wildlebende Große Pandas unter www.wildgiantpanda.com führt eine Liste von Naturreservaten, die Tourismusmöglichkeiten bieten. Oder besuchen Sie das Zuchtzentrum für Große Pandas im Wolong Nature Reserve oder in Chengdu. Für mehr Informationen über Bildungsexkursionen, besuchen Sie
www.4panda.com/panda/pandasite/wolong.htm oder www.panda.org/cn/english.
Machen Sie Freiwilligenarbeit im Wolong-Naturreservat in China. Kontaktieren Sie Pandas International unter www.pandasinternational.org für mehr Informationen, Spendenmöglichkeiten oder zur Frage, wie man einen Großen Panda sponsort.
Sehen Sie sich einen live-feed über die Großen Pandas im Wolong-Naturreservat unter www.oiccam.com/webcams/index.html?/panda an.
Besuchen Sie Große Pandas im National Zoo, Washington D.C. und im Zoo von San Diego. Sie können sich die neue Panda Cam im San Diego Zoo ansehen, die einen Livestream aus den Gehegen überträgt.

Hawaiigans (Nene)
Handeln Sie: Kontaktieren Sie den Verein Friends of Hakalau Forest National Wildlife Refuge unter www.friendsofhakalauforest.org, um zu spenden, so eine Nene zu adoptieren und mehr über Möglichkeiten für Freiwilligenarbeit zur Förderung von Schutzbemühungen in Sachen Natur und Kultur auf Hawaii.

Informieren Sie sich über das Nachzuchtprogramm für Nene im Hawaii Volcanoes National Park unter www.nps.gov/havo/naturscience/nene.htm.

Sie können auch ein erhellendes Feldseminar besuchen, Freund des Parks werden, indem Sie Freiwilligenarbeit leisten oder spenden unter www.fhvnp.org

Fahren Sie in Bereichen, die mit dem Schild NENE CROSSING markiert sind, vorsichtig und passen Sie auf Golfplätzen auf Nene auf. Beobachten Sie die Nene nur aus der Entfernung und füttern Sie sie niemals.

Lassen Sie Ihre Haustiere bei sich im Haus – sie könnten eine Gefahr für die Nene darstellen.

Begegnen Sie den Tieren: Machen Sie einen Trip in das Hakalau National Wildlife Refuge oder in den Hawaii Volcanoes National Park, um die Nene und andere einheimische Vögel zu sehen.

Besuchen Sie die Nene im Honolulu Zoo auf Hawaii.

Kalifornischer Kondor

Handeln Sie: Besuchen Sie die Website des California Condor Recovery Program unter www.cacondorconservation.org, um mehr über die Schutzbemühungen zu erfahren, zu spenden, Freiwilligenarbeit als Nestbeobachter zu leisten und den Newsletter zu abonnieren. Die Website liefert auch Ideen für Schulen, wie man Schüler über diese bedrohten Vögel aufklären kann und was diese ihrerseits an Hilfe leisten können. Für spezifischere Informationen zu der Möglichkeit, Nestbeobachter zu werden, kontaktieren Sie Estelle Sandhaus unter esandhaus@sbzoo.org oder Joseph Brandt unter hoppermountain@fws.gov.

Leisten Sie Freiwilligenarbeit bei der Verbesserung des Lebensraums der Kondore auf dem Land des Hopper Mountain National Wildlife Refuge Complex und auf anderen öffentlichen Gebieten in der Region von Zentral- und Südkalifornien. Wenn Sie sich beteiligen wollen, kontaktieren Sie den US Fish and Wildlife Service unter www.fws.gov.

Spenden Sie an den Condor Survival Fund, der rentable Projekte finanziert, die keine anderweitige finanzielle Unterstützung von anderen Organisationen oder Regierungseinrichtungen bekommen, die mit dem Kondorprogramm zu tun haben. Um eine steuerlich absetzbare Spende zu entrichten, schicken Sie einen auf den Condor Survival Fund ausgestellten Scheck an:

Office of Accounting & Human Services
Santa Barbare Museum of Natural History
2559 Puesta del Sol Road
Santa Barbara, CA 93105
Füttern Sie unter keinen Umständen einen Kondor und nähern Sie sich diesen auch nicht.
Lassen Sie keinen Müll oder Gifte wie Frostschutzmittel in der Wildnis zurück.
Wenn Sie Jäger sind: Benutzen Sie nur bleifreie Patronen, bspw. solche aus Kupfer. Schießen Sie nur, wenn Sie sicher sind, dass Sie auch treffen und lassen Sie nie das geschossene Tier zurück. Vergraben Sie die Eingeweide von Tieren, die Sie in der Wildnis ausnehmen, um sie vor Aasfressern zu verstecken. Zögern Sie nicht, illegale Abschüsse zu melden.
Begegnen Sie den Tieren: Besuchen Sie die kalifornischen Kondore im Zoo von San Diego.

Kaspisches Kleinpferd
Handeln Sie: Kontaktieren Sie die Caspian Horse Society of the Americas unter www.caspian.org oder die Caspian Horse Society (UK) unter www.caspianhorsesociety.org.uk, wenn Sie mehr Informationen über die Rasse suchen oder die Organisationen in Form einer Mitgliedschaft unterstützen wollen.
Begegnen Sie den Tieren: Besuchen Sie die kaspischen Kleinpferde im Memphis Zoo, Tennessee.

Kurzschwanzalbatros (Steller's Albatros)
Handeln Sie: Nehmen Sie Kontakt zur Save the Albatros-Kampagne unter www.savethealbatross.net auf. Sie können diese von mehreren Organisationen wie Bird Life International gesponserte Kampagne unterstützen, indem Sie sich über die Herausforderungen informieren, denen sich die Naturschützer gegenübersehen, Sie einen E-Mail-Newsletter abonnieren, sich an einem Projekt mit gebrauchten Briefmarken beteiligen, dessen Einnahmen direkt den Albatrossen zugute kommen und natürlich indem Sie an das Projekt spenden. Achten Sie darauf, dass Sie Ihren Müll, besonders Plastik und Ballons, richtig entsorgen. Albatrosse und andere Seevögel können sich in den Schnüren verfangen, während andere Tiere sie möglicherweise fressen und daran sterben.

Entsorgen Sie gebrauchtes Öl nicht in Stadtabwässer oder die Wasserversorgung Ihrer Gemeinde, da dieses schließlich im Ozean landen kann. Wenn das Gefieder der Vögel mit Öl in Kontakt kommt, kann das tödlich sein, da es dann nicht länger wasserdicht ist.

Lisztaffe
Handeln Sie: Kontaktieren Sie Proyecto Tití unter www.proyectotiti.com. Bei diesem Schutzprogramms können Sie mehr über die Lisztaffen in Erfahrung bringen, spenden und Öko-Produkte wie Mochilas kaufen. Mit dem Kauf dieser Waren helfen Sie den Gemeinden vor Ort, sich von ihrer Abhängigkeit von Waldprodukten zu lösen. Und mit einer stabilen Einkommensgrundlage können diese Gemeinden helfen, die Lisztaffen für die zukünftigen Generationen Kolumbiens zu bewahren.

Lord Howe's Island Phasmide oder Gespenstschrecke
Handeln Sie und begegnen Sie den Tieren: Wenn Sie sich über diese Gespenstschrecken informieren wollen, besuchen Sie die Website der Foundation for National Parks and Wildlife unter www.fnpw.com.au. Kontaktieren Sie die Lord Howe Island Tourism Association unter www.lordhoweisland.info, wenn Sie mehr über den Erhaltungsplan für bedrohte Arten der Insel erfahren oder eine Reise buchen wollen, bei der Sie die einheimischen Arten besichtigen können.

Madeira-Sturmvogel
Handeln Sie: Vermeiden Sie es, Müll auf See zu hinterlassen, der vielen Vögeln das Leben kostet, darunter auch Madeira-Sturmvögel. Beispielsweise zerbricht Polystyrol (wie es sich bspw. in Styropor-Verpackungen findet) in kleine, weiße Bällchen, die die Seevögel verschlucken, was zu Darmverschlüsen und somit zum Tod führt.
Seien Sie beim Wandern respektvoll. Lassen Sie beim Wandern auf Madeira keinen Müll oder Essensreste auf den Wegen oder in freier Wildbahn zurück, da dies Ratten und Katzen anzieht, die Fressfeinde der Sturmvögel sind.
Begegnen Sie den Tieren: Machen Sie eine geführte Nachttour zum Pico Arceiro auf Madeira, wo Sie die Sturmvögel hören und in mondhellen Nächten vielleicht sogar den einen oder anderen vorüberfliegen sehen

können. Kontaktieren Sie Madeira Wind Birds unter www.madeirabirds.com oder Ventura do Mar unter www.venturadomar.com, um weitere Informationen zu erhalten.

Mauritiussittich
Handeln Sie: Kontaktieren Sie die Parrot Society UK unter www.theparrotsocietyuk.org, wenn Sie mehr über Schutzbemühungen in Sachen Mauritiussittiche in Erfahrung bringen oder spenden wollen. Siehe »Vögel von Mauritius« zu weiteren Vorschlägen.

Nipponibis
Handeln Sie: Kontaktieren Sie Earth's Endangered Creatures unter www.earthsendangered.com, wenn Sie mehr über den Nipponibis erfahren wollen.
Begegnen Sie den Tieren: Machen Sie eine Ökotour mit Wings Birding Tours Worldwide, um die Nipponibisse zu Gesicht zu bekommen. Besuchen Sie die Website http://wingsbirds.com, wenn Sie Informationen über spezifische Exkursionen suchen.
Besuchen Sie das Naturreservat Yangxian Zhuhuan. Weitere Informationen erhalten Sie unter www.4panda.com/special/bird/site//yangxian.htm.

Panama-Stummelfußfrosch
Handeln Sie: Konatktieren Sie den Houston Zoo unter www.houstonzoo.org. Dort erfahren Sie mehr über die Stummelfußfrösche, können Spenden an das ElValle Amphibian Rescue Center entrichten und sich ein Video über die Schutzbestrebungen ansehen.
Unterstützen Sie Amphibian Ark – eine Organisation, die bemüht ist, das Überleben sämtlicher Amphibienarten sicherzustellen; Sie finden sie unter www.amphibianark.org. Auf der Website finden Sie mehr Informationen zu Schutzbemühungen und Spendenmöglichkeiten.
Begegnen Sie den Tieren: Besuchen Sie die Website www.ecotourismpanama.com, wenn Sie sich über Ökotourismus in Panama informieren möchten. Auf dieser Website finden Sie eine Liste von Nationalparks, Tourenveranstaltern, Hotels sowie eine Auflistung bedrohter Arten, wie etwa der Stummelfußfrosch, denen Touristen begegnen könnten.

Pardelluchs
Handeln Sie: Kontaktieren Sie SOS Lynx unter www.soslynx.org, wenn Sie mehr über die Bemühungen zum Schutz dieser Art wie etwa Aufzuchtprogramm in Gefangenschaft in Erfahrung bringen oder spenden möchten.
Unterstützen Sie die Cat Specialist Group unter www.catsg.org. Diese Organisation wird von der World Conservation Union und der Species Survival Comission gesponsert.
Besuchen Sie LifeLince unter www.lifelince.org, wenn Sie Informationen zu Schutzprojekten wie Verfolgung per Sender, Kamerafallen und der Schaffung von ergänzenden Fütterungsgehegen suchen. Obendrein gibt es Möglichkeiten für Freiwilligenarbeit.
Leisten Sie Freiwilligenarbeit im Zuchtzentrum für Pardelluchse (Minimum drei Monate). Besuchen Sie die Website www.lynxexsitu.es, wenn Sie Näheres erfahren wollen oder schicken Sie eine E-Mail an lynxexsitu@lynxexsitu.es.
Wenn Sie den Lebensraum der Luchse, insbesondere den Doñana Nationalpark, durchqueren müssen, denken Sie darüber nach, zu wandern oder mit dem Fahrrad zu fahren, da Autos in der Vergangenheit zahlreiche Luchse getötet haben.

Przewalskipferd (Takhi)
Handeln Sie: Kontaktieren Sie die Foundation for the Preservation and Protection of the Przewalski Horse unter www.treemail.nl/takh, um mehr über diese Art und ihren Lebensraum in Erfahrung zu bringen.
Begegnen Sie den Tieren: Besuchen Sie den Hustai Nationalpark in der Mongolei, um die Przewalskipferde zu sehen. Gehen Sie auf www.hustai.mn, um Details über Touren, Unterkünfte und Ökovolontär- oder Forschungsmöglichkeiten in Erfahrung zu bringen.

Rotwolf
Handeln Sie: Kontaktieren Sie die Red Wolf Coalition unter www.redwolves.com, um mehr über diese Tierart in Erfahrung zu bringen, sich der Organisation anzuschließen oder Spenden zur Unterstützung der Schutzbemühungen zu entrichten.
Jagen Sie verantwortungsbewusst. Es gibt 100 Bezirke in North Carolina, von denen 95 über keinerlei Rotwolf-Population verfügen.

Fahren Sie vorsichtig, da Rotwölfe und andere Wildtiere oft Straßen überqueren, wenn sie auf Futtersuche sind.
Halten Sie die Straßen sauber. Müll zieht Wildtiere an und gefährdet sie.
Begegnen Sie den Tieren: Unterstützen Sie das Red Wolf Recovery Program, gesponsert vom US Fish and Wildlife Service, unter www.fws.gov/redwolf. Sie können Ihre Zeit als Freiwilliger zur Verfügung stellen, eine Safari im Alligator River National Wildlife Refuge in North Carolina mitmachen oder sich für einen Workshop für Lehrer im Red Wolf Recovery Program einschreiben, der zweimal jährlich zur Erweiterung der Aufklärung über Wölfe abgehalten wird.
Besuchen Sie die Rotwölfe im Point Defiance Zoo and Aquarium in Tacoma, Washington. Ein Video über die Zucht der Wölfe in Gefangenschaft und das Erhaltungsprogramm finden Sie unter www.pdza.org

Schreikranich

Handeln Sie: Unterstützen Sie die International Crane Foundation unter www.savingcranes.org, indem Sie Ihr Wissen über den Schutz der Kraniche erweitern, spenden, sich der Organisation anschließen, Freiwilligenarbeit leisten oder die Stiftung in Baraboo, Wisconsin, besuchen. Führungen möglich.
Kontaktieren Sie Operation Wanderung: www.operationmigration.org. Diese Organisation entwickelte die Technik von Menschen angeführter Wanderungen und ist für die Aufzucht und das Training jeder neuen Generation ausgewilderter Schreikraniche verantwortlich, angefangen vom Schlüpfen bis zur Auswilderung in Florida. Besuchen Sie diese Website auch, wenn Sie mehr über die Auswilderungsprogramme der Operation Wanderung wissen, spenden, Videoclips ansehen oder Freiwilligenarbeit leisten wollen; darüber hinaus finden Sie dort auch täglich aktualisierte Mitteilungen der Piloten und des Bodenpersonals, die sich dem Schutz der Schreikraniche und anderer Zugvögel verschrieben haben.

Schwarzfußiltis

Handeln Sie: Kontaktieren Sie Prairie Wildlife Research unter www.prairiewildlife.org. Bei dieser Organisation können Sie sich über die Spezies informieren, einen Iltis durch ein Adoptionsprogramm sponsern oder direkt für die Schutzbemühungen vor Ort spenden.
Unterstützen Sie Organisationen, die für den Schutz der Präriehunde

kämpfen (die denselben Lebensraum wie die Schwarzfußiltisse haben), so z. B. Prairie Dog Coalition und Nature Conservancy.

Erkunden Sie die Prärie und informieren Sie sich darüber. Es ist das gefährdetste Ökosystem Nordamerikas, da die Menschen es schlicht für selbstverständlich ansehen.

Begegnen Sie den Tieren: Machen Sie eine geführte Nachtwanderung im Wind Cave National Park in South Dakota im Spätsommer. Ziehen Sie nicht auf eigene Faust mit der Taschenlampe los. Das ist illegal und könnte die Arbeit von Biologen oder die Tiere selbst stören.

Besuchen Sie einen Zoo, in dem Schwarzfußiltisse gezüchtet werden, so z. B. den Louisville Zoo, Kentucky, den Toronto Zoo in Ontario, den Phoenix Zoo in Arizona, den National Zoo in Washington D.C. oder den Cheyenne Mountain Zoo in Colorado.

Spitzkrokodil

Handeln Sie: Besuchen Sie die Croc Docs, eine von der University of Florida gesponserte Website http://crocdoc.ifas.ufl.edu/index.htm. Hier können Sie mehr über das Verhalten dieser Tiere und die Maßnahmen, die zu ihrem Schutz unternommen werden, in Erfahrung bringen, sich Forschungspublikationen ansehen und virtuelle Feldexkursionen nach Belize und Südflorida machen, um die Krokodile zu beobachten.

Versuchen Sie niemals, die Krokodile zu füttern oder anzulocken. Das ist nicht nur illegal und gefährlich, sondern kann die Krokodile obendrein verleiten, zukünftig Menschen in der Hoffnung aufzusuchen, Futter von ihnen zu bekommen. Entsorgen Sie Fischreste stets in einen Müllbehälter. Werfen Sie sie niemals ins Wasser.

Begegnen Sie den Tieren: Besuchen Sie die Krokodile im Everglades National Park, im Biscayne National Park oder im Ding Darling National Wildlife Refuge.

Sehen Sie sich die Spitzkrokodile im Philadelphia Zoo, im Pennsylvania Zoo oder im Central Florida Zoo an.

Sumatra-Nashorn

Handeln Sie: Besuchen Sie die Website der International Rhino Foundation unter www.rhinos-irf.org, um mehr darüber zu erfahren, wie Sie bei der Rettung dieser bedrohten Art helfen, einen Newsletter abonnieren, spenden oder ein Nashorn adoptieren können.

Unterstützen Sie das Center for Conservation and Research of Engangered Wildlife im Cincinnati Zoo (CREW). Die Organisation sponsert die Nachzucht von Sumatra-Nashörnern und arbeitet mit indonesischen Naturschützern zusammen, die bemüht sind, den verbleibenden Wald-Lebensraum der Nashörner zu schützen. CREW unterstützt unter anderem Einheiten zum Schutz der Nashörner auf Sumatra, Borneo und auf der malayischen Halbinsel. Mehr erfahren Sie unter www.cincinnatizoo.org/conservation.

Kaufen Sie keine Tierprodukte wie die Hörner von Nashörnern. Eine der größten Gefahren für die Sumatra-Nashörner ist illegales Wildern.

Begegnen Sie den Tieren: Besuchen Sie die Ausstellung über Sumatra-Nashörner im Cincinnati Zoo oder sehen Sie sich die Tiere auf der Website des Zoos unter www.cincinnatizoo.org an. Zusätzlich zur Finanzierung eines bahnbrechenden Nachzuchtprogramms unterstützt das Carl H. Lindner Jr. Family Center for Conservation and Research of Endangered Wildlife (CREW) in diesem Zoo auch Einheiten zum Schutz der Nashörner, die versuchen, Wilderei zu verhindern. Sie können sich über ein Freiwilligenprogramm beteiligen.

Trampeltier

Handeln Sie: Kontaktieren Sie die Wild Camel Protection Foundation unter www.wildcamels.com. Dort können Sie mehr über die aktuellen Schutzmaßnahmen in Erfahrung bringen, Mitglied der Stiftung werden und Kamele sponsern.

Begegnen Sie den Tieren: Besuchen Sie die Trampeltiere in einem AZA-anerkannten Zoo, etwa dem Denver Zoo in Colorado oder in den Los Angeles Zoo & Botanical Gardens.

Vancouver-Murmeltier

Handeln Sie: Kontaktieren Sie die Marmot Recovery Foundation unter www.marmots.org, um mehr darüber in Erfahrung zu bringen, was Sie tun können, um diese Art vor dem Aussterben zu retten, an einem Beobachtungsprogramm teilzunehmen, zu spenden oder für sich selbst oder einen lieben Menschen ein Murmeltier zu adoptieren.

Vögel von Mauritius: Mauritiusfalke, Mauritiussittich und Rosentaube

Handeln Sie und begegnen Sie den Tieren: Nehmen Sie unter

www.mauritianwildlife.org Kontakt zur Mauritian Wildlife Foundation auf, wenn Sie mehr über die Schutzmaßnahmen, die für diese Arten getroffen werden, erfahren, spenden, Freiwilligenarbeit leisten oder Informationen zu Ökotouren einholen wollen.

Konatktieren Sie die African Conservation Foundation unter www.africanconservation.org, um mehr über diese Arten und ihre Lebensräume zu erfahren, zu spenden oder bei den zahlreichen Schutzprojekten Freiwilligenarbeit zu leisten.

Waldrapp

Handeln Sie: Werden Sie Teil des Waldrappteam-Projekts; Informationen finden Sie unter www.waldrapp.eu. Sie können diesem Waldrapp-Forschungs- und Schutzprojekt helfen, indem Sie sich auf dem jährlichen Zug anschließen, Freiwilligenarbeit leisten, spenden oder einen Vogel adoptieren.

Wanderfalke

Handeln Sie: Kontaktieren Sie den Peregrine Fund: World Center for Birds of Prey unter www.peregrinefund.org, wenn Sie mehr über Schutzprojekte herausfinden, spenden, Dinge aus dem Online-Shop kaufen oder Ihre Zeit, Fähigkeiten und Ihre Talent in die Organisation einbringen wollen. Volontärmöglichkeiten reichen von Arbeit im Naturkundezentrum über Vogel-Sitting bis hin zur Forschungsassistenz.

Besuchen Sie das Raubvogelzentrum der University of Minnesota unter www.raptor.cvm.umn.edu. Dort können Sie mehr über Falken, Adler, Habichte und Eulen in Erfahrung bringen, spenden, Freiwilliger werden und Informationen über Programme wie bspw. Recycling for Raptors einholen.

Begegnen Sie den Tieren: Machen Sie eine Reise ins Raubvogelzentrum in Saint Paul, Minnesota.

Wolf

Handeln Sie: Nehmen Sie unter www.ypf.org Kontakt zur Yellowstone Park Foundation auf. Hier können Sie Spenden für das allgemeine Wolfprojekt entrichten, einen UKW- oder GPS-Sendekragen sponsern oder zu einem gemeindefinanzierten Wolfkragen beisteuern.

Yariguies-Buschammer
Handeln Sie: Leisten Sie Freiwilligenarbeit bei ProAves, der führenden kolumbianischen Vogelschutzorganisation. Möglichkeiten für Freiwilligenarbeit beinhalten das Beringen von Vögeln und das Überwachen künstlicher Nester. Oder entrichten Sie Spenden an ProAves, das mit diesem Geld Waldgebiete aufkauft, wo bedrohte Arten wie die Yariguies-Buschammer verbreitet sind. Mehr Informationen finden Sie auf der englischsprachigen Website www.proaves.org.
Unterstützen Sie das Natural History Museum in Großbritannien, das über eine der weltgrößten biologischen Sammlungen verfügt. Forscher, Studenten und Besucher von überall auf der Welt verwenden die Sammlungen des Museums, um zu einem besseren Verständnis der Biodiversität auf unserem Planeten zu gelangen. Zu Informationen über Freiwilligenarbeit oder Spenden, siehe www.nhm.ac.uk.
Begegnen Sie den Tieren: Gehen Sie mit Eco Turs, einem Partner von ProAves, auf Vogelschau. Besuchen Sie die Website unter www.ecoturs.com, schreiben Sie direkt eine E-Mail an info@ecoturs.org oder rufen Sie die amerikanische Telefonnummer 001-540-878-5410 an.

Zottel-Hasenkänguru oder Mala
Handeln Sie: Leisten Sie Freiwilligenarbeit zum Schutz der Mala und ihres Lebensraums. Das Australian Conservancy's Scotia Sanctuary bietet Volontärsstellen an; mehr Informationen dazu finden Sie unter www.australianwildlife.org. Weitere Möglichkeiten finden Sie beim Western Australian Department of Environment unter www.dec.wa.gov.au. Oder kontaktieren Sie das Northern Territory Department of Natural Resources unter
www.nt.gov.au/nreta/wildlife/programs/volunteers.html, wenn Sie eine Liste mit Volontärsprogrammen einsehen wollen; auf dieser finden Sie auch eines im Alice Springs Desert Park.
Seien Sie in der Wüste sparsam mit Wasser und teilen Sie Wasserquellen mit anderen Lebewesen. Das Wasserloch in Ihrem Camp mag die einzige Wasserversorgung sein, zu der die Wüstentiere Zugang haben.
Lassen Sie Achtsamkeit walten, wenn Sie durch die Wüste reisen. Die Grassamen, die an ihrer Kleidung und auf ihrem Auto kleben, können anderswo zu eingeschleppten Arten werden. Entfernen Sie sie sorgfältig. Kontaktieren Sie die australische Gesellschaft für Beuteltiere unter

www.marsupialsociety.org, um mehr Informationen über die Gefahren für Malas und andere einheimische Tiere Australiens in Erfahrung zu bringen.

Begegnen Sie den Tieren: Kontaktieren Sie den Alice Springs Desert Park unter www.alicespringsdesertpark.com.au, wenn Sie mehr Informationen über die Spezies einholen oder eine Tour durch den Park planen wollen.

Besuchen Sie das Shark Bay World Heritage Center in Westaustralien. Mehr Informationen über die Mala, ihren Lebensraum und zur Tourenplanung erhalten Sie unter www.sharkbay.org.

Zwergkaninchen

Handeln Sie: Kontaktieren Sie Nature Conservancy, eine nicht profitorientierte Organisation, die mehr als 30 000 Morgen Buschsteppen-Lebensraum für die Zwergkaninchen und einige andere Arten unter Schutz gestellt hat, die in dieser Region des Staates Washington leben. Gehen Sie auf www.nature.org, um mehr über diese Schutzbemühungen zu erfahren, Freiwilliger zu werden und spenden Sie Geld oder Land.

Arbeiten Sie direkt bei der Auswilderung und Forschung der Zwergkaninchen mit; nehmen Sie dazu Kontakt zum Programm für bedrohte Arten des Staates Washington und zum Washington Department of Fish and Wildlife unter http://ecology.wordpress.com oder http://wdfw.wa.gov/wildlife/management/index.html auf.

Begegnen Sie den Tieren: Unterstützen Sie das Nachzuchtprogramm für Zwergkaninchen im Oregon Zoo, indem Sie sich die dortige Ausstellung ansehen oder die Website unter www.oregonzoo.org besuchen. Dort finden Sie auch ein Video zur Auswilderung der Zwergkaninchen.

Zwergwildschwein

Handeln Sie: Kontaktieren Sie den Durrell Wildlife Conservation Trust unter www.durrellwildlife.org und unterstützen Sie dessen Bemühungen, diese Art vor dem Aussterben zu bewahren. Sie können dort Mitglied der Organisation werden, spenden oder eines der vielen bedrohten Tiere, die der Trust unter seine Fittiche genommen hat, adoptieren.

Pflanzen
Für viele der bedrohten Pflanzenarten in diesem Buch werden die folgenden Quellen hilfreich sein, wenn Sie mehr Informationen über die Schutzbemühungen suchen.

Die Royal Botanical Gardens, Kew, sind führend beim Schutz bedrohter Pflanzen und ihrer Lebensräume und direkt an der Arbeit mit vielen der Pflanzen, die in diesem Buch auftauchen, beteiligt. Besuchen Sie www.kew.org/conservation, wenn Sie Informationen einholen, spenden, einen Ausflug zu den Gärten planen oder ein Freund von Kew werden wollen. Besuchen Sie auch Wakehurst Place – Kews 300 Morgen großen Landgarten und Heimat der Millennium Seed Bank unter www.nationaltrust.org.uk/main/w-wakehurstplace.

Das Center for Plant Conservation ist bemüht, die einheimischen Pflanzen der USA zu schützen und zu erhalten und ist momentan an vielen der Schutzprojekte von Pflanzen beteiligt, die in diesem Buch vorgestellt werden. Mehr Informationen zu Spendenmöglichkeiten und dem Sponsorenprogramm für Pflanzen finden Sie unter www.centerforplantconservation.org.

Café Marron
Handeln Sie: Kontaktieren Sie die Mauritian Wildlife Foundation unter www.mauritianwildlife.org, um Geld zu spenden oder um mehr über die Naturschutzprojekte dieser Organisation auf Rodrigues Island zu erfahren.

Tahina spectabilis
Handeln Sie: Wenn Sie mehr über die *Tahina spectabilis* in Erfahrung bringen oder Bilder sehen wollen, besuchen Sie die Website www.rarepalmseeds.com.
Kontaktieren Sie Madagascar Wildlife Conservation unter www.mwc-info.net/en, wenn Sie mehr Informationen wünschen oder spenden wollen. Diese Organisation bindet die Gemeinden vor Ort in sämtliche ihrer Schutzprojekte ein.

Wollemie
Handeln Sie und begegnen Sie der Pflanze: Kontaktieren Sie Wollemi Australia unter www.wollemipine.com, wenn Sie mehr über diese Art

herausfinden, dem Schutzclub beitreten oder Ihre eigene Wollemie bestellen wollen. Eine wichtige Strategie zur Bewahrung der wilden Populationen dieser Pflanzen ist es, sicherzustellen, dass sie auch in anderen Regionen der Erde wachsen – ob das nun ein Nationalpark oder eine Privatsammlung ist.

Machen Sie einen Trip in den Wollemi National Park nördlich der Blue Mountains in Australien. Oder besuchen Sie den United States Botanic Garden in Washington D.C.

Lebensräume

Gombe: Tansania, Afrika
Handeln Sie: Unterstützen Sie das TACARE-Programm des Jane Goodall Institute. Besuchen Sie die Website des JGI und suchen Sie die Afrika-Programme des Instituts, wenn Sie herausfinden möchten, wie Sie die Renaturierung von Lebensräumen in und um Gombe unterstützen können.

Guadalupe: Baja California, Mexiko
Handeln Sie: Unterstützen Sie die Arbeit der Grupo de Ecología y Conservacíon de Islas, eine nicht profitorientierte mexikanische Organisation, deren Ziel die Renaturierung der mexikanischen Inseln ist, durch Spenden oder Freiwilligenarbeit. Dazu kontaktieren Sie am besten Dr. Alfonso Arguirre Munoz, den Generaldirektor, unter alfonso.arguirre@conservaciondeislas.org oder schreiben Sie an:
Grupo de Ecología y Conservacíon de Islas, AC
Avenida Lopez Mateos 1590-3
Fracc. Playa Ensenada
Ensenada, Baja California 22880
Kontaktieren Sie Nadia Olivares, die Direktorin des Biosphären-Reservats auf der Insel unter islaguadalupe@conanp.gob.mx, wenn Sie mehr Informationen einholen wollen, wie Sie helfen können.
Mehr herausfinden können Sie, wenn Sie sich mit Island Conservation unter www.islandconservation.org in Verbindung setzen. Diese nicht profitorientierte Organisation dient dem Schutz der Inselökosysteme und ist eine der Gruppen, die momentan für den Schutz von Guade-

loupe arbeiten. Sie können Spenden entrichten oder Freiwilligenarbeit leisten.

Tragen Sie beim Besuch auf den Inseln saubere Schuhe und Kleidung, um eine Invasion exotischer Arten zu vermeiden.

Nehmen Sie keine Haustiere auf Inseln mit und sorgen Sie, so Sie per Schiff reisen, dafür, dass das Ihre rattenfrei ist.

Ökotourismus: Reisen Sie mit Horizon Charters nach Guadeloupe – diese Firma hat sich dem nachhaltigen Ökotourismus verschrieben. Mehr Informationen zu spezifischen Exkursionen finden Sie unter www.horizoncharters.com.

Kenianische Küste, Afrika

Handeln Sie: Kontaktieren Sie den Baobab-Trust unter www.thebaobabtrust.com, wenn Sie mehr über den Schutz von Wildtieren und Lebensräumen erfahren wollen.

Unterstützen Sie die Haller Foundation mit einem Besuch auf ihrer Website unter www.thehallerfoundation.com. Diese Organisation ist bestrebt, ökologisch nachhaltige Gemeinden in Afrika heranzubilden. Auf der Website erfahren Sie mehr über ihre Naturschutzprojekte und Spendenmöglichkeiten.

Auf der Website von Bamburi Cement (www.bamburicement.com) können Sie mehr über Landrückgewinnung im Haller Park erfahren.

Beteiligen Sie sich mit einem Besuch der Website www.greenbeltmovement.org am Green Belt Movement. Auch wenn die Heimatbasis dieser Organisation in Kenia liegt, gibt es darüber hinaus ein äußerst aktives internationales Programm. Das Green Belt Movement konzentriert sich auf Umweltschutz und Baumpflanzungen sowie weitere grüne, gemeindebildende Projekte. Spenden sind willkommen.

Lößebene: Nordwestliche Provinzen, China

Handeln Sie: Wenn Sie mehr über das Watershed Rehabilitation Project auf dem dem Loess Plateau herausfinden wollen, dann kontaktieren Sie die Weltbank unter http://web.worldbank.org. Dort finden sich auch Diashows und Aufklärungsvideos.

Wenn Sie mehr über die Maßnahmen gegen Bodenerosion der Lößebene erfahren wollen, nehmen Sie Kontakt zum EroChina Soil Erosion Project auf; Sie finden es unter www.erochina.alterra.nl.

Sudbury, Ontario

Handeln Sie: Kontaktieren Sie die Stadt Greater Sudbury unter www.greatersudbury.ca, wenn Sie mehr über das Aufforstprogramm und Möglichkeiten, sich zu beteiligen, erfahren wollen.

Nachwort

Seit der Erstveröffentlichung von *Hope for Animals and Their World* sind nun fast zwei Jahre vergangen. Und wieder einmal schreibe ich im Haus meiner Kindheit in Bournemouth, während einer kurzen siebentägigen Verschnaufpause von meinem rigiden Vortragszeitplan.

Mittlerweile ist dieses Buch in Großbritannien und Australien erschienen und in China, Deutschland, Ungarn, den Niederlanden und Südkorea übersetzt worden, mit Verlegern in anderen Ländern wird verhandelt. Was mich dabei besonders freut, ist, dass mir die Leute auf meinen Reisen um die Welt gesagt haben, dass die hoffnungsfrohe Natur der Geschichten sie inspiriert und ihnen neue Energie für ihren Kampf gibt, den Kampf, um den Schutz der Natur fortzusetzen. Und natürlich habe ich das Buch genau aus diesem Grund geschrieben. Besonders aufgeregt bin ich, weil einige Lehrer das Buch benutzen und es so seinen Weg in die Schulbibliotheken gefunden hat. Tatsächlich haben einige Roots & Shoots-Schüler Gruppen gebildet, die das Buch gemeinsam lesen und sich so inspirieren lassen, bei der Veränderung des Planeten das ihre zu tun.

Natürlich sind unfehlbar auch Stimmen laut geworden, die mir vorwerfen, ich würde den Kopf in den Sand stecken und Tatsachen wie die Rate, mit der die Wälder zerstört werden, die Ozeane versauern, Arten aussterben und Umweltverschmutzung und Industrialisierung voranschreiten sowie all die anderen Bedrohungen für die Welt der Natur und die Lebensformen, die sie bewohnen, ignorieren. Das tue ich nicht und habe das auch mehrfach in diesem Buch betont. Das Gesamtbild ist düster. Die kürzlich erfolgte Ölpest im Golf von Mexiko ist ein schockierender Denkzettel, welche Opfer jene fordern, denen ihre Bilanz wichtiger ist als die Sorge um künftige Generationen (und zwar die Generationen aller Lebensformen, darunter auch unsere eigene).

Das war nicht die einzige erstickende Ölpest und wird auch nicht die letzte sein. Die menschliche Gier kennt keine Grenzen und die wirtschaftliche Situation liefert die perfekte Entschuldigung dafür, aus Interesse am schnellen Profit den kürzesten Weg zu nehmen. Tschernobyl ist nicht die einzige Nuklearkatastrophe der Geschichte. Und vergessen wir nicht die Bhopalgas-Tragödie und all die anderen humanitären und Umweltalpträume, die von industriellen Toxinen verursacht wurden.

Alle diese Dinge sind beständig in meinem Bewusstsein. Die Zerstörung und das Leid gehen mir zutiefst zu Herzen. Es wäre so leicht, aufzugeben, die menschliche Schwachheit zu beklagen und mich in meinem Haus und Garten in Bournemouth zur Ruhe zu setzen.

Aber ich denke auch an die wunderbaren Menschen, denen ich begegnet bin und über die ich in diesem Buch geschrieben habe. Ich denke an die wunderbaren Arten, die dank ihrer eine zweite Chance bekommen haben. Ich denke an die Ökosysteme, die gegen alle Wahrscheinlichkeit wiederhergestellt worden sind. Und mehr als alles andere denke ich an die jungen Leute, ihren Enthusiasmus und ihre Entschlossenheit, den Planeten zu retten. Die jungen Leute von heute sind etwas Besonderes. Sie sind weiser, als ihr Alter es vermuten lassen würde und haben großen Mut. Sie wissen, was auf dem Spiel steht – manchmal allzu gut. Wenn sie aufgeben, besteht für uns alle keine Hoffnung mehr, für Menschen nicht und auch nicht für Pflanzen und Tiere.

So versuchte ich, das Negative mit dem Positiven aufzuwiegen und inspirierende, hoffnungsfrohe Geschichten zu erzählen, um ein Gegengewicht zu den düsteren und hoffnungslosen Informationen zu setzen, mit denen wir jeden Tag in Zeitung, Fernsehen und Internet bombardiert werden. Und ich stelle fest, dass ein neuer Geist erwächst, eine neue Entschlossenheit, eine neue Sehnsucht in den Menschen, das ihre zu tun, die richtigen Entscheidungen zu treffen und ihrer Stimme Gehör zu verschaffen.

Oh ja, ich weiß, wie schlecht die Lage ist. Ich weiß, dass, wenn es nicht eine große Veränderung gibt, nichts unseren Planeten retten kann. Aber ich weiß auch, dass immer noch die Chance besteht, das Blatt zu wenden. Doch nur, wenn wir Hoffnung haben. Die Leute, über die wir in diesem Buch berichtet haben, haben nicht aufgegeben und auch ich werde das nicht tun.

Leider haben wir seit der Erstveröffentlichung des Buches drei unserer Helden verloren. Devra Kleiman, die so unermüdlich und erfolgreich 40 Jahre für den Schutz und die Erhaltung der Goldenen Löwenäffchen gearbeitet und obendrein das Nachzuchtprogramm der Großen Pandas in China unterstützt hat, starb im April 2010 an Krebs. Vor ihrem Tod schlug sie die Gründung eines »Devra Kleiman Fonds zur Rettung des Goldenen Löwenäffchens« vor. Sie wollte, dass sämtliche Beiträge zur Unterstützung dieses

Fonds der Arbeit für die Goldenen Löwenäffchen in Brasilien zugute kämen. Das wird die Zukunft des Programms sicherstellen helfen. Wenn Sie einen Beitrag entrichten wollen, gehen Sie auf www.savetheliontamarin.org.

Ernie Kuyt starb im Mai 2010 an den Verletzungen, die er sich bei einem Sturz zugezogen hatte. Er war über 25 Jahre lang eine der Schlüsselfiguren in der Geschichte der Schreikraniche. Selbst nach seinem Ruhestand blieb eine tiefe Verbindung zwischen ihm und den Schreikranichen erhalten. Ich bin froh, dass ich Ernie und seiner Frau im Frühjahr 2009 begegnen durfte, als ich in Edmonton, Alberta, einen Vortrag hielt. Ernie und seine Frau kamen zum Tee und wir sprachen eine gute Stunde über die Kraniche und seine Hoffnungen für ihre Zukunft. Welch ein wunderbarer Mensch! Ohne ihn ist die Welt ein ärmerer Ort.

John Thorbjarnason, dessen Arbeit zum Schutz des China-Alligators auf unserer Website vorgestellt wird und sich auch in der chinesischen Ausgabe dieses Buches findet, starb ebenfalls 2010. Nachdem er zahlreiche Beinahezusammenstöße mit Krokodilen und Alligatoren in der Wildnis überlebt hatte, erlag John einer besonders tödlichen Form der Malaria, die er sich bei seinen Studien am Stumpfkrokodil in Uganda zugezogen hatte.

Im Herbst 2010 erfuhr ich, dass mein guter Freund Don Merton mit Krebs diagnostiziert worden war. Don ist einer der erfolgreichsten und am meisten respektierten Helden in der Welt des Naturschutzes. Er hat sein gesamtes Leben als Erwachsener damit verbracht, bedrohte Arten zu retten und die Tatsache, dass der Chatham-Schnäpper vor dem Aussterben bewahrt werden konnte, ist ihm zu verdanken. Er ist ein wahrer Pionier, der zahlreiche Inselrenaturierungs- und Artenumsiedlungstechniken entwickelt hat, die heute überall auf der Welt zur Anwendung kommen. Und am härtesten und erfolgreichsten war sein Kampf für die Rettung des Kakapo, der so vor dem Aussterben bewahrt werden konnte. Die ganze Geschichte findet sich auf unserer Website (janegoodallhopeforanimals.com) und ist obendrein in der australischen Ausgabe des Buches enthalten.

Im Herbst 2010 bekam ich einen wunderbaren Brief von ihm, in dem er mir sagte, ich solle nicht traurig sein, er hätte ein »großartiges Leben gehabt, mit vielen bemerkenswerten, engagierten Leuten gearbeitet und einige der abgelegensten und schönsten Plätze besucht, die man sich vorstellen kann«.

Natürlich liefen mir Tränen die Wangen hinunter, noch bevor ich den nächsten Absatz seines Briefes las: »Eines der vielen Dinge, die ich tun wollte, als ich die Nachricht bekam, war, mich von dem alten Kakapo Richard

Henry zu verabschieden. Also arrangierte mein Sohn David für sich, meine Frau Margaret und mich eine Kurzreise nach Codfish Island, um genau das zu tun. Richard Henry, mittlerweile ziemlich alt und gebrechlich – nur noch ein Schatten seines früheren Selbst – wäre nicht mehr am Leben, wenn er nicht ständig Zusatznahrung bekäme. ... sein Gewicht ist ok (2,2 kg), aber er ist auf einem Auge blind und schien auch auf dem anderen nicht viel zu sehen, sein Gefieder ist auch längst nicht mehr so strahlend, wie es einmal war. Wir verbrachten einige wunderbare Tage auf Codfish – angenehmes, warmes Wetter, die Pfade im frühlingshaften Wetter trocken und die Waldvögel waren alle am Singen.«

Das Bild von Don in meinem Kopf, von diesem Besuch, den ich so gut zu kennen glaubte, nachdem ich seine Geschichte geschrieben hatte, bei seinem Freund Richard Henry, das sich beim Lesen dieses Briefes formte, ist so schön und so schmerzhaft zugleich.

Dann bekam ich Anfang 2011, gerade als ich diesen Epilog zu Ende schrieb, eine E-Mail von Don, in der er mir mitteilte, dass man am 24. 12. 2010 Richard Henry tot aufgefunden hatte. Man glaubte, dass er zum Zeitpunkt seines Todes etwa 100 Jahre alt gewesen sein muss. Don sagte mir, es gäbe nun 121 lebende Kakapos – das erste der ursprünglichen Weibchen, die man in den 1980er Jahren auf Stewart Island gefangen hatte, war gerade ein paar Monate zuvor gestorben. In den letzten paar Jahren war die Gesamtpopulation um etwa 35 Exemplare angewachsen, doch die Art leidet an einem Mangel genetischer Vielfalt, so dass der Bruterfolg der Nachkommen von Richard Henry – zwei Männchen und ein Weibchen – für die Zukunft des Kakapo sehr wichtig sein wird.

Seit der Veröffentlichung des Buches sind wir auch mit unseren anderen Helden in Verbindung geblieben und haben regelmäßig Neues zu ihren Projekten auf der Website gepostet. Die meisten Neuigkeiten sind positiv, doch letzte Woche schickte mir Frank Zino eine wirklich tragische Geschichte. Er schrieb, dass letztes Jahr (2010) ein Feuer, das auf Madeira von einem Brandstifter gelegt worden war, die Nistgründe der Madeira-Sturmvögel zerstört hat. »Von unserer Warte aus gesehen wurde eine ganze Generation ausgelöscht«, schrieb Frank. Die meisten Eltern waren bei dem Vorfall auf See, was bedeutet, dass mehr Pärchen in den Nestern, die man hastig für sie errichtet hat, nisten werden und es neue Küken geben wird. Aber für uns alle ist es sehr schmerzhaft, wenn eine Generation dieser zerbrechlichen Geschöpfe vernichtet wird.«

Doch Frank und sein Team denken nicht daran, aufzugeben. Sie arbeiten daran, die beschädigten Nistplätze zu reparieren und andere zu schaffen, und erstellen neue Pläne, die die Zukunft dieser Spezies, für deren Rettung sie schon so hart gearbeitet haben, sicherstellen sollen.

Beim Sumatra-Nashorn gibt es ebenfalls schlechte Nachrichten – die Population ist um 100 Tiere geschrumpft. Aber es gibt einen Silberstreif am Horizont – die USA haben zugestimmt, die indonesischen Schulden über acht Jahre um fast 30 Millionen Dollar zu verringern, und zwar im Austausch gegen den erhöhten Schutz der Wälder auf Sumatra, die die Heimat dieser bedrohten Nashörner (und zusätzlich von Orang Utans und Tigern) sind. Dieser Schulden-gegen-Naturschutz-Deal, der von Conservation International und der Indonesian Biodiversity Foundation in die Wege geleitet wurde, schafft einen Trust zur Bewahrung von 18,29 Millionen Morgen Land, darunter des Kambas Nationalparks. Damit ist das der größte Schulden-gegen-Naturschutz-Deal, der seit Verabschiedung des U. S. Tropical Forest Conservation Act 1998 genehmigt wurde.

Wie gesagt, sind die meisten Neuigkeiten positiv. Von Travis Livieri habe ich erfahren, dass Schwarzfußiltisse in ihre alten Reviere in der kanadischen Prärie ausgewildert wurden, und zwar im Grasslands National Park in Saskatchewan. Darüber gibt es nun auch einen Film mit dem Titel »Return of The Prairie Bandit«, der im Februar herauskam. Für die Vorführung auf Wildtier-Filmfestivals wird sogar noch eine längere Version des Film produziert. Travis hat jetzt einen neuen Fußabdruck von Mom aus Fieberglas. Meiner war aus Gips und wurde an den Rändern langsam bröckelig.

Der Herbstzug der Waldrapps 2010 war, wie Fritz Johannes es formulierte, »phantastisch und außergewöhnlich«. Das erste Mal war die Flugstrecke und -geschwindigkeit pro Tag mit der wildlebender Vögel vergleichbar. Alle 14 Vögel lieferten perfekte Vorstellungen und legten eine dreimal so lange Strecke wie in früheren Jahren zurück, da man entschieden hatte, sie um die Alpen herum, statt über die Alpen zu führen. Jetzt sind sie in ihrem Winterquartier und man ist gespannt, wie es ihnen auf ihrem Flug im Frühling zurück nach Österreich ergehen wird. Schauen Sie auf unsere Website, wenn Sie Neuigkeiten erfahren wollen.

Und hier noch ein paar weitere Neuigkeiten. Seit der Erstveröffentlichung dieses Buches hat sich die Population der Vancouver-Murmeltiere um über 120 Tiere erhöht. Es gibt 150 Nipponibisse mehr in China. Die Anzahl der Cahow-Nistpärchen ist um mindestens 12 gestiegen. Und es will scheinen, als sei der amerikanische Totengräber nun erfolgreich auf Nantucket Island etabliert – die Population ist stabil und wächst aller Wahrscheinlichkeit nach.

Soeben bekomme ich von John Hare Neuigkeiten über seine Trampeltiere. Über Jahre gab es eine Kontroverse, ob sie von Tieren, die von der Seidenstraße geflüchtet waren, abstammten oder eine ganz eigene Art darstellten. Schließlich konnte diese Frage 2010 geklärt werden: Das wilde baktrische Kamel oder Trampeltier wurde offiziell zu einer völlig eigenständigen Art erklärt, die es seit etwa 700 000 Jahren gibt. Es war keine Zeit, das entsprechende Kapitel neu zu schreiben, bevor die Paperback-Ausgabe erschien, so dass wir den ursprünglichen Namen und die entsprechenden Informationen belassen haben. Doch von nun an wird nicht mehr die Bezeichnung *Camelus bactrianus ferus*, wildes baktrisches Kamel, gelten, sondern einfach nur *Camelus ferus*, Wildkamel.

Schließlich gibt es hier noch eine aufregende Geschichte über den Kurzschwanzalbatros zu erzählen. Hiroshi Hasegawa versicherte uns, dass die Population auf Torishima nicht nur am Wachsen sei, sondern dass auch die neuen japanischen Brutplätze sich bestens mit vielen Nestern und zahlreichen Küken, die dort flügge werden, bewähren.

Wirklich wundervoll ist, dass im Dezember 2010 zwei Pärchen von Kurzschwanzalbatrossen beim Nisten auf der kleinen Insel des hawaiianischen Archipels beobachtet wurden. Über Jahre haben diejenigen, die mit den Seevögeln arbeiteten, Attrapen benutzt, um die Nistpärchen so zum Nisten auf dem Archipel anzulocken. Dann endlich fand man ein Nest auf Eastern Island, einer der Inseln des Midway Atoll National Wildlife Refuge; und ein weiteres Nest 55 Meilen davon entfernt auf der kleinen Insel des Kure-Atolls. Bis zur Entdeckung dieser Nester glaubte man, die einzigen verbleibenden Kolonien dieser Vögel befänden sich auf den japanischen Inseln. Dann kamen im Januar 2011 die Neuigkeiten, dass das Pärchen auf Eastern Island erfolgreich ein Küken zum Schlüpfen gebracht hatte. Das ist der erste bekannte Fall, dass diese Art erfolgreich außerhalb japanischer Gewässer gebrütet hat.

Und so geht die Arbeit mit all den Erfolgen und Rückschlägen weiter – ein weit entferntes Nest, ein Küken, ein Leben, eine Art nach der anderen. Mehr als alles andere ist es das Engagement so vieler Leute, das meiner Hoffnung Nahrung gibt. Meiner Hoffnung für Tiere. Meiner Hoffnung für diese Welt.

Jane Goodall, Februar 2011

Danksagung

Die Vollendung dieses Buches hat mehrere Jahre gedauert und wäre ohne Hilfe von zahlreichen Leuten nicht zustande gekommen. In der Tat war eine der wirklich großartigen Erfahrungen der letzten Jahre für mich die Begegnung mit so vielen außergewöhnlichen und hingebungsvollen Wissenschaftlern und Naturschützern. Sie haben gemeinsam so viel erreicht und ihre Bereitschaft, ihr Wissen zu teilen und die Darstellungen, die ich über ihre Projekte geschrieben hatte, zu lesen, zu korrigieren und zu erweitern, hat mich überwältigt. Welche Großzügigkeit, ich kann ihnen nicht genug danken.

Beim Schreiben dieses Buches habe ich viele wunderbare Projekte auf der ganzen Welt kennengelernt. Unglücklicherweise war das Manuskript ganz offensichtlich zu lang, als ich alle zu Papier gebracht hatte. Selbst als jede der Geschichten gekürzt und wieder gekürzt wurde, war das Buch immer noch zu lang. Nach langem Ringen wurde entschieden, einige Sektionen ganz zu entfernen. Ich bin wegen dieses Schritts immer noch am Boden zerstört, vor allem, weil die Leute dieser Geschichten so viel Zeit darauf verwandt hatten, ihre Kapitel zu lesen und dafür zu sorgen, dass die enthaltenen Informationen korrekt waren – und sie waren so glücklich darüber, dass das Material Eingang in das Buch finden würde. Ich weiß, dass sie enttäuscht sein werden und ich fühle mich deshalb wirklich furchtbar.

Unsere Website: Es gibt jedoch einen Silberstreif am Horizont. Meine Verleger haben zugestimmt, eine Website zu erstellen, auf der das gesamte Material zu finden ist (www.janegoodallhopeforanimals.com). Dort stehen auch die Originalfassungen einiger Kapitel, die für das Buch gekürzt worden sind, sowie viele der zusammengetragenen Fotografien. Ich möchte Sie alle ermuntern, diese Website zu besuchen und die wundervollen Projekte kennenzulernen, die dort beschrieben werden. Dort finden Sie auch die komplette Danksagung, die für dieses Buch gerafft werden musste.

Wie gesagt, ohne die Hilfe und die beständige Kooperation der Leute, die auf diesen Seiten auftreten, wäre dieses Buch nicht möglich gewesen. Ihre Namen und heroischen Geschichten finden Sie auf den folgenden Seiten.

Danken möchte ich auch denen, die uns sehr geholfen haben, deren Namen jedoch auf den entsprechenden Seiten nicht auftauchen: Mark Bain (Kurznasen-Stör), Ann M. Burke (Schreikranich), Phil Bishop (Hamilton-Frosch), Pat Bowles (Kaspisches Kleinpferd), Jane Chandler (Schreikranich), Glenn Fraser (Wekaralle), Rod Gritten (Mantelschnecke), Nancy Haley (Kurznasen-Stör), Kirk Hart (Kurzschwanzalbatros), Diane Hendry (Rotwolf), Dave Jarvis *(Galaxias Pedderensis)*, Tom Koerner und Dan Miller (Trompeterschwan), Bill Lautenbach (Sudbury, Ontario), Alfonso Aguirre Munoz (Guadeloupe), Mark Stanley Price (arabische Oryx), Ken Reininger (Nene), Ruth Shea (Trompeterschwan), Amy Sprunger *(Moapa coriacea)*, John Thorbjarnarson (China-Alligator), Mike Wallace (Kalifornischer Kondor), Jake Wickerham *(Galaxias Pedderensis)* und Stephen S. Young (Cao Hai Naturreservat).

Wirklich dankbar bin ich Don Merton. Er hat uns bei so vielen Kapiteln dieses Buches geholfen: Die ungeheuer faszinierende Geschichte des Kakapo, des größten flugunfähigen Papageis Neuseelands, wird auf unserer Website auftauchen. Und ich danke Nicholas Carlile für seine enorme Hilfe beim Durchsehen mehrerer Geschichten in diesem Buch. Sein Beitrag zur Rettung des Weißflügel-Sturmvogels wird ebenfalls auf unserer Website auftauchen.

Folgende Leute haben mir Informationen über heroische Anstrengungen zur Rettung bedrohter Pflanzengattungen geliefert: Peter Raven, Hugh Bollinger, Nick Johnson, Lourdes »Lulu« Rico Arce, Michael Park, Tim Rich, Bill Brumback, Jo Meyerkord, Kathryn Kennedy und Robin Wall Kimmerer. Auch ihre Geschichten und Beiträge finden Sie auf unserer Website. Ganz besonders haben mir Victoria Wilman und Robert Robichaux viele hilfreiche Informationen gesandt, ebenso Paul Scannell und Andrew Pritchard, die sich mit mir in Australien getroffen haben.

Ein weiterer Abschnitt, der nicht mehr in das Buch gepasst hat, aber auf der Website auftauchen wird, handelt davon, wie die allgemeine Öffentlichkeit und unsere Jugend bei der Rettung bedrohter Arten helfen können. Dort werden fabelhafte Geschichten erzählt, wie eine bedrohte Spezies Gebietserschließungen aufhalten kann: Greg Ballmer hat mir von der Delhi Sands flower-loving fly *(Rhaphiomidas terminatus abdominalis)* erzählt und von Stephen Spomer, Leon Higley, Mitch Paine und Jessa Huebing-Reitinger habe ich vom Saltcreek Tigerbeetle *(Cicindela nevadica lincolniana)* erfahren. Matt und Ann Magoffin helfen bei der Rettung des Chiricahua Leopard-Frosches und Meredith Dreifus und ihre Familie helfen dem Kokardenspecht. Informationen über den Roots & Shoots-Abschnitt haben Chase Pickering, Tony Liu und Dan Fulton geliefert. Ebenfalls geholfen haben mir Susan und Alexandra Morris und Tim Coonan, die viele Jahre für den Schutz des Insel-Graufuchses gearbeitet haben.

THANE MAYNARD: Ich hatte bei der Entwicklung dieses Buches das große Glück, einer großen Spannbreite an Charakteren begegnen und diese interviewen zu dürfen. Jeder dieser Wissenschaftler und Naturschützer ist in die Bresche gesprungen, als es für diese Tierart entscheidend war. Ich möchte gern den folgenden Leuten danken, die mir beim Zusammentragen meiner Feldaufzeichnungen geholfen haben, da ihre Namen und Geschichten im Buch nicht auftauchen. Alle diese Leute und Geschichten finden sich auf der Website: Wangari Mathaai und ihr Mitarbeiterstab vom Greenbelt Movement, Kent Vliet (Spitzkrokodil), Peter Dunne (Weißkopfseeadler), Rick McIntyre (Wolf), Clay Degayner (Key Largo Buschratte), Ron Austing (Michiganwaldsänger), Scott Eckert (Lederschildkröte), Greg Neudecker (Trompeterschwan), Geoff Hill (Elfenbeinspecht), Roger Payne (Pazifischer Grauwal), Greg Sherley (die Weta von Neuseeland) und Michael Samways (Südafrikanische Libelle). Natürlich möchte ich meiner Frau Kathleen für ihre Hilfe und Unterstützung über die Jahre, die ich an dem Buch gearbeitet habe, danken. Mein Dank gilt ebenfalls dem bemerkenswerten Mitarbeiterstab des Cincinnati Zoo & Botanical Garden, die sich täglich ihre Sporen damit verdienen, jeden Zoobesucher mit der wilden Tierwelt ihres Parks zu begeistern.

GAIL HUDSON: Vielen Dank an meine Agentin, Mary Ann Naples von Creative Culture, für ihre herausragende Unterstützung und Führung. Und besonders dankbar bin ich meinem Mann Hal, meiner Tochter Gabrielle und meinem Sohn Tennessee, die meine Arbeit in dieser Welt stets unterstützt haben.

FOTOS: Alle Fotos, die in diesem Buch sowie auf unserer Website zu sehen sind, wurden uns von den Fotografen gespendet. Wir sind ihnen für ihre Großzügigkeit und Unterstützung zutiefst dankbar. Ihre Namen finden sich bei den Foto-Credits, entlang der Fotografien. In vielen Fällen haben uns die Helden der jeweiligen Kapitel dabei geholfen, die Fotografien zu finden, aber wir möchten auch folgenden Personen für Fotos danken: Shalese Murray, Andrew Bennet, Jo Gayle Howard, Gary Fry, Fr. Ed Udovic, C. M., James Popham, Ann Burke, Christina Anderson, Douglas W. Smith, Antonio Rivas, Christina Simmons, Caron Glover, Penny Haworth, Vanessa Dinning Stephen Monet, Jesse Grantham, Liz Condie, David van Berkel und Rob Robichaux.

JGI UND WELTWEITE HELFER: Beim Schreiben dieses Buches und unserer Suche nach Informationen und Fotografien waren folgende Mitarbeiter aus den JGI-Büros auf der ganzen Welt sehr hilfreich: Frederico Bogdanowicz, Ferran Guallar, David Lefrance, Jeroen Haijtink, Polly Cevallos, Kelly Kok, Walter Inmann, Gudrun Schindler, Melissa Tauber, Claire Quarendon, Anthony Collins, Grace Gobbo, Jana Lawton, Sophie Muset, Erika Helms, Zhang Zh, Michael Crook und Greg MacIsaac.

Ich wünschte, wir hätten den Platz, allen JGI-Mitarbeitern im TACARE-Wiederaufforstungsprojekt rund um den Gombe Nationalpark zu danken. Erwähnen muss ich jedoch Emmanuel Mtiti, Mary Mavynza, Aristedes Kashula und Amani Kingu, die uns mit dem hier erscheinenden Material und unserer Website geholfen haben.

In den frühen Phasen des Buches hat der JGI-Volontär Joy Hotchkiss uns bei den Recherchen und vorbereitenden Interviews geholfen; Sally Eddows entwickelte Produkte zum Themenkreis der bedrohten Spezies, die helfen werden, das Buch zu promoten. Extrem dankbar sind wir Mary Paris, die alle Fotos, die im Buch und auf der Website auftauchen, bearbeitet hat. Dann ist da noch Meredith Bailey, die Redaktionsassistentin von Gail, die uns bei dem Abschnitt »Was Sie tun können« geholfen hat, ebenso wie Claire Jones vom JGI.

Voll Dankbarkeit bin ich auch gegenüber den Mitarbeitern vom Global Office of the Founder (GOOF). Besonders Rob Sassor hat während der ersten paar Jahre des Buches viele Leute kontaktiert, sie interviewt und mir Informationen geliefert; er brachte wirklich großen Enthusiasmus für das Projekt mit und seine Hilfe war von unschätzbarem Wert. Stephen Ham, der Rob in seiner Position nachgefolgt ist, hat ebenfalls geholfen, Wissenschaftler zu kontaktieren und Treffen zu organisieren. Susanna Name, die mir dabei hilft, meinen hektischen Zeitplan zu managen, hat es irgendwie geschafft, die Treffen mit den Wissenschaftlern, die daran beteiligt sind, einige der Arten, die in diesem Buch behandelt werden, zu retten, dazwischenzuschieben.

Es hätte überhaupt keine Chance bestanden, die Fotos für dieses Buch aus den entlegenen Ecken des Globus zusammenzutragen, zu organisieren und zu evaluieren, wären da nicht die hingebungsvollen, detaillierten und beständigen Bemühungen von Christin Jones gewesen. Es war ein Vergnügen, mit ihr zu arbeiten. Und sie war unermüdlich – selbst eine größere Operation konnte sie nicht für länger davon abhalten, die Fotos zu organisieren. Was für eine Heldin!

GRAND CENTRAL: Gewaltigen Dank schulden wir den Mitarbeitern von Grand Central, den Leuten, die uns über die Entstehungsjahre des Buches hinweg Unterstützung und Verständnis geschenkt haben. Die Herausgeberin Natalie Kaire hat engen Kontakt zu uns gehalten und ist die ursprüngliche, lange Fassung des Buches mehrere Male durchgegangen und sie hat uns geholfen, die schwierigen Entscheidungen zu fällen, was an Text und Fotografien ausgeschlossen werden musste. Redaktionsleiter Robert Castillo hat sich aufs Beste um das Lektorat gekümmert und meine Stimme dabei respektiert. Besonders dankbar bin ich Executive Vice President und Verlegerin Jamie Raab dafür, dass sie eine Website für das Buch geschaffen und es uns gestattet hat, wesentlich mehr Fotos als ursprünglich geplant zu verwenden. Sie hat mich schon bei mehreren Büchern begleitet und war eine Unterstützung und Freundin.

FREUNDE UND FAMILIE: Wenn ich um die Welt reise, dann unterstützen mich meine wunderbaren Freunde – und oft ernähren sie mich auch gleich noch. Ich kann nicht allen von ihnen danken, es sind einfach zu viele. Besondere Dankesworte jedoch habe ich für Michael Neugebauer und Tom Mangelsen. Tom hat nicht nur wunderbare Fotografien geliefert, sondern mich auch noch Ernie Kuyt und dem Team vorgestellt, das den Schwarzfußiltis vor der Ausrottung gerettet hat. Ich weiß all die Stunden, die Tom und ich mit dem Diskutieren von bedrohten Arten und Naturschutz und dem Genießen der Schönheit der wilden Orte verbracht haben, wirklich zu schätzen. Seine erstaunlichen Fotografien können Sie unter www.mangelsen.com bewundern.

Ohne Mary Lewis, meiner standhaften Gefährtin auf meinem Weg, hätte ich all die Monate und Jahre, die ich an diesem Buch geschrieben habe, niemals durchgestanden. Mary war die meisterliche Koordinatorin meines verrückten Zeitplans und hat Wunder bewirkt, um dafür zu sorgen, dass ich mit den Kranichen fliegen, eine Nacht mit Iltissen verbringen und die zahllosen Helden treffen konnte, die in *Hoffnung für Tiere und ihre Welt* beschrieben werden. Und dann ist da natürlich noch ihr Sinn für Humor. Was für eine Freundin. Es ist traurig, dass sie jetzt, da ich die letzten Worte dieses Marathons tippe, nicht hier ist, sondern sich von einer Hüftoperation in England erholen muss.

Mein verrückter Zeitplan und das Bedürfnis, jeden freien Moment an das Buch gefesselt zu verbringen, hat dazu geführt, dass ich für meinen Sohn und meine Enkelkinder noch weniger Zeit als sonst hatte. Ich danke ihnen für ihr Verständnis. Und ein ganz besonderes Dankeschön an meine besondere Schwester Judy. Wenn sie mich nicht so liebevoll unterstützt hätte, hätte ich keinen ruhigen Platz zum Schreiben und um mich zu erholen gehabt. Judy, mit ihrem ruhigen gesunden Menschenverstand und ihrer starken Unterstützung, war mein Anker im Sturm.

Register

*Seitenzahlen von Abbildungen erscheinen kursiv.
Römische Ziffern bezeichnen die Bildtafeln.*

A
Aborigines 40, 41, 42 f., 46
Anangu 43 f., 45
Yapa 41
Acrocephalus orinus 310 f.
Ailuropoda melanoleuca 179 ff.
Alice Springs Desert Park 39, 44
Alligator River National Wildlife Refuge 68, 71, 73
Alytes muletensis 303 ff.
Ameise vom Mars 288 f., *XXVIII*
amerikanischer Totengräber 113 ff., *113*, 359, 385, *V*
Aufgabenteilung bei Käfereltern 116 ff.
Warum wir den Totengräber brauchen 115 f.
Andenkondor 52, 53
Angonoka 137 ff., 359, *X*
Ara ararauna 274 ff.
Aransas National Wildlife Refuge 122, 135
Archibald, George 118 f., *119*, 123, 127, 136
Arunachal-Matak 284
Associação Mico-Leão Dourado 92
Association of Zoos and Aquariums 79, 114, 276, 358
Atelopus zeteki 226 ff.
Attawari-Präriehuhn 204 ff., *205*, 360, *XII*
Ein Huhn 208 f.
Schutz 207 f.
Attawater's Prairie Chicken National Wildlife Refuge 206, 208
Audubon Society 50, 123, 357
Auswildern 33
Ayalon-Höhle *280*, 289

B
Bachforelle 328
Baja California, Mexiko *47*, 57, 340, 377 f.
Batrachochytrium dendrobatidis 227, 306
Beck, Benjamin 88 ff.
Beehler, Bruce 291 ff.
Bengalgeier (siehe Geier, Asiatische)
Berggorillas 337
Berlepsche Strahlenparadiesvögel 293
Bermuda-Sturmvogel 246 ff., 344, 360 (siehe auch Cahow)
Beyer, Art *68*
Biggins, Dean 36, 38, 345
Bird Trust for Ornithology 101
Bleimunition, Verbot von 57
Bleivergiftung 49 f., 53, 56 f.
Bournemouth 17, 380 f.
Boyd, Maja 61 ff., *62*
Brachylagus idahoensis 200 ff.
Branta sandvicensis 218 ff.
Braunbauch-Dickichtvogel, australischer 236
Brindled Hope 70 ff. (siehe Rotwolf)
Bryant, Andrew 149 ff., *150*
Bulls Boys 71 f. (siehe Rotwolf)

C
Cade, Tom *100*, 100 ff.
Café-Marron-Strauch 338 ff., 376
Cahow 246 ff., *247*, 344, 360, 384, *XVI*
Der Cahow lebt noch 248
Immobiliengeschäfte beim Nisten 249 f.
Leben mit Gefahr 250 f.
Neue Heimat für den Cahow 254 ff.
Nonsuch Island 252 f.
Camelus bactrianus ferus 173 ff., 385
Camelus ferus 385
Canadian Wildlife Service (CWS) 123, 124
Canis lupus 159 ff.
Canis rufus 66 ff.
Canna-Mäuse 231
Carlile, Nicholas 253 f., 257, 298 ff., *298*
Center for Conservation and Research of Endangered Wildlife (CREW) 275, 362, 372
Center for the Rescue of Endangered Species of Trinidad and Tobago (CRESTT) 275 f., 362
Cevallos, Polly 39 ff., 389
Chassahowitzka National Wildlife Refuge 131
Chatham-Schnäpper 20, 234 ff., *235*, 283, 345, 347, 361
Eine strahlende Zukunft 239 f.
Für immer verschwunden 235 ff.
Old Blue – Die Matriarchin und Retterin ihrer Art 238 f.
China 58 ff., 119 ff., 173 ff., 179 ff., 330 ff., 378 f.
Chlorpestizide, toxische 101
Cicindela nevadica lincolniana 341 f., 387
Clark, Mike 51 ff.
Clayton, Jim 44

392

Coelacanth 316 ff., 361, *XXVIII*
Coimbra-Filho, Dr. 85 f.
Columba [vormals *Nesoenas*] *mayeri* 261 ff.
Columbia Basins 202
Conata Basin, South Dakota 33, 36, 38, 347
Cook, James 24, 25, 219
Crocodile Lake National Wildlife Refuge, Key Largo 98
Crocodylus acutus 93 ff.

D
Dague, Phyllis 105 f.
Darwin, Charles 17, 281
Davenport, Tim 284 f.
David, P. Armand 59 f.
Davidshirsch 58 ff., *59*, 361 f.
   Eine letzte Sendung aus China 65 f.
   In China ausgestorben 59 f.
   Rückkehr 61 f., *62*, 63 f.
   Überleben in Europa 61
   Woburn Abbey 64 f.
DDE 102, 103
DDT 84, 102 ff., 109 f., 249, 259
Debenham, Annette 39
Defenders of Wildlife 357
Department of Fish and Wildlife, Washington 200
Dicerorhinus sumatrensis 154 ff.
Diclofenac 211 ff., 217, 360
Dodo 24, 25, 230, 233, 310, 342
Doñana-Nationalpark 172
Dryococelus australis 298 ff.
Duke of Bedford 58 f., 61 ff.
Durbin, Joanna 140
Durnin, Matthew 181 f., *184*
Durrell Wildlife Conservation Trust (DWCT) 139, 142, 191 f., 257, 259, 261, 262, 305, 356, 359

E
El Acebuche Centre in Doñana 167
El Valle Amphibian Conservation Center 228
Elaphurus davidianus 58 ff.
Endangered Species Act 114, 161, 206, 270

Environmental Defense Fund 104, 357
Equus caballus przewalskii 80 ff.
Equus ferus przewalskii 80 ff.
Equus przewalskii 80 ff.
Europäischer Ibis 193 ff.
Everglades National Park 95, 97, 98

F
Falco peregrinus 99 ff., 110
Falco Peregrinus Tundrius 110
Falco punctatus 258 ff.
Falcus peregrinum anatum 110
Firouz, Louise 311 ff., *312*
Fischadler 104
Foja-Berge 279, 292 f.
Formosa-Binnenlachs 143 ff., *144*, 362
   Ein Überlebender der Eiszeit 144 f.
   Eine ganz besondere Erinnerung 147 f.
   Reservepopulationen 146 f.
   Rettung der Lachse 145 f.
Forrest, Steve 29 ff.
Freira Conservation Project (FCP) 309 f.
French, John 132
Fressfeinde, eingeschleppte 219
Frosch-Hilton 227 f.
Fry, Gary 39 f., 43 f.

G
Gautam, Manoj 214 f., 217 f.
Geburtshelferkröte, Mallorca 303 ff.
Geier 46, 209
Geier-Restaurants 21, 211, 214 f.
Geier, Asiatische 21, 209 ff., *211*, 359 f., *XIV*
   Bedrohung durch das Drachenfest 215
   Geier-Restaurant 214 f.
   Katastrophe in Indien 210
   Nachzucht in Gefangenschaft 216 f.
   Verstehen ist die Voraussetzung 217 f.
   Warum sie starben 212 f.
   Wichtige Rolle der Aasfresser 211 f.

Geier, Indischer (siehe Geier, Asiatische)
Gelbbrustara 274 ff., 362, *XXII*
Geochelone yniphora 137 ff.
Geronticus eremita 193 ff.
Gespenstschrecke 297, 298 ff., 367
Gobi, Wüste 81, 173 ff.
   Reservat A 177 f.,
Goldenes Löwenäffchen 85 ff., *86, 181*, 363, 381 f., *II*
   Anpassung an den Wald 89 f.
   Begegnung mit einer Familie 87 f.
   Gerettet 85 ff.
   Geschichten aus der Wildnis 90 f.
   Name oder Nummer? 91 f.
   Rückkehr in die Wildnis 88 f.
   Übergabe an die Brasilianer 92 f.
   wildlebende 91
Goldkapuziner 286
Goldmantel-Baumkängurus 294
Gombe Nationalpark 18, 62, 94, 282, 332 ff., 346, 350, 377
   Die Bedeutsamkeit der Frau 334
   Guten Willen schaffen 333 f.
   Schimpansen, Korridore und Kaffee 336 f.
   Wiederherstellen 335 f.
Goodall, Jane *39, 128*, 142, *194, 324*
Goodall, Judy 167, 171, *336*
Goutam Narayan 191
Grauer Wolf 67, *IX*
Graufußtölpel 240 ff., *241, 243*, 363, *XVI*
   Angriffe auf das Erhaltungsprogramm 242 f.
   Es gibt Tölpel und Tölpel 245 f.
   Nistplatz Plastikstuhl 244 f.
   Pflegestation und Waisenhaus 243 f.
   Zerstörung des Lebensraums 41 f.

393

Grauhörnchen 14
Gressel, Shawn 341
Griffith, Edgardo 228
Großer Panda 20, 21, 60, 163, 179 ff., *180, 184,* 337, 363 f., 381, *XI*
   Erfolg 183 f.
   Erste Monate eines Jungpandas 184
   Studien in freier Wildbahn 180 ff.
   Die Geburt eines Pandas 187 f.
   Die Zeit der Pandas ist jetzt 186 f.
   Probleme bei der Wiederaussiedelung 185
   Tourismus 186
   Zucht in Gefangenschaft 183
Großschnabel-Rohrsänger 310 f.
Grus amricana 122 ff.
Guo Geng 58, 61, 66
Gymnogyps californianus 46 ff.
Gyps bengalensis 209 ff.
Gyps indicus 209 ff.
Gyps tenuirostris 209 ff.

H
Haematopinus oliveri 190
Haller, Rene 325
Halsband mit Radiotransmitter 28, 42 f., *54,* 69, 75, 77, 167, 185, 202 f., 208
Hare, John 173 ff., *174,* 385
Hasegawa, Hiroshi 266 ff., *272,* 385
Hawaii Volcanoes National Park 219 f., 222
Hawaiigans 218 ff., 364 f., *XIV*
Heinrich, William 107 f.
Hickey, Joe 102 f.
Honigfresservogel 293
Hotel Campestre 228 f.
Houston, Brent 29 ff., 348
Hu Jinchu 180 f.
Hustai-Nationalpark 81 f.

I
Idaho-Zwergkaninchen 201 f.
   (siehe auch Zwergkaninchen)

International Center for Birds of Prey in Großbritannien 212
International Crane Foundation 118, 127, 136
International Union for the Conservation of Nature and Natural Resources (IUCN) 22, 31, 80, 92, 151, 190, 326, 357

J
Jacobs, Judy 270 ff.,
Jane Goodall Institute (JGI) 65, 355 f.
   JGI Australien 39
   JGI Burundi 284
   JGI-China 66, 177, 182, 331
   JGI-Österreich 195
   JGI-Spanien 165, 306
   JGI TACARE 333 ff., *335*
   JGI Taiwan 145
Jersey Wildlife Conservation Trust 304 f.
Johannes, Fritz 193 f., 384
Johnson, Kenneth 39 ff.
Jones, Carl 257 ff., *257* 346 f.

K
Kakapo 230, 233, *345,* 382 f.
Kalifornischer Kondor 13, 19 f., 46 ff., *47, 54,* 155, 365 f., *II*
   Aussterben in der Wildnis 49 f.
   Brutzentrum 50 f.
   Erhaltungszuchtprogramm 48 ff.
   Kondor-Kopfpuppe 52
   Mein Besuch im Brutzentrum 50 f.
   Müll und andere Schwierigkeiten 54 ff.
   seltsames Verhalten nach Rückkehr in die Wildnis 53 f.
   Vertrauen in die Zukunft 56 f.
   Vorbereitung auf das Leben in freier Wildbahn 51 f.
Kanadagans 196, 218, 219
Kanadakranich 127, 134

Kapverdensturmvögel 307, 308
Kaspisches Kleinpferd 311 f., *312,* 366
   Überleben 313 f.
   Die Sicherung der Zukunft 314 f.
Katzen 40, 42, 219, 221 f., 230, 231 ff., 259, 262, 309, 367
Kenianische Küste 325 f., 378
Kew Botanical Gardens 294 ff., 322, 338 f., 376
Kipunji 284 f., *XXVII*
Kitfuchs 341
Kleiman, Devra 85 ff., *86,* 91 ff., 181, 183, 381 f.
Koalabären 22
Kojoten 30, 48, 67, 77, 203
Konrad-Lorenz-Institut, Grünau/Österreich 193
Kurznasenstör 329
Kurzschwanzalbatros 266 ff., *267, 272,* 366 f., 385, *XXII*
   Bedrohungen auf See 270
   Ein äußerst geduldiger Vogel 270 f.
   Eine neue Inselheimat 271 f.
   Der »Schutzheilige« 273
   Seltener Vogel, seltener Mann 268 f.
Kuyt, Ernie 124 ff., 382, 390

L
Lagorchestes hirsutus 39 ff.
Lakota 27, 35, 206
Latimeria chalumnae 316 ff.
Lazarus-Syndrom 296 ff.
Leakey, Louis 18, 24, 282, 315
Lek 204 f., 206
Leontopithecus rosalia 85 ff.
Leopardfrosch 226
Liao Lin-yan 144 ff.,
Lindburg, Donald 48, *180,* 183, 187, 188
Linné, Carl 281
Lisztaffe 223 ff., 367, *XV*
   Schwierigkeiten mit Plastiktüten 225
Livieri, Travis 29 ff., 384
Lockhart, Mike 29, 38
Lord Howe's Island Phasmide 298 ff., *298, 301,* 367

Eine gefahrvolle Reise 299 f.
Los Padres Nationalpark 53
Löwenäffchen,
 Rotsteiß- 85
 Goldkopf- 85
 Schwarzkopf- 85 (siehe auch Goldenes Löwenäffchen)
Lucash, Chris 69, 74 f., *75*, 77, 345
Luchs-Erhaltungsprogramm 166
Lynx pardinus 164 ff.

M

Madeira-Sturmvogel 233, 306 ff., *307*, 367 f.
 Ein Nationalpark 309 f.
Madeiros, Jeremy *247*, 250 f., 254 f., 344
Mala 39 ff., *39*, 45, 374 f., *I*
 Wiedereinführung 43 f.
 Zusammenarbeit mit den Yapa 41 ff.
Mangelsen, Tom 29 f., 124, 126, 205
Marinari, Paul 33 f., *34*, 36 ff.
Marmota vancouverensis 148 ff.
Mauritiusfalke 258 ff., 347, 372 f., *XX*
 Gefahren des Eierdiebstahls 260 f.
 Taumeln auf der Schwelle 259 f.
Mauritius-Rosatauben 258, 261 ff., 372 f., *XIX*
Mauritiussittich *258*, 258, 263 ff., 368, 372, *XVII*
 Eine Zuflucht für die Zukunft 265 f.
Maynard, Thane 13 ff., 19 f., 57, 80 ff., 154 ff., 223 ff., 274 ff.
Mazzotti, Frank 95 ff.
Meeteetse, Wyoming 28, 31, 38
Mellette County, South Dakota 27 f.
Merton, Don 232 ff., 234 ff., 240, 264, *345,* 345, 347, 382 f.
Mexikanischer Wolf 67
 M-W-Projekt 77

Midway-Atoll 270 f.
Mike Phillips 160 ff.
Mikro-Kreditprogramm 334, 335
Millenium Seed Bank 295
Miller, Brian 31 ff.
Milltail Farms Area 71 ff.
Milu 58 ff., 331, 361 f. (siehe auch Davidshirsch)
Misajon, Kathleen 219 ff.
Miss Waldrons Roter Stummelaffe 4, 25, 296
Moran, Reid 340 f., *340*
Morse, Michael 70, 71 ff., *75*, 77, 79,
Mount Rungwe-Livingstone 285
Mukojima, Insel 271, 273
Mulvena, Jack 114 f.
Munkhtsog 80, 82 f.
Murmeltier Wiederansiedelungs-Stiftung 152
Murmeltier *siehe* Vancouver Murmeltier
Mustela nigripes 27 ff.

N

Naaman, Israel 280, 290
Nan-Hai-Tsu-Milu-Hirschpark 58 f., 62
 Hirschpark 62, 64
Nantucket Island 113, 116 f., 385
National Audubon Society 50
Nationale Naturreservat Arjin Shan Lop Nur 177
Nationalpark von Manas 191
Natural Resources Defense Council (NRDC) 57
Necedah National Wildlife Refuge 129
Nene 218 ff., *219,* 364 f., *XIV*
 Schutz vor Raubtieren 220 ff.
Nicrophorus americanus 113
Nipponia Nippon 118 ff.
Nipponibis 118 ff., *119,* 331, 368, 384, *VI*
 Der letzte Ibis 119 f.
 Durchbruch in Gefangenschaft 120 f.
 Zurück in die Wildnis 121 f.

No Child Left Inside Act 356
Nonsuch Island 250, 252 ff., 325
North American Falconers Association 104
North Carolina Wildlife Resources Comission 79
North Coast Regional Water Quality Control Board 329 f.

O

Old Blue 20, 237 ff. (siehe auch Chatham-Schnäpper)
Oliver, William 190 ff.
Oncorhynchus masou formosanus 143 ff.
Operation Wanderung 128 ff., 132, 133, 134, 370
Orchard, Max und Beverly 241, 243 ff.

P

Panama-Stummelfußfrosch 226 ff., 368, *XV*
Pandey, Mike 210 f., 213, 215, 218, 347
Papasula abbotti 240 ff.
Pardelluchs 163, 164 ff., *165*, 369, *IX*
 Auf der Suche nach Freunden 166 f.
 Besuch bei den – 167 f.
 Eine tragische Tötung 171 f.
 Mütter und Junge 169 ff.
 Zukunft der Luchse 172 f.
Parque Natural de Madeira 310
Patuxent Wildtier Forschungszentrum, Maryland 124, 129, 132 ff.
Peregrine Fund 104 ff., 108 ff., 210, 212 ff., 360
Peregrine Palace 105 f.,
Perrotti, Lou 113 ff., 176
Petrogale lateralis 45 f.
Petrogale xanthopus 45
Petroica traversi 234 ff.
Pflegeeltern 74, 110, 129
Phoebastria albatrus 266 ff.
Plair, Bernadette 274 ff., 362
Poço-das-Antas-Naturpark 86, 93

Pocosin Lakes National Wildlife Refuge 76
Porcula salvania 188 ff.
Präriehunde 27, 34 f., 37, 370
Priddel, David 254 f., 257 ff.
Proctor, Jonathan 29 f., 34 f.
Proyecto Titi 225 f.
Przewalski, Nikolai 81
Przewalski-Pferd 80 ff., 369, *IV*
Psittacula eques echo 263 ff.
Pterodroma cahow 246 ff.
Pterodroma madeira 306 ff.,
Pygmy Hog Conservation Program 192

Q
Quastenflosser 315, 316 ff., 361

R
Raubtierkontrolle 67, 221, 261, 263, 265 f., 309
Reid, Don 138 f., 142, *342*
Riesengespenstschrecken 302
Rodrigues Island, Mauritius 338
Rokich, Paul 326 f.
Roots & Shoots 65, 214 f., 331, 334 f., *351,* 352 ff., 380
Rosentaube (siehe Mauritius-Rosataube)
Rotwolf 66 ff., 160, 369 f., *III*
   Aufziehen der Welpen 73 f.
   Aussiedlungsstellen 76
   Brindled Hope 70 f.
   Bulls Boys 71 f.
   Ein echter »Überlebenskünstler« 69 f.
   Ein erfolgreiches Programm 76 ff.
   Gator-Rudel 72 f.
   Halsbänder 75 f. *75*
   Kojoten, Bauern ... 78 f.
   Mit den Wölfen heulen 79
   Red Wolf Recovery Program 68 f., 345
   Red-Wolf-Coalition 79, 369
   Survivor 69 f.
   Vom Käfig in die Freiheit 68 f., *68*
Royal Society for the Protectin of Birds (RSPB) 210, 213

S
Saguinus oedipus 223 ff.
Saint Lucia Wetland Park vor Sodwana Bay, Südafrika 317 f.
San Diego Wild Animal Park 50
Sattelvögel 236
Savage, Anne 223 ff.
Sayler, Rod 200 ff., 204, 344
Schimpansen 9, 10, 15, 18 f., 62, 332 f., 343, 346, 350, 355 f.
Schmalschnabelgeier (siehe Geier, Asiatische)
Schnabelbrustschildkröte, Madagassische 137 ff., *138,* 359, *X*
   Der erste Schritt ist Vertrauen 140 f.
   Trance, Gebet, Freilassung 141 f.
   Versuch und Irrtum 139 f.
Schreikranich 20, 21, 122 ff., *123,* 196, 200, 370, *VI*
   Begegnung mit Eiern 132 ff.
   Der Flug mit den Kranichen 130 ff.
   Ein Besuch beim ursprünglichen Schwarm 134 ff.
   Ein Schwarm ist zu fragil 127
   Ernie Kuyt, der Eierdieb 124 f.
   Geschichten von der Arbeit 125 f.
   Krankheit, gebrochene Herzen 134
   Operation Wanderung 128 ff., *128*
   Romanze von George und Tex 136 f.
   Verfolgung der Kranichzüge 126
   Von Kranichen, Menschen ... 127 f.
Schwarzfußalbatross 269, 271
Schwarzfußiltis 27 ff., *29, 34,* 115, 341, 345, 348, 370, 384, *I*
   Aus der Wildnis verschwunden 32 f.
   Ausgestorben, verschwunden 27 f.
   Bürokratische Sturheit 30 ff.
   Die Rettung der Prärie 34 f.
   Ein ganz besonderer Iltis 35 f.
   Hartes kontra weiches Auswildern 33 f.
   Iltisschule 37 f.
   Meine Nacht mit den Iltissen 29 f.
   Über die Iltiszucht 36 f.
   -Wiederansiedelungsprogramm 30
   -Zuchtplan 38
   Zukunft 38
Schwarzkronen-Seidenäffchen 287, *XXIV*
Schwarzpfoten-Felskänguru 45 f.
Shei-pa Nationalpark 145 f.
Silberlachs 329 f.
Simon, Miguel Angel 164 ff., 170, 173
Sioux 35, 341
Snyder, Noel 48 ff., *54,* 56, 58
Sonai Rupai Wildlife Sanctuary 193
Sous Massa Nationalpark in Marokko 195
Spitzkrokodil 93 ff., *94,* 371, *V*
   Mutterschaft bei Krokodilen 97
   Verliebt in die nächtliche Wildnis 96 f.
   Vom Nutzen der Krokodile 99
   Wie ein Kraftwerk zur Rettung des Spitzkrokodils beitrug 98 f.
Steller's Albatros (siehe Kurzschwanzalbatros)
Stephenschlüpfer 232
Steppeniltisse 28
Sudbury, Ontario 324, 327 f., 379, *XXXI*
Sumatra Rhino Trust 155
Sumatra-Nashorn 154 ff., 371 f., 384, *VIII*
   Wasserspritzen bereit! 158 f.
   Zuchtfehler und -rätsel 157 f.

T
Tahina spectabilis 295 f., 376, *XXVI*
Take Action for Earth Hour 356
Takhi 80 ff., 369, *IV* (siehe auch Przewalski-Pferd)
Tanami-Wüste 40, 42, 43
Tasmanischer Wolf 297
Tieflandgorillas 278
Tiger 25, 337
Torishima 266 ff., 385
Trampeltier 163, 173 ff., *174*, 372, 385, *XI*
   Der Primärfeind heißt Mensch 176 ff.
Turmfalke 103, 260
Tympanuchus cupido Attawarii 204 ff.
Typhlocaris ayyaloni 290

U
Uluru-Kata-Tjuta-Nationalpark 43 f.
US Fish and Wildlife Service (USFWS) 36, 50, 68, 114, 123, 124, 135, 151, 201, 202, 206 f., 270 f.
US Wolf Conservation Center 76

V
Vamonos-Ruf 89
Vancouver-Murmeltier 148 ff., *150*, 372, 384, *VII*
   Andrew Bryant 148
   Erhaltungsarbeit 152 f.
   Holzfirmen 151 f.
   Kahlschlag auf Vancouver Island 148 f.
   Oprah Winfrey, Franklin ... 153 f.
Vargas, Astrid 165 ff., *165*

W
Waldrapp 163, 193 ff., *194*, 196, 373, *XXIII*
   Ausgestorben in Europa 195
   Ein geführter Vogelzug 195 ff.
   Ein Schritt in Richtung Erfolg 199 f.
Wallaby 45, 243
Wanderfalke 19, 84, 99 ff., *100*, *111*, 328, 373, *IV*
   Eine Einschränkung von DDT 103 f.
   Entdeckung des Brutverhaltens 104 ff.
   Kampf um das Verbot des DDT 102 f.
   Rückkehr in die Lüfte 108 f.
   Scarlett und Rhett 110 f.
   Verliebte Wanderfalken 106 ff., *106*
   Wiederherstellung der Population 109 f.
Wandertaube 4, 25, 33, 115
Wang Zongyi 65 f.
Warru 45 f.
   -Population 45
Waschbären 70, 78, 137
Wasilewski, Joe 94, 98 f.
Weißflügel-Sturmvogel 254
Weißkopfseeadler 104, 388
Weißschwanz-Tropikvogel 249
Wild Camel Protection Foundation 177, 178, 179
Wingate, David 248 ff., 252, 257
Woburn Abbey Park 58, 60, 61, 63, 64
Wolf 48, 159 ff., 373 (siehe auch Rotwolf, Grauer Wolf, Mexikanischer Wolf)
Wolf-Kojoten-Hybriden 76
Wollemia nobilis 319 f.
Wollemie 316, 319 ff., *319*, *321*, 376 f.
   Aufklärung des Geheimnisses 320 f.
   Geheime Heimat 321 f.
   Jedes Blatt ist kostbar 322 f.
Wolong Naturreservat 180 ff., 364
Woolam, Bill 57
World Center for Birds of Prey 106
World Wildlife Fund (WWF) 139, 155, 180, 196, 206, 356
WWF-Naturreservat in der Südtoskana 196
Wyoming Game & Fishdepartment 31 ff., 38

Y
Yariguies-Buschammer 287, 374, *XXV*
Yellowstone-Nationalpark 79, 159 ff.
Yersinia Pestis 27
Yongmei Xi 118 ff., *119*

Z
Zeoli, Len 203, *347*
Zino, Frank und Alexander 306 ff., *307*, 383 f.
Zino, Paul Alexander »Alec« 306 f., *307*
Zoos
   Cincinnati 20, 154, 156 ff., 275
   El Nispero Zoo 228
   Houston 228
   Los Angeles 50, 55
   Melbourne 302
   Rhode Island 114, 228
   San Diego 48, 157, 187
   Smithsonian National 179
   Washington D.C. 85 ff., 89, 157 f.
Zottel-Hasenkänguru 39 ff., 374 f., *I*
Zwergkaninchen 200 ff., *201*, 344, *347*, 375, *XIII*
   Grasshopper 202 ff.
Zwergwildschwein 188 ff., *189*, 375, *X*

Kontaktadressen und Infos

Jane Goodall Institut – Deutschland
Schneckenburgerstraße 11, D-81675 München
Tel.: 0049 176 486 628 71
www.janegoodall.de

Jane Goodall Institut – Schweiz
Postfach 2807, CH-8033 Zürich
Tel: 0041 44 635 54 24
www.janegoodall.ch

Jane Goodall Institut – Austria
Probusgasse 3, A-1190 Wien
Telefon: 0043 (0)1/318 60 86
www.janegoodall.at

Kino-Dokumentation »Jane's Journey«
über das Leben und die Arbeit von Jane Goodall
Ein Film von Lorenz Knauer
Beim »Cinema for Peace«-Wettbewerb 2011
mit dem »International Green Film Award« ausgezeichnet.
www.janes-journey-film.de
»Jane's Journey« erhältlich als BLU-RAY und DVD über
die Jane Goodall Institute sowie über Amazon und alle Internetshops
Original Soundtrack zu »Jane's Journey« mit der Filmmusik von
Wolfgang Netzer sowie dem exklusiven Titelsong von
Katie Melua »Walk Lightly on the World«.
Erschienen bei dramatico.
CD erhältlich über die Jane Goodall Institute sowie über Amazon
und alle Internetshops

Hannes Jaenicke, Dokumentarfilmer und Autor
Sein Buch »Wut allein reicht nicht« ist erschienen
im Gütersloher Verlagshaus
www.wut-allein-reicht-nicht.de

Wir bedanken uns herzlich für die Unterstützung bei der Realisation
dieses wundervollen Buchprojektes bei Lorenz Knauer, Monica Lieschke,
Georg Maximilian Knauer und Hannes Jaenicke.

Giger Verlag, Sabine Giger
Geschäftsleitung

Verlagsadresse:
Giger Verlag GmbH
Bubental 51
CH-8852 Altendorf
Tel.: 0041 55 442 68 48
www.gigerverlag.ch